Kurt Mayer

Karl Demleitner

RICHARD KARWIESE
Cromforder Allee 33
4030 Ratingen
Telefon (0 21 02) 2 26 42

Werkzeugmaschinen

mit 351 Bildern

Springer Fachmedien Wiesbaden GmbH

CIP-Kurztitelaufnahme der Deutschen Bibliothek

Mayer, Kurt
Werkzeugmaschinen / Kurt Mayer; Karl Demleitner.
– 1. Aufl. – Braunschweig: Vieweg 1977.

NE: Demleitner, Karl:

1977

Alle Rechte vorbehalten
© Springer Fachmedien Wiesbaden 1977
Ursprünglich erschienen bei Friedr. Vieweg & Sohn Verlagsgesellschaft mbH Braunschweig 1977.

Die Vervielfältigung und Übertragung einzelner Textabschnitte, Zeichnungen oder Bilder, auch für
Zwecke der Unterrichtsgestaltung, gestattet das Urheberrecht nur, wenn sie mit dem Verlag vorher
vereinbart wurden. Im Einzelfall muß über die Zahlung einer Gebühr für die Nutzung fremden geistigen
Eigentums entschieden werden. Das gilt für die Vervielfältigung durch alle Verfahren einschließlich
Speicherung und jede Übertragung auf Papier, Transparente, Filme, Bänder, Platten und andere Medien.

ISBN 978-3-528-04044-4   ISBN 978-3-663-19631-0 (eBook)
DOI 10.1007/978-3-663-19631-0

Vorwort

Der Band Werkzeugmaschinen ist ein Buch im Rahmen der Fachbuchreihe für den Techniker und den Studenten der Fachhochschule. Das Buch ist gedacht als Unterrichtsgrundlage für das technische Studium. Die wichtigsten Arten der Werkzeugmaschinen für die Umform- und Zerspantechnik der Metallverarbeitung werden verständlich, klar und knapp vorgestellt, um dem Anfänger und dem in der Praxis stehenden Techniker das Studium zu erleichtern und einen guten Ein- und Überblick zu verschaffen. Das Buch soll eine Hilfe sein bei der Auswahl der wirtschaftlichen Werkzeugmaschine angesichts von praktischen Fertigungsproblemen. So war es notwendig, die ganze Vielfalt der Werkzeugmaschinen aufzuzeigen. Aufbauend auf dem neuesten Stand der Technik werden bei straffer Stoffgliederung in übersichtlicher und betriebsnaher Darstellung Grundlagen des Werkzeugmaschinenbaues und verschiedenartigste Bauformen gezeigt. Sowohl Werkzeugmaschinen der spanlosen wie auch der spanenden Formgebung werden behandelt. Da viele Bauelemente der Werkzeugmaschinen bei beiden Arten gleich oder ähnlich sind bot sich die Gliederung des Buches in Grundlagen, spanlose und spanende Maschinen an. In einem kurzen Anhang wurde außerdem ein geschichtlicher Rückblick über die Entwicklung der Werkzeugmaschinen angeschlossen.

Der sich rasch wandelnde Stand der Technik, wie auch der Fluß der technischen Entwicklung und die Weiterentwicklung der Fertigungsverfahren, Werkzeuge und Werkstoffe erfordern ständiges Hinzulernen und zwingen zur Auseinandersetzung mit den neuen Techniken. Daher ist auf die Überbetonung neuzeitlicher Tendenzen in einigen Themen verzichtet worden, um vielmehr dem Studierenden die grundlegende Maschinengestaltung und Anwendung der Maschinen verständlich zu machen. Die große Vielfalt der Formen zwingt einerseits zu einer gewissen Breite der Darstellung, andererseits zu einer Beschränkung auf das Wesentliche. Neben der Vorstellung der verschiedenen Arten von Werkzeugmaschinen wird auch Wert auf Berechnungen für Arbeiten mit den Maschinen gelegt. Dabei wird jedoch nicht unnötig in die Tiefe des konstruktiven und maschinentechnischen Rechnens, der speziellen Verwendung und des Einrichtens der Maschinen für die Fertigungstechniken eingegangen.

Eine große Zahl von Fotos, Zeichnungen und Tabellen soll das Buch anschaulich und leicht verständlich machen. An dieser Stelle danken wir den vielen Firmen herzlich für die großzügige Unterstützung mit hervorragendem Bildmaterial.

Für kritische Hinweise sind die Verfasser dankbar und nehmen Anregungen gerne entgegen.

Dipl. Ing. *Kurt Mayer* V.D.I.
Oberstudiendirektor

Ing. Grad. *Karl Demleitner*
Studienrat

Stuttgart/Nürnberg im Frühjahr 1977

Inhaltsverzeichnis

1. Grundlagen des Werkzeugmaschinenbaues ... 1

1.1. Einführung ... 1
1.1.1. Werkzeugmaschinen der spanlosen Formgebung ... 1
1.1.2. Werkzeugmaschinen der spanenden Formgebung ... 2
1.1.3. Herstellung von Werkzeugmaschinen ... 2
1.1.4. Wirtschaftlichkeit der Werkzeugmaschinen ... 5
1.1.5. Einteilung der Werkzeugmaschinen ... 5
1.1.6. Bewegungen an Werkzeugmaschinen ... 6

1.2. Maschinenkörper und Gestelle ... 7
1.2.1. Allgemeine Anforderungen ... 7
1.2.2. Bauformen der Maschinenkörper ... 10
1.2.3. Werkstücktische und Werkzeugschlitten ... 12

1.3. Geradführungen ... 14
1.3.1. Gleitführungen ... 14
1.3.2. Wälzführungen ... 16

1.4. Antrieb der Werkzeugmaschinen ... 18
1.4.1. Antriebsarten ... 18
1.4.2. Hauptsatz der Antriebstechnik ... 18
1.4.3. Drehstrom-Kurzschlußläufer-Asynchronmotor ... 20
1.4.4. Gleichstrom-Nebenschlußmotor ... 23

1.5. Wellen und Spindeln ... 23
1.5.1. Bauarten von Spindeln ... 23
1.5.2. Lagerung von Wellen und Spindeln ... 26

1.6. Kupplungen und Bremsen ... 27
1.6.1. Nicht schaltbare Kupplungen ... 27
1.6.2. Schaltbare Kupplungen ... 28
1.6.3. Bremsen ... 32

1.7. Mechanische Kraftübertragung ... 32
1.7.1. Allgemeine Grundlagen ... 32
1.7.2. Mechanische Stufengetriebe für drehende Bewegung ... 40
1.7.3. Mechanische stufenlose Getriebe für drehende Bewegung ... 45
1.7.4. Mechanische Getriebe für geradlinige Bewegung ... 48

1.8. Hydraulische Kraftübertragung ... 54
1.8.1. Allgemeine Grundlagen ... 54
1.8.2. Hydraulikpumpen und Hydraulikmotoren ... 57
1.8.3. Hydraulikanlagen, Hydraulikgetriebe ... 65
1.8.4. Sonstige Bauelemente der Hydraulikanlagen ... 67

1.9.   Pneumatische Kraftübertragung   69
1.9.1.   Allgemeines   69
1.9.2.   Bauelemente der Druckluftanlagen   72

1.10.   Numerische Steuerungen   75
1.10.1.   Steuerungsarten   77
1.10.2.   Wegmeßsysteme   80
1.10.3.   Codierung   84
1.10.4.   Informationsfluß in NC-Maschinen   85

1.11.   Arbeits- und Leistungsbedarf für Antrieb und Formgebung   90
1.11.1.   Spanlose Formgebung   90
1.11.2.   Spanende Formgebung   102
1.11.3.   Maschinenzeiten   110

2.   Werkzeugmaschinen der spanlosen Formgebung   115

2.1.   Übersicht und Einteilung   115
2.1.1.   Werkzeugmaschinen der massiven Warmumformung   116
2.1.2.   Werkzeugmaschinen der massiven Kaltumformung   116
2.1.3.   Werkzeugmaschinen der Blechumformung   116
2.1.4.   Sondermaschinen   116

2.2.   Schmiedemaschinen   116
2.2.1.   Schmiedehämmer   116
2.2.2.   Schmiedepressen   122
2.2.3.   Warmstauchmaschinen   131
2.2.4.   Schmiedewalzen   131

2.3.   Maschinen zum Kaltstauchen, Kaltpressen und Kaltfließpressen   132
2.3.1.   Kaltpressen   132
2.3.2.   Kaltfließpressen   137

2.4.   Blechbearbeitungsmaschinen   140
2.4.1.   Allgemeines   140
2.4.2.   Pressen   142
2.4.3.   Blechbearbeitungsmaschinen zum Scheren, Schneiden, Biegen und Drücken   153

2.5.   Sondermaschinen der Umformtechnik   158

3.   Werkzeugmaschinen der spanenden Formgebung   165

3.1.   Übersicht und Einteilung   165
3.1.1.   Drehmaschinen   165
3.1.2.   *Fräsmaschinen*   165

3.1.3. Bohrmaschinen 166
3.1.4. Hobel-, Stoß- und Räummaschinen 166
3.1.5. Fein- und Feinstbearbeitungsmaschinen 167
3.1.6. Säge- und Feilmaschinen 167
3.1.7. Sondermaschinen 167

3.2.   Drehmaschinen 168
3.2.1. Übersicht 168
3.2.2. Leit- und Zugspindeldrehmaschinen 168
3.2.3. Kopierdrehmaschinen 178
3.2.4. Produktionsdrehmaschinen 180
3.2.5. Vielschnittdrehmaschinen 181
3.2.6. Revolverdrehmaschinen 182
3.2.7. Drehautomaten 184
3.2.8. Karusseldrehmaschinen 189
3.2.9. Hinterdrehmaschinen 191

3.3.   Fräsmaschinen 192
3.3.1. Allgemeines 192
3.3.2. Maschinen mit feststehender Frässpindel 192

3.4.   Bohrmaschinen 200
3.4.1. Senkrechtbohrmaschinen 200
3.4.2. Waagrecht-Bohr- und Fräswerke 204
3.4.3. Genaubohrmaschinen (Lehrenbohrmaschinen) 205

3.5.   Hobel-, Stoß- und Räummaschinen 206
3.5.1. Allgemeines 206
3.5.2. Stoßmaschinen 207
3.5.3. Hobelmaschinen 209
3.5.4. Räummaschinen 210
3.5.5. Formen- und Stempelhobler 211

3.6.   Feinbearbeitungsmaschinen 213
3.6.1. Schleifmaschinen 213
3.6.2. Läpp- und Honmaschinen 222

3.7.   Säge- und Feilmaschinen 225
3.7.1. Bügelsägemaschinen 225
3.7.2. Kreissägemaschinen 226
3.7.3. Säge- und Feilmaschinen 226

3.8.   Sondermaschinen 228
3.8.1. Übersicht 228
3.8.2. Maschinen zur Gewindeherstellung 229
3.8.3. Verzahnmaschinen 232
3.8.4. Baueinheiten und Sondermaschinen der Automatisierung .. 241
3.8.5. Schneidenlose Abtrageverfahren 247

Anhang: Geschichtliche Entwicklung der Werkzeugmaschine 252

Bildquellenverzeichnis 261

Sachwortverzeichnis 263

1. Grundlagen des Werkzeugmaschinenbaues

1.1. Einführung

Die industrielle Produktion gliedert man allgemein in die Hauptbereiche *Energietechnik, Verfahrenstechnik und Fertigungstechnik* (nach Prof. Dolezalek). Die Herstellung genau gestalteter Einzelteile technischer Erzeugnisse, verschieden in Stoff, Form, Maß und Gewicht, und deren Zusammenbringen zu Baugruppen und fertigen Gebrauchsgütern liegt im Bereich der Fertigungstechnik. Für die hierzu erforderliche genaue Lage und Führung der Werkstücke zum Werkzeug, als auch deren Führung zueinander benützt man Werkzeugmaschinen mit entsprechenden Spannzeugen und Antriebsformen.

Die Hauptgruppen der Herstell- oder Fertigungsverfahren *Urformen, Umformen, Trennen, Fügen, Veredeln*[1]) bestimmen die Arten und Gestaltung der Werkzeugmaschinen der spanlosen, spanenden und abtragenden Formgebung. Der Einsatz der Werkzeugmaschinen der *Umformtechnik*[2]) oder der *Zerspantechnik*[3]) ist nicht nur abhängig vom Fertigungsablauf in Bezug auf Stoff, Funktionsaufgabe und Herstellungsgenauigkeit der Werkstücke, sondern auch von der Wirtschaftlichkeit, d.h. von der Höhe der Fertigungs- und Herstellkosten. Das Zusammenwirken von Werkzeugmaschine, Werkzeug, Werkstoff, Spannzeug, Meßzeug, sowie das Verhalten des arbeitenden Menschen in der Fertigung ist aufeinander abzustimmen. Entsprechende, zeitgemäße Fertigungsmaschinen müssen gebaut werden.

1.1.1. Werkzeugmaschinen der spanlosen Formgebung

Bei diesen Maschinen wird eine dauernde Formänderung durch Zug-, Druck-, Dreh- und Biegekräfte bewirkt. Der Zusammenhang der kleinsten Stoffteilchen wird dabei nicht getrennt. Der Widerstand gegen Verformung ist der Schubwiderstand bzw. die Formänderungsfestigkeit. Nach Überwinden der Formänderungsfestigkeit setzt das *Fließen* des Werkstoffes ein. Die Umformung erfolgt in kaltem oder warmen Zustand. Entsprechend werden *Werkzeugmaschinen für massive Kalt- und Warmumformung* gebaut, wobei die Umformung unterhalb bzw. oberhalb der Rekristallisationstemperatur erfolgt. Da die Formänderungsfestigkeit beim Kaltumformen im Gegensatz zum Warmumformen keinen festen Wert hat, wird dadurch der Kraftbedarf, die Bauart und die Größe der Maschine wesentlich mitbestimmt. Eine gewisse Sonderstellung nehmen die *Maschinen für Blechumformung* ein.

---

[1]) nach Prof. Kienzle, siehe DIN 8580

[2]) *K. Grüning,* Umformtechnik, Verlag Vieweg, Braunschweig 1972; *E. Semlinger,* Stanztechnik, Verlag Vieweg, Braunschweig 1973

[3]) *K.-T. Preger,* Zerspantechnik, Verlag Vieweg, Braunschweig 1972

Bei *unmittelbarer Krafteinwirkung* arbeiten die Werkzeuge so, daß Höhenverminderung am Werkstück durch Stauchen erfolgt, z.B. beim Freiformschmieden, Gesenkschmieden, Walzen und bei ähnlichen Verfahren. Bei *mittelbarer Krafteinwirkung* wird der Werkstoff mittels Zug oder Druck durch matrizenähnliche Werkzeuge oder Formen bewegt, z.B. beim Draht- und Stangenziehen, Strangpressen oder Tiefziehen.

Es wird für Arbeitsverfahren der spanlosen Formgebung angestrebt, daß das Volumen des Werkstückkörpers vor der Umformung mit dem des fertigen Werkstückes nach der Umformung gleich groß bleibt *(Erhaltung des Volumens)*. Nachträgliches Abgraten und Fertiglochen mittels Schneidwerkzeugen wird jedoch beim Einsatzvolumen berücksichtigt.

Für den Antrieb der Umform-Werkzeugmaschinen verwendet man je nach Arbeitsvermögen und -verfahren Dampf, Druckluft, elektrische und hydraulische Energie, wozu in den Fertigungsbetrieben Erzeugungsanlagen vorhanden sein müssen. Zusätzliche Einrichtungen wie Schmiede- und Glühöfen sind erforderlich zum ein- oder mehrmaligen Erhitzen oder Glühen der Werkstücke. Als Wärmequellen dienen elektrischer Strom, feste, flüssige und gasförmige Brennstoffe. Mit Schutzgasanlagen erzeugt man Schutzgasumhüllung für zunderfreies und nicht kohlenstoffentziehendes Glühen der Werkstücke in Glühöfen (Weich-, Normal-, Rekristallisations- und Spannungsfreiglühen). Zum Entfernen von Zunder, Schmutz, Öl und Fett sind Beiz-, Neutralisations- und Waschanlagen erforderlich. Bei Kaltumformung werden zum Anbringen von Gleitschichten (Phosphatschichten o.ä.) an den Werkstücken entsprechende Anlagen verwendet.

1.1.2. Werkzeugmaschinen der spanenden Formgebung

An durch Urformen und Umformen erzeugten Werkstücken werden für höhere Funktionsaufgaben durch spanende Fertigungsverfahren weitere Formänderungen durchgeführt. In spanenden Werkzeugmaschinen erreicht man mit Werkzeugen aus geeigneten Schneidstoffen Grob- und Feinbearbeitungen für fast alle Metalle verschiedener Festigkeit und Härte. Die Fertigungsverfahren der Zerspantechnik sind Bohren, Drehen, Fräsen, um nur einige zu nennen. Für jedes dieser Verfahren baut man Werkzeugmaschinen in verschiedenen Formen, Größen, Leistungen, Güten, Werkzeugzahl, Werkzeuganordnungen und Schneidstoffarten. Sie werden gestaltet für den Gebrauch als Handwerkermaschinen bis hin zur automatischen Industriemaschine.

1.1.3. Herstellung von Werkzeugmaschinen

Die Hersteller entwickeln Werkzeugmaschinen dem Stande der Technik entsprechend. Sie müssen sich den Wünschen der Kunden verschiedener Branchen anpassen. Der Erfahrungsaustausch mit diesen, der Wettkampf untereinander, sowie Fachmessen und Ausstellungen fördern die Entwicklung. Für den Bau von Werkzeugmaschinen sind Fertigungsstätten erforderlich, die selbst mit neuzeitlichen Maschinen, Betriebsmitteln, Hilfsbetrieben, Meß- und Prüfeinrichtungen ausgestattet sind, um die erforderliche Präzision der Erzeugnisse zu gewährleisten. Das Verhalten der verschiedenen Maschinenarten in unbelastetem und belastetem Zustand wird in eigenen Versuchsabteilungen oder in Instituten für Werkzeugmaschinen an Technischen Universitäten erprobt. Zahlreiche technische Vereine, Verbände und Behörden fördern bzw. überwachen und regeln zusätzlich den Fortschritt. Technische Ausführungsrichtlinien für Werkzeugmaschinen sind besonders in DIN- und ISO-Normen, in den VDI-Richtlinien u.a. zusammengefaßt. Oft

dienen diese auch zur Klärung von Meinungsverschiedenheiten und Rechtsstreitigkeiten.
Häufigste Forderung der Abnehmer sind preisgünstige, vielseitig verwendbare Maschinen.
Erhöhung der Hauptnutzungszeiten durch Verkürzung der Einrichte- und Nebennutzungs-
zeiten wird angestrebt. Wichtige Forderungen für die Herstellung von Werkzeugmaschinen
sind:

Geringer Verschleiß an den Bauteilen,
Starrheit des Maschinenkörpers bei Belastung und Temperatureinflüssen,
sichere Funktion der Getriebe, Maschinenteile und Bedienelemente,
hoher Wirkungsgrad,
zweckentsprechende Antriebsleistung,
hohe Arbeitsgenauigkeit,
Formschöne Gestaltung.

Die Arbeitsgenauigkeit ist abhängig von:

Konstruktion und Güte des Maschinenkörpers, der Führungen und Lager und deren Verhalten
bei statischer und dynamischer Belastung,
der Antriebs- und Steuerungsart (mechanisch, elektrisch, hydraulisch, pneumatisch),
den verwendeten Werkstoffen und deren Güte,
dem richtigen Einsatz des Schneidstoffes und der Werkzeugform,
den Einstellbedingungen, der Schnitt- und Vorschubgeschwindigkeit,
der Spanleistung,
Umformkraft und Umformgeschwindigkeit,
Genauigkeit der Werkzeuge,
Erwärmung und Kühlung an Maschine und Werkzeug,
Kühl-, Schneid- und Schmiermittel,
Form und Stoff der Werkstücke,
Spannsystem für Werkzeuge und Werkstücke.

Nach Fertigstellung der Werkzeugmaschine im Werk, oder nach Montage beim Kunden
erfolgt die Abnahmeprüfung (DIN 8605 bis 8613). Ihr Ergebnis wird in einem genormten
Prüfprotokoll (DIN 8601) festgehalten. Ein weiteres Ordnungsmittel für Ausführung und
Zustand der Maschine ist die *AWF-Maschinenkarte* (Bild 1-1). Sie wird vom Hersteller angelegt und dem Kunden ausgehändigt. Meist wird sie in der Arbeitsvorbereitung des Kunden noch vervollständigt. Vor dem Aufstellen der Werkzeugmaschine ist zu überlegen, wie
sie in die Betriebsverhältnisse am besten eingereiht werden kann. Neben dem eigentlichen
Zweck, mit ihr maß- und formgerechte Werkstücke zu erzeugen, sind für die Aufstellung
folgende Regeln zu beachten:

Vermeiden von Schwingungen oder Stößen von der Maschine auf die Umgebung oder umgekehrt
(eventuell Bau von Fundamenten oder Anwendung elastischer Unterlagen),
zweckmäßige Zuführung der Energie,
leichte unbehinderte und unfallfreie Bedienungsmöglichkeit,
günstige Zufuhr und Abfuhr der Werkstoffe und Werkstücke,
einfache Beseitigung von Spänen, Schmutz und Restöl,
gute Möglichkeiten für Wartung, Pflege und Reparaturen.

Die Technik des Werkzeugmaschinenbaus hat Möglichkeiten entwickelt, Maschinen für
besondere Fertigungsabläufe nach dem Baukastensystem zusammenzustellen. Mit vorgefertigten Bauteilen für das Maschinengestell, genormten Einheiten für Antrieb, Steuerung
und Spannungen für Werkzeuge und Werkstücke usw. können Sonder-Werkzeugmaschinen
zusammengestellt werden.

1	2	3	4	5	6	7	8	9	10	11	12	13	14	15	16	17	18	19	20	21	22	23	24	25	26	27	28	29	30	31

Nr. des Datenträgers

(AWF) Werkzeugmaschinenkarte für

DIN-Kurzbezeichnung

Benennung: *Genauigkeitsdrehbank*	Typ: *P 165*	Inv.-Nr.
Hersteller: *Pfeifer Feinmaschinenbau GmbH*	Fabrik-Nr. *10 174*	Bestell-Tag/-Nr.
Lieferer: *Sulzbach/Murr*	Baujahr *1958* Anschaffung *1958*	Liefer

Kennzeichen der Maschine — **Zubehör / Sondereinrichtungen** — Kostenstelle

Arbeitsbereich | gr. Umlauf-∅ über Bett 330 mm, gr. Drehlänge *800* mm
gr. Umlauf-∅ über Schlitten *170* mm, gr. Spitzenweite *820* mm
gr. Umlauf-∅ in der Kröpfung (Aussparung) *400* mm
Länge d. Kröpfung vor Planscheibe-Vorderkante: ohne Brücke *120* mm

Spindelkopf | Form — Gewinde-∅ — mm nach DIN 800
Form — Nenn-∅ — mm nach DIN 812
Sonderausführung *Camlock Nr. 5*
Spindelbohrung-∅ *26* mm, Größe des Innenkegels *Morse 4*

Schlitten | Anzahl der Bettschlitten *1* — Vorschub: v. Hand/selbstt.
Anzahl der durchgehenden Querschlitten *1* — Vorschub: v. Hand/selbstt.
Anz. d. unabhängig. Querschl.: vorn —, hinten — Vorschub: v. Hand/selbstt.
gr. Stahlquerschn.: Breite-Höhe — mm; Leitspindel — " mm Steigung

Reitstock | Pinolenkegel *Morse 3* — Eingebaute Wälzlagerspitze
gr. Pinolenverstellung: v. Hand/selbsttätig *140* / — mm
gr. Querverschiebung des Oberteiles aus Mittellage *10* — mm
Reitstockverschiebung: v. Hand/selbsttätig / — mm

Zubehör | Planscheibe: Außen-∅ — mm; -Kühlpumpe — l/min
Setzstock: fest bis ∅ *80* mm *1* Stck.; mitgeh. bis ∅ *800* mm *1* Stck.
Wechselräder: *keine*

Zubehör / Sondereinrichtungen:
Gegengehärtete
Führungen Punktschliff
Schaben
1 Ölfüllung
1 Flansch f. Camlock
1 Beleuchtung
1 Camlockspannung

Standort — Maschinen-Gruppe — Kostenklasse — Gütegrad — **Besonders geeignet für**

Lichtbild und Grundflächenmaße

Fundamentplan-Nr. — Stromlaufplan-Nr.

Flächenbedarf *1,0 m · 2,0* m	Höhe *1,20* m	Gewicht *ca. 1300* kg	Ausgestellt: Tag *30. 7. 58* — Name

Antriebsart | Spannung *380* V | Stromart *Drehstrom* | Y△ | *50* Hz | Gesamtleistungsbedarf | kW (PS) | Riemen, Ketten (s. a. Zubehör) | Stck.

Motor für	Hersteller	Motor-Typ und Nr.	Ausführungsform nach DIN 42950	Leistung in kW	Drehzahl U/min	Motor-Inv.-Nr.
Getriebe	*Oswald*	*DBF 210/8/4/*	*Flansch*			
Ölpumpe	*SSW*		*V1*	*1,5/2,2*	*700/1400*	

Keil-/Flach- Riemen: *1 3*	Antrieb: Scheibenbreite / Scheiben-∅	**Drehzahlen, Hubgeschwindigkeiten bzw. Vorschübe**
Werkstoff		

Stufe, Schaltung / 2 Motordrehzahl / Wechselräder

Drehzahlen der Drehspindel in U/min

	Motor u	I J 1400 u	I J 700 u	I K 1400 u	I K 700 u	II J 1400 u	II J 700 u	II K 1400 u	II K 700 u
Rücklauf	A	20	10	160	80	55	28	445	222
ein	B	26	13	212	106	75	38	600	300
1,3 faches	C	34	17	275	138	97	48	780	390
vom	D	45	22	360	180	125	62	1000	500
Vorlauf									

Vorschübe in mm je Umlauf

Länge	*0,0077 – 1,06*
Plan	*0,005 – 0,080*

Höchstleistung der Maschine bei Nennleistung des Motors

Geeignet für Gewinde von 136 bis 9/16 Gänge/Z
von *0,14* bis *34* mm. Stg. von *0,035* bis *8,5* Ho

Bemerkungen

Bild 1-1. AWF-Maschinenkarte für eine Drehmaschine

1.1.4. Wirtschaftlichkeit der Werkzeugmaschinen

Für einen Arbeitsvorgang stehen vielfach für gleiche Werkstücke unterschiedlich gestaltete Werkzeugmaschinen gleicher oder verschiedener Arbeitsverfahren zur Auswahl. Kosten für jede Arbeitsmöglichkeit entstehen dann in unterschiedlicher Höhe. Man vergleicht diese mit Wirtschaftlichkeitsrechnungen. Der *Kostenvergleich* zeigt die Mengenbereiche an, ab welcher Stückzahl (kritische Produktionsmenge) die Herstellkosten für eines der beiden Verfahren niedriger sind. Der *Zeitvergleich* dient der Ermittlung der kritischen Stückzahl, bei der die Zeit für einen Auftrag kürzer ist. Er ist nur zweckmäßig bei annähernd gleichen Kosten je Zeiteinheit beider Verfahren.[1]

1.1.5. Einteilung der Werkzeugmaschinen

Werkzeugmaschinen sind Arbeitsmaschinen und werden nach verschiedenen Merkmalen und Verwendungszwecken eingeteilt:

> Nach den Hauptgruppen der Fertigungstechnik in Werkzeugmaschinen der spanlosen, spanenden und abtragenden Formgebung,
> nach den Arbeitsverfahren in Werkzeugmaschinen für Schmieden, Biegen, Drehen, Bohren usw.,
> dem Verwendungszweck entsprechend in Einzweck- und Mehrzweckmaschinen,
> der Steuerungsart entsprechend in handbetätigte, halbautomatische und vollautomatische Werkzeugmaschinen,
> der Bau- und Werkstückgröße, dem Arbeitsvermögen, sowie der Antriebs- und Spanleistung angepaßt in leichte, mittelschwere und schwere Maschinen.

In den DIN-Normen DK 621.9 werden Werkzeugmaschinen eingeteilt, benannt und mit Kurzzeichen versehen nach:

> Verfahrensart und Verfahrensablauf
> Bau- und Sondermerkmalen
> Art und Arbeitsweise der Werkzeuge, Werkstücksart
> Sonderbauarten

So gilt z. B.:

> Einständerhobelmaschine mit Seitensupport, für größte Hobelbreite 800 mm, Hublänge 1000 mm; das Kurzzeichen: HES 800 × 1000.
> Stern-Revolver-Drehmaschine mit 50 mm Werkstückdurchlaß in der Hauptspindel: DRS 50.
> Blech-Drück- und Planiermaschine mit Umlaufdurchmesser 800 mm über Bett: UB DPN 800.

Arbeitsverfahren der Werkzeugmaschinen sind in DIN 4766 angegeben. Man beachte auch die Gliederung und Begriffsbestimmungen der Fertigungsverfahren in den VDI- und VDMA-Richtlinien. Werkzeuge und Werkzeugmaschinen haben in der Dezimalklassifikation der Ordnung des Wissens die DK-Zahl: DK 621.9 ...

---

[1] *H. Sonnenberg*, Arbeitsvorbereitung und Kalkulation, Band I, II, Verlag Vieweg, Braunschweig 1973

1.1.6. Bewegungen an Werkzeugmaschinen

Werkzeuge und Werkstücke müssen sich dem Arbeitsverfahren und der Maschinenart angepaßt zur Ausführung eines Arbeitsvorganges allein oder zugleich bewegen lassen. In DIN 6580 sind für Bewegungsarten an spanenden Werkzeugmaschinen genannt:[1] (Bild 1-2, 1-3, 1-4)

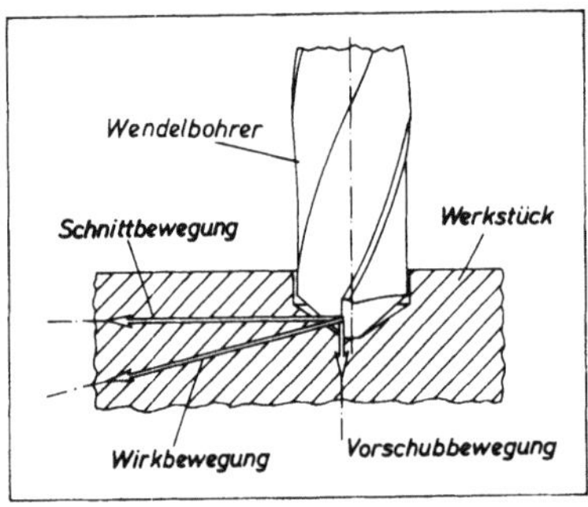

Bild 1-2
Schnittbewegung, Vorschubbewegung und Wirkbewegung beim Bohren

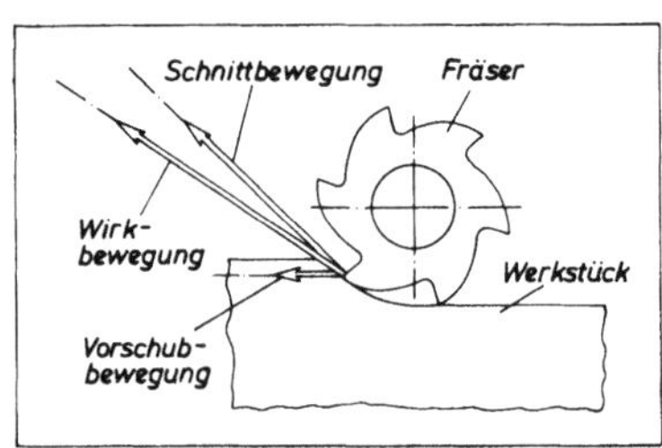

Bild 1-3
Schnittbewegung, Vorschubbewegung und Wirkbewegung beim Fräsen

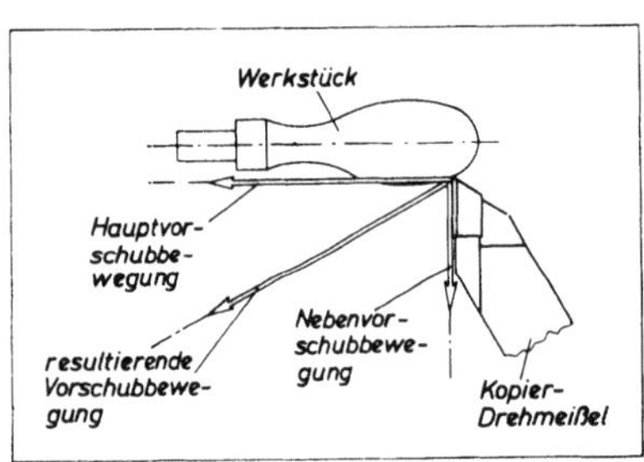

Bild 1-4
Beispiel für eine zusammengesetzte Vorschubbewegung

Schnittbewegung ist diejenige Bewegung zwischen Werkstück und Werkzeug, die ohne Vorschubbewegung nur eine einmalige Spanabnahme während einer Umdrehung oder eines Hubes bewirken würde. Sie kann sich aus mehreren Komponenten zusammensetzen.

Vorschubbewegung ist diejenige Bewegung zwischen Werkstück und Werkzeug, die zusammen mit der Schnittbewegung eine mehrmalige oder stetige Spanabnahme während mehreren Umdrehungen oder Hüben ermöglicht. Sie kann sich ebenfalls aus mehreren Komponenten zusammensetzen.

Wirkbewegung ist die resultierende Bewegung aus Schnitt- und Vorschubbewegung.

Anstellbewegung ist diejenige Bewegung zwischen Werkstück und Werkzeug, mit der das Werkzeug vor dem Zerspanen an das Werkstück herangeführt wird.

Zustellbewegung bestimmt die Dicke des abzunehmenden Spans.

Nachstellbewegung ist eine Korrekturbewegung zwischen Werkstück und Werkzeug. Sie soll z.B. den Werkzeugverschleiß ausgleichen.

---

[1] Siehe auch DIN 1410.

Diese Bewegungsarten können für spanlose oder abtragende Werkzeugmaschinen entsprechend abgewandelt Anwendung finden (z.B. statt Schnittbewegung Umformbewegung). Die Bewegungen können gleichförmig oder ungleichförmig sein, oder auch geradlinig, kreisend, pendelnd, oszillierend, krummlinig, nach dem Gesetz einer Kurve, stetig, unterbrochen, schrittweise, umkehrbar u.a. verlaufen. Die in der Zeiteinheit zurückgelegten Wege nennt man Arbeitsgeschwindigkeit, Umformgeschwindigkeit, Vorschubgeschwindigkeit usw. und mißt sie in m/s, m/min, mm/min. Sie werden als wirkliche oder mittlere Geschwindigkeiten ermittelt. Größe und Richtung werden durch Rechnen und Messen bestimmt. Die Auslösung der Bewegungen erfolgt durch Muskelkraft (mit Handrädern, Hand- oder Fußhebeln), oder elektrisch (Tipp-, Dreh- oder Kippschaltern). In numerisch gesteuerten Werkzeugmaschinen speichert man Bewegungsinformationen in Lochstreifen oder Magnetbändern. Die gewünschten Bewegungsabläufe werden innerhalb des Werkzeug- oder Werkstück- Koordinantensystems dadurch nach der *Punkt-Strecken-* oder *Bahnsteuerung* gesteuert. Bedienschilder werden vielfach textlos mit Sinnbildern (DIN 55003), Zahlentafeln, Nomogrammen usw. zur Bedienungsanleitung angebracht.

1.2. Maschinenkörper und Gestelle

1.2.1. Allgemeine Anforderungen

Für zeitgemäße Bauformen und Abmessungen der Maschinenkörper und Gestelle sind Gestaltungs- und Berechnungsrichtlinien zu beachten. Hersteller, Institute an Technischen Universitäten und Arbeitsgemeinschaften für Gestaltung (designer) erarbeiten solche Richtlinien. Die Konstruktionen sind anzupassen an:

> Das Arbeitsverfahren,
> die Größe, Form und das Gewicht der Werkstücke,
> die durch Arbeitsablauf, Werkstoff- und Werkzeugzustand entstehenden Kräfte und Momente (Schlag-, Preß-, Zerspankräfte, Drch-, Biege-, Knick-, Kippmomente, Eigen- und Fremdschwingungen),
> Die Belastungen aus den Gewichten der Bauteile,
> die Einflüsse von Erwärmung und Kühlung (Temperaturveränderungen durch Warmformung, Elektroeinrichtungen, Hydraulikanlagen, Reibung der Maschinenteile, Einfall von Sonnenstrahlen, Zugluft, Arbeitsablauf),
> die zu verarbeitenden Werkstoffe, deren Zu- und Abführen als Werkstück und als Werkstoffrest,
> den Aufstellungsort und die Befestigungsmöglichkeit,
> die Bewegungsfreiheit des Bedienungspersonals und die Wartungsmöglichkeit.

Entsprechend dem Arbeitsverfahren und dem Arbeitsablauf haben Maschinenkörper und Gestelle bestimmte Grundformen. Neben einteiligen Ausführungen bestehen sie auch aus mehreren Bauteilen, unlösbar oder lösbar miteinander verbunden. Solche Teile sind Sockel, Ständer, Säulen, Konsole, Vorbetten, Ausleger, Brücken usw. (Bild 1-5). An Führungsbahnen, die aus dem Vollen herausgearbeitet oder nachträglich angebracht werden, erhalten Werkstück- und Werkzeugträger ihre feste oder bewegliche Lagerung. Paßflächen dienen zur Aufnahme der Antriebs-, Getriebe- und Aufbaueinheiten. Um den *Verformungskräften* ausreichende Starrheit entgegenzusetzen, benutzt man Querschnittsformen mit großen Trägheitsmomenten. Körper mit großen Hohlräumen werden durch

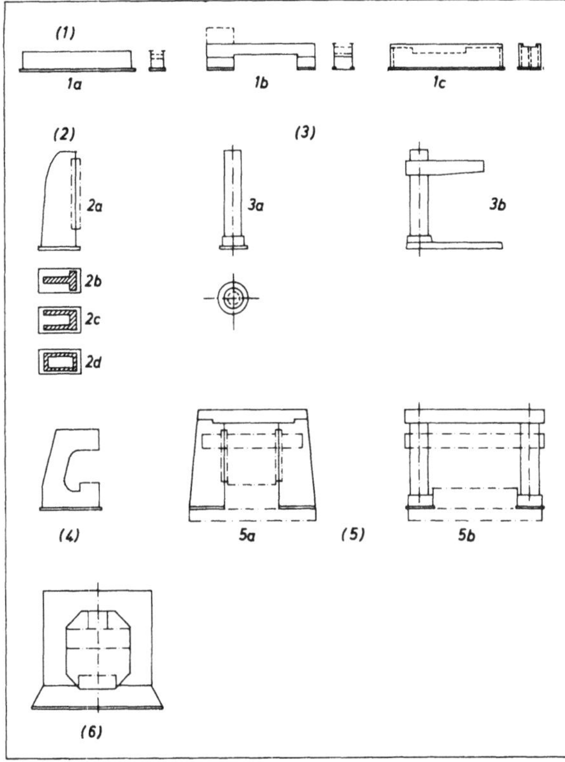

Bild 1-5
Grundformen der Maschinenkörper und Gestelle

(1) Maschinenbetten
a) durchgehend flach liegendes und offenes Maschinenunterteil aus Trägern
b) flaches, auf Füßen gelagertes Maschinenunterteil aus Trägern
c) Kastenbett, flach oder geneigt (allseitig geschlossener Kasten)

(2) Ständer
a) aufrecht stehender Maschinenkörper mit und ohne Führungsbahnen
b) einfacher Querschnitt
c) offener Querschnitt
d) geschlossener Querschnitt

(3) Säule
a) aufrecht stehender Hohlzylinder
b) gleichzeitig Rundführung für Ausleger und Balken, die Werkzeugträger und Werkzeugantriebe tragen

(4) C-Gestell
Ein-, Zwei- oder Mehrständer C-Gestelle

(5) Portale
zwei Ständer oder Säulen mit Querhaupt zum Portal vereinigt
a) Ständerportal
b) Säulenportal

(6) O-Gestelle
geschlossene Gestelle (Rahmen)

Stege, Rippen und Zwischenwände versteift und manchmal auch in Zellen aufgeteilt (Bild 1-6, 1-7, 1-8). Das Verhalten des Maschinenkörpers gegen gleichbleibend wirkende Kräfte nennt man *statische Starrheit*. Dies sind meist Zug-, Biege- und Verdrehungskräfte. *Dynamische Starrheit* liegt vor, wenn periodisch veränderliche Kräfte den Körper nicht zum Mitschwingen anregen können, bzw. wenn er aufgezwungene Schwingungen rasch dämpfen kann. Bei zu erwartenden hohen Eigenschwingungen sollte mit wenig Masse, bei niedrigen mit großer Masse gebaut werden. Resonanz entsteht, wenn Erregerfrequenz und Eigenfrequenz übereinstimmen, wodurch die Gefahr des Maschinenbruchs entsteht. Die Resonanzfrequenz der Maschine sollte für die Gestaltung bekannt sein.

Gegossene Maschinenkörper müssen aus gleichmäßigem, lunker- und blasenfreiem Guß bestehen. Zurückbleibende Gußspannungen beseitigt man vor der spanenden Bearbeitung durch längere Auslagerung oder künstliche Alterung. Das Gußgefüge soll dicht und feinperlitisch erstarrt sein. Je feinkörniger es ist, um so weniger nutzen die Gleitführungen ab. Man kann das ganze Teil, oder auch nur die Führungsbahnen zur Verbesserung der Güte einer gesonderten Wärmebehandlung unterziehen. Feines und hartes Gefüge einige Millimeter tief erhält man durch Erhöhung der Abkühlungsgeschwindigkeit durch Auflegen von Kühlkörpern. Mit Flammhärten und induktivem Härten sind höhere Oberflächenhärten erreichbar. Erforderlich sind dafür besondere Gußqualitäten wie Perlit-,

Bild 1-6
Maschinengestell eines
Mehrspindeldrehautomaten
(verwindungssteife Rahmen-
konstruktion)

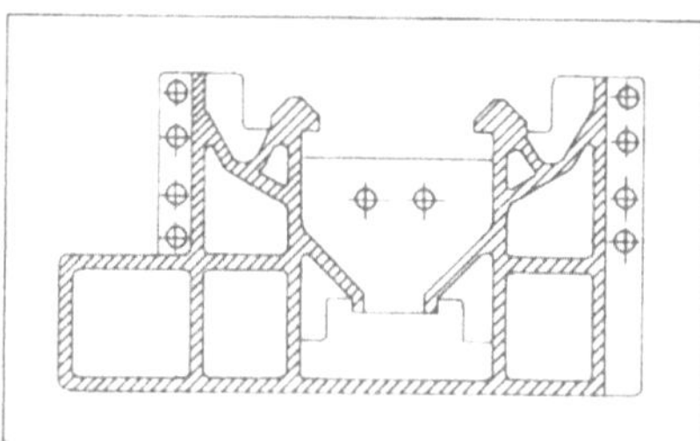

Bild 1-7
Querschnitt eines Maschinenbettes einer
Zahnradfräsmaschine
(gegossen und verschraubt)

Bild 1-8
Maschinenbett und -gestell der
Kopierdrehmaschine (Bild 3-11)
mit Flachbahnführung

Sphäro- und Stahlguß. Nichtgehärtete Gleitbahnen erhalten ihre Oberflächengüte durch Schaben, gehärtete durch Schleifen. Für gleitende Bauteile ist die Werkstoffpaarung zu beachten. Die feste Bahn erhält die höhere Härte (z.B. GG mit H_B = 21 MPa), das bewegliche Teil die geringere (z.B. GG mit H_B = 18 MPa). Aufeinander gleitende gleiche Werkstoffe haben höheren Verschleiß.

Schweißkonstruktionen besitzen viele Gestaltungsvorzüge und Herstellungserleichterungen mit Zeiteinsparungen. Der Gußkörper wird wegen seiner schwingungsdämpfenden Wirkung jedoch bevorzugt. Schwingungsdämpfend wie Guß ist bei Schweißkonstruktionen die Scheuerbauweise. Mehrere aufeinanderliegende Bleche, an Kanten und Durchbrüchen verschweißt, in den Flächen von Zugbolzen durchdrungen, die ebenfalls mit ihren Enden an den Außenblechen verschweißt sind, werden dadurch fest zusammengepreßt und wirken wie Gußteile.

1.2.2. Bauformen der Maschinenkörper

C-Gestelle (Bild 1-5 (4)). Diese Form für Maschinenkörper ist bei Schmiedehämmern, Pressen, Nietmaschinen u.a. häufig zu finden. In verschieden ausladender Weite baut man sie in Guß- oder in geschweißter Plattenbauweise. Man unterscheidet Einständer- und Doppelständerausführungen (doppelwandig, mit zwei nebeneinanderstehenden C-Gestellwänden). Ihr Nachteil ist, daß sie bei Belastung auffedern.

O-Gestelle (Bild 1-5 (6)). Diese Gestelle werden auch Doppel- oder Rahmenständer genannt und sind in sich geschlossene Rahmen. Sie erfüllen hohe Beanspruchungen für Fallhämmer, Ziehpressen und Schlagpressen. Aus einem Stück gegossen oder in Plattenbauweise haben sie sehr hohe Steifigkeit und sind den C-Gestellen überlegen.

Ständer (Bild 1-5 (2), 1-6, 1-11). Als stehender Maschinenkörper stellt er die Grundform für viele Maschinenarten dar. Man baut ihn in geschlossener, vorne oder hinten offener Ausführung. Die beiden senkrechten Seitenwände machen ihn biege- und verdrehsteif. Die Kastenform hat verrippte Innenwände. Eine leichte Konstruktion ist die Zellenbauweise. Mit aufeinandergestellten, geschweißten Rahmen mit 5 − 12 mm dicken Stahlblechen baut man Kastenständer mit kleiner Masse und hoher Eigenschwingungszahl. Die Rahmen sind mit Blechstreben von Wand zu Wand versteift und in Zellen aufgeteilt. Führungsbahnen aus Guß werden angeschraubt und verstiftet, solche aus Stahl angeschweißt.

Säulenständer (Bild 1-5 (3)). Dies ist eine Hohlsäule mit meist kreisförmigem Querschnitt, sehr biegungssteif und in einer Grundplatte stehend gelagert. In Gestellen für Säulenpressen führt man mit zwei oder vier Säulen den Pressenstössel. Sie sind oben in einer Brücke gelagert und bilden so einen geschlossenen Rahmen. Für Auslegerbohrmaschinen übernimmt die Säule zugleich die Rundführung für den schwenkbaren Ausleger.

Portale (Bild 1-5 (5) und (6)). Zwei oder vier auf einer gemeinsamen Grundplatte stehende Ständer, die oben mit einem Querhaupt (Joch) zusammengefaßt sind, bilden das Portal. In Langhobel- und Langfräsmaschinen sind sie mit dem zwischen ihnen liegenden Maschinenbett zu einem steifen, geschlossenen Maschinenrahmen verschraubt oder verspannt. Die Ständer besitzen auch Führungsbahnen für bewegliche Werkzeugträger.

Maschinenbett (Bild 1-5 (1), 1-7, 1-8, 1-9, 1-10, 1-11). Das waagrecht liegende Bett ist ein offener, flacher Maschinenkörper, wie er für Drehmaschinen, Schleifmaschinen u.a. gebaut wird. Die Bettseitenwände tragen Führungsleisten für Werkzeugschlitten und

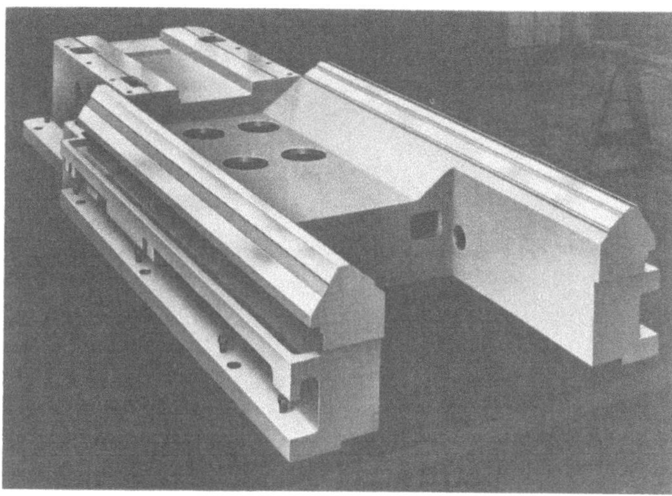

Bild 1-9
Maschinenbett einer
Senkrechtfräs- und
-bohrmaschine mit
gefrästen Dachprismen-
führungen

Bild 1-10. Maschinenbett einer Senkrechtfräs- und -bohrmaschine mit Stahlleistenführungen und Rollenführungselementen

Paßflächen für Aufbauten. Sie sind mit Wänden, Streben und Rippen verschiedener Anordnung miteinander verbunden. Das Bett wird dadurch gegen Biege- und Verdrehbeanspruchungen versteift und es können auch die im Arbeitsraum entstehenden Späne und die Kühlflüssigkeit abgeführt werden. Hat es flache Ausführung, setzt man es auf Kastenfüße und Ständer oder bildet es bis zur Arbeitshöhe als ganze Einheit aus. Maschinenbetten für hochbeanspruchte Produktionsmaschinen weichen von der flachen Bauweise ab. Nachformdrehmaschinen haben vielfach Haupt- und Vorbetten mit geneigt bis senkrecht angeordneten Führungsbahnen, besonders gegen Schwingungen unempfindlich. Für Mehrspindeldrehautomaten und Verzahnmaschinen verbindet man die Aufbauten des Bettes mit längsliegendem Balken, wodurch ein geschlossener Maschinenrahmen erhalten wird.

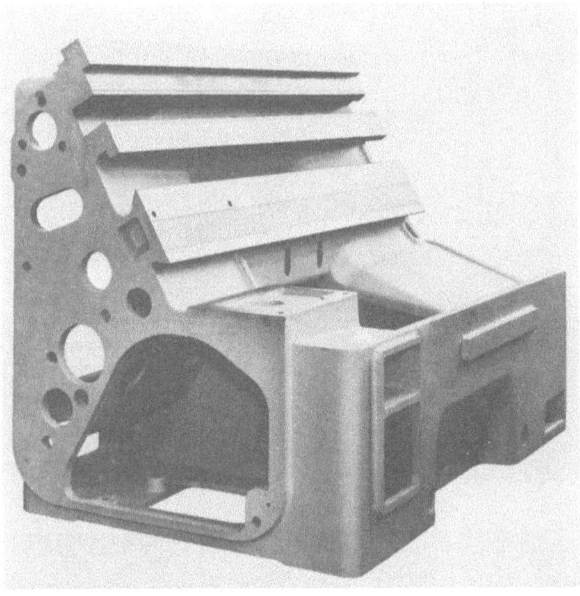

Bild 1-11
Schräges Maschinenbett
einer Drehmaschine

1.2.3. Werkstücktische und Werkzeugschlitten

Werkstücktische (Bild 1-12). Sie sind Werkstückträger, nach Art und Größe der Maschine unmittelbar oder mit Konsolen auf Führungsbahnen verstellbar mit dem Maschinenkörper verbunden. Man baut sie nicht zu schwer, schwingungs- und verwindungssteif, sowie kastenförmig gut verrippt aus Grauguß oder Stahl. Bei festen Tischen muß die Lagebestimmung des Werkstücks zum Werkzeug vom Werkzeugträger erfolgen. Bewegliche Tische haben den Vorteil der eigenen Koordinateneinstellung. Mit zwei oder mehreren aufeinanderliegenden Führungsebenen und Möglichkeiten zum Auf- und Abbewegen, Drehen, Schwenken und Kippen erreicht man die für die Werkzeugmaschine gewünschten vielseitigen Tischbewegungen. Festsetzen und Sichern der Tische in verschiedenen Stellungen erfolgt mit Klemmen und Rasten. Wegen Abnutzung entstehendes Spiel beseitigt man durch Nachstellen eingelegter Einstelleisten in den Führungen bzw. mit Stellschrauben bei Wälzlagerführungen. Zum Spannen der Werkstücke und Vorrichtungen sind die Aufspannflächen mit T-Nuten durchzogen. Die Tische erhalten am Rand Rinnen zum Ableiten der Kühlflüssigkeit und der Späne. Die Bewegung der Tische wird eingeleitet mit Handrädern und Handhebeln und erfolgt durch elektrische Stellmotoren über Gewindespindel, Zahnstange, Rädertriebe, oder durch Hydraulik- oder Pneumatikmotoren bzw. -zylinder. Zur Begrenzung der Schaltwege dienen Anschläge, End- und Umkehrschalter. Vielfach sind dafür Steuertafeln in den Tisch mit eingebaut. Bei einigen Maschinen, wie in Pressen, haben die Tische die Aufgabe eines Werkzeugträgers.

Werkzeugschlitten (Bild 1-12, 1-13). Arbeitsverfahren und Maschinenart bestimmen die verschiedenen Formen, Wirkungsweisen und Anordnungen. Sie sind Träger der Werkzeuge, starr und verwindungssteif, und teilweise den Werkstückträgern ähnlich ausgeführt. Die Werkzeuge können mit Haupt-, Vorschub-, Zu- und Anstellbewegungen nach allen Koordinatenrichtungen bewegt werden. Die Schlitten gleiten auf Führungsbahnen,

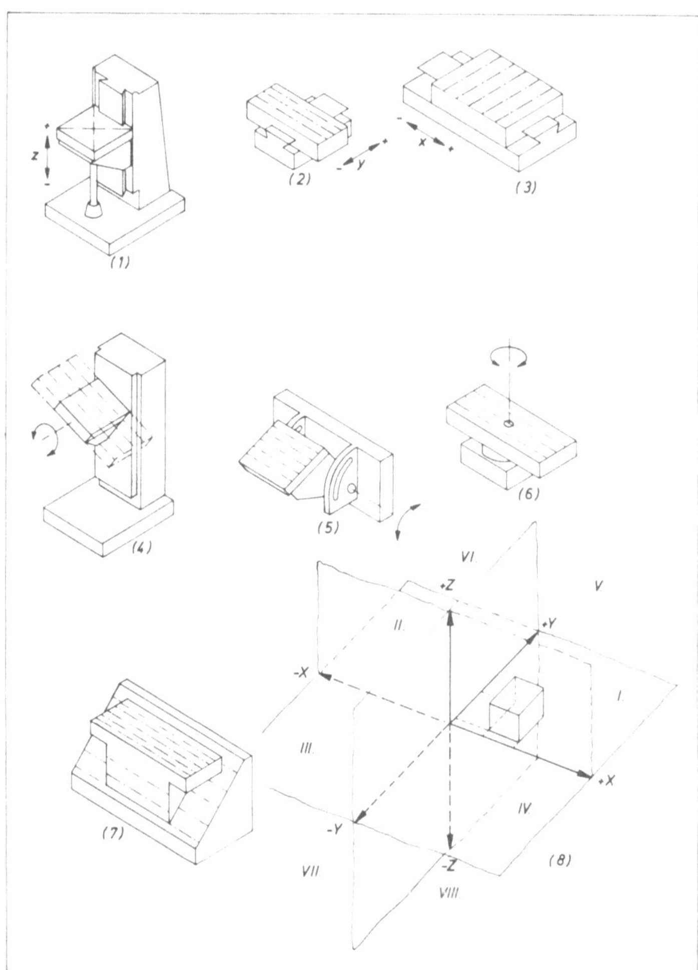

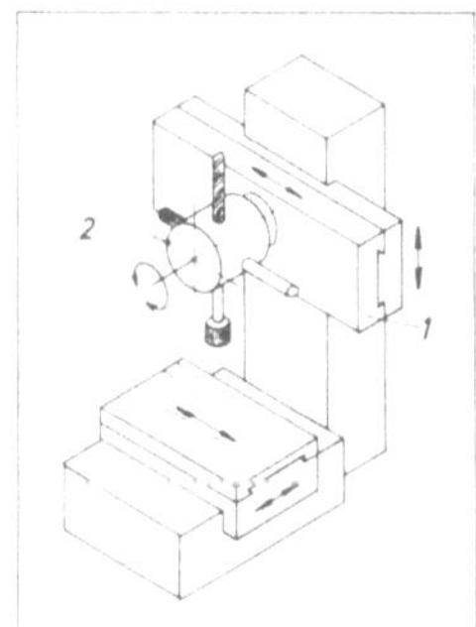

Bild 1-12
Werkstückstische

(1) als Konsol ausge-
führt, verschieb-
bar in z-Richtung
(2) verschiebbar in
y-Richtung
(3) verschiebbar in
x-Richtung
(4) schwenkbar um
y-Achse
(5) kipp- und schwenk-
bar um x-Achse
(6) drehbar um
z-Achse
(7) als starrer
Schrägstisch
(8) das Quadranten-
und Oktanten-
system

Bild 1-13
Werkzeugschlitten eines Bohr- und Fräswerkes
1 Werkzeugschlitten am Querbalken
2 Sternrevolver

bewegt und gesteuert von Hand und mit Motoren über Getriebeelemente, wie sie auch für Tische gebräuchlich sind. Zur Vergrößerung des Arbeitsbereiches und der Beweglichkeit erfolgt die Lagerung auf Konsolen, Brücken und Auslegern, die oft ihrerseits noch Bewegungen ausführen. Bei flacher Bauweise wie z.B. in Drehmaschinen sind sie zugleich Unterlagen (Supporte) und Träger der dazu gehörenden Schlitten und Schieber. Die Führung der Werkzeugträger erfolgt in einfachen Maschinen z.B. Bohrmaschinen in einer Richtung, bei Auslegerbohrmaschinen kommt entlang des Auslegers eine zusätzliche Bewegung hinzu. Der Stössel in Pressen und Abkantmaschinen, sowie der Bär in Schmiedehämmern stellt den Werkzeugschlitten und gleichzeitig den oberen Teil der zweiteiligen Werkzeuge. Den unteren Teil des Werkzeugs trägt der Maschinentisch.

1.3. Geradführungen

Bewegliche Werkstücktische, Werkzeugschlitten und Hilfseinrichtungen gleiten zur genauen Lagebestimmung auf Führungsbahnen. Bei zwei Bahnen dient eine zur Genauführung, die andere zur Abstützung. Ihr Abstand muß so groß sein, daß sicheres Aufliegen und Gleiten gegeben ist. Die Nutzlänge soll dem Arbeitsbereich angepaßt sein und der Schlitten darf in den Endstellungen nicht überstehen. Die Schlittenlänge liegt etwa bei 1,5 bis 2 mal dem Bahnenabstand, bzw. Nennmaß des Stangenquerschnittes bei Stangenführungen. Größe und Richtung der auf die Bahn wirkenden Kräfte und Gewichte bestimmen deren Bauart, Form und räumliche Anordnung. Gegen Eindringen von Staub, Schmutz und Werkstoffteilchen bringt man Staubstege neben den Gleitbahnen an. Sie bilden mit den überhängenden Deckleisten an den Schlitten ein Labyrinth. Schmutzabweiser an den beweglichen Teilen und Faltenbälge zur geschlossenen Abdeckung der freiliegenden Bahnteile dienen ebenfalls dem Schutz der Bahn. Führungsbahnen tragen verschiedentlich auch nicht bewegliche Bauteile, um deren genaues Fluchten mit einer zugehörigen Schlittenbewegung zu erreichen. Man findet dies z.B. bei Drehmaschinen für Spindel- und Reitstock.

Ähnlich den Geradführungen sind Kreisführungen gestaltet. Ein Schwenkschlitten führt die Kreisbewegung, gelenkt durch Nutensteine in Nuten, durch. Die Führungsbahnen werden sowohl als Gleit- wie auch als Wälzführungen gestaltet.

1.3.1. Gleitführungen

Gleitflächen müssen so bemessen sein, daß zu hohe Flächenpressungen vermieden werden. Diese sollen etwa 1 MPa beim Gleiten von Stahl auf Grauguß und 0,5 MPa bei Grauguß auf Grauguß nicht überschreiten. Auf die Bahn werden auch Kunststoffstreifen aufgeklebt oder massive Kunststofführungen verwendet. Die Schlitten sollen leicht und gleichmäßig mit bestimmtem Spiel gleiten. Für die Genauigkeit der Führungsbahnen sind Parallelität, Formgenauigkeit des Profils und Oberflächengüte entscheidend. Hohe Oberflächengüte erreicht man durch Schaben, noch höhere durch Feinschleifen. Je kleiner die Oberflächenrauhigkeit und je größer die Werkstoffhärte, umso geringer ist der Verschleiß. Deshalb werden die Bahnen je nach Anordnung, Größe und Werkstoff am Maschinengestell oder als Einzelteil oberflächengehärtet bzw. vergütet.

Nachstelleinrichtungen erreichen das erforderliche Bewegungsspiel zwischen den Führungen bzw. beseitigen durch Verschleiß entstandenes zu großes Spiel. Es gibt auch Konstruktionen mit selbsttätigem Ausgleich. Zu großes Spiel hätte ein Verkanten des Schlittens zur Folge. Leisten sichern die Gleitführungen gegen Abheben des Schlittens. Gute, ausreichende Schmierung der Gleitflächen wird durch Schmiernuten und Öltaschen erreicht.

Stangenführungen (Bild 1-14 (1) bis (5)). Auf einer oder zwei Stangen mit Kreis-, Mehrkant- oder Polygonquerschnitt gleiten Zylinder als Führungsteile. Bei der Einstangenführung ist eine Paßfeder gegen Verdrehen nötig. Diese Führungsart eignet sich für allseitige Krafteinwirkungen.

Flachführungen (Bild 1-14 (6) bis (8), 1-8, 1-10, 1-11). Es gleiten ebene Flächen aufeinander mit geringem Reibungswiderstand, wobei nur senkrecht auf die Bahn wirkende

Kräfte aufgenommen werden. Abnehmbare Sicherungsleisten, die auch als Führung dienen können, verhindern das Abheben des Schlittens. Flachführungen sind einfach zu bearbeiten.

Prismenführungen (Bild 1-14 (8) bis (12), 1-9). Man baut sie als Dachführungen und V-Führungen. Sie haben den Vorteil, daß sie sich bei Abnützung in bestimmten Grenzen selbsttätig nachstellen können. Nachteilig ist, daß die auf die Bahn wirkenden Kräfte sich in Teilkräfte senkrecht zu den Gleitbahnen zerlegen und zusammen größer sind als die Ausgangskräfte, wodurch höhere Reibungskraft entsteht. Abhebesicherungen sind wegen der seitlichen Kräfte notwendig. Bei *gleichseitigen Dachführungen* wirken auf beide Gleitbahnen gleiche Kräfte. Bei *ungleichförmiger Dachführung* muß die größere

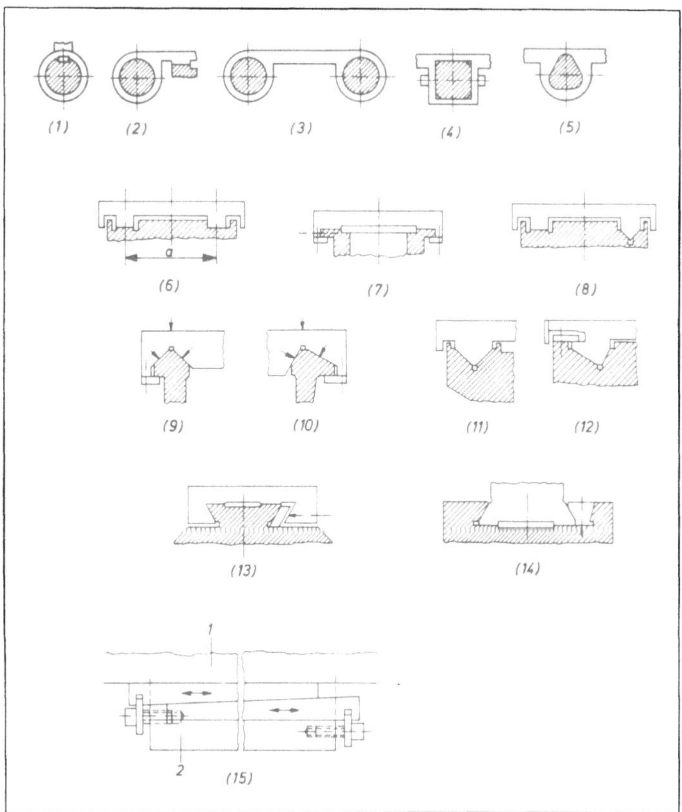

Bild 1-14. Gleitführungen für Werkzeugmaschinen
(1) Rundführung mit Sicherung gegen Verdrehen durch Paßfeder; (2) Rundführung mit Sicherung gegen Verdrehen durch Flachführung. Abheben des Flachbahnschlittens ist möglich; (3) Doppelte Rundführung, reine Stangenführung. Kraftwirkungen aus allen Richtungen können aufgenommen werden; (4) Vierkantführung mit Quadrat- oder Rechteckquerschnitt; (5) Polygonquerschnitt der Führungsstange; (6) Flachführung, eine Richtbahn durch seitliche Führungsleisten einstellbares Gleitspiel, ohne Sicherung gegen Abheben des Schlittens; (7) Flachführung mit Sicherung gegen Abheben des Schlittens; (8) Flach- und V-Führung, Richtbahn ist die V-Führung; (9) gleichseitige Dachführung (Neigung 45°); (10) ungleichseitige Dachführung (Neigungen 30 und 60°); (11) gleichseitige V-Führung; (12) ungleichseitige V-Führung (V = 90°); (13) Schwalbenschwanzführung erhaben (Neigung 55°); (14) Schwalbenschwanzführung vertieft (Neigung 55°); (15) einstellbare Führungsleisten als Keilleisten, die längs der Führungsbahn liegen. 1 Führungsbahn, 2 Schlitten

Seitenkraft auf die steilere Seite wirken, um das Entgleisen des Schlittens zu vermeiden. Die Gleitbahnen reinigen sich auf einfache Weise, da Schmutz, Späne und Schmiermittel von selbst nach unten fallen. *Die V-Führung* ist die Umkehrung der Dachführung mit gleichen Kräfteeinwirkungen. Schmutz kann sich in einer Nute an der Sohle des Profils sammeln. Bleiben Metallteile auf der Gleitfläche kleben, entstehen Riefen.

Schwalbenschwanzführungen (Bild 1-14(13) und (14)). Sie eignen sich für alle auf den Schlitten gerichteten Kräfte. Die Herstellung ist schwieriger. Niedrige Bauformen und vielseitige räumliche Anordnungen ohne Sicherheitsleisten gegen Abheben der beweglichen Teile sind Vorteile dieser Führungsart. Nachstellen ohne Nacharbeit bei ungleichmäßiger Abnützung ist jedoch unmöglich.

1.3.2. Wälzführungen

Bei Wälzführungen sind die verschiebbaren Maschinenteile durch Wälzkörper, wie Kugeln, Rollen oder Nadeln voneinander getrennt. Diese übernehmen die Lagebestimmung und Führung. Ihre Führungselemente sind einstellbar zwischen den Bauteilen gelagert und man erhält den kleinsten Verschiebewiderstand sowie spielfreie Führungen. Die Bahngenauigkeit und Oberflächengüte entspricht denen von Wälzlagern. Die Wälzkörper sind in starren oder gelenkigen Käfigen gehalten oder bewegen sich lose nebeneinander zwischen den Bauteilen. Kugelführungen sind wegen der Punktberührung bei Belastung empfindlicher als Rollen- und Nadelführungen. Die Wahl der geeigneten Wälzführung hängt von den aufzunehmenden Lasten und den Bearbeitungskräften ab. Bei zwei Führungsbahnen kann eine als Wälzführung, die andere als Gleitführung gestaltet werden.

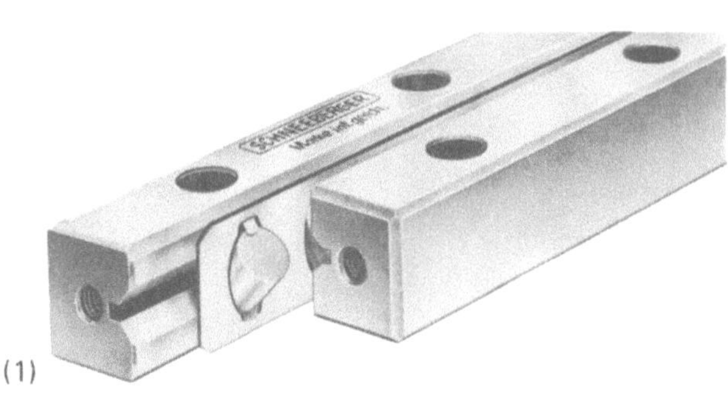

(1)

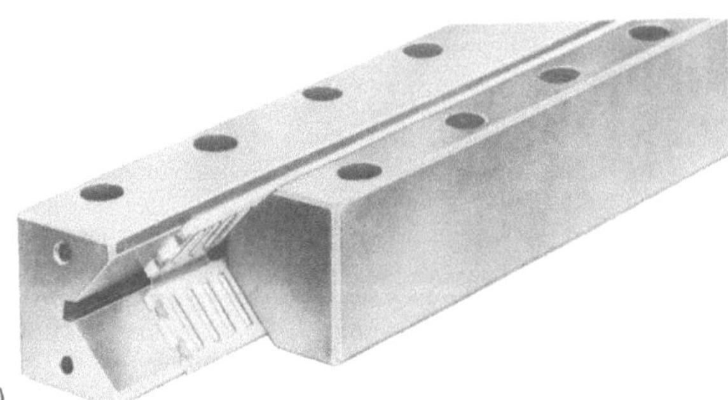

(2)

Wälzlagerführungen (Bild 1-15). Die Führung der Bauteile übernehmen auf Bolzen gesteckte Wälzlager. Diese werden im festen oder beweglichen Teil gehalten. Die Außenringe der Lager stellen dann die Verbindung zum anderen Teil her. Auf diese Weise können keine großen Belastungen aufgenommen werden, dagegen ist eine spielfreie Richtführung gut erreichbar.

Bild 1-15
Führungsschienen
(1) als Längsführung
      mit Rollenlager
(2) mit Nadelrollenlager

Führungsschienen (Bild 1-10, 1-15). Wälzkörper werden in einem geraden, auch rahmenförmigen Flachbandkäfig geführt, wobei sie sich nicht berühren. Der Käfig bewegt sich dabei nur halb so schnell wie das zu führende Teil.

Führungsketten (Bild 1-16). Die Wälzkörper sind in einem als endlose Kette geformten Käfig gefaßt. Die Umlaufschiene, an der die endlose Kette umgelenkt wird, kann an der Bahn oder am Schlitten befestigt sein. Mit einer Umlenkrolle läßt sich die Kette spannen. Legt man in die Kette um 45° zur Waagerechten gedrehte Rollen, so stellt sich mit den Rollen der zweiten umlaufenden Kette in der gegenüberliegenden Führungsbahn ein Kreuzungswinkel von 90° ein *(Kreuzrollenkette)* (Bild 1-16). Damit können höhere Lasten aufgenommen werden.

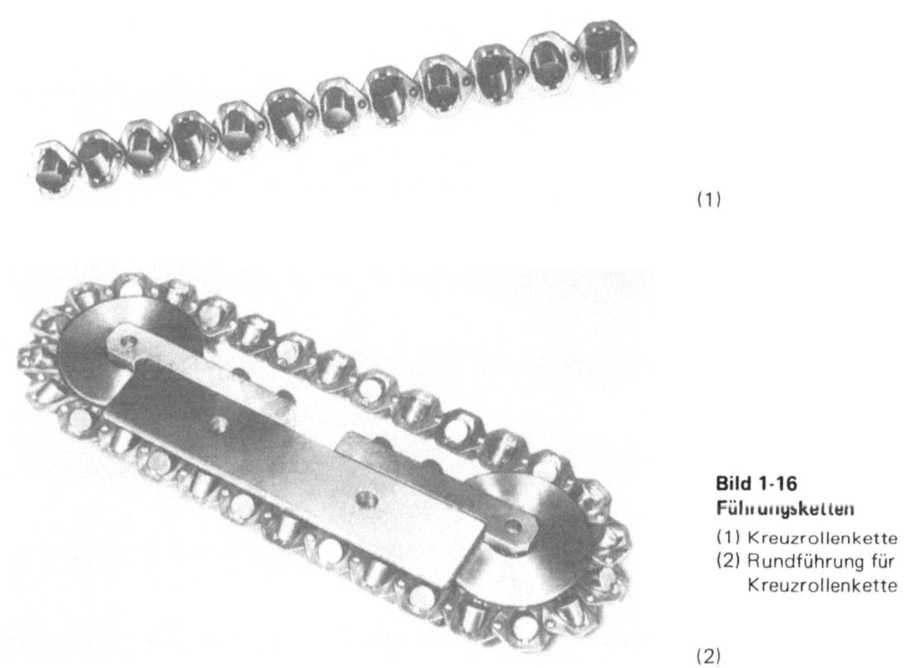

(1)

(2)

Bild 1-16
Führungsketten

(1) Kreuzrollenkette
(2) Rundführung für
    Kreuzrollenkette

Kugelbüchsen (Bild 1-17). Lose, sich berührende Kugeln werden von einigen Käfigen einer geschlitzten Stahlbüchse gehalten. Die Kugelhülse wird für Zylinderführungen verwendet.

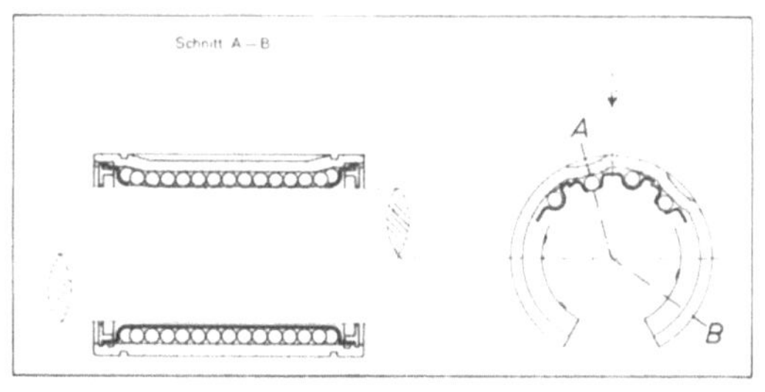

Bild 1-17
Offene Kugelbüchse
nach Thompson

1.4. Antrieb der Werkzeugmaschinen

1.4.1. Antriebsarten

Fast alle Werkzeugmaschinen führen Haupt- und Nebenbewegungen aus. Eingeleitet werden diese durch den Antrieb; über entsprechende Getriebe und Kupplungen erfolgt die Übertragung zum Werkzeug und Werkstück. Überwiegend dient neben *Wasser-, Dampf- und Luftkraft* die *elektrische Kraft*. Neben dem konventionellen Elektromotor in seinen vielen Ausführungsarten ist der elektronische Antrieb mit seinen ruhenden Schaltungen hinzugekommen. *Sammel- und Gruppenantriebe* mittels Seilen, Riemen, Ketten oder Wellen entsprechen nicht mehr modernen industriellen Bedürfnissen. *Einzelantriebe* übertragen die Antriebskraft für jede Maschine mit beigestellten oder an der Maschine angeflanschten Einzelmotoren an die Getriebe. Spanlose Werkstoffbearbeitungen sind oft vor Fertigungsaufgaben gestellt, die mit den üblichen mechanischen Antriebsorganen schwierig oder nicht zu lösen sind. Antriebseinheiten der *Pneumatik* und *Hydraulik* geben hier viele neue Möglichkeiten. Druckluft als Kraftquelle steht in den Betrieben für viele Zwecke zur Verfügung. Hier hat die Pneumatik als Maschinenantrieb den Vorteil des geringeren Kostenaufwandes gegenüber der Hydraulik. Neben den großen Hydraulikanlagen der Schwerindustrie, die überwiegend mit Druckwasser arbeiten, sind für Werkzeugmaschinen aller Arbeitsverfahren *Elektro-Hydroanlagen* mit Hydrauliköl als Druckmittel in ortsgebundener Bauart und als Beistelleinrichtungen neuzeitliche Einzelantriebe für Haupt- und Nebenantriebe gebräuchlich.

1.4.2. Hauptsatz der Antriebstechnik

Der Aufbau eines Antriebes besteht grundsätzlich aus einer *Kraftmaschine* (Motor) und einer mit ihr gekuppelten *Arbeitsmaschine*. Die Antriebsmaschine muß ein *Drehmoment* M_M aufbringen, mit dem sie das *Beschleunigungsmoment* M_B und *Arbeitsmoment* M_A (auch Widerstandsmoment genannt) der Arbeitsmaschine überwinden muß. Es gilt:

$$\boxed{M_M = M_B + M_A}$$

Gl (1.1)

Das eigentliche *Nutzmoment* der Arbeitsmaschine M_N und das *Verlustmoment* M_R (Reibungsmoment) bilden das Arbeitsmoment

$$\boxed{M_A = M_N + M_R}$$

Gl (1.2)

Die Abhängigkeit von Drehmoment und Drehzahl lassen sich in einer Kurve darstellen. Man nennt sie die *mechanische Kennlinie des Antriebs*. Die Momentenkennlinien des Antriebsmotors und der Arbeitsmaschine in gleichem Maßstab in ein Koordinatensystem (Achsenkreuz) eingezeichnet, ergeben einen gemeinsamen Schnittpunkt, den *Arbeitspunkt*, in dem die Werte von Moment und Drehzahl für Motor und Maschine gleich sind. Arbeitet ein Antrieb in diesem Zustand, dem *Beharrungszustand*, so soll er auch stabil sein. Er muß bei üblich auftretenden Belastungsänderungen während des Arbeitsvorganges (Drehzahl) in den vorgesehenen Betriebszustand zurückkehren. Kann er solche Änderungen nicht überwinden, gilt er als labil. Der Antriebsmotor erreicht einen kritischen Punkt, der das *Kippmoment* angibt. Das Diagramm zeigt die Stabilität in genügend großem Wertunterschied der Momente zwischen dem *Arbeitspunkt P* eines Aggregates und dem *Kippunkt K* des Motors. Wird das Nennmoment des Antriebes auf etwa die Hälfte des Kippmomentes des Motors gelegt, genügt erfahrungsgemäß die Sicherheit.

Wenn M_A oder M_B klein sind, kann man sie vernachlässigen. Dann gilt jeweils

$$\boxed{M_M = M_B} \quad \text{Gl (1.3)} \quad \text{oder} \quad \boxed{M_M = M_A} \qquad \text{Gl (1.4)}$$

Bei $M_M = M_B$ liegt relativ langsames Anfahren der Maschine auf *Betriebsdrehzahl* (Beharrungsdrehzahl) im Leerlauf oder mit Werkstück vor. Nach der Größe der zu beschleunigenden oder zu bremsenden Massen richtet sich die *Hochlaufzeit* und *Auslaufzeit*. Anfangs speichert sich kinetische Energie in den umlaufenden Massen, die dann nach dem Auskuppeln durch Reibungskräfte verringert wird. Ist $M_M = M_A$, liegt schnelles Hochlaufen der Maschine auf Betriebsdrehzahl vor, da nur kleine Massen in Bewegung gesetzt werden. Mit steigender Drehzahl gleicht sich das Arbeitsmoment der Maschine M_A dem Moment des Motors M_M an; ein Beschleunigungsmoment M_B ist nicht nötig. Nach dem Auskuppeln fällt die Drehzahl auf Null ab; da die Massen zur Speicherung kinetischer Energie nicht genügen. Es wirken allein die bremsenden Reibungskräfte. Allgemein gilt

Stabiler Arbeitszustand eines Antriebsaggregates (Bild 1-18):

Arbeitspunkt P_S liegt nicht zu nahe beim Kippunkt K des Motors;

bei Drehzahlsteigerung ist das Bremsmoment der Arbeitsmaschine M_A größer als das Moment des Motors M_M;

bei Drehzahlabfall ist das Bremsmoment der Arbeitsmaschine M_A kleiner als das Moment des Motors M_M.

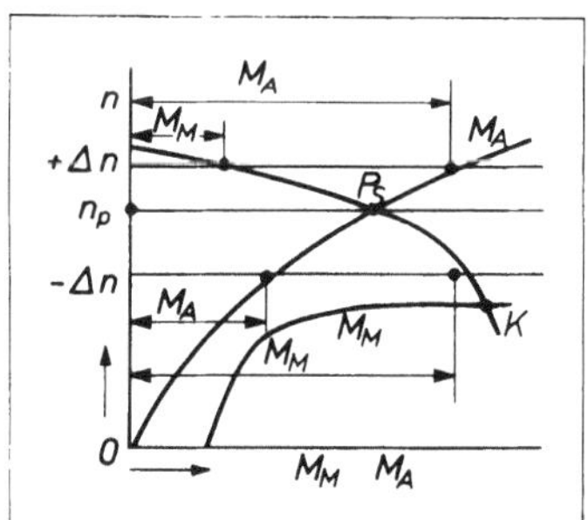

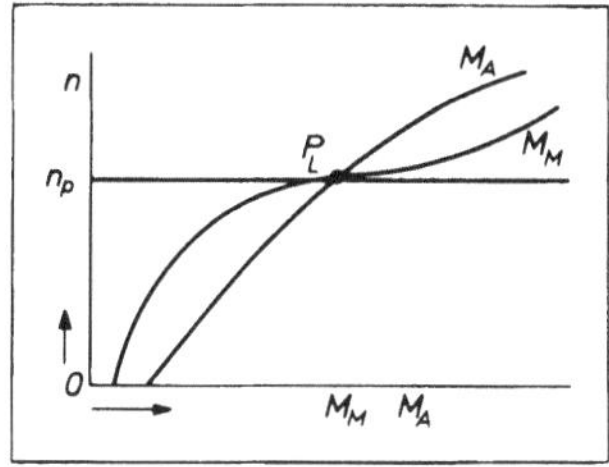

Bild 1-18
Stabiler Arbeitszustand
eines Antriebsaggregates

Bild 1-19
Labiler Arbeitszustand
eines Antriebsaggregates

Labiler Arbeitszustand eines Antriebsaggregates (Bild 1-19):

Bei Drehzahlsteigerung wird das Moment des Motors M_M größer als das Bremsmoment der Arbeitsmaschine M_A, der Motor „geht durch";

bei Drehzahlabfall wird das Moment des Motors M_M kleiner als das Bremsmoment der Arbeitsmaschine M_A, der Motor „stirbt ab".

1.4.3. Drehstrom-Kurzschlußläufer-Asynchronmotor

Als Antriebsmotor für Werkzeugmaschinen werden überwiegend Drehstrommotoren verwendet. Wegen seiner einfachen Bauweise, großen Betriebssicherheit und niederen Betriebskosten ist der Drehstrom-Kurzschlußläufer-Asynchronmotor am häufigsten verwendet. Man kann ihn bis 2 Minuten mit etwa 150 % seiner Nennleistung überlasten. Er ist ein *Induktionsmotor*, d.h. sein Läuferstrom (Ankerstrom) entsteht durch elektromagnetische Induktion. Für die verschiedensten betrieblichen Erfordernisse stehen verschiedene Bauformen und -arten zur Verfügung. DIN-Normen und VDE-Richtlinien sind zu beachten.[1] Die erforderliche Leistung eines Motors richtet sich nach der Schnittleistung am Werkzeug[2] bei spanenden und der Umformleistung bei spanlosen Werkzeugmaschinen[3],[4] Meist besitzt ein Elektromotor annähernd unveränderliche Drehzahl und eine bestimmte Antriebsleistung. Das zugehörige *Drehmoment* läßt sich mittels Getriebe über Drehzahlregelung verändern. Es gilt:

Drehmoment $\quad \boxed{M_\mathrm{d} = \dfrac{9550\,P}{n}} \quad$ (Nm) $\hspace{3cm}$ Gl (1.5)

P Antriebsleistung des Motors in kW
n Antriebsdrehzahl des Motors in min^{-1}

Daraus folgt:

Das Moment steigt bei gleichbleibender Antriebsleistung und fallender Drehzahl. Das Moment bleibt gleich bei abnehmender Arbeitsleistung und fallender Drehzahl.

Drehmoment $\quad \boxed{M_\mathrm{d} = F r} \quad$ (Nm) $\hspace{4cm}$ Gl (1.6)

F Kraft für die Verrichtung einer Arbeit, z.B. Umformkraft, Schnittkraft in N
r Hebelarmlänge; z.B. bei kreisender Hauptbewegung der Halbmesser $d/2$ des sich drehenden Werkstückes oder Werkzeuges in m

Beim Arbeiten mit kleinen Drehzahlen können große Drehmomente und Kräfte auftreten, die für die Gestaltung der Form und der Bemessung der Bauteile einer Maschine von Einfluß sind.

Anlaufverhalten. Ein hoher Anlaufstrom bewirkt einen hohen Stromstoß, der kurzzeitig das Leitungsnetz stark belastet. Besondere Vorschriften zum Schutz des Stromversorgungsnetzes für die Einrichtung und Benutzung elektrischer Anlagen sind zu beachten.

---

[1] DIN 40050 Schutzarten für elektrische Maschinen
DIN 42950 Bauformen von Elektromotoren
DIN 42973 Nennleistungen elektrischer Maschinen

VDE 0051 Schlagwetter- und Explosionsschutz elektrischer Betriebsmittel
VDE 0165 Einrichtung elektrischer Anlagen in explosionsgefährdeten Räumen
VDE 0166 ... in explosivstoffgefährdeten Räumen
VDE 0170 Explosionsgeschützte Motoren
VDE 0100 Schutzmaßnahmen gegen zu hohe Berührungsspannung

[2] *K.-T. Preger*, Zerspantechnik, Verlag Vieweg, Braunschweig 1972

[3] *K. Grüning*, Umformtechnik, Verlag Vieweg, Braunschweig 1972

[4] *E. Semlinger*, Stanztechnik, Verlag Vieweg, Braunschweig 1973

Für Motoren kleinerer Leistung (ca. 2,2 kW) genügt zur Inbetriebnahme ein Schalter. Für Werkzeugmaschinen geschieht die am besten mit *Tastschalter* (Bild 1-20) in Verbindung mit Motorschutzeinrichtung (Schützen). Beim Eindrücken des Tasters zieht das Schütz an, der Motor erhält Strom und ein Hilfsschalter schließt gleichzeitig einen Hilfsstromkreis. Dieser bewirkt das Haften des Schützes nach dem Loslassen des Tastschalters. Mit dem Taster zum Ausschalten unterbricht man den Stromkreis zum Schütz; er löst sich und Motor- und Hilfsschalter öffnen sich. Der Motor läuft aus.

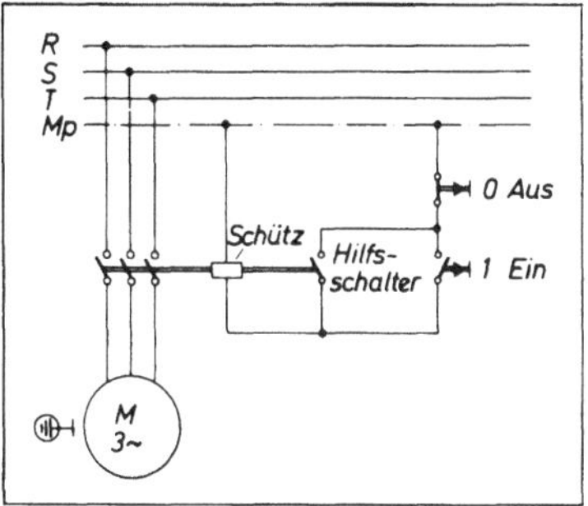

Bild 1-20
Einschalten des Drehstrommotors

Bei Schweranlauf und für Motoren mittlerer und größerer Leistungen ist es zweckmäßig, den Motor entlastet hochlaufen zu lassen und den Kraftfluß mit Kupplungen auf den Arbeitsvorgang der Maschine umzulegen. Für Motoren größerer Leistungen muß der hohe Anlaufstrom in irgendeiner Form auf einen, für das Versorgungsnetz erträglichen, Wert begrenzt werden. Es kann dies durch folgende besondere Konstruktionen von Schalteinrichtungen und Motoren erreicht werden:

Können die drei Phasenwicklungen im Ständer auf *Stern- und Dreieckschaltung* verbunden werden, so ist es möglich, diese Verbindung beim Anlaufen des Motors nacheinander herzustellen. Beim Schalten für das Anlaufen sind die Phasenwicklungen untereinander in „Stern ⅄" verbunden. Ihr Widerstand ist daher größer und der Strom entsprechend niedriger. Ist der Motor an seine Drehzahl herangekommen, verbindet man mit nochmaligem Schalten die drei Phasenwicklungen in „Dreieck Δ". Nunmehr läuft der Motor bei niedrigerer Spannung und zugehöriger höherer Stromstärke.

Bei der *Kusaschaltung (Kurzschlußläufer-Sanftanlauf)* mindert ein in einer Phase liegender Dämpfungswiderstand den erhöhten Anlaufstrom. Bezogen auf die Anlaufdauer, gesteuert von einem Zeitrelais, wird durch ein Schütz beim Übergang des Motors in den Betriebszustand der Widerstand kurzgeschlossen.

Beim *Stromverdrängungsmotor* ist der übliche Kurzschlußläufer durch einen Läufer mit zwei am Umfang übereinanderliegenden Stabreihen verschiedener Querschnitte ersetzt. Der beim Anlaufen in diesen Stäben induzierte Strom entwickelt besonders um die inneren Stäbe mit großem Querschnitt ein dichtes Magnetfeld. Die hohe Feldliniendichte desselben erzeugt einen großen induktiven Widerstand und drängt den Strom in die äußeren Läuferstäbe. Diese haben mit ihrem kleinen Querschnitt einen großen Ohm'schen Widerstand und dämpfen den Anlaufstrom. Nimmt die Drehzahl des Läufers zu, sinkt der induktive Widerstand durch Abnahme der Frequenz des Läuferstroms. Dieser verteilt sich dann auf die inneren und äußeren Stabreihen und kann bei geringem Widerstand seine volle Leistung für den Betrieb erreichen. Der Anlaufstrom erreicht hier etwa das 4fache des Normalstromes.

Bei *Schleifring-Kurzschlußläufermotoren* mit großer Leistung (über 10 kW) verwendet man zur Minderung des hohen Anlaufstromes einen Läufer, der aus einzelnen gegeneinander isolierten Blechlamellen besteht; er hat entsprechend der Ständerausführung gleiche Wicklung, im Stern geschaltet. Die Anfänge dieser Läuferentwicklung UVW werden an Schleifringe geführt, die um die Läuferwelle (Motorwelle) liegen. Ihre Enden XYZ sind im Sternpunkt miteinander verkettet. Der Läufer ist von den Schleifringen über Kohlebürsten an einen Anlasser angeschlossen. In ihm ist für jede Phase ein Anlaßwiderstand geschaltet, der den Läuferstrom schwächt. In der Endstellung des Anlassers sind die Schleifringe kurzgeschlossen. Der Motor arbeitet nun wie ein gewöhnlicher Kurzschlußmotor. Den Anlaufstrom kann man mit dieser Bauart auf das 1,5fache des Nennstromes begrenzen. Zur Verminderung der Reibung der Kohlebürsten auf den Schleifringen und der damit verbundenen Störanfälligkeit des Motors lassen sich diese von den Schleifringen nach dem Anlassen mittels eines Spezialschalters abheben.

Für die *Drehzahl- und Drehrichtungsänderung* bedient man sich elektrischer und mechanischer (Getriebemotoren) Mittel:

Polumschaltbare Motoren lassen durch Zuschalten von Polpaaren im Ständer und besonderer Anordnung der Wicklung 2, 3 und 4 Drehzahlstufen entstehen. 2 Polpaare auf einem Ständer – *Dahlanderschaltung* genannt – erlauben im Wechsel mit einem Polpaar ein Umschalten von $3000\,\mathrm{min}^{-1}$ auf $1500\,\mathrm{min}^{-1}$. Zwei Dahlanderschaltungen auf gleichem Ständer erzielen vier Drehzahlen. Für Drehzahlen, die nicht in diesem Verhältnis stehen,

hat der Motor zwei voneinander getrennte Ständerwicklungen, von denen jede für das entsprechende Polpaar gewickelt ist. Mit einer Dahlanderschaltung und einer zusätzlichen Wicklung lassen sich 3 Drehzahlen erzielen. Das Ein- und Ausschalten geschieht mit Walzenschalter, Nockenschalter und durch Schütze. Eine *Änderung der Frequenz* kann mit *synchronen und asynchronen Frequenzwandlern* ausgeführt werden. Bei diesen mechanischen Frequenzwandlern treibt ein Drehstrommotor einen Generator, der ein Hilfsnetz mit anderer Frequenz

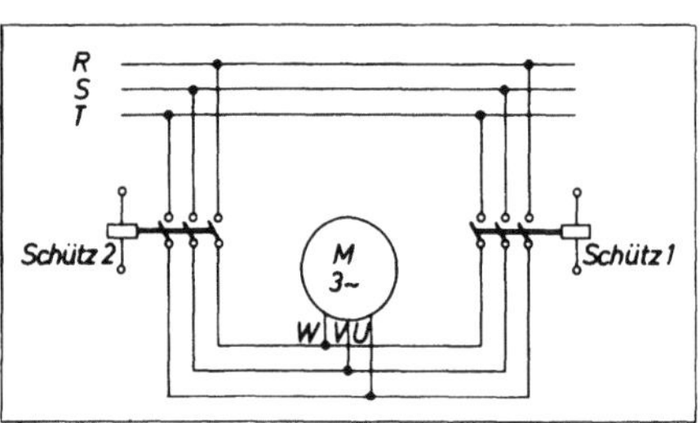

Bild 1-21
Drehrichtungswechsel
durch Vertauschen zweier Phasen mit
zwei Schützen im Betrieb

als das normale Netz hat. Das Hilfsnetz wird auf den Arbeitsmotor geschaltet. Neuzeitliche Frequenzwandler arbeiten mit Thyristoren. Bei Drehrichtungsänderung eines Drehstrommotors vertauscht man mit Hilfe von Spezialschaltern zwei beliebige Phasen der Netzleitung (Bild 1-21). Die Häufigkeit des Drehrichtungswechsels ist wegen der entstehenden Erwärmung des Motors begrenzt. Grenztemperaturen sind nach VDE 0530 festgelegt. Angaben für die *zulässige Schalthäufigkeit* gibt der Motorenhersteller, sie ist abhängig von der Läuferbauart und den *Schwung- und Bremsmomenten.* Ist häufiges Umschalten der Drehrichtung einer Werkzeugmaschine erwünscht, muß der Käufer dem Hersteller entsprechende Angaben machen.

Zur schnellen *Bremsung* dienen mechanische oder elektrische Einrichtungen. Mechanisches Bremsen hat den Nachteil, daß Verschleiß auftritt. Die Bremsung auf elektrischem Wege sind Gegenstrom- und Gleichstrombremsung. Bei der Gegenstrombremsung werden zwei Phasen vertauscht. Ein eingebauter Bremswächter sorgt dafür, daß der Motor rechtzeitig vom Netz getrennt wird, bevor ein Anlaufen in umgekehrtem Drehsinn erfolgt. Bei der Gleichstrombremsung wird durch eine besondere Schaltung die Ständerwicklung des Drehstrommotors mit Gleichstrom erregt, wodurch ein Bremsmoment entsteht.

1.4.4. Gleichstrom-Nebenschlußmotor

Gleichstrom-Nebenschlußmotoren lassen eine feinstufige Drehzahländerung zu. Außerdem fällt bei Belastung die Drehzahl nur unwesentlich ab. Wegen dieser Vorteile verwendet man den Motor trotz des schlechten Wirkungsgrades (ca. 75 %) im Werkzeugmaschinenbau für Sonderaufgaben. Feldschwächung, durch einen Widerstand in der Stromzuführung, erreicht die Drehzahländerung. Dadurch lassen sich die Drehzahlen in geringen Grenzen stufenlos steigern, allerdings bei einer Minderung des Drehmoments. Drehzahländerung über einen größeren Bereich erfordert den *Leonardantrieb*. Ein Drehstrommotor treibt einen Gleichstromgenerator, mit dessen Gleichstrom wird der Leonardmotor bewegt. Außerdem wird noch eine Erregermaschine zur Fremderregung des Generators und des Leonardmotors betrieben. Die Drehzahlregelung beim Leonardantrieb erfolgt durch Regelung der Ankerspannung bei konstantem Drehmoment. Beim Bremsen des Leonardantriebes wird der Leonardmotor zum Generator und der Generator zum Motor, wodurch der Drehstommotor angetrieben wird und ins Netz zurückspeist. Statt des Leonardantriebs können elektronische Stromtorsteuerungen verwendet werden. Gasgefüllte Glühkathodenröhren *(Thyratrons)* bis 15 kW oder *Thyristoren* (Halbleiterventile) erzeugen den Gleichstrom (beide lassen den Strom nur in einer Richtung durch).

1.5. Wellen und Spindeln[1])

1.5.1. Bauarten von Spindeln

Die *Drehspindel* oder Hauptspindel in Drehmaschinen (Bild 1-22, 1-23) ist eine Hohlspindel. Ihre Längen- und Durchmesserabstufungen richten sich nach der Antriebs- und Lageranordnung, den entstehenden Verdreh- und Biegebeanspruchungen und der kritischen Drehzahl. Als Werkstoff verwendet man Stahl oder Stahlguß, der oberflächengehärtet wird. Der Antrieb erfolgt von dem in der Nähe des Hauptlagers angebrachten

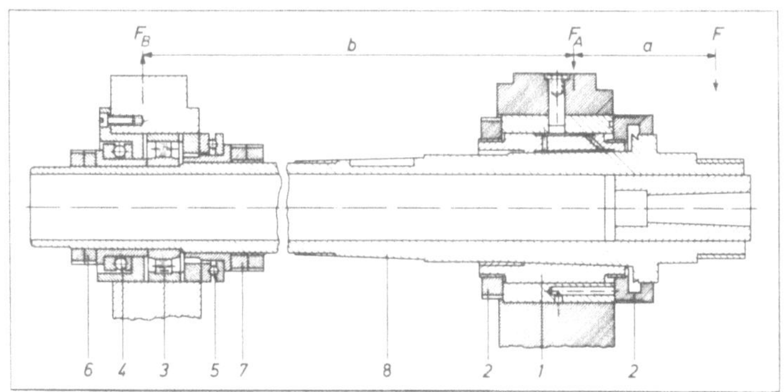

Bild 1-22. Lagerung der Hauptspindel einer Drehmaschine

1 Hauptlager mit ungeschlitzter, einteiliger, kegeliger Gleitlagerbuchse; 2 Einstellmutter für das Axialspiel; 3 Radialrollenlager als Stützlager; 4 hinteres Axialkugellager; 5 vorderes Axialkugellager; 6 Einstellmutter für Stützlager; 7 Einstellmutter für Axiallager; 8 Sitz für Antriebsrad.
F_A, F_B Lagerkräfte, F Belastung an der Spindelnase, a Auskraglänge

---

[1]) *H. Roloff/W. Matek*, Maschinenelemente, Verlag Vieweg, Braunschweig 1976

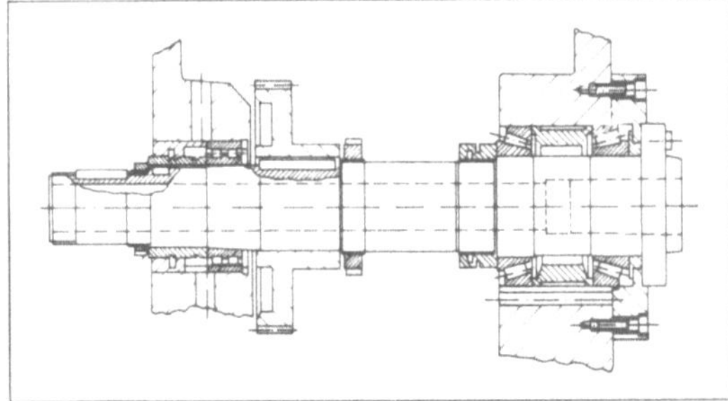

Bild 1-23
Dreifach gelagerte Drehspindel
einer Kopier- und Vielschnittdrehmaschine mit zwei Kegelrollen- und
einem Zylinderrollenlager

Schrägstirnrad oder von einer Riemenscheibe. Der Spindelkopf nimmt die Werkstück-
spanner in verschieden ausgeführten Haltevorrichtungen auf. Zur Aufnahme von Drehspitzen
benutzt man Innenzentrierungen mit Morse- oder metrischen Kegelabmessungen (DIN 228),
für Spannzangen eine kürzere und steilere Ausführung (DIN 6341). Die Außenzentrie-
rungen für Spannzeuge sind vielseitiger:

> Gewindezapfen und Führungsansatz (DIN 800);
> Zentrierkegel und Flansch (DIN 55021), Zentrierung erfolgt mit Kurzkegel, Kraftschluß mit
> Mitnehmer, der im Flansch eingelassen und verschraubt ist;
> Zentrierkegel-, Flansch- und Bajonettscheibenbefestigung (DIN 55022);
> Zentrierkegel-, Flansch- und Camlockbefestigung (USA – Norm ASA B 5.9).

Bohrspindel. In Maschinen mit senkrechter Bohrrichtung wie in Tisch-, Säulen- oder
Ständerbohrmaschinen ist die Arbeitsspindel vielfach dünn und lang. In der Spindelhülse (Pinole) oder im Spindelkasten gelagert, überträgt sie die Haupt- und Vorschubbewegung vom Werkzeug auf das Werkstück. Den Antrieb besorgt ein Stirnrad oder
eine Riemenscheibe mit Keilwellenprofil in den Naben und am oberen Mitnehmerteil
der Spindel. Die Vorschubbewegung erfolgt gleichzeitig durch Längsverschiebung der
Spindel. In Waagrechtbohrmaschinen und Bohrwerken ist die Bohrspindel mit Nut-
und Federprofil in einer Trag- oder Lagerhülse längsverschiebbar mittels Gewindespindel
und Mutter oder hydraulischem Kolbenhubmotor. Vorschubbewegungen werden auch
mit Zahnstange und Ritzel (Zahnstange an der Spindelhülse) vorgenommen. Zur Aufnahme der Werkzeuge und Werkzeugspanner verwendet man den Morse- oder metrischen
Innenkegel.

Frässpindel (Bild 1-24, 1-25). Als Haupt- oder Arbeitsspindel in waagrechter und senkrechter Stellung nimmt sie Werkzeuge mit Innenkegel auf. Sie ist als Hauptspindel ähnlich
wie in Drehmaschinen ausgeführt, gelagert und angetrieben. Für Zusatzeinrichtungen,
wie z.B. Senkrechtfräsköpfe, dient sie als mittelbarer Antrieb für deren Arbeitsspindel.
Diese wiederum hat die entsprechenden Innenzentrierungen und Spannzangen für die zu
verwendenden Werkzeugabmessungen. Formen und Abmessungen für Frässpindelköpfe
sind genormt:

> Frässpindel mit Kopf (DIN 2207). Vor dem Morseinnenkegel (DIN 228), in die Stirnseite
> eingelassen, liegen zwei parallele Mitnehmerflächen, die den entsprechenden Bund am Werk-
> zeug oder Werkzeugspanner aufnehmen, wobei der Außenkegel 3 : 10 als Sitzfläche für Messer-
> köpfe verwendet wird;
> Frässpindelköpfe mit Steilkegel 7 : 24 (DIN 2079), Kegelbohrung 3,5 : 12 (DIN 729 nach ISO)
> zur Aufnahme von Werkzeugschäften mit Steilkegel und Gewinden nach DIN 2080.

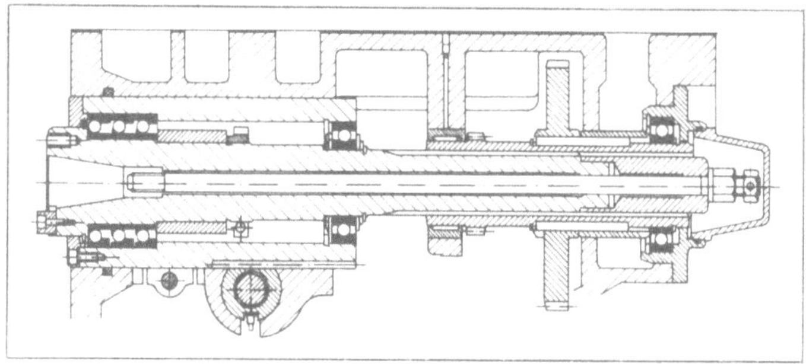

Bild 1-24. Schnitt durch eine dreifach gelagerte Frässpindel
mit nicht nachstellbaren Schrägkugellagern

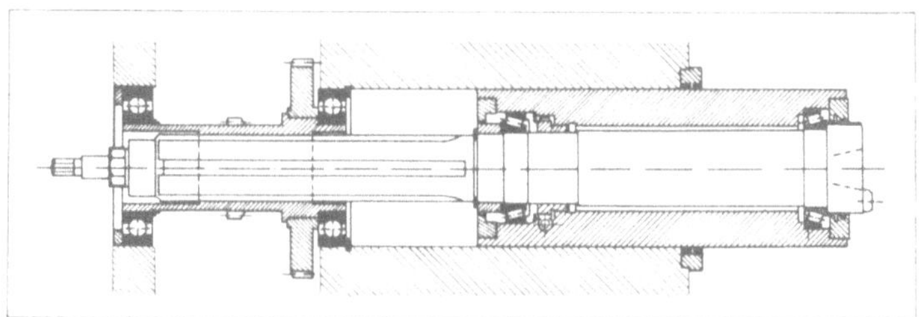

Bild 1-25. Schnitt durch eine vierfach gelagerte Frässpindel
einer Planfräsmaschine mit zwei Kegelrollen- und zwei Kugelrollenlagern (ein Nachstellelement
für alle Lager)

Messerköpfe schraubt man gegen die Stirnseite des Frässpindelkopfes. Zur Sicherung für
das Mitnehmen sind Mitnehmersteine in Nuten eingelegt. Die Zentrierung übernimmt
der Spindelkopf am Außendurchmesser oder die Kegelzentrierung.

Schleifspindeln (Bild 1-26, 1-27) müssen wegen ihrer hohen Drehzahl, der verschiedenen
Gewichte, Größen und Formen der Schleifscheiben sorgfältige Ausführung und Lagerung
erhalten. Sie sind Arbeitsspindeln und tragen allgemein die Schleifscheibe einseitig oder
zweiseitig am Spindelende. Ihre Arbeitsstellung kann waagrecht, senkrecht oder in eine
Winkellage verstellbar sein. Der Antrieb erfolgt direkt vom Antriebsmotor oder über
einen Riementrieb. Wegen kleinster Unwuchten der Schleifscheibe kann Schlag entstehen,
der bei schweren Scheiben die Maschine ins Schwingen bringt und die Schleifgüte ver-
schlechtert sowie die Lager beschädigt. Durch statisches und dynamisches Auswuchten
der Scheiben kann dies verhindert werden. Spindelkopfausführungen sind nach DIN
genormt. Schleifspindeln für Flächen- und Außenrundschleifen bilden mit dem Spindelkopf eine Einheit. Für Innenrundschleifen verwendet man Spindeln mit Verlängerungs-
möglichkeiten. *Flanschspindeln* benutzt man, wenn der Werkstücksdurchmesser größer
als der Durchmesser der Spindelhülse ist. Hier sitzt die Schleifscheibe wechselbar auf
einem Flansch, der durch Außen- oder Innenkegel mit der Spindel verbunden wird.
Der Flansch gibt Möglichkeit verstellbare Auswuchtgewichte anzubringen. Für Innen-
schleifarbeiten verwendet man auch hier *Verlängerungsspindeln*. Die Verlängerung wird
wie der Flansch auf die Schleifspindel aufgesteckt. Bei kleinen, langen Innenschleif-
arbeiten neigen dünne Spindeln und Verlängerungen zum Federn und Schwingen, was

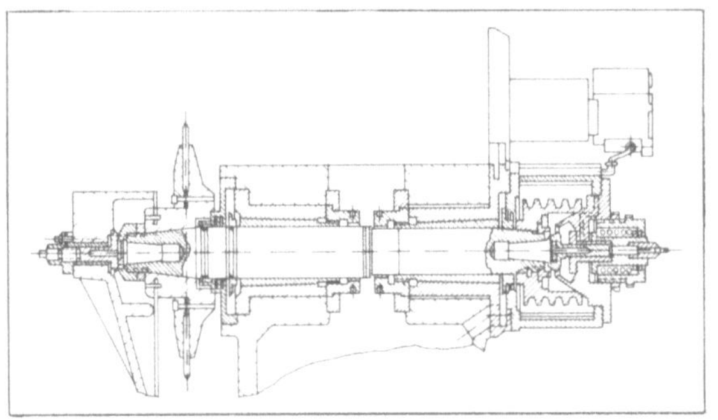

Bild 1-26
Schnitt durch Schleifspindel
und deren Lagerung einer Universal-
gewindeschleifmaschine mit auf
0,002 mm Spiel einstellbaren
Gleitlagern

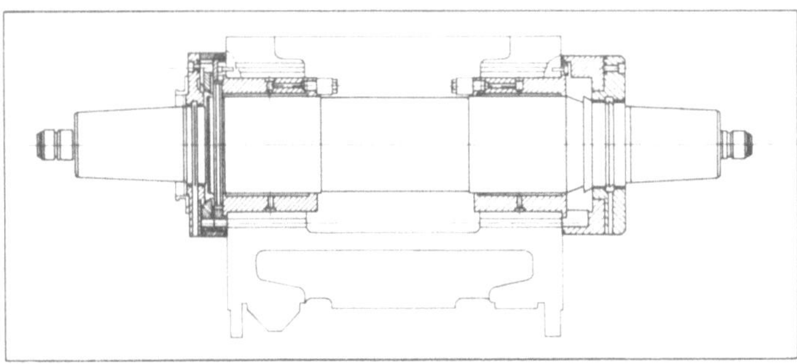

Bild 1-27
Schleifspindel mit
Gleitlagern
für eine
Rundschleifmaschine

zum Hämmern der Schleifscheiben führt. Dann werden viele Schnitte mit der Scheibe erforderlich. *Innenschleifspindeln* baut man mit 200 − 2000 mm Länge und 20 − 150 mm Hülsendurchmesser. Mit Schleifstiften, in Sonderfutter gespannt, kann bis unter 1 mm Durchmesser geschliffen werden. Der Drehzahlbereich für diese Schleifspindeln liegt zwischen $12\,000\ \text{min}^{-1}$ und $200\,000\ \text{min}^{-1}$. Hohe Drehzahlen erreicht man mit unmittelbarer Verbindung an einen Druckluftmotor oder mit Gurtbandvorgelege und Hochfrequenzmotor. Schleifspindellager sind Sonderwälzlager oder mit Ölnebel oder Druckluft geschmierte Gleitlager; Druckluft dient zugleich als Kühlung. Schnellaufende Arbeitsspindeln sind auch in Gravier-, Handschleif- und Handfräsmaschinen eingebaut. Werkstückspindeln für Rundschleifarbeiten befinden sich im Werkstückspindelstock. Sie tragen das Werkstück in Spannfutter, Spannzangen, Schleifvorrichtungen oder zwischen Spitzen wie in Drehmaschinen. Sonderausführungen der Spindeln sind *Gelenkwellen* (Wellengelenke DIN 808, Kreuzgelenke für Tischantriebe und Bohrspindeln; biegsame Wellen zum Antrieb kleinerer Werkzeuge in Handfräs- oder Handschleifmaschinen.

1.5.2. Lagerung von Wellen und Spindeln

Lagerung der Getriebewellen. Je nach Belastungsart und Bauform eines Getriebes verwendet man überwiegend Rollen-, Kugel- und Nadellager. Nadellager haben die kleinsten Baumaße. Für Getriebe mit Wälzlagern findet die Spritzschmierung Anwendung. Bei hohen Umfangsgeschwindigkeiten wählt man Drucköschmierung (Sprühöl oder Ölstrahl).

Lagerung der Hauptspindel. Für die Hauptspindel ist ihr genauer Rundlauf und die Einhaltung des Lagerspiels nach vielen Betriebsstunden wichtig. Die Lager sollten nachstellbar sein, was bei Gleitlagern einfach ist. Für Gleitlager besteht aber bei kleinem Lagerspiel und hohen Drehzahlen die Gefahr, daß sie sich rasch unzulässig erwärmen und festfressen. Hier bewähren sich Wälzlager mit ihrer rollenden Reibung besser. Sie zeigen auch im Dauerbetrieb nur Handwärme.

Gleitlager (Bild 1-22, 1-26, 1-27) sind in der Regel nachstellbar. Die Lagerbuchse in Bild 1-22 ist außen zylindrisch und innen kegelig, was auch einen kegeligen Ansatz an der Welle erfordert. Die Axialkräfte auf die Hauptspindel müssen die Axial-Kugellager des hinteren Lagers aufnehmen. Sie sind in geringen Grenzen einstellbar und Längenänderungen durch Wärme können ausgeglichen werden. Die Einstellbarkeit erreicht man auch für zylindrischen Wellenansatz durch zwei ineinander geschobene Kegelbuchsen oder

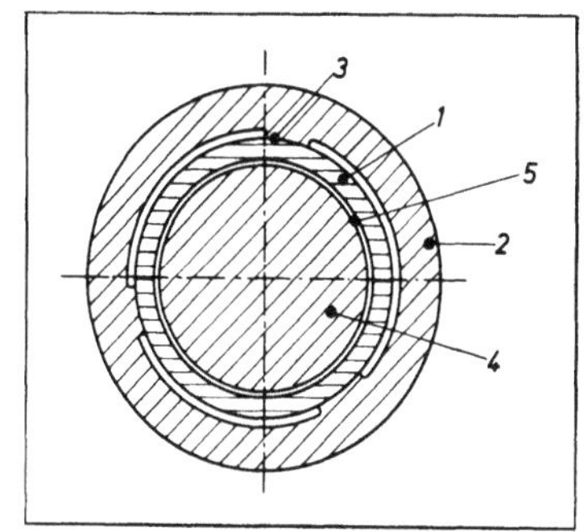

Bild 1-28
Schnitt durch ein Mackensenlager
1 Lagerbüchse; 2 Lagergehäuse;
3 Druckstege; 4 Schleifspindel; 5 Ölraum

mit geschlitzten Lagerbuchsen bei zylindrischer Wellenbohrung. Eine bessere Nachstellbarkeit haben Gleitlager mit mehrteiligen Tragflächen, z. B. das Mackensenlager (Bild 1-28). Das kegelige Lagergehäuse verformt beim Einstellen durch drei Druckstege die dünnwandige Lagerbüchse. Die Lagerbüchse legt sich an den drei Druckstellen an und wird unrund. Der Ölraum wird unterteilt, und es entstehen Öltaschen. Diese Lagerart ist allerdings nur für kleinere Belastungen geeignet.

Wälzlager (Bild 1-22, 1-23, 1-24, 1-25). Man verwendet sie, von wenigen Ausnahmen abgesehen, für fast alle Lagerungsaufgaben drehender Bauteile. Ihre Vorzüge sind geringste Lagerreibung und Lagerspiele, vielseitige Anwendungsmöglichkeiten der zahlreichen Bauformen, einfache Wartung und günstige Nachstellbarkeit für das Bewegungsspiel, das durch Belastung und Abrieb entstehen kann. Die Wälzlagerung der Hauptspindel einer Drehmaschine, für die eine Nachstellbarkeit im Kegelrollenlager gegeben ist, zeigt Bild 1-25. Nachstellbar sind auch Wälzlager mit gering kegeligem Paßsitz im Innenring durch geringfügiges seitliches Verschieben.

1.6. Kupplungen und Bremsen

1.6.1. Nicht schaltbare Kupplungen

Es sind dies feste und bewegliche Kupplungen zur starren und elastischen Verbindung. *Scheiben-, Schalenkupplungen und Kupplungen mit Stirnverzahnung* sind zur starren Verbindung der Bauteile geeignet, wenn diese gleichachsig fluchten und nur bei Montagen und Reparaturen gelöst werden. *Bewegliche*, aber *unelastische, drehstarre Kupplungen* eignen sich zum Ausgleichen von Verlagerungen der Bauteile. Axiale Verlagerungen können durch *längsbewegliche ausrückbare und nicht ausrückbare Klauenkupplungen* ausgeglichen werden.

Schalten ist nur im Stillstand möglich. *Querbewegliche Kupplungen* sind in der Lage, versetzte parallele Wellen (z.B. durch die *Oldhamkupplung*) und winklig zueinander verlaufende Wellen (durch *Kugel- und Kreuzgelenkkupplungen*) auszugleichen. Die

Bogenzahnkupplung ist *allseitig beweglich* und kann kleine axiale, geneigte und winklige Verlagerungen auffangen.

Bewegliche, drehelastische Kupplungen zum Ausgleich von Drehmomentstößen und Drehschwingungen können auch kleine axiale, geneigte und winklige Wellenverlagerungen aufnehmen. Die beiden auf den Wellenenden sitzenden Kupplungsscheiben sind durch federnde, elastische Zwischenglieder verbunden. Letztere können Änderungen des Drehmomentes auf der Antriebsseite durch Speichern oder Dämpfen der Energie verringern oder ausgleichen. Bei *Stahlbandkupplungen*[1]) sind die beiden Kupplungsscheiben mit einem schlangenförmig gewundenen Stahlband um ihren äußeren Umfang miteinander verbunden. Sie sind in Nuten gelagert, die sich nach innen den gegenüberliegenden Planseiten zu keilförmig erweitern. Bei stoßartiger Belastung ist eine federnde Bewegung des Stahlbandes möglich. Dabei verringert sich die Stützweite und die Federsteife nimmt zu. Die Kennlinie erhält einen progressiven Verlauf. Diese Kupplung hat gering dämpfende Eigenschaft und ist für schwere Werkzeugmaschinenantriebe geeignet. Die *Bolzenkupplung*[2]) ähnelt der Scheibenkupplung. Ihre Kupplungsscheiben tragen Schraubbolzen, die in ihnen gegenüberliegenden Löchern der anderen Kupplungsscheiben hineinragen. Sie sind überzogen mit nachspannbaren, glatten oder balligen Gummibuchsen, um radiales Spiel auszugleichen. Die Bolzenanordnung kann einseitig oder wechselseitig auf den Kupplungsscheiben ausgeführt sein. Bolzenkupplungen sind die gebräuchlichsten elastischen Kupplungen für einfache Antriebe, einfach im Aufbau. Eine *hochelastische Kupplung*[3]) liegt vor, wenn die Verbindung der beiden Kupplungsscheiben mit einem Zwischenglied erfolgt, das als Gummiring auch mit Gewebeeinlage ausgebildet ist. Dieser Ring wird verschieden im Querschnitt geformt, geschlossen oder auch radial geteilt, zur Befestigung auch auf Metallteile geklebt oder vulkanisiert ausgeführt. Die Bauweise ist sehr elastisch und kann größere Wellenverlagerungen ausgleichen. Besonders geeignet ist sie zur Stoß- und Schwingungsdämpfung, z. B. in Antrieben für Stoß-, Hobelmaschinen, Pressen u. dgl.

1.6.2. Schaltbare Kupplungen

Dies ist die wichtigste Gruppe der Kupplungen für den Werkzeugmaschinenbau. Besonders die Automatisierung wäre ohne sie undenkbar. Sie kommen in vielen Bauformen vor *(Klauenkupplung, Zahnkupplung, Scheiben-, Lamellen-, Kegel-, Wellen- und Flanschkupplung).* Die Betätigungsart und die Art der Kraftübertragung kann verschieden gestaltet werden (mechanisch, elektrisch, hydraulisch, nicht steuerbar, steuerbar; Übertragung: form-, kraft-, reibungs-, strömungsschlüssig).

Schaltkupplungen haben viele Anwendungsgebiete *(Anlauf-, Sicherheits-, Freilauf-, Moment-, Fliehkraftkupplung).*

Die *nichtsteuerbaren Kupplungen* kommen über einer genau festgelegten Drehmomentgrenze ins Rutschen. Sie werden daher eingesetzt als *Drehmoment-, Sicherheits- oder Rutschkupplungen.* Bei einer anderen Art wird bei einem bestimmten Drehmoment die kraftschlüssige Verbindung hergestellt und beim Erreichen eines anderen selbsttätig wieder aufgehoben, wie in Fliehkraft-Reibungskupplungen üblich. In den *steuerbaren*

---

[1]) Hersteller: Malmedie & Co., Düsseldorf – Malmedie-Bibby-Kupplung
[2]) Hersteller: A. F. Flender & Co., Bocholt – RUPEX-Kupplung
[3]) Radaflex-, Periflex-, Kegelflex-Kupplung, Vulkan-Luftfederkupplung

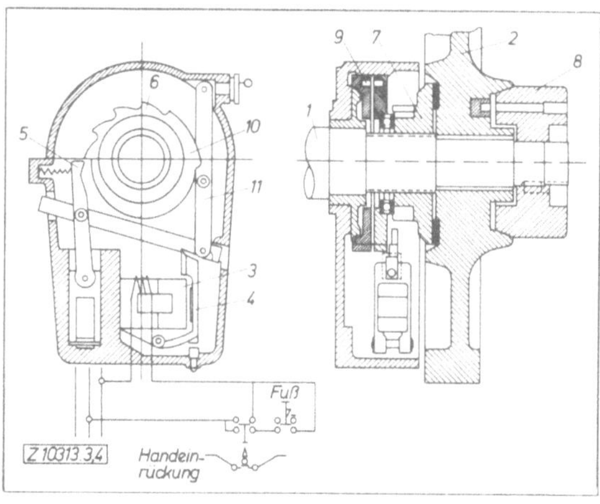

Bild 1-29
Mechanische Reibungskupplung mit
elektromagnetischer Auslösung
1 Exzenterwelle; 2 Schwungrad;
3 Elektromagnet; 4 Anker;
5 Rastenhebel; 6 Rastenring;
7 Kupplungsscheibe; 8 konischer
Kupplungsring; 9 Bremse;
10 Steuerkurve; 11 Gestänge

Kupplungen, die elektrisch betätigt werden, kann je nach Stärke des durch eine Erregerwicklung fließenden Gleichstroms ein mehr oder weniger starkes Magnetfeld zum Bewegen eines Kupplungsteiles verwendet werden. Wird dieser Strom gesteuert, muß bei großem Strom in der Wicklung die Kupplung ein großes Drehmoment abgeben und außerdem entsprechend der Stromstärke abgestuft, wie es bei *Magnetpulverkupplungen* geschieht. Ähnlich ist der Steuerungsvorgang bei *Induktionskupplungen*. Bei hydrodynamisch betätigten, steuerbaren Kupplungen bewirkt die unterschiedliche Zuführung der umlaufenden Flüssigkeitsmenge die Stell- oder Reglerwirkung. Elektrisch, hydraulisch und pneumatisch betätigte, steuerbare Reibungskupplungen eignen sich zum Schalten von Drehzahlen und deren Drehrichtung in Hauptgetrieben von Werkzeugmaschinen. Allgemein sollen ihre Übertragungsmomente kleiner sein als jene der zugehörigen Welle des Antriebsmotors. Der Motor darf sein Kippmoment nicht erreichen. Neben dem zu übertragenden Drehmoment muß auf die Wärmeentwicklung der reibenden Teile geachtet werden. So wird beim Kuppeln einer drehenden Welle mechanische Arbeit in Wärme umgesetzt, die abgeführt werden muß.

Bei *mechanisch betätigten Kupplungen* unterscheidet man form- und kraftschlüssige *Schaltkupplungen*. *Formschlüssige* sind nur bei Stillstand oder Drehzahlgleichheit der zu verbindenden Wellen schaltbar und für Automatisierungsaufgaben nur bedingt geeignet *(Klauen- und Zahnkupplungen)*. *Kraftschlüssige* sind Reibungskupplungen (Bild 1-29). Sie lassen sich während des Betriebes ein- und ausschalten *(Kegel-, Backen-, Scheiben- und Lamellenkupplung)*. *Kegelkupplungen* haben sehr große Reibkraft, doch ist zu beachten, daß bei kleinem Kegelwinkel ein großer Weg vorzusehen ist. Bei zu kleinem Kegelwinkel kann Selbsthemmung eintreten. Bei *Scheibenkupplungen* (Bild 1-33) können anstelle der geschlossenen Reibscheiben auch einzelne Reibklötze benützt werden. Mehrere in der Wirkungsweise hintereinandergeschaltete Scheibenkupplungen führen zur raumsparenden *Lamellenkupplung* (Bild 1-30, 1-31), die sowohl als *Trocken-* als auch als *Naßkupplung* ausgeführt wird. Bei Naßkupplungen laufen die Kupplungsteile in Öl. Die dadurch geringer werdende Reibung wird durch die Vielzahl der Lamellen ausgeglichen. Außerdem unterstützt beim Entkuppeln das Öl durch Eintreten in die Zwischenräume das Abheben der Lamellen voneinander. Ein weiterer Vorteil ist die Möglichkeit der Verwendung von Stahl, der die Verschleißfestigkeit und damit die Lebensdauer

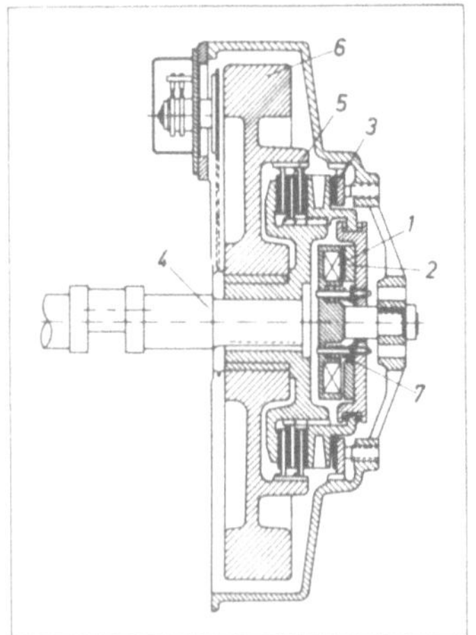

Bild 1-30
Elektromagnetische Lamellen-
kupplung

1 Elektromagnet; 2 Anker;
3 Bremse; 4 Exzenterwelle;
5 Kupplungslamellen; 6 Schwungrad; 7 Federn

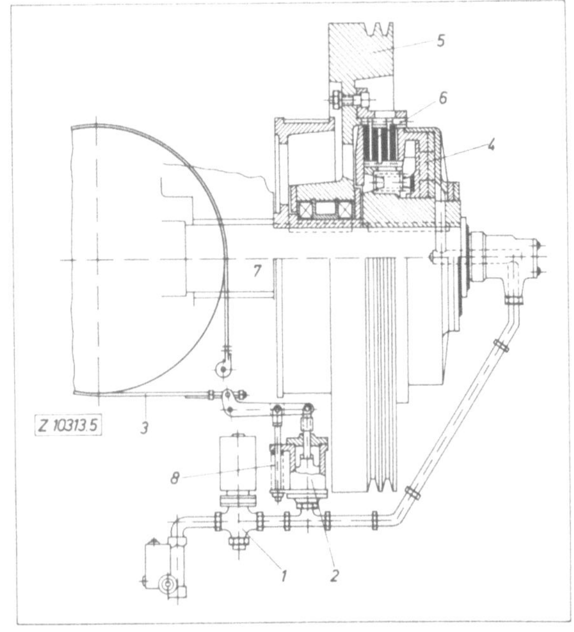

Bild 1-31
Pneumatische Lamellenkupplung mit Bandbremse
1 elektromagnetisches Ventil; 2 Bremskolben;
3 Bandbremse; 4 Ringkolben; 5 Schwungrad;
6 Kupplungslamellen; 7 Exzenterwelle; 8 Feder

dieser Kupplung wesentlich erhöht. Bei den Lamellenkupplungen gibt es solche, bei denen Innen- und Außenlamellen plangeschliffen, wie auch solche, deren Innenlamellen nach der Sinuslinie wellenförmig ausgeführt sind. Beim Kuppeln drücken die Außenlamellen dieselben zusammen, wodurch ein stoßfreies Kuppeln bewirkt wird. Für ölgeschmierten Lauf werden Lamellen aus gehärtetem Stahl verwendet. Dies kann auch für trockenen Lauf gelten, wenn die Schmierwartung regelmäßig erfolgt. Für Trockenlauf muß abwechselnd Stahl mit Reibstoff Verwendung finden. Hierbei ist der Reibwert wesentlich höher als in den erstgenannten Zusammenstellungen. Im gekuppelten Zustand ist der Reibwert höher als beim Anlauf.

Elektromagnetisch betätigte Kupplungen, (Kegelkupplungen und feingezahnte Zahnkupplungen). Die für das Zusammenpressen der Reibflächen wirkende elektromagnetische Kraft wird mit Gleichstrom verhältnismäßig geringer Spannung erzeugt. Üblich sind Betriebsspannungen zwischen 12 und 24 Volt, die aus dem Wechselstromnetz mit Trockengleichrichtern (Silen- oder Thyristor-Einheiten) erzeugt werden. Kegel-, Zahn-, Einscheiben- und Lamellenkupplungen werden durch Spulen elektromagnetisch betätigt. (Bild 1-29, 1-30, 1-31)

Pneumatisch und hydraulisch betätigte Kupplungen (Bild 1-31, 1-32). Diese Betätigungsart findet man häufig bei Lamellenkupplungen für Drehzahlen und Drehrichtungen. In der Bauausführung bestehen für beide Triebmittelarten wenig Abweichungen. Zur

Betätigung dieser Kupplungen sind dem Triebmittel entsprechende hydraulische oder pneumatische Pumpenanlagen erforderlich. Diese
sind gegen Undichtigkeiten im Leitungsnetz
empfindlich; der Arbeitsdruck fällt ab.

Bei der *hydrodynamischen Kupplung (Turbokupplung)* wird das Drehmoment über eine umlaufende Flüssigkeitsmenge (Wasser oder Öl)
von der treibenden Kupplungsseite auf die an-
zutreibende übertragen. Zwischen den beiden
Turbinenrädern entstehen durch das Drehmoment Schlupf und damit Drehzahlunter-
schiede. Die *Magnetpulverkupplung* ist eine
magnetische Reibungskupplung, bei der statt
des Reibbelages magnetisierbares Eisenpulver
den Kraftschluß herbeiführt. Das Pulver hat
meist Kugelform mit etwa 0,3 mm Durchmesser, ist umgeben von einer ringförmigen
Erregerspule und mit Zusätzen von Graphit
und Öl gemischt. Durch Gleichstrom entsteht

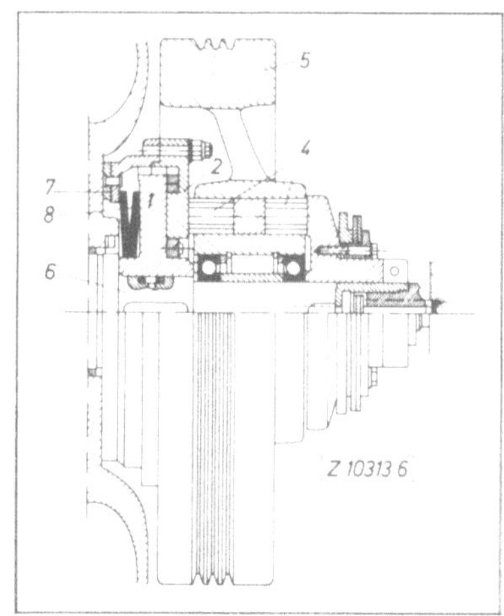

Bild 1-32
Ölhydraulische Einscheibenkupplung
1 Nabe; 2 Gummimembran; 3 Kupplungsscheibe; 4 Reibklötze; 5 Schwungrad;
6 Exzenterwelle; 7 Bremse; 8 Feder

ein elektromagnetisches Kraftfeld, das Puler wird magnetisiert und der Kraftschluß herbeigeführt. Durch Änderung des Erregerstromes ist das Drehmoment während des Betriebszustandes beeinflußbar. Das Kuppeln ist so feinfühlig an viele Arbeitsbedingungen
anpaßbar.

Die *Anlaufkupplungen* in ihren vielseitigen Bauarten bewirken einen Sanftanlauf der
Werkzeugmaschinen nach Erreichen einer vorgesehenen Drehzahl. Das Kuppeln erfolgt
selbsttätig und allmählich. Dabei darf bei Reibungskupplungen die Anlaufzeit nicht zu
lang andauern, weil durch das Schleifen der Reibteile etwa die Hälfte der Antriebsleistung
vom Motor in Reibungswärme umgesetzt wird. Die Wirkung der nicht *steuerbaren Anlaufkupplung (Fliehkraft-Reibungskupplung)* beruht auf der Fliehkraft. Bei etwa 80 % der
vorgesehenen Drehzahl findet durch die Fliehkraft ein allmähliches, stoßfreies Einkuppeln
des anzutreibenden Bauteiles statt. Drehzahl und Drehmoment lassen sich während des
Betriebszustandes nicht beeinflussen. In *steuerbaren Anlaufkupplungen* wird das erforderliche Drehmoment und die zugehörigen Drehzahlen während des Betriebszustandes gesteuert, wodurch sich Anlauf- und Auslaufzeit beim Kupplungsvorgang beeinflussen läßt.
Dies ist für schwere Arbeiten an großen Werkzeugmaschinen der Umformtechnik erwünscht.

Werkzeugmaschinen werden während des Arbeitsvorganges oft kurzzeitig überlastet.
Eingebaute *Sicherheitskupplungen* lösen bei Erreichen eines bestimmten, vorgesehenen
Drehmoments und schützen Antriebsteile, Getriebe und Werkzeuge vor Beschädigungen.
Diese drehmomentgeschalteten Kupplungen sind überwiegend Reibungskupplungen,
deren Reibteile ins Rutschen kommen. Ihr Anpreßdruck hat einen festen Wert, weshalb
man sie auch als nicht steuerbare *Drehmoment- oder Rutschkupplungen* bezeichnet
Fliehkraftabhängige Kupplungen, die mit Stahlpulver, ähnlich den Anlaufkupplungen,
arbeiten, werden auch als Sicherheitskupplungen verwendet. Diese Möglichkeit wird
besonders bei Maschinen in schwerem Betrieb benutzt.

Die *Freilaufkupplung* hat die Aufgabe, ein schneller werdendes Getriebeteil, bewirkt durch eigene Massenkräfte oder von außen zugeführter Drehzahlerhöhung, von einem langsamer verbleibenden zu lösen. Der Kraftschluß erfolgt durch Klemmen von Rollen. Bei Zunahme der Drehzahl des einen Getriebeteils löst sich die Klemmung, und die Kupplung wirkt als Freilauf. Diese Möglichkeit wird in Vorschubgetrieben für Eilgänge oft benutzt.

1.6.3. Bremsen

Nach dem Ausschaltvorgang einer Kupplung ist es oft der Fall, daß eine bislang angetriebene Welle wegen der Massenträgheit nicht sofort zum Stillstand kommt. Ist dies für den Arbeitsablauf nicht erwünscht, müssen die Massen gebremst werden. Je nach Art und Größe der Werkzeugmaschine verwendet man dazu mechanische, elektrische oder mit anderen Mitteln betätigte Bremsen (Bild 1-31, 1-33). Bremsen sind den Kupplungen verwandte Maschinenelemente. In ihren üblichen Ausführungen haben sie diesen entsprechend eine Kupplungsseite, die mit dem Maschinenkörper fest verbunden ist. Bei Maschinen mit schwerem Betrieb, z.B. in der Umformtechnik, benutzt man noch vereinzelt die mechanische *Band- oder Backenbremse* (Bild 1-31), letztere auch hydraulisch gesteuert; oder man verwendet elektrische Bremsmotoren. Für

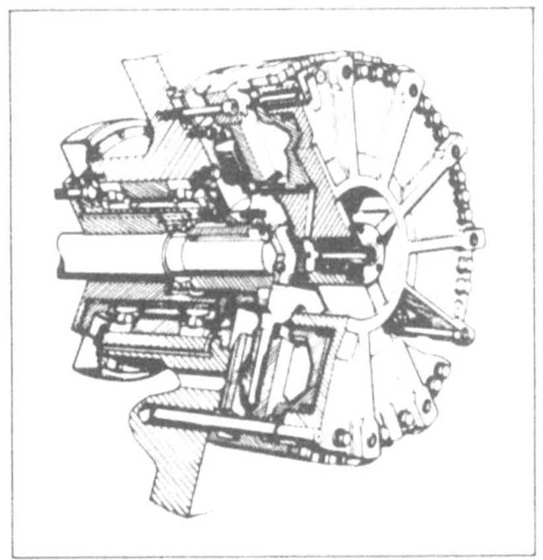

Bild 1-33
Einscheibenkupplung und Einscheibenbremse für Umform- und Schnittpressen
Kupplung pneumatisch, Bremse durch Federkraft betätigt, Steuerung elektropneumatisch

Maschinen in der Zerspantechnik, mit höheren Anforderungen an Maß- und Formgenauigkeit, sind die Bremsen baulich kleiner auszuführen. So läßt sich die *Magnetpulverkupplung* dann *als* steuerbare *Bremse* verwenden, wenn das Außenteil von der Maschine angetrieben wird, und das Innenteil auf dem zu bremsenden Bauteil angeordnet ist. Dann wird mit veränderlicher Erregung über Stellwiderstände ein sanftes Stillsetzen des Außenteils herbeigeführt.

1.7. Mechanische Kraftübertragung

1.7.1. Allgemeine Grundlagen

Der Antrieb kann mittelbar über Kupplungen und Getriebe oder unmittelbar auf die gleichachsige Welle übertragen werden. Unmittelbarer Antrieb hat einen höheren Wirkungsgrad, benötigt aber stufenlos verstellbare oder polumschaltbare Stellmotoren. Eine Werkzeugmaschine kann einen Antrieb für sämtliche Bewegungen, wobei die *Nebenantriebe* über Getriebe abgezweigt werden, oder für jede Bewegung einen besonderen Motor besitzen. Der *Hauptantrieb* hat die Aufgabe, die Arbeitsbewegungen zu erzeugen. Die von den Antriebsmotoren ausgehenden Drehzahlen werden in den Getrieben gestuft oder stufenlos vermindert oder erhöht.

Mechanische Getriebe gibt es für drehende, geradlinige und besondere kinematische Bewegungen. Sie können stufig oder stufenlos eingerichtet, und als *Verteiler-, Zuschalt- oder Wendegetriebe* verwendet werden.

Einstufige Getriebe haben eine feste Übersetzungsstufe. *Mehrstufige Getriebe (Stufengetriebe)* sind wenige, nach Regeln gestufte, verstellbare, aneinandergereihte Übersetzungen.

Vielstufige Getriebe (Stufengetriebe) bestehen aus mehreren aneinandergereihten, gering gestuften Übersetzungen.

Stufenlose Getriebe sind Verstellgetriebe für bestimmte Drehzahlbereiche, innerhalb derer jede mögliche Drehzahl erreicht werden kann.

Das Verhältnis der Anfangsdrehzahl zur Enddrehzahl innerhalb einer oder mehrerer Getriebestufen, in Richtung des Leistungsflusses betrachtet, nennt man *Übersetzung* i (DIN 868).

$$i = \frac{\text{Drehzahl des treibenden Maschinenteils}}{\text{Drehzahl des getriebenen Maschinenteils}} = \frac{n_{A(nfang)}}{n_{E(nde)}} = \frac{d_E}{d_A} = \frac{z_E}{z_A} \qquad \text{Gl (1.7)}$$

oder

$$i = \frac{n_1}{n_2} = \frac{d_2}{d_1} = \frac{z_2}{z_1}$$

Mehrere *Einzelübersetzungen* $i_1, i_2 \ldots$ vereinigen sich zur *Gesamtübersetzung* einer Drehzahlstufung

$$i = i_1 \, i_2 \, i_3 \ldots \qquad \text{Gl (1.8)}$$

Die Übersetzung kann auch mit dem Durchmesser d der Riemenscheiben, Reibscheiben oder Teilkreisdurchmesser der Zahnräder und den Zähnezahlen z der Zahnräder ausgedrückt werden. Zahnschnecken sind den Bewegungsgewinden ähnlich; ihre treibenden Zähnezahlen entsprechen der Anzahl der Gewindegänge der Schnecke.

Die Drehzahlstufung. Zur Aufteilung des Drehzahlbereiches B einer Werkzeugmaschine in geordnete Drehzahlfolgen z.B. von $n_A \ldots n_E$ oder $n_1 \ldots n_z$ verwendet man den *Stufensprung a* oder q der *arithmetischen* bzw. *geometrischen Stufung.* Dabei ist zu beachten, daß zu groß gewählte Bereiche meist nicht ausgenutzt werden und zu wenige Drehzahlen die Arbeitsmöglichkeiten einengen. Zu fein gestufte Bereiche erfordern relativ umfangreiche Getriebeausführungen und erhöhen deren Herstellkosten. Ein Getriebe soll so eingerichtet sein, daß mit Rücksicht auf die Technologie der Arbeitsverfahren und der Größe der Maschinen wirtschaftliche Arbeitsgeschwindigkeiten für Umformen und Zerspanen erreichbar sind. Stufenlos einstellbare Getriebe erfüllen vielfach diese Bedingungen besser. Sind höchste und niedrigste Drehzahl eines Getriebe- oder Arbeitsbereiches festgelegt, so folgt für deren *Drehzahlbereich B*, wenn dieser in z Drehzahlen aufgeteilt werden soll

$$B = \frac{\text{höchste Drehzahl}}{\text{niedrigste Drehzahl}} = \frac{n_z}{n_1} \qquad \text{Gl (1.9)}$$

Für die *Stufung nach der arithmetischen Reihe* gilt mit einer niedrigsten Drehzahl n_1 und höchsten Drehzahl n_z

$$n_2 = n_1 + a$$
$$n_3 = n_1 + 2a$$
$$n_z = n_1 + (z-1)a \qquad (\text{min}^{-1}) \qquad\qquad\qquad \text{Gl}(1.10)$$

und

$$a = \frac{n_z - n_1}{z - 1}$$

Für die *Stufung nach der geometrischen Reihe* gilt entsprechend für den Stufensprung

$$n_2 = n_1 q$$
$$n_3 = n_1 q^2$$
$$n_z = n_1 q^{(z-1)} \qquad (\text{min}^{-1}) \qquad\qquad\qquad \text{Gl}(1.11)$$

und

$$q = \sqrt[(z-1)]{\frac{n_z}{n_1}} = \sqrt[(z-1)]{B}$$

Tabelle I. Genormte Vorschübe, Drehzahlen und Stufensprünge

Vorschübe nach DIN 803

Nennwerte in min⁻¹								Grenzwerte in min⁻¹ der R 20		
R 20	R 10	R 20/3		R 5	R 10/3		mechanische Toleranz		mech. u. elektr. T.
$q = 1{,}12$	$q = 1{,}25$	$q = 1{,}4$		$q = 1{,}6$	$q = 2$		$-2\,\%$	$+2\,\%$	$+4{,}5\,\%$
1	1		1	1		1	0,98	1,02	1,05
1,12			11,2				1,10	1,14	1,17
1,25	1,25	0,125			0,125		1,23	1,28	1,32
1,4			1,4				1,38	1,44	1,48
1,6	1,6		16	1,6		16	1,55	1,62	1,66
1,8		0,18					1,74	1,81	1,86
2	2		2			2	1,96	2,04	2,09
2,24			22,4				2,19	2,28	2,34
2,5	2,5	0,25		2,5	0,25		2,46	2,56	2,62
2,8			2,8				2,76	2,87	2,94
3,15	3,15		31,5			31,5	3,10	3,23	3,30
3,55		0,355					3,48	3,62	3,71
4	4		4	4		4	3,90	4,06	4,18
4,5			45				4,38	4,56	4,70
5	5	0,5			0,5		4,91	5,11	5,24
5,6			5,6				5,51	5,74	5,88
6,3	6,3		63	6,3		63	6,18	6,43	6,59
7,1		0,71					6,94	7,22	7,40
8	8		8			8	7,78	8,10	8,30
9			90				8,73	9,09	9,31
10	10			10			9,80	10,20	10,45

Lastdrehzahlen nach DIN 804

						Grenzwerte in min^{-1} der R 20		
Nennwerte in min^{-1}						mechanische Toleranz		mech. u. elektr. Toleranz
R 20 Grundreihe $q=1{,}12$	R 20/2 $q=1{,}25$	R 20/3 $q=1{,}4$	R 20/4 (1400) $q=1{,}6$	R 20/4 (2800) $q=1{,}6$	R 20/6 $q=2$	$-2\,\%$	$+2\,\%$	$+4{,}5\,\%$
100						98	102	105
112	112	11,2		112	11,2	110	114	117
125		125				123	128	132
140	140	1400	140		1400	138	144	148
160		16				155	162	166
180	180	180		180	180	174	181	186
200		2000				196	204	209
224	224	22,5	224		22,4	219	228	234
250		250				246	256	262
280	280	2800		280	2800	276	287	294
315		31,5				310	323	330
355	355	355	355		355	348	362	371
400		4000				390	406	418
450	450	45		450	45	438	456	470
500		500				491	511	524
560	560	5600	560		5600	551	574	588
630		63				618	643	659
710	710	710		710	710	694	722	740
800		8000				778	810	830
900	900	90	900		90	873	909	931
1000		1000				980	1020	1045
Die Reihen können nach oben und unten erweitert werden mit								
10	10	1000	10	10	1000			

Potenzen der genormten Stufensprünge q (Rundwerte)

q	q^2	q^3	q^4	q^5	q^6	q^7	q^8	q^9	q^{10}	q^{11}	q^{12}
1,12	1,25	1,41	1,58	1,78	2,0	2,24	2,5	2,82	3,16	3,54	4,0
1,25	1,58	2,0	2,5	3,16	4,0	5,0	6,3	7,94	10,0	12,6	15,85
1,4	2,0	2,82	4,0	5,62	7,94	11,22	15,85	22,4	31,6	44,6	63,1
1,6	2,5	4,0	6,3	10,0	15,85	25,1	39,8	63,1	100	158,5	250
2	4	8	16	32	64	128	256	512	1024	2048	4096

Die für Antriebe und Getriebe erforderlichen *Drehzahlen und Vorschübe* stuft man überwiegend nach der *dezimal-geometrischen Zahlenreihe* (DIN 323). Für Werkzeugmaschinen sind in DIN 804 Lastdrehzahlen, aufgebaut nach der Grundreihe R 20 und Vorschübe in DIN 803 nach Grundreihe R 20, R 10 und R 5, genormt. Von diesen Reihen sind u.a.

abgeleitet die Nebenreihen R 20/2, R 20/3, R 10/3 (Tabelle I). Zum Aufbau der abgeleiteten Drehzahlreihen dienen die *Grundreihe*

$$R\ 20 \text{ mit } q = \sqrt[20]{10} = 1{,}12$$

und für die Vorschubreihen außerdem noch die Grundreihen

$$R\ 10 \text{ mit } q = \sqrt[10]{10} = 1{,}25 \quad \text{sowie } R\ 5 \text{ mit } q = \sqrt[5]{10} = 1{,}6\,.$$

Die mit diesen Reihen erreichbaren Drehzahlen und Vorschübe bieten für die Herstellung und Verwendung der Maschinen wesentliche Vorteile. So sind den Gesetzmäßigkeiten der Stufungen mit genormten Toleranzen die Nenndrehzahlen der elektrischen Antriebsmotoren $n = 1400$ oder $2800\ \text{min}^{-1}$, Übersetzungen in den Getrieben und damit auch Zahnradpaarungen angepaßt. Für die Arbeitsvorbereitung vereinfacht sich das Ermitteln der Maschinenlauf- und Maschinenbelegungszeiten sowie die Einstellwerte durch Diagramme.

Der *Getriebeplan* (Bild 1-34, 1-35, 1-36) zeigt schematisch den Aufbau der Getriebe mit Anzahl und Lage der Wellen, Räder, Scheiben, Kupplungen und anderen Getriebeelementen. Diese Teile werden vereinfacht in Sinnbildern (Bild 1-37) dargestellt.

Das *Leistungsflußbild* (Bild 1-35) ist zugleich ein Schaltbild und zeigt neben den schaltbaren Drehzahlstufen die Stellungen der Schalt- oder Kupplungshebel an. Im *Drehzahlbild mit Aufbaunetz* sind die mit dem Getriebe erreichbaren Drehzahlen, Stufensprünge, Räderverhältnisse oder Übersetzungen eingetragen.

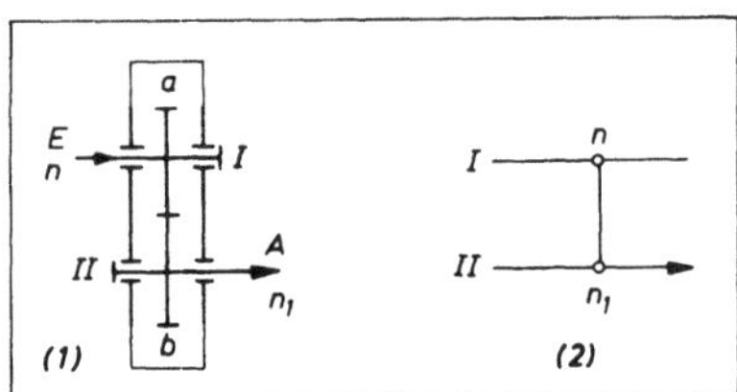

Bild 1-34
Einstufiges Getriebe
(1) Getriebeplan
(2) Drehzahlbild

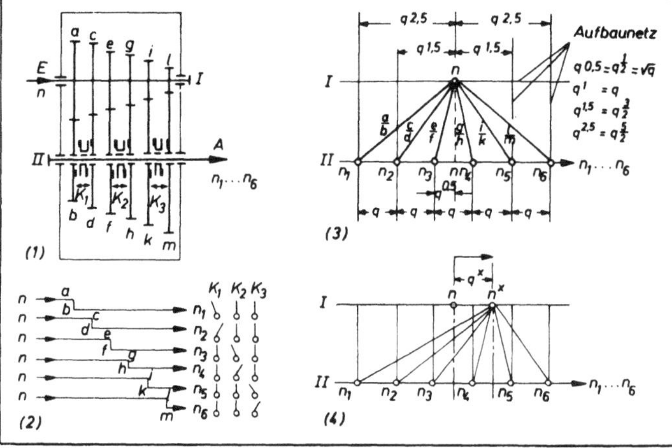

Bild 1-35
Mehrstufiges Getriebe mit zwei Wellen und sechs Ausgangsdrehzahlen
(II/6-Getriebe)
(1) Getriebeplan; (2) Leistungsflußbild mit Schaltstellungen der Kupplung; (3) Drehzahlbild eines symmetrischen Getriebes, n_1 bis n_3 und n_4 bis n_6 liegen symmetrisch unter und über der Eingangsdrehzahl; (4) Drehzahlbild eines asymmetrischen Getriebes. Die Eingangsdrehzahl ist q^x verschoben
$$n_x = n \cdot q^x$$

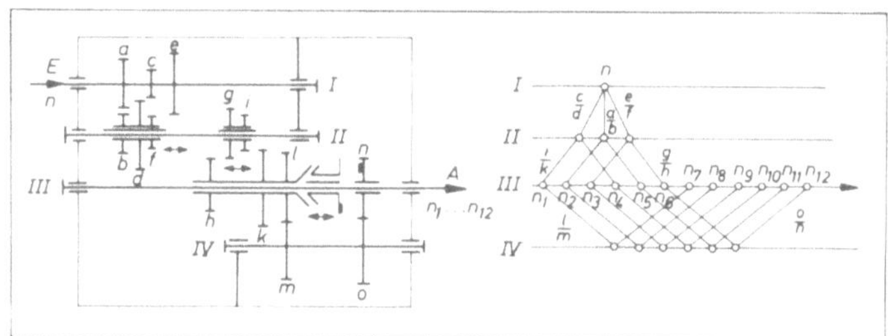

Bild 1-36
Vielstufengetriebe
Erweiterung eines
III/6-Getriebes in ein
IV/12-Getriebe mit
Vorgelege auf Welle IV

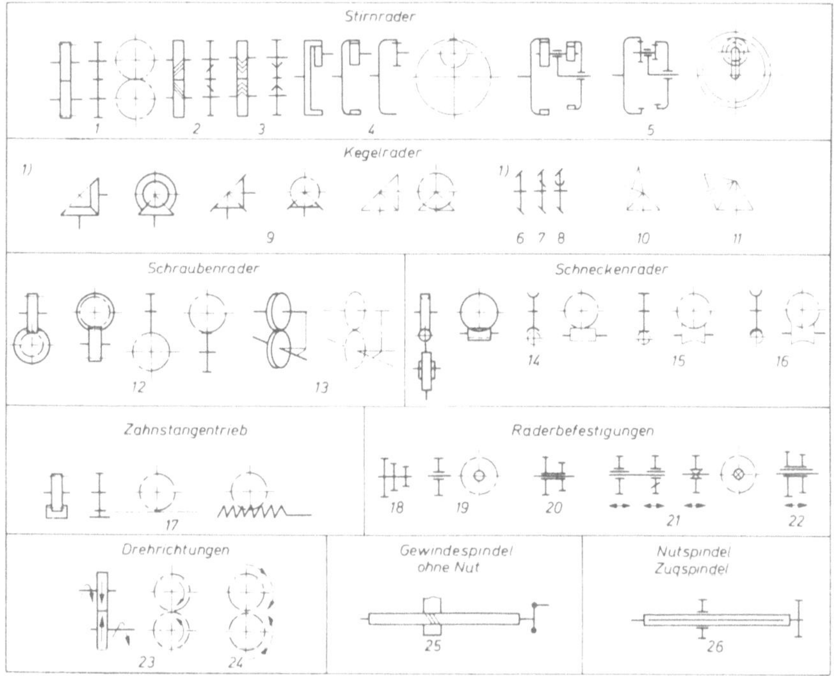

Bild 1-37.(1) Sinnbilder mechanischer Antriebselemente

Stirnräder

1. Geradverzahnung
2. Schrägverzahnung
3. Pfeilverzahnung
4. Innen- u. Außenverzahnung
5. Umlaufrädertrieb mit
   Innen- und Außenverzahnung

Kegelräder

6. Geradverzahnung
7. Schrägverzahnung
8. Bogenverzahnung
9. Kegelrädertrieb Achswinkel $= 90°$
10. Kegelrädertrieb Achswinkel $> 90°$
11. Kegelrädertrieb Achswinkel $< 90°$

Schraubenräder
12. Achswinkel $= 90°$
13. Achswinkel $< 90°$

Schneckenräder
14. Zylinderschnecke-Globoidrad
15. Globoidschnecke-Zylinderrad
16. Globoidschnecke-Globoidrad

Zahnstangentrieb
17. geradverzahnt

Räderbefestigungen
18. Rad fest auf Welle
19. Rad lose auf Welle
20. Verschieberad, glatte Welle
21. Verschieberad, Keilwelle
22. gekuppelte Verschieberäder Keilwelle

Drehrichtung
23. stetig
24. ruckweise, unterbrochen

Spindel
25. Gewindespindel
26. Zugspindel, mit Nut

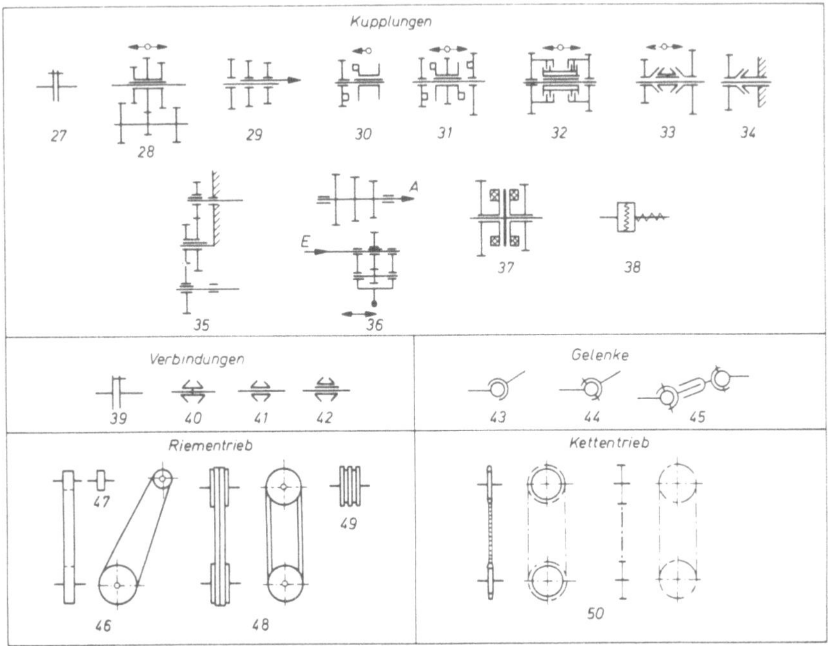

Bild 1-37.(2) Sinnbilder mechanischer Antriebselemente

Kupplungen
27. Feste Kupplung
28. Schieberäder
29. Ziehkeilgetriebe
30. Zahnkupplung einfach
31. Zahnkupplung zweifach
32. Scheibenkupplung
33. Kegelkupplung
34. Bremse
35. Wechselräder

36. Schwenkkupplung
37. Elektromagnetische
    Kupplung
38. Sicherheitszahnkupplung

Verbindungen
39. Mitnehmer
40. fest auf Welle
41. lose auf Welle
42. Verschiebbar auf Keilwelle

Gelenke
43. Kugelgelenk
44. Kreuzgelenk
45. ausziehbare Kreuzgelenk-
    welle

Riementrieb
46. Flachriemen offen
47. Riemenscheibe
48. Keilriementrieb
49. Keilriemenscheibe

Kettentrieb
50

Den Getriebeplan und das Drehzahlbild eines Getriebes mit 9 Ausgangsdrehzahlen zeigt Bild 1-38. Der längsverschiebbare Dreierblock auf Welle I kann der Welle II drei verschiedene Drehzahlen übertragen. Diese werden mit dem zweiten Dreierblock dreimal verschieden auf Welle III vervielfacht, so daß 9 Ausgangsdrehzahlen entstehen. Dabei wird jedes Zahnrad der Dreierblöcke mit jeweils einem Gegenrad in Eingriff gebracht, wozu 12 Zahnräder erforderlich sind. Man nennt diese Ausführung ein *ungebundenes Getriebe*. Mit der Räderanordnung in Bild 1-39(1) erhält man 9 Ausgangsdrehzahlen mit 11 Zahnrädern. Die Dreierblöcke können je einmal und auch zugleich mit dem gleichen Zahnrad gekuppelt werden. Diese Ausführung ist ein *einfach gebundenes Getriebe*. Können die Dreierblöcke mit je zwei gleichen Rädern gekuppelt werden, hat man ein *doppelt gebundenes Getriebe* (Bild 1-39(2). In gebundenen Getrieben können die

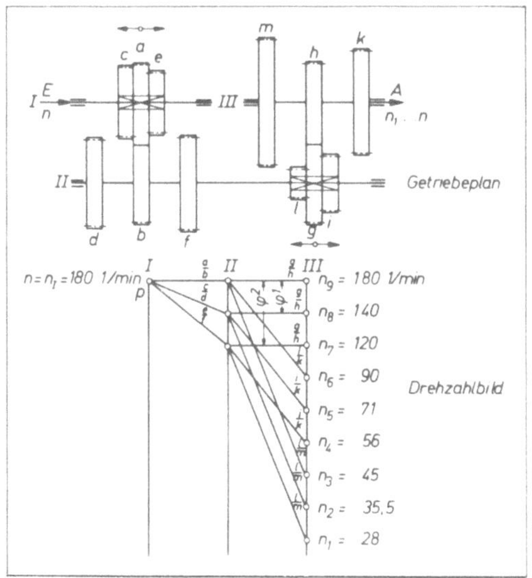

Bild 1-38
Getriebeplan und Drehzahlbild eines ungebundenen III/9-Stufengetriebes

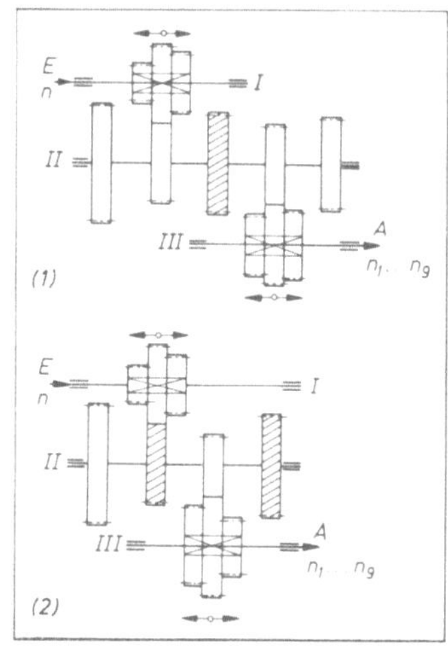

Bild 1-39
Getriebeplan eines III/9-Stufengetriebes

(1) einfach gebunden mit 11 Zahnrädern
(2) doppelt gebunden mit 10 Zahnrädern

Wellen kürzer bemessen werden; ihre Durchbiegung wird geringer und die Abmessungen der Getriebe kleiner.

Die bildliche Darstellung der Abhängigkeit zwischen schaltbaren Drehzahlen n, Werkstück- bzw. Werkzeugdurchmessern d und der daraus entstehenden Schnittgeschwindigkeit oder anderer Arbeitsgeschwindigkeiten v, als auch Maschinenlaufzeiten (Hauptnutzungszeiten) t_{hu} zeigen *Drehzahlschaubilder*. Man nennt diese auch *v-d-Diagramme* und *Leitertafeln*. In ansprechender, leicht verständlicher Ausführung sind sie meist an Werkzeugmaschinen angebracht und ermöglichen der Maschinenbedienung- und Fertigungsüberwachung für die bestmögliche Maschineneinstellung zu sorgen. v-d-Diagramme enthalten die Rechenvorgänge:

Schnittgeschwindigkeit	$v = \dfrac{\pi d n}{1000}$	(m/min)	Gl (1.12)
Drehzahl	$n = \dfrac{1000 v}{\pi d}$	(min⁻¹)	
Durchmesser	$d = \dfrac{1000 v}{\pi n}$	(mm)	
Hauptnutzungszeit (unbeeinflußbar)	$t_{hu} = i \dfrac{L}{u}$	(min, cmin)	Gl (1.13)
Vorschubgeschwindigkeit	$u = s n$	(mm/min)	Gl (1.14)

(übrige Rechengrößen siehe bei Abschnitt Maschinenzeiten)

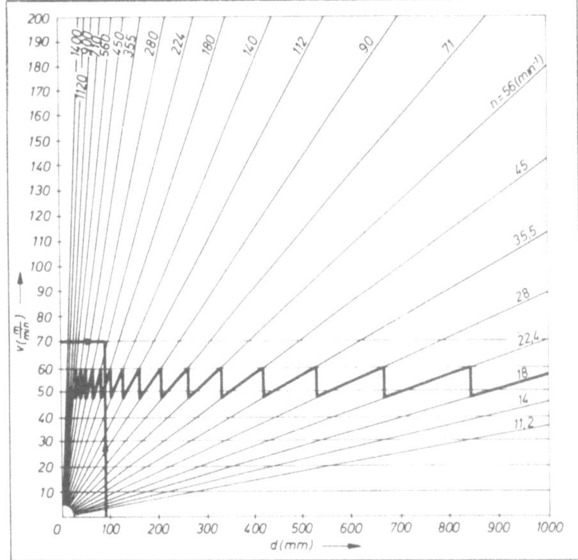

Bild 1-40
v-d Diagramm für geometrische
Drehzahlstufung mit metrischer
Teilung der Koordinatenachsen

Bei *metrischer Teilung* der Koordinantenachsen eines *v-d*-Diagrammes erhält man strahlenförmig verlaufende Drehzahlkennlinien. Jeder Strahl geht von einem Rechenpunkt aus und läuft zum Nullpunkt der Achsen (Bild 1-40). Bei *logarithmischer Teilung* der Koordinatenachsen liegen die Drehzahlkennlinien parallel unter 45° (Bild 1-41). Die oft zwischen den Drehzahlkennlinien eingetragenen Kennlinien der Stufensprünge lassen das Profil einer Sägeverzahnung entstehen. Bei arithmetischer Drehzahlstufung sind es bei gleichem und bei sich änderndem Stufensprung a verschiedene Zahnhöhen. Bei geometrischer Stufung sind diese für gleichen Stufensprung q regelmäßig hoch, was sich auch durch den gleichmäßigen Abstand der parallelen Kennlinien ausdrückt. Das Sägeprofil gibt den Bereich einer wirtschaftlichen Schnittgeschwindigkeit eines Fertigungsverfahrens an, für den die entsprechenden Einstellungen der Getriebe aus dem Diagramm abgelesen werden können. Leitertafeln sind für erweiterte Rechenvorgänge angelegt und man kann Ergebnisse von schwierigen Handrechnungen schnell ablesen.

1.7.2. Mechanische Stufengetriebe für drehende Bewegung

Zugmittelgetriebe[1]) sind *Seil-, Riemen- und Kettengetriebe,* die man auch als *Hülltriebe* bezeichnet. Sie laufen ruhig und mindern die Übertragung von Stößen und Schwingungen auf empfindliche Arbeitsspindeln und Maschinenteile. Man unterscheidet *reibschlüssige Zugmittelgetriebe* mit Schlupf, der Drehzahl- und Leistungsverlust verursacht (der Schlupf kann durch Spannrollen vermindert werden) und *formschlüssige Zugmittelgetriebe* (Zahnriemen und Maschinenketten). Letztere werden von Rädern mit passenden Zahnformen angetrieben und auch geführt.

Seiltriebe mit Seilen aus Hanf, Baumwolle, Kunststoffen oder Stahllitzen werden hergestellt mit runden Querschnittsformen. Man schließt sie in eine endlose Form durch

---

[1]) Siehe *H. Roloff/W. Matek,* Maschinenelemente, Verlag Vieweg, Braunschweig 1976

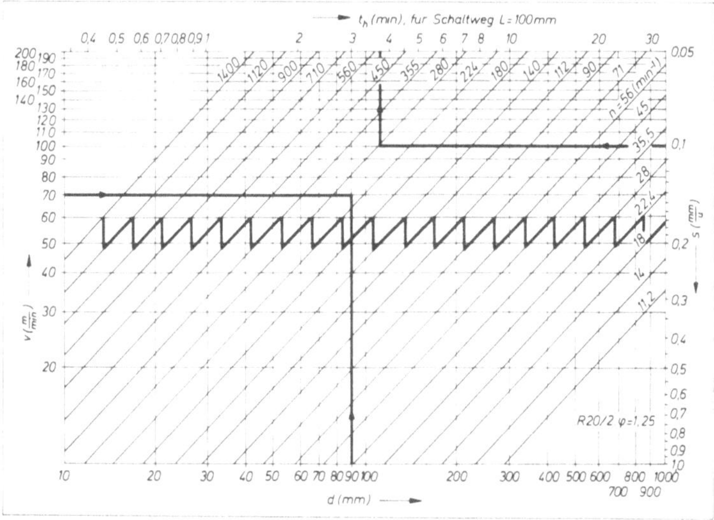

Bild 1-41. *v-d* **Diagramm für geometrische Drehzahlstufung mit logarithmischer Teilung der Koordinantenachsen**
erweitert mit dem Rechengang für unbeeinflußbare Hauptnutzungszeit $t_{hu\,100}$ (für Schaltweg L = 100 mm)

Spleißen, Nähen und mit Riemenverbindern. Sie sind für leichte und schwere Antriebe geeignet, so besonders, wenn das Verhältnis der Seilscheibendurchmesser zu den Achsenentfernungen sehr groß ist. Dieses Getriebe wird beim Stichelantrieb in Graviermaschinen und Bohrspindeln hoher Drehzahlen verwendet.

Die Ausführungen der *Riemengetriebe* sind abhängig von der Stellung der Antriebsmotoren zur Lage der anzutreibenden Wellen und deren Drehrichtung. Ihre Nutzlänge kann für *endliche* oder *endlos geschlossene Riemen* an jedes Betriebsverhältnis angepaßt werden. Rund- und Flachriemen eignen sich für *offene und gekreuzte Riementriebe* bei parallel angeordneten Wellen und in *halbgekreuzten Trieben* für 90° kreuzende und sich schneidende Wellen. Sonderführungen ermöglicht man mit zusätzlichen Spann- und Leitrollen. Man verwendet *Textilriemen* (Baumwolle, Seide, Hanf) als Band- oder Flachriemen, *Lederriemen* als *Flach-, Rund- oder Keilriemen* und *Kunststoffriemen* (Nylon, Perlon). Letztere werden als Flach-, Rund- oder Keilriemen gestaltet. Abmessungen und Querschnittsformen der Riemen sind genormt (DIN 2215, 2216 und 7753).

Kettentriebe übertragen formschlüssig und schlupffrei Drehung und Leistung. Sie sind Hülltriebe und haben Funktionsaufgaben zu erfüllen, die zwischen denen von Riemen- und Rädertrieben liegen. Die Kraftübertragung ist unelastisch, ohne Vorspannung, wodurch keine unerwünschten Lagerbelastungen auftreten können. Maschinenketten werden als Glieder- und Gelenkketten unterschieden. In Werkzeugmaschinen verwendet man überwiegend Stahlgelenkketten.

Blockketten, zum Aufhängen und Bewegen von Schlittengewichten und Transporteinrichtungen.

Bolzenketten (Gall'sche Ketten), als Antriebsorgan bei kleinen Umfangsgeschwindigkeiten, für Stelltriebe, genormt in DIN 8150, 8151, Fleyerketten in DIN 8152.

Buchsenketten, eignen sich für rauhen Betrieb bei Umfangsgeschwindigkeiten von $\approx$ 4 m/s, genormt in DIN 8164, 8171.

Hülsenketten, haben den gleichen Aufbau wie Buchsenketten, jedoch statt der gedrehten Buchsen aus Stahlband gewickelte Hülsen. Man verwendet sie in einem abgeschlossenen Arbeitsraum bis zu Umfangsgeschwindigkeiten von $\approx$ 12 m/s. Sie sind genormt in DIN 8188, 73232.

Rollenketten aus unlegiertem und legiertem Stahl für große Leistungen und hohe Drehzahlen vorgesehen. Genormt in DIN 8187, 8188.

Zahnketten haben Laschenglieder mit je zwei Zähnen, die sich an passende Flanken von Zahnlücken des Kettenrades legen. Ihre Verwendung entspricht der von Buchsen- und Rollenketten. Zahnketten sind teilweise genormt.

Für unmittelbare Übertragung von Drehzahlen verwendet man *formschlüssige und schlupffreie Zahnradtriebe* und — getriebe (auch als *Rädertriebe* bezeichnet). Die verschiedenen Zahnradarten geben die Möglichkeit, Wellen miteinander zu verbinden, die zueinander *parallel, schneidend oder kreuzend* angeordnet sind. Die Übertragung (Übersetzung) der Eintrittsdrehzahl (Anfangsdrehzahl) von der treibenden Seite eines Rädertriebes auf seine getriebene Seite mit der Ausgangsdrehzahl (Enddrehzahl), ist mit verschiedenen Räderpaarungen oder Räderzusammensetzungen (Bild 1-42 bis 1-46) möglich. Drehen sich die Räder eines Zahnradtriebes in ihren Lagern nur um die eigene Achse, bezeichnet man diese Ausführung allgemein als *Standtrieb.* Wird ein Rad festgehalten (z.B Rad z_1 in Bild 1-45), das zweite in einem Steg drehbar gelagert und um dieses herumgeführt, entsteht der *Umlauftrieb* mit eigenen Übersetzungsgesetzen. Wesentliche Veränderungen dieser Übersetzungsgesetze treten ein, wenn das festgehaltene Rad zeitweise zusätzlich Rechts- oder Linksdrehungen ausführt. Mit diesen Drehungen und bei gleichzeitigem Umlauf des Rades im Steg, wenn dieser links- oder rechtsherum, dem Rad z_1 gleichgerichtet oder entgegengesetzt dreht, erweitert sich der Umlauftrieb zum *Differentialtrieb* (Bild 1-46). Getriebe sind eine geordnete Zusammensetzung von einzelnen oder mehreren gleichen oder verschiedenen der genannten Antriebsmittel.

In *Stufengetrieben* sind für Übrsetzungen eine erforderliche Zahl von Rädertrieben vereinigt. Das *Grundgetriebe* ermöglicht eine Grundreihe von Drehzahlen, die mit *Vervielfachungsgetrieben* feiner gestuft und vermehrt werden. Dabei wird angestrebt, die Zahl

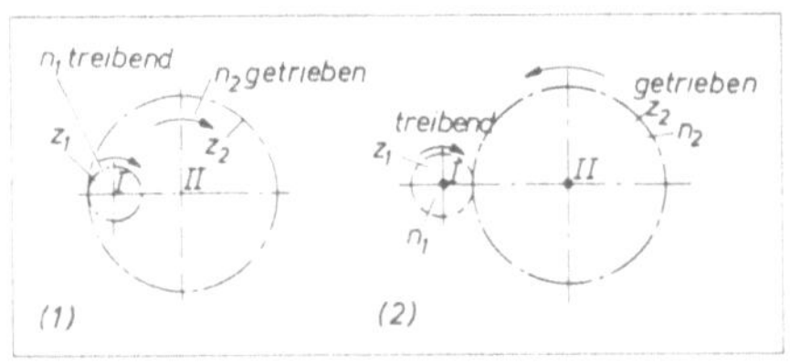

Bild 1-42
Einfacher Zahnradtrieb
(1) zwei Stirnräder mit Innenverzahnung
(2) zwei Stirnräder mit Außenverzahnung

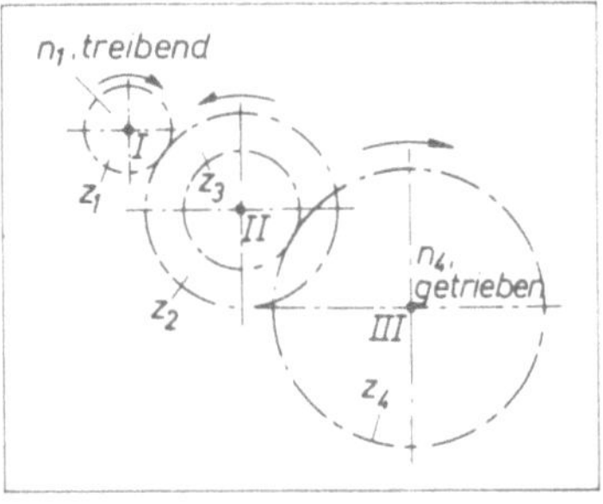

Bild 1-43
Mehrfacher Zahnradtrieb
Stirnradtrieb mit Außenverzahnung,
zwei Radpaare in verschiedenen
Wirkebenen

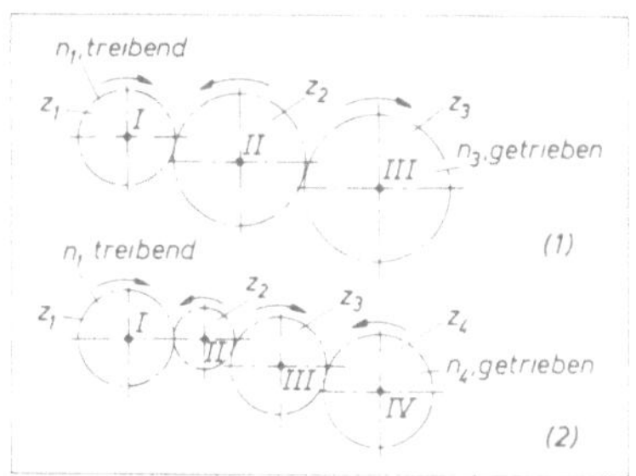

Bild 1-44
Zahnradtriebe mit Zwischenrädern

(1) mit einem Zwischenrad (Drehrichtungswechsel)
(2) mit zwei Zwischenrädern (kein Drehrichtungswechsel)
Zwischenräder haben keinen Einfluß auf die Drehzahl

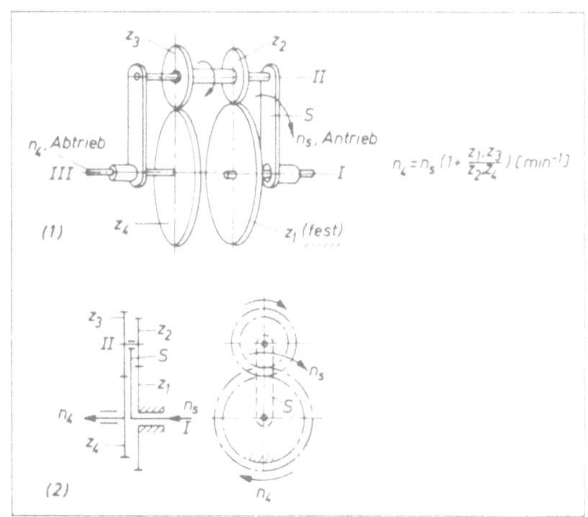

Bild 1-45
Umlaufgetriebe mit Außenrädern
(1) Raumbild   (2) Sinnbilder

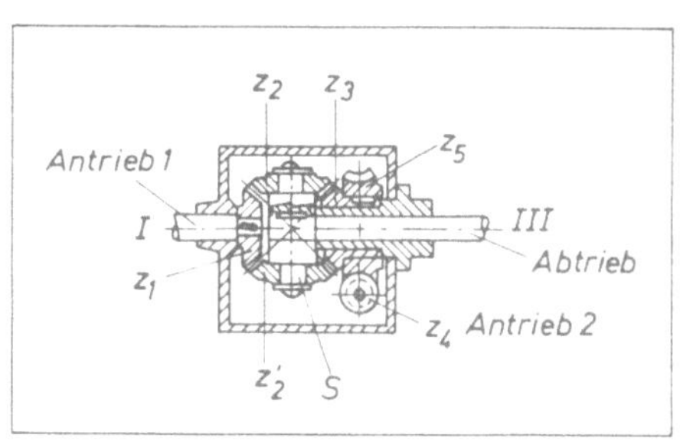

Bild 1-46
Umlaufgetriebe mit Kegelrädern und Schneckentrieb (Differenzialgetriebe)

der Zahnräder klein zu halten, was mit *gebundenen und gekoppelten Getrieben* möglich ist. *Vorgelegegetriebe* sind meist Zweiwellengetriebe mit einer Hohlwelle, die den Leistungsfluß über eine zweite Welle zu der in ihrem Inneren sich drehenden Antriebswelle zurückführen. Sie dienen zur einfachen Erweiterung eines Drehzahlbereiches, allgemein mit Übersetzungen ins Langsame. *Windungsgetriebe* ermöglichen weitere Räder- und Welleneinsparungen, wie man sie z.B. mit zwei zusammengelegten und gekoppelten Vorgelegen erhält (Bild 1-47). Das Schalten der Getriebestufen ist auf verschiedene Weise ausführbar. Einschwenken der Zahnräder (Schwenktasche bei Nortongetrieben), Vorgelegewellen bei älteren Drehmaschinen, und axiales Verschieben der Zahnräder als Räderblöcke, sowie Verschieben eines Ziehkeiles sind einfache Möglichkeiten. Häufig sind Getriebe mit Schaltkupplungen ausgestattet, die das Verbinden und Lösen der Getriebewellen mit Hand- oder Fußschaltung oder elektrischer Krafteinwirkung ausführen.

Das *Nortongetriebe* ist ein Vorschubgetriebe und wird mit Zahnrädern in Schwenktaschen geschaltet. Die Stufung ist allgemein geometrisch, für nur Gewindeherstellung auch auf die Gewindesteigungen abgestimmt. Die Anzahl der Schaltungen läßt sich mit weniger Rädern erreichen, als es mit Verschieberädern möglich ist. Der Leistungsfluß kann vom Schwenkhebel zum Räderkegel und umgekehrt eingeleitet werden (Bild 1-48).

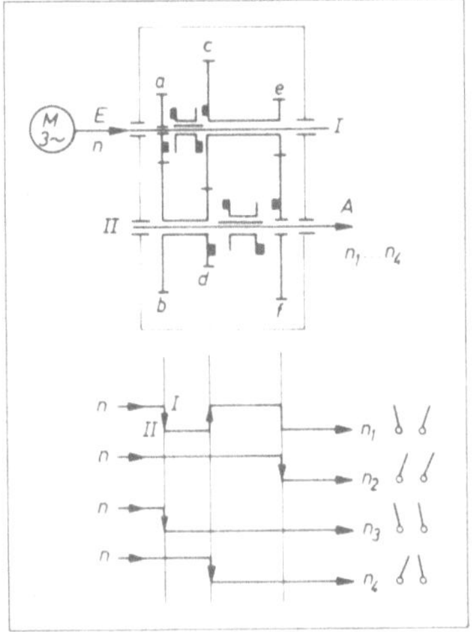

Bild 1-47
Getriebeplan und Leistungsflußbild
eines Windungsgetriebes (Ruppert-
getriebe)

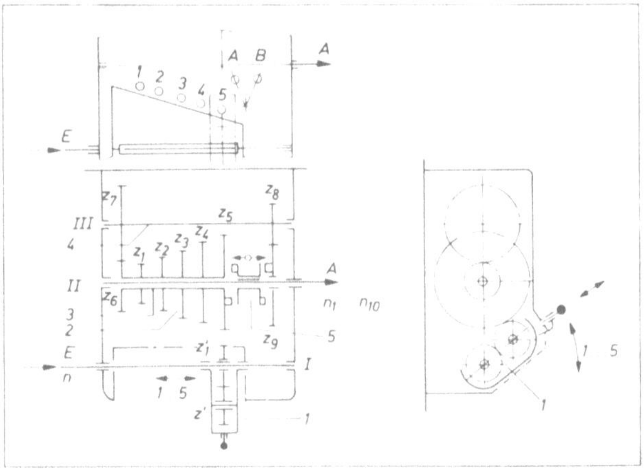

Bild 1-48
Nortongetriebe mit Vorgelege,
Schwenkrädergetriebe mit Vervielfachung

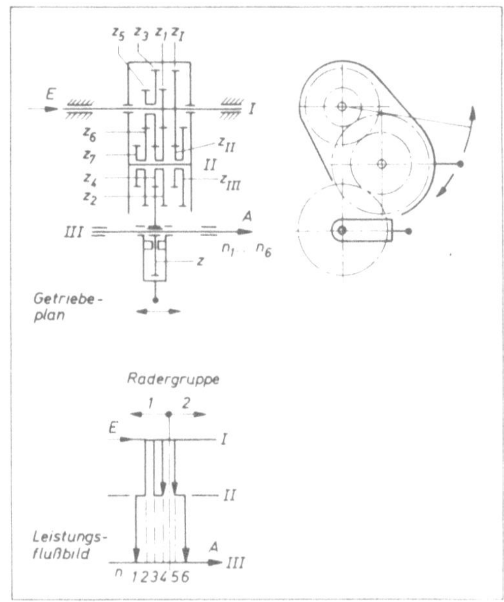

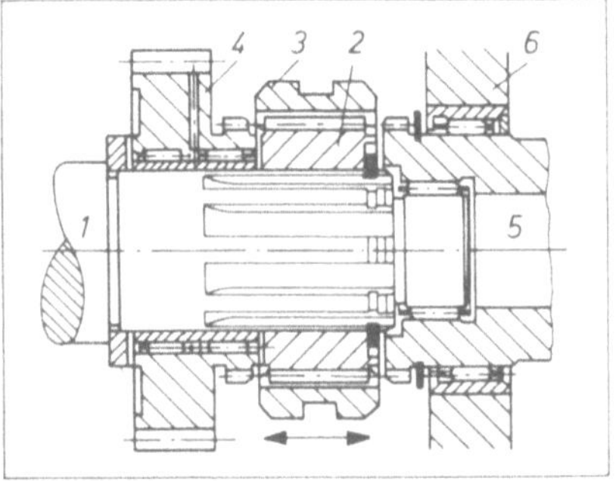

Bild 1-50
Getriebe mit Klauenkupplung

1 treibende Welle; 2 Muffenführung;
3 Kupplungsmuffe axial verschiebbar;
4 Losrad; 5 Antriebswelle

Bild 1-49
Mäandergetriebe mit Schwenkrädergetriebe
als Zusatzgetriebe

Ein weiteres Vorschubgetriebe ist das *Mäandergetriebe* (Bild 1-49), das mit Schwenkhebel geschaltet wird. Meist ist es einem anderen Getriebe nachgeschaltet und dient somit der Drehzahlvervielfachung.

Im *Getriebe mit Klauenkupplung* (Bild 1-50) sind die Zahnräder ständig im Eingriff. Diese formschlüssige Kupplung kann auch elektromagnetisch bei Stillstand und bedingt beim An- und Auslauf betätigt werden.

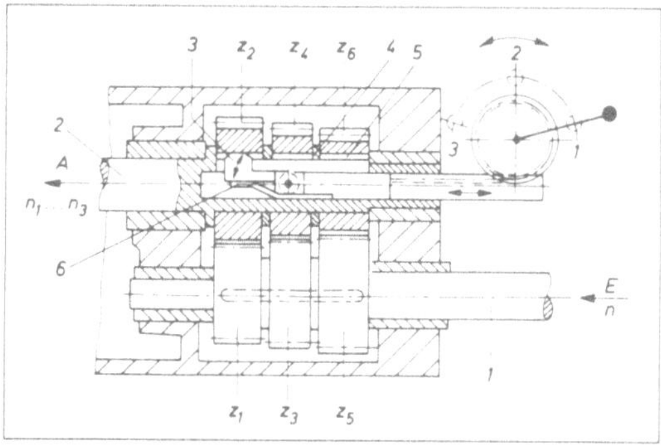

Bild 1-51
Getriebe mit Ziehkeilkupplung
Zahnräder ständig im Eingriff (z_1, z_3, z_5
treibend, z_2, z_4, z_6 getrieben; Ziehkeil 3
axial hin- und hergezogen und durch
Feder 6 in Nute 5 gedrückt, wodurch
Welle 2 gekuppelt wird

Beim *Getriebe mit Ziehkeilkupplung* (Bild 1-51) erfolgt das Schalten mittels Ziehkeil. *Getriebe mit Reibkupplung* haben alle Zahnräder ständig im Eingriff. Die getriebenen Räder werden jeweils mit der Antriebswelle durch Reibung gekuppelt. Für kleine Leistungen genügen Reibflächen im Radkranz, für größere verwendet man Lamellenkupplungen. Jedes Radpaar erfordert eine Kupplung, die elektromagnetisch geschaltet werden kann und für automatische Schaltprogramme geeignet ist.

Im *Schieberädergetriebe* sind die treibenden Räder meist axial verschiebbare Zweier- oder Dreierblöcke. Den Drehzahlbereich erweitert man vielfach auch mit Wechselrädergetriebe. Das Verschieben der Räderblöcke geschieht bei kurzen Kupplungswegen mit Schaltgabeln, für größere mit Schiebegabeln. An den Eingriffseiten der Zähne schrägt man die Zahnflanken an, um gutes Einführen in die gegenüberliegenden Zahnlücken der Gegenräder zu bekommen. In Zahnrädergetrieben soll die Stufung für die Zwischenwellen mit hohen Drehzahlen erfolgen, um die Ausgangsdrehzahlen mit großem Sprung bei den letzten Wellen zu erreichen. Hohe Drehzahlen bringen kleine Drehmomente und kleine Radabmessungen. Die Übersetzungen sollten etwa bei $i = 4 : 1$ bis $i = 2 : 1$ (bei kleinen Zähnezahlsummen) liegen. Für die Leistung des Antriebsmotors ist es angebracht, die Größe des Schwungmomentes des gesamten Getriebes zu kennen.

1.7.3. Mechanische stufenlose Getriebe für drehende Bewegung

Ihre Vorteile sind *stufenlose, stetige Verstellbarkeit* der Drehzahlen. Mit ihnen kann man in Werkzeugmaschinen die jeweils erforderlichen Geschwindigkeiten für Haupt- und Nebenbewegungen eines Arbeitsbereiches genauer einstellen als mit Stufengetrieben. Die meisten dieser Getriebe sind während des Betriebszustandes unter Last verstellbar. *Reibschlüssige bzw. kraftschlüssige stufenlose Getriebe* haben als Übertragungsglieder Reibscheiben, Reibringe, Riemen oder Rollenketten in vielseitigen Ausführungen. Drehzahlen und Drehmomente übertragen sich durch Reibkraft, die zwischen den Übertragungsgliedern mittels gegenseitigem Andrücken entsteht. Sie drehen sich nicht schlupffrei und werden für kleine und mittlere Leistungen verwendet. Für die Reibflächen der Übertragungsglieder verwendet man harte und weiche Reibstoffe, wie Metall, Holz, Gummi und Kunststoffe. Weiche Reibstoffe sind oft mit Stahldrähten verstärkt, auf metallischem Untergrund aufgezogen und meist mittels Vulkanisieren oder Kleben mit diesen zusammengehalten. Man erreicht mit diesen Ausführungen hohe Reibwerte (Reibzahl $\mu = 0,7 \ldots 0,8$).

Im *kraftschlüssigen PIV-Getriebe* (Bild 1-52) benutzt man für die Leistungsübertragung die Dickenseiten breiter Flachkeilriemen, übliche Keilriemen oder Rollenketten, die mit glatten Kegelscheiben zusammenwirken. Statt Keilriemen werden auch Keilrollenketten (Bild 1-53) verwendet. Die Kraftübertragung erfolgt durch Reibung zwischen den Rollen und den Kegelscheiben.

Ein Stahlring übernimmt im *H-Getriebe* (Bild 1-54) reibschlüssig die Leistungsübertragung. Je eine Kegelscheibe der Scheibenpaare ist mit seiner Welle fest verbunden, während die anderen axial verschiebbar sind. Die Verstellbarkeit der Drehung ist ähnlich der im PIV-Getriebe. Das Getriebe ist für kleine Leistungen geeignet.

Kurz erwähnt werden sollen noch zwei Sonderformen der *Kegelreibradgetriebe,* das *PK-Getriebe* und das *EL-Getriebe.* Im Reibradgetriebe mit Tellerrädern (Bild 1-55) wird das Tellerrad gegen das antreibende, ballige Reibrad gepreßt. Beim Verschieben des Reibrades über die Mitte des Tellerrades hinaus, kann die Abtriebsdrehrichtung umgekehrt werden. Bild 1-56 zeigt eine Ausführung mit zwei Tellerrädern. Hier treibt ein Tellerrad das verschiebbare Reibrad an, das die Leistung auf das zweite Tellerrad überträgt. Die Stellung des Reibrades bestimmt die jeweilige Übersetzung des Getriebes. *Reibradgetriebe mit Tellerrädern* werden für den Antrieb in Reibradpressen und in Spindelschlagpressen verwendet. Im Reibradgetriebe für veränderliche oder ungleichförmige Drehgeschwindigkeit (Bild 1-57) trägt die Antriebstrommel einen Reibkamm. Dies ist ein auf- und absteigender Kurvenzug. Während einer Umdrehung der Antriebstrommel erhält das Tellerrad eine stetig veränderliche Drehgeschwindigkeit.

Reibradgetriebe mit Zylinderreibrädern haben ein festes Übersetzungsverhältnis. *Reibradgetriebe mit Kegelwalzen* (Bild 1-58) hingegen erlauben eine stufenlose Drehzahländerung durch Verschieben des balligen Reibrades zwischen den Kegelwalzen. Die beiden Durchmesser am Berührungspunkt bestimmen das Übersetzungsverhältnis. Die Drehrichtung der Eingangs- und Ausgangsumdrehungen sind bei dieser Ausführung gleich. Entgegengesetzt sind sie bei der Verwendung eines Stahlringes (Bild 1-59).

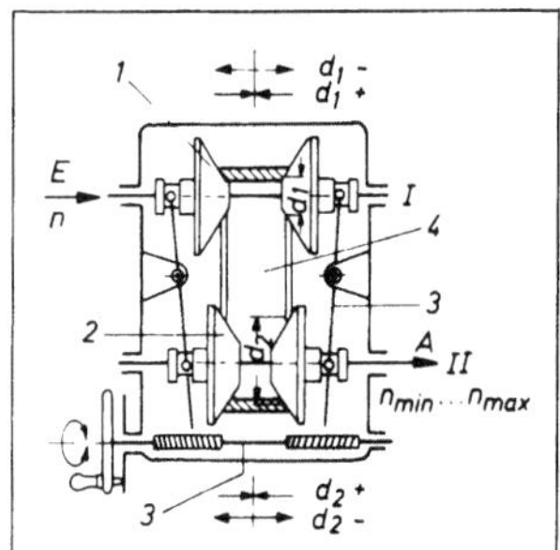

Bild 1-52
Kraft- oder reibschlüssiges stufenloses
PIV-Getriebe mit Flach- bzw. Breitkeil-
riemen
1 und 2 Kegelscheiben; 3 Verstellspindel;
4 Verstellhebel

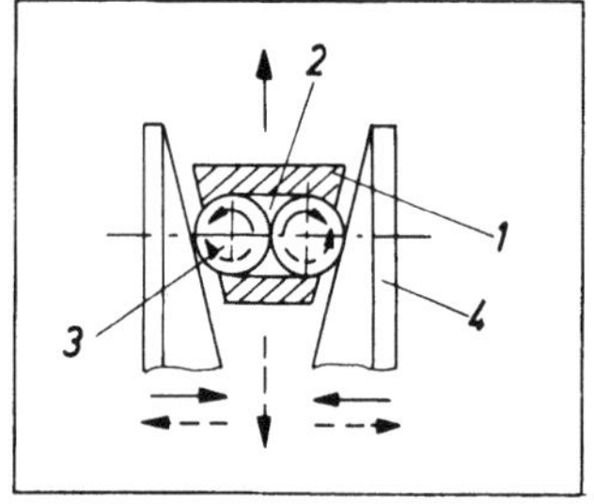

Bild 1-53
Keilrollenkette als reibschlüssiges
Zugmittel für ein PIV-Getriebe
1 Kettenglied; 2 Gelenklasche; 3 Rollenpaar; 4 Kegelscheiben

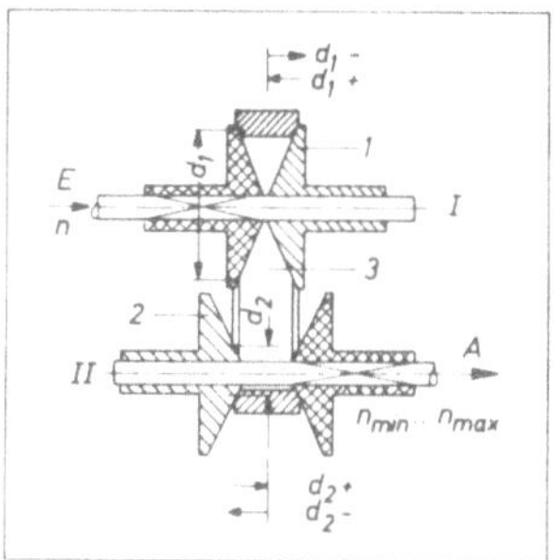

Bild 1-54
Kraft- oder reibschlüssiges stufenloses H-Getriebe mit Stahlring
1 und 2 Scheibenpaar

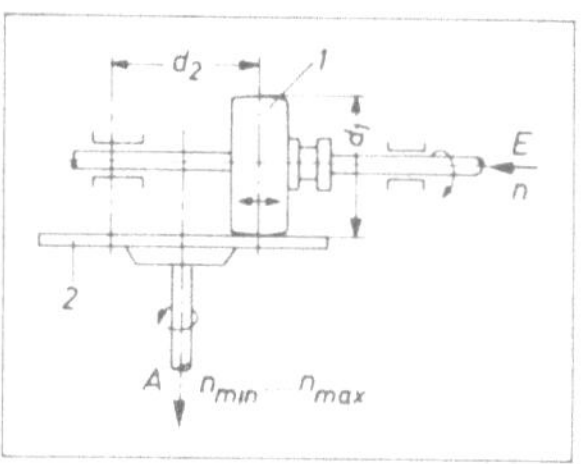

Bild 1-55
Reibradgetriebe mit einem Tellerrad
1 Reibrad; 2 Tellerrad

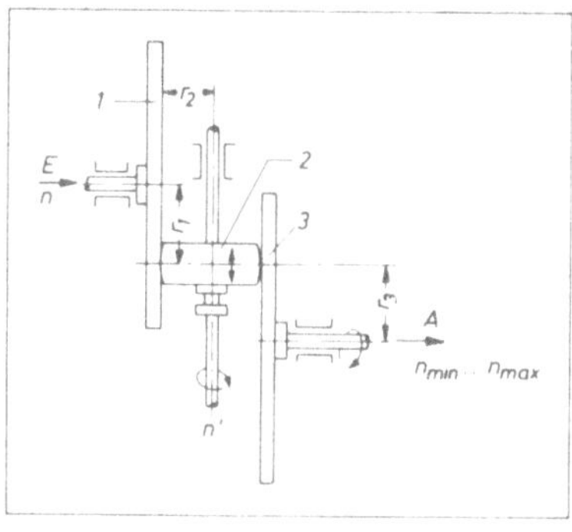

Bild 1-56
Reibradgetriebe mit zwei Tellerrädern
1 und 3 Tellerräder; 2 Reibrad

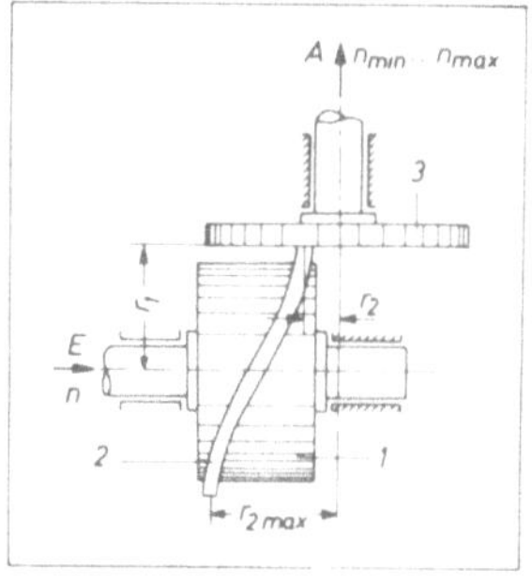

Bild 1-57
Reibradgetriebe für veränderliche Drehgeschwindigkeit
1 Antriebstrommel; 2 kurvenförmiger Reibkamm; 3 Tellerrad

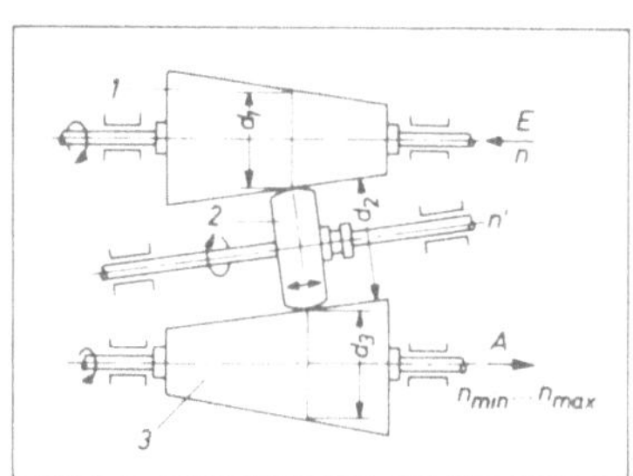

Bild 1-58
Reibradgetriebe mit Kegelwalzen und Zwischenscheibe
1 und 3 Kegelräder; 2 balliges Reibrad

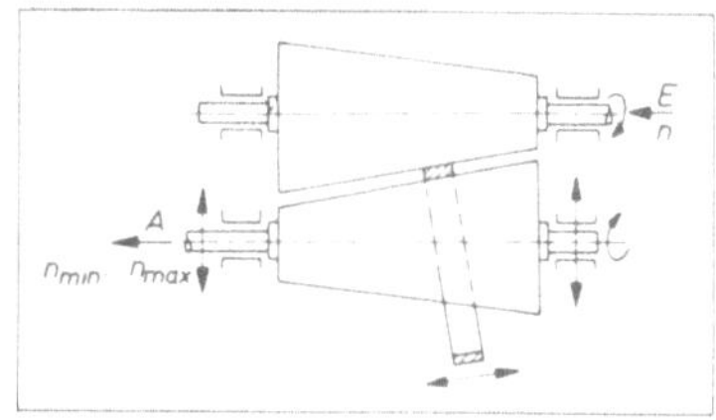

Bild 1-59
Reibradgetriebe mit Kegelwalzen und Ring

Formschlüssige stufenlose Verstellgetriebe arbeiten mit Übertragungsgliedern, die wie Verzahnungen ineinandergreifen, wodurch schlupffreie und große Leistungsübertragungen erfolgen können. Überwiegend verwendet man radial verzahnte Kegelscheiben, die in Lamellenketten eingreifen. Diese Getriebe sind für zwangsläufige, programmierte und automatische Arbeitsabläufe geeignet. Dies gilt besonders dann, wenn ihre Verstellbarkeit von elektrischen Stellmotoren und Stellgetrieben ausgeführt wird.

Das *formschlüssige PIV-Getriebe* (Bild 1-60) ermöglicht eine Lamellenkette, die mit radial gezahnten Kegelscheiben zusammenarbeitet und die Leistung überträgt. Jedes Glied

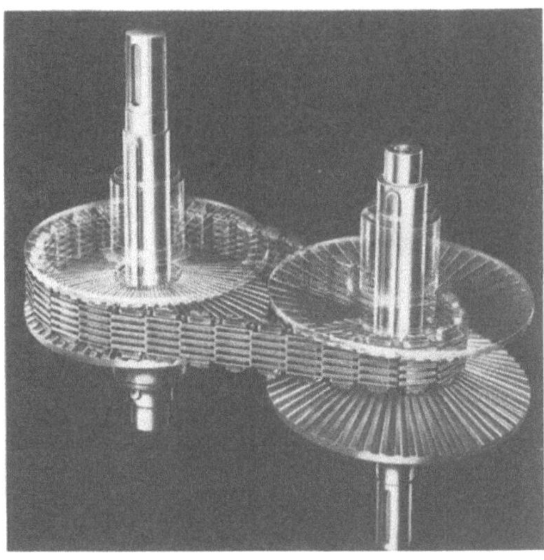

Bild 1-60
Lamellenkette als formschlüssiges Zugmittel für ein PIV-Getriebe

der Kette ist zugleich als Gelenktasche für die aneinanderliegenden, querschiebbaren Stahllamellen gestaltet. Diese greifen mit ihren Enden in Lücken der radialen Verzahnung ein. Die Verzahnung auf den Kegelscheiben ist zueinander um die halbe Teilung versetzt, womit gleichmäßiger Formschluß erreicht wird. Der Drehzahlbereich liegt etwa bei $B = 6$.

1.7.4. Mechanische Getriebe für geradlinige Bewegung

Stirnrad und Zahnstange. Die Drehbewegung eines Stirnrades (Ritzel) wird in eine geradlinige Bewegung einer Zahnstange umgewandelt. Steuert man die Drehrichtung des Ritzels durch Umkehrgetriebe (Wendekupplung, Wendemotor), erhält die Zahnstange eine hin- und hergehende Bewegung. Ihre Vor- und Rücklaufgeschwindigkeit kann dabei veränderlich eingestellt werden. Die Umfangsgeschwindigkeit v_u im Teilkreis des Ritzels mit Durchmesser d ist gleich der Geschwindigkeit der Zahnstange oder des mit ihr verbundenen Werkzeugschlittens. Sie verläuft wegen der Masse der zu bewegenden Maschinenteile und der damit auftretenden An- und Auslaufträgheit teilweise ungleichförmig. Bei der Bestimmung ihrer Größe rechnet man daher mit der mittleren Tisch- und Schnittgeschwindigkeit v_m.

mittlere Verschiebegeschwindigkeit (Tisch- oder Schnittgeschwindigkeit)

$$v_m = \frac{z\,m\,\pi\,n}{1000} \quad (m/min) \qquad \text{Gl (1.15)}$$

mittlere Vorschubgeschwindigkeit

$$u_m = \frac{z\,m\,\pi\,n}{1} \quad (mm/min) \qquad \text{Gl (1.16)}$$

v_m mittlere Zahnstangengeschwindigkeit als Verschiebe-, Tisch- oder Schnittgeschwindigkeit in m/min

u_m mittlere Zahnstangengeschwindigkeit als Vorschubgeschwindigkeit in mm/min

z Zähnezahl des Zahnstangenrades

m Modul der Verzahnung

n Drehzahl des Zahnstangenrades $\min^{-1}$

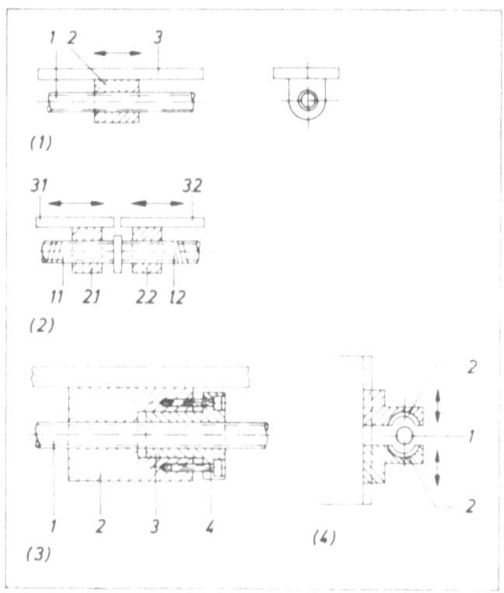

Bild 1-61. Gewindespindel und Mutter
(1) 1 Gewindespindel (ein- oder mehrgängig);
2 Mutter; 3 Maschinenteil
(2) Bewegung der Maschinentische; 3.1 und 3.2
entsprechend Drehrichtung der Spindel;
1 Gewindespindel 1.1 linkssteigend, 1.2 rechts-
steigend; 2 Mutter, 2.1 für linkssteigendes, 2.2
für rechtssteigendes Gewinde
(3) Gewindespindel mit Mutter zum Einstellen des
Bewegungsspiels, z.B. bei Gleichlauffräs-
maschinentischspindel; 1 Gewindespindel;
2 Mutter; 3 Einstellmutter; 4 Stellschrauben
(4) Gewindespindel mit längsgeteilter Mutter,
rasches Einschalten des Vorschubes durch
Radialbewegung der Mutterhälften; 1 Gewindespindel; 2 Mutterhälften

Der Trieb kann als Gerad-, Schräg- oder Winkel-(Pfeil)Verzahnung ausgeführt sein. Vielseitige Anwendung findet er beim Antrieb von Tischen für Langhobelmaschinen, bei der
Vorschubbewegung von Bohrspindelhülsen, Fräsmaschinentischen mit Handhebel, Werkzeugschlitten an Drehmaschinen usw. Als Stelltrieb für Feinverschiebung ist er wegen
seines Zahnspiels und der großen zu tragenden Massen nur bedingt anwendbar. Bei umgekehrtem Kraftfluß erhält man umgekehrte Bewegungsform.

Bei Getrieben mit *Schnecke und Zahnstange* bewirkt eine sich drehende Schnecke das
Längsverschieben der Zahnstange. Wird die Schnecke an ein Umkehr- oder Wendegetriebe
angeschlossen, wechselt sie ihre Drehrichtung; für die Zahnstange folgt daraus ebenfalls
die hin- und hergehende Bewegung.

Gewindespindel und Mutter (Bild 1-61). Dieses Getriebe ist geeignet für Längsverschie-
bungen in Hauptantrieben, Verstell- und Vorschubgetrieben. Durch Drehen der Gewindespindel verschiebt sich die Spindelmutter und das mit ihr verbundene Maschinen- oder
Getriebeteil. Die gleiche Wirkung für das Maschinenteil erreicht man, wenn eine gegen
Längsverschieben gesicherte Mutter angetrieben wird und somit die nichtdrehende Gewindespindel seitlich verschiebt. Auf diese Weise lassen sich feine Vorschübe und gleichmäßige Bewegungen erzielen. Selbsthemmende Gewinde ermöglichen Feineinstellungen
bis auf 0,001 mm. Schnelle Verschiebungen erhält man mit steilen, nicht selbsthemmenden Gewinden, die üblich als mehrgängige Gewinde ausgeführt sind. Die Gewindespindel
erhält ihre drehende Bewegung über vorgeschaltete mechanische, elektrische, hydraulische
oder pneumatische steuerbare Antriebe. Angepaßt an die Wirkungsweise, z.B. bei Spindelpressen für das Schnellverschieben des Bären (Stößel), wird dieses Getriebe überwiegend
für alle Werkzeug- und Werkstückträger zum Verschieben nach Maß, sowie für allgemeine
Stellbewegungen verwendet. Besondere Verschiebegetriebe sind *Kugelroll- oder Kugel-
umlaufspindeln.* In *Planetenspindeln* erreicht man die formschlüssige Verbindung zwischen
Spindel und Mutter mit in Käfigen geführten Gewindewalzen. Ihre Lage und Bewegungs-
möglichkeit ist die der Planetenräder in Stirnräderumlaufgetrieben.

Für die Spindelbewegung in Spindelpressen gilt:

Mittlere Verschiebegeschwindigkeit $\qquad v_m = \dfrac{P\,n}{1000} \quad$ (m/min)

Vorschubgeschwindigkeit $\qquad\qquad\quad u_m = P\,n \quad$ (mm/min)

$\qquad\qquad\qquad\qquad\qquad\qquad\qquad\qquad\qquad\qquad\qquad\qquad$ Gl (1.17)

P Steigung des Gewindes in mm

v_m Mittlere Verschiebegeschwindigkeit des Stößels (m/min)

n Drehzahl der Gewindespindel in min^{-1}

u_m Mittlere Verschiebe- oder Vorschubgeschwindigkeit des Stößels (mm/min)

Kurventriebe unterteilt man nach den Grundbegriffen der Getriebelehre von F. Reuleaux in solche mit drehbarem Kurvenkörper, feststehender Kurve, und zwei einander berührenden Kurvenkörpern.

Die allgemein verwendeten Kurvengetriebe in Werkzeugmaschinen haben die Aufgabe den drehenden Kurvenablauf in eine hin- und hergehende Bewegung, Hauptbewegung oder Steuervorgang umzuwandeln. Diese häufig verwendeten einfachen Ausführungen bestehen aus dem Gestell (Bauteil der Maschine), der im Gestell drehbar gelagerten Kurvenscheibe und dem Kurvenhebel (Stößel). Letzterer tastet die Kurvenscheibe mit Gleitstift oder Rolle ab. Dabei ist die Kurve ein Speicher für die Stellgrößen eines zu bewegenden Maschinenbauteils (Werkstück- oder Werkzeugschlitten, Spannelemente), die als Wege in einer bestimmten Zeit auf der Kurvenbahn abgetastet werden müssen.

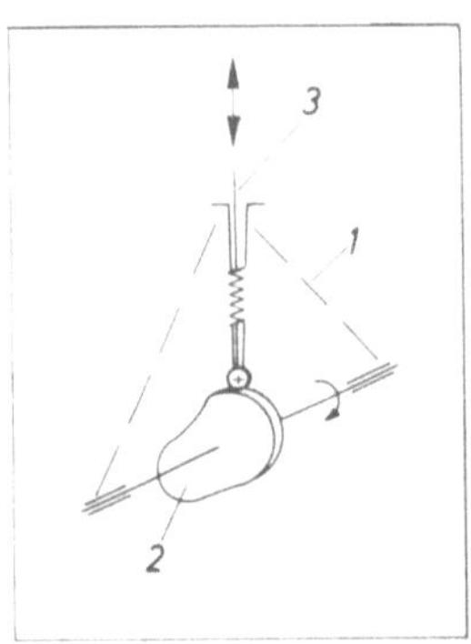

Bild 1-62
Kurvengetriebe mit Scheibenkurve

1 Gestell
2 Kurvenscheibe
3 Kurvenstößel

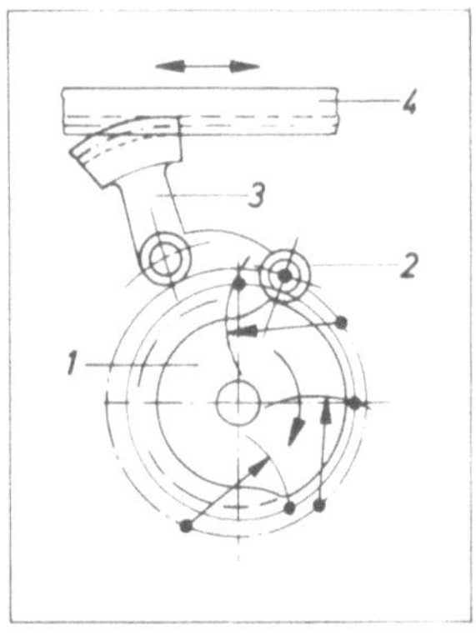

Bild 1-63
Kurvengetriebe mit Scheibenkurve

1 Scheibenkurve
2 Abtastrolle
3 Kurvenhebel
4 Zahnstange

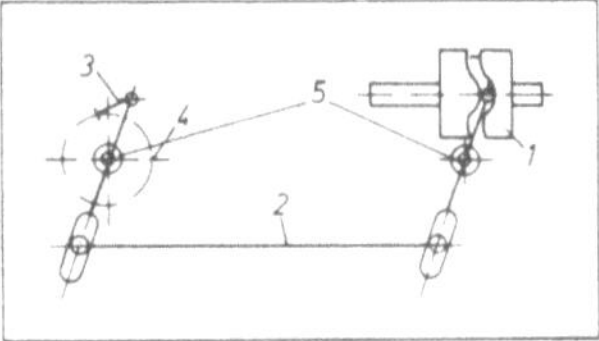

Bild 1-64
Trommelkurve

1 Kurve
2 Schwinghebel
3 Raster
4 Schaltrad
5 feste Drehpunkte

Bei *Kurvengetrieben mit kraftschlüssiger Verbindung* drückt eine Feder den Kurvenstößel oder -hebel an die Kurvenscheibe (Bild 1-62, 1-63). Neben Scheibenkurven kommen auch Stirnkurven zur Anwendung.

Bei *formschlüssigen Kurvengetrieben* (Bild 1-64) führt eine Nutkurve (Trommelkurve) die Rolle des Kurvenhebels beiderseitig. Eine Andrückkraft ist nicht erforderlich. Spiel zwischen Rolle und Nute ist für einwandfreies Rollen vorzusehen; andernfalls können bei Bewegungsumkehr Stöße und Bewegungsverzögerungen entstehen. Genauigkeit und Oberflächengüte der Leitflächen sind für Maß- und Formbildung des Werkstückes von Wichtigkeit. Kurvenanstieg und -abfall bestimmen mit der Drehung die wechselnden Geschwindigkeiten.

Zur Übertragung größerer Kräfte beim Antrieb der Haupt- und Nebenbewegungen sind *Kurbeltriebe* geeignet, z.B.: Geradschubkurbel, Kniehebelschubkurbel, Kurbelschwinge und Kurbelschleife. Die Wandlung drehender Bewegung in geradlinige, hin- und hergehende oder nur in einfach geradlinige Bewegungen übernehmen Kolbenhubmotoren oder Hydraulik und Pneumatik. Kurbeltriebe sind einfacher im Aufbau und billiger in der Anlage.

Die *Geradschubkurbel* ist ein einfacher Kurbeltrieb (Bild 1-65) und wird häufig eingebaut in Kurbel- und Exzenterpressen, Senkrecht-Stoßmaschinen zum Hauptantrieb des Stößels, Bügelsägenantrieb. Bei gleichförmig drehender Kurbelwelle erhält der Kreuzkopf als Verbindungsgelenk und das damit geradlinig zu verschiebende Bauteil einen ungleichförmigen Geschwindigkeitsverlauf für Arbeits- und Rücklaufbewegung. Es ist meist ausreichend, die mittlere und die höchste Geschwindigkeit zu bestimmen. Für jede andere Bewegungsstellung ist die Ermittlung aus dem Geschwindigkeit-Weg-Schaubild zu empfehlen. Der geradlinige Weg (Hub) ist abhängig vom eingestellten Radius des Exzenter- oder Kurbelkreises.

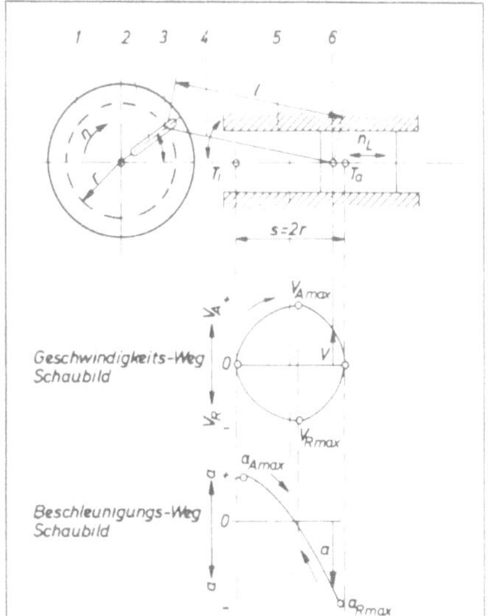

Bild 1-65
Geradschubkurbel verstellbar und umlaufend
1 Kurbelscheibe
2 Kurbelarm, Länge *r* mit Gewindespindel verstellbar
3 Kurbelzapfen
4 Schubstange
5 Geradführung
6 Kreuzkopf; T_i innerer, T_a äußerer Totpunkt

Es gilt:

Verschiebeweg, Hub oder Stößelweg $s = 2\,r$ (mm)   Gl (1.18)

Mittlere Verschiebegeschwindigkeit des Kreuzkopfes $v_m = \dfrac{2\,s\,n_L}{1000}$ (m/min)   Gl (1.19)

Höchste Geschwindigkeit des Kreuzkopfes in der Nähe der Hubmitte $v_{max} = v_u\,(1 + \tfrac{1}{2}\,\lambda^2)$ (m/s)   Gl (1.20)

Umfangsgeschwindigkeit des Gelenkpunktes der Kurbel auf dem eingestellten Kurbelkreis $v_u = \dfrac{2\,r\,\pi\,n}{60}$ (m/s)   Gl (1.21)

Schubstangenverhältnis $\lambda = \dfrac{r}{l}$

$n = n_L$ Drehzahl des Kurbelzapfens in min^{-1} = Doppelhubzahl des Kreuzkopfes in DH/min

r = Radius des eingestellten Kurbelkreises in mm oder m

l = Länge der Schubstange in m

Wenn die Schubstangenlänge l gegenüber der Kurbellänge r sehr groß wird, so kann man näherungsweise $\lambda = 0$ setzen, der ungleichförmige Geschwindigkeitsverlauf geht in einen harmonischen, sinusförmigen Verlauf über. Die Geschwindigkeit des Kreuzkopfes oder Stößels bei Lage der Kurbel unter einem Kurbelwinkel φ nennt man die Augenblicksgeschwindigkeit. Für diese gilt dann:

$$v = v_u\,(\sin\varphi + \tfrac{1}{2}\,\lambda\,\sin 2\varphi) \cong v_u\,\sin\varphi \quad \text{(m/s)} \qquad\qquad \text{Gl (1.22)}$$

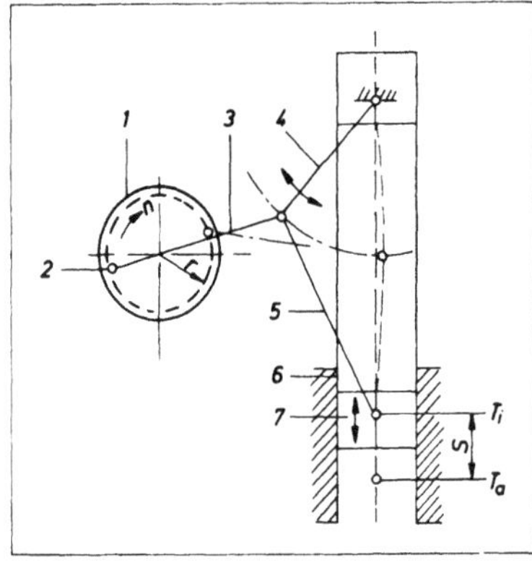

Bild 1-66
Kniehebelkurbel

1 Kurbelscheibe
2 Kurbelzapfen
3 Schubstange
4 Schwinghebel
5 Druckstange
6 Geradführung
7 Stößel; r Kurbelradius; s Hub; T_i und T_a
   innerer und äußerer Totpunkt

Die Besonderheit der *Kniehebelkurbel* ist die kleine Stößelgeschwindigkeit des Stößels im Totpunkt T_a wie in Bild 1-66 veranschaulicht.

Die *Kurbelschwinge* (Bild 1-67) wird überwiegend für den Antrieb der Hauptbewegung in Kurzhobelmaschinen (Waagrecht- und Senkrechtstoßmaschinen) verwendet. Die Stößelgeschwindigkeit der Kurbelschwinge (Bild 1-68) ermittelt man zeichnerisch mit dem

Geschwindigkeit-Weg-Schaubild. Die wichtigsten Geschwindigkeiten erhält man auch durch Rechnung mit folgenden Formeln genügend genau:

Mittlere Stößel- oder Schnittgeschwindigkeit

$$v_m = \frac{2\,L\,n_L}{1000} \quad (\text{m/min}) \qquad \text{Gl}\,(1.23)$$

Mittlere Vorlaufgeschwindigkeit des Stößels

$$v_{mA} = \frac{L\,180°\,n_L}{1000\,\alpha°} \quad (\text{m/min}) \qquad \text{Gl}\,(1.24)$$

Mittlere Rücklaufgeschwindigkeit des Stößels

$$v_{mR} = \frac{L\,180°\,n_L}{1000\,\beta°} \quad (\text{m/min}) \qquad \text{Gl}\,(1.25)$$

Größte Schnittgeschwindigkeit

$$v_{A\,max} = \frac{v_z}{e(1+\cos\beta)} \quad (\text{m/min}) \qquad \text{Gl}\,(1.26)$$

Größte Rücklaufgeschwindigkeit

$$v_{R\,max} = \frac{v_z}{e(1-\cos\beta)} \quad (\text{m/min}) \qquad \text{Gl}\,(1.27)$$

Umfangsgeschwindigkeit des Kurbelzapfens

$$v_z = \frac{2\,r\,\pi\,n_L}{1000} \quad (\text{m/min}) \qquad \text{Gl}\,(1.28)$$

Stößelhub

$$L = 2\,l\cos\beta \quad (\text{mm}) \qquad \text{Gl}\,(1.29)$$

l = Schwingenlänge in mm

e = Abstand des Kurbeldrehpunktes M_1 vom Schwingendrehpunkt M_2 in mm

r = eingestellter Kurbelradius in mm

n_L = Doppelhubzahl in DH/min = Drehzahl des Krubelzapfens $n_z\,(\text{min}^{-1})$

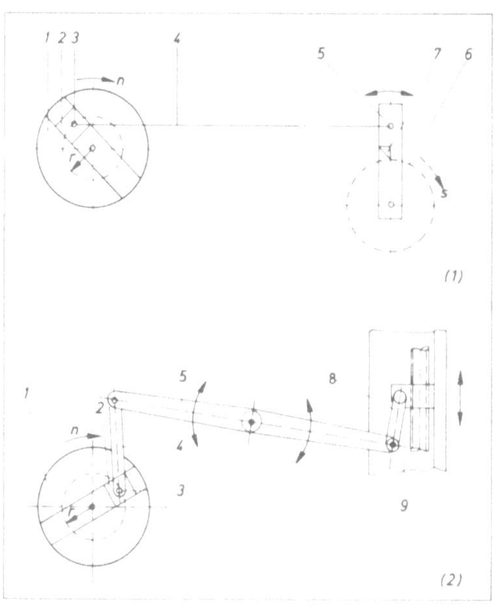

Bild 1-67
Kurbelschwinge
(1) für eine Senkrechtstoßmaschine
(2) für Vorschubzahnschaltung.
1 Kurbelscheibe
2 Stellnute mit Bolzen
3 Kurbelzapfen
4 Schubstange
5 Schwinge
6 Antriebsrad
7 Raste für Sperrad
8 Koppel für Längenausgleich
9 Stößel; r Kurbelradius; s Schaltweg

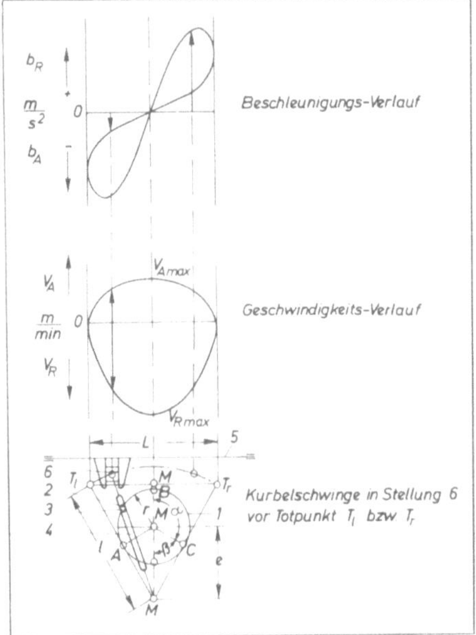

Bild 1-68
Kurbeltrieb einer Waagrecht- und Senkrecht-stoßmaschine mit Geschwindigkeits- und Beschleunigungsverlauf

1 Kulissenrad;
2 Kurbelzapfen
3 Gleitstück
4 Schwinghebel
5 Stößel
6 Gleitstück zum Längenausgleich
M_1 und M_2 Kurbel- und Schwingendreh-punkt; α Kurbelwinkel; β Rücklaufwinekl;
r Kurbelradius; e Abstand der Drehpunkte;
L Stößelhub

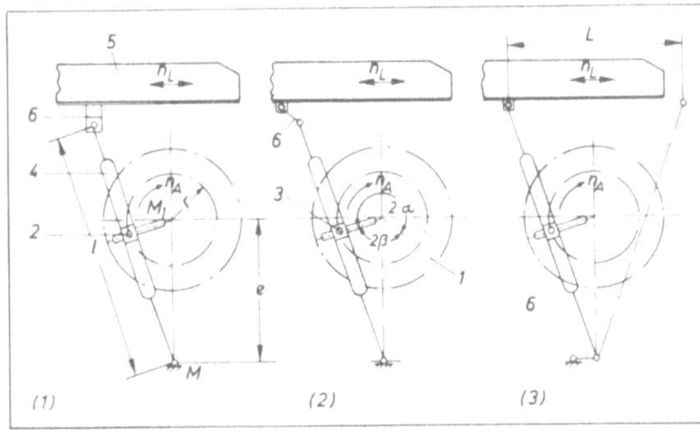

Bild 1-69
Möglichkeiten für Längenausgleich des Kurbeltriebs (nach Bild 1-68)
(1) mit Gleitstück am Stößel
(2) Ausgleich durch Koppel am Stößel
(3) Ausgleich durch Koppel am Schwingendrehpunkt

Je kleiner der eingestellte Stößelhub L, umso kleiner wird der Unterschied zwischen v_A und v_R bzw. den Zeiten t_A und t_R. Die größte Beschleunigung liegt in der Nähe der Totpunkte T_l und T_r; in der Hubmitte wird sie für einen Augenblick zu Null. Möglichkeiten für den Längenausgleich zwischen Schwingenhebel und Stößel zeigt Bild 1-69.

1.8. Hydraulische Kraftübertragung

1.8.1. Allgemeine Grundlagen

Im Bereich des Maschinenbaues bezeichnet man die Kraftübertragung mit flüssigen Triebmitteln und die hierzu gehörenden Strömungsvorgänge allgemein mit Hydraulik. Nach der anfänglichen Verwendung von Wasser als Triebmittel für Antriebe, Getriebe und Steuerungen in Schwermaschinen mittels Pumpen-Motor-Systemen folgte die Be-

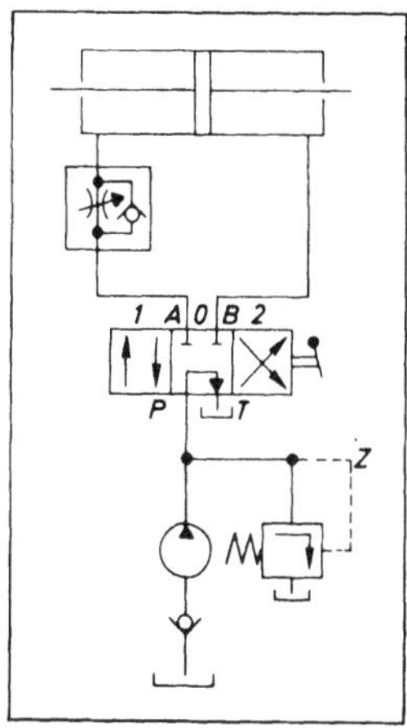

Bild 1-70
Darstellung eines hydraulischen
Antriebs mit offenem Kreislauf
in Sinnbildern
(Steuerung der Bewegungs-
umkehrung durch 4/3 Wege-
ventil)

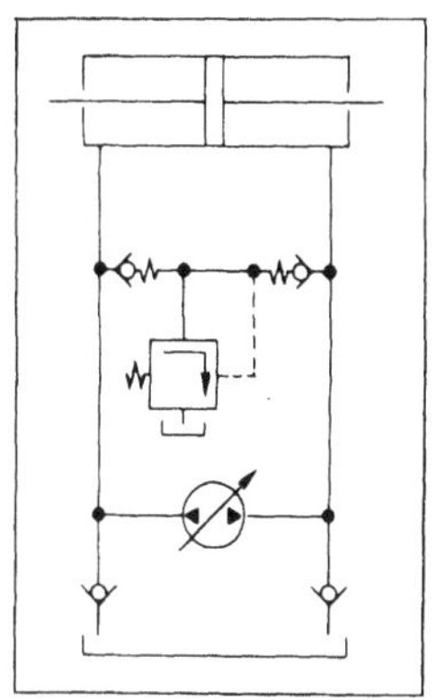

Bild 1-71
Einfacher hydraulischer Antrieb eines
Werkzeugmaschinentisches mit Hydro-
zylinder bei geschlossenem Kreislauf
(Steuerung der Bewegungsumkehrung
durch Pumpensteuerung)

nützung von Wasser-Öl-Emulsionen und Mineralölen in fast allen Werkzeugmaschinen-arten. Mit diesem Wechsel erweiterte sich der allgemeine Begriff Hydraulik zu dem der *Ölhydraulik.* Dient das Triebmittel zur Übertragung der Druckkraft, nennt man den Kreislauf *hydrostatischen Antrieb,* wie dies in hydraulisch angetriebenen Werkzeug-maschinen mit geradlinigen Haupt-, Vorschub-, Steuer- und Transportbewegungen ge-schieht. Wird in einem geschlossenen Kreislauf mit Ausnützung der kinetischen Energie des Triebmittelstromes eine Drehbewegung in eine folgende übersetzt, bezeichnet man dies als *hydrodynamischen Antrieb.*

Beim *offenen Kreislauf* fließt das Triebmittel nach der Leistungsabgabe vom Flüssigkeits-motor zur Kühlung und Beruhigung in den Sammelbehälter, aus dem es die Pumpe wieder ansaugt (Bild 1-70). Im *geschlossenen Kreislauf* wird das Triebmittel nach Aus-tritt aus dem Flüssigkeitsmotor unmittelbar von der Pumpe angesaugt (Bild 1-71). *Gerad-linige Bewegungen* für Maschinenteile erhält man mit Kolbenhubmotoren (Kolben und Zylinder), *drehende* mit Rotationsmotoren (z.B. Flügelzellenmotoren).

Für die fachliche Verständigung beim Planen und Bauen hydraulischer Anlagen mit Hilfe von Zeichnungen, Schaltplänen, Betriebsanleitungen und Fachliteratur verwendet man bestimmte *Benennungen und Sinnbilder* (Bild 1-72) (DIN 24300 für Benennungen und Sinnbilder, VDI 3225 für hydraulische Schaltpläne). Allgemein verwendet man für beide Kraftübertragungen gleiche Sinnbilder; Abweichungen gelten für jene Bauteile, die nur für Hydraulik oder Pneumatik verwendet werden.

Vorteile hydraulischer Kraftübertragung:

Flüssige Triebmittel lassen sich nur gering zusammendrücken und bleiben dabei elastisch. Die eingeschlossene Flüssigkeit überträgt ihren Druck in gleicher Größe auf jede Flächeneinheit, wodurch die Erzeugung größerer Arbeitskräfte gegeben ist. Stufenlose Verstellbarkeit der Leistungsübertragung ist auch bei Vollast arbeitender Maschinen möglich. Bauteile der Hydrau-lik kann man in- und außerhalb des Maschinenkörpers in weiten Bereichen anordnen. Die ange-triebenen Maschinenteile erhalten ruhige, stoßfreie Bewegungen und können leicht gesteuert und gewartet werden.

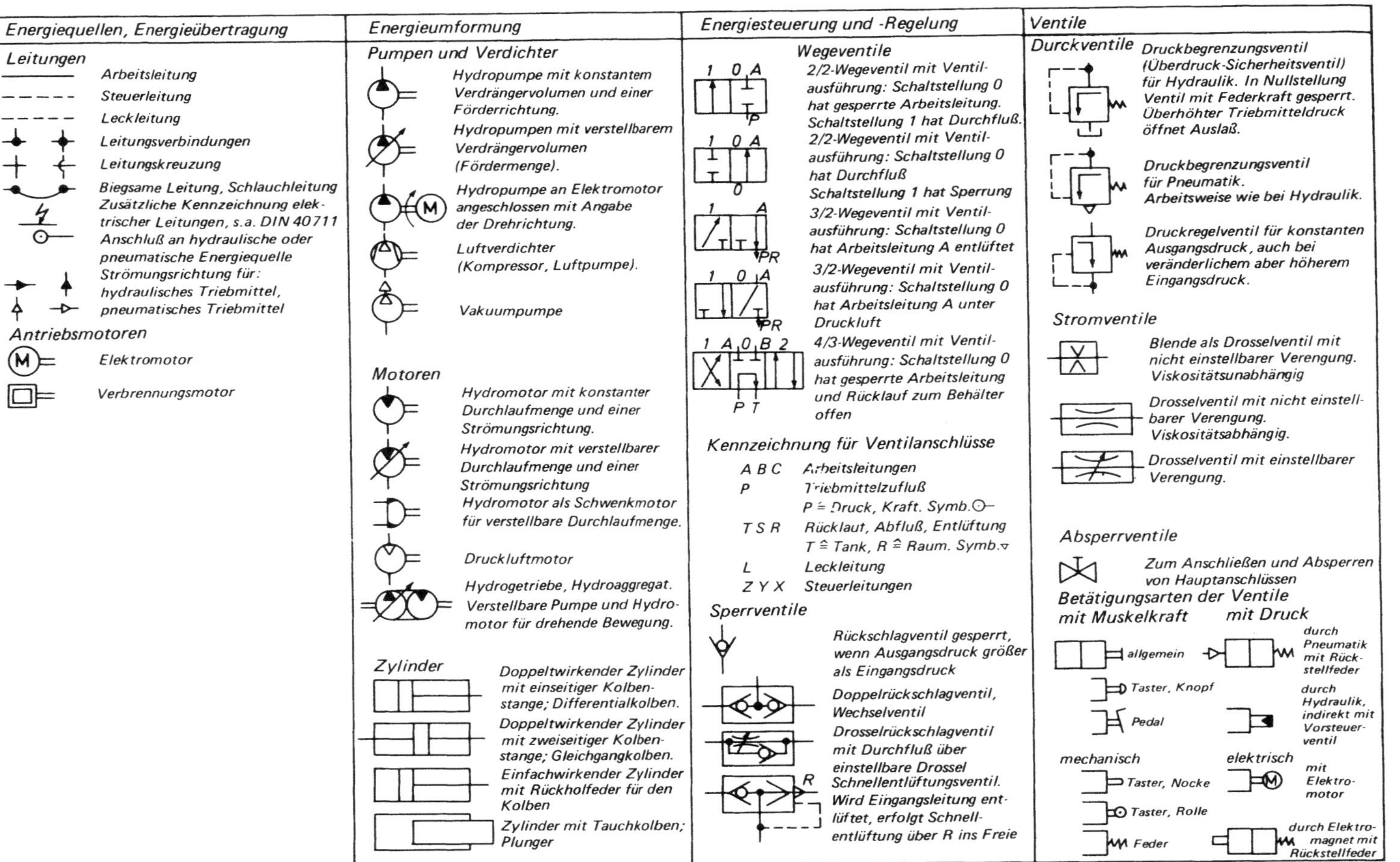

Bild 1-72. Benennungen und Sinnbilder für Ölydraulik und Pneumatik (Auszug aus DIN 24300)

Nachteile:

> Ungünstiges Verhalten mancher Triebmittel auf Temperatur und Viskosität, Leistungsabfall bei Undichtheiten, Luftpolster und Flüssigkeitswirbel in der Anlage. Reibungskräfte in den Dichtungen für bewegliche Bauteile. Vielfach hohe Kosten für Herstellung und Wartung dieser Teile wegen der notwendigen hohen Oberflächengüte und engen Passungstoleranzen.

Als *hydraulische Triebmittel* werden Wasser, Mineralöle und Emulsionen verwendet. Wasser verursacht zwar niedrige Kosten, wegen der hohen Leck- und Schlupfverluste infolge seiner Dünnflüssigkeit wird jedoch der Wirkungsgrad der Anlage schlecht. Geringe Schmierfähigkeit und die Gefahr des Rostens ist ebenfalls ungünstig. Wesentlich häufiger werden *Mineralöle* verwendet. Sie besitzen eine gute Schmierwirkung. Es werden Öle mit Viskositäten (Zähigkeit) bei 2,5 bis 6,5° Engler bei 30 °C–70 °C Betriebstemperatur verwendet. Dickflüssiges Öl ist träge und läßt die Antriebsleistungen ansteigen. Größere Erwärmungen müssen durch Kühlung vermieden werden, da zu warme Öle verharzen. Die Kompressibilität des Öles ändert sich nur unwesentlich mit Druck und Temperatur. Zusammendrückbare Luft im Ölkreislauf ist daher unerwünscht. Luft würde beim Entweichen außerdem Flüssigkeitsschwingungen verursachen. Es muß daher für gute Entlüftung gesorgt werden. Neben der Viskosität sind Eigenschaften wie Flammpunkt, Stockpunkt, Neutralisationszahl, Gewicht, Entmischungsfähigkeit, Schmutz- und Alterungsbeständigkeit von Bedeutung. Die Strömungsgeschwindigkeit in den Leitungen sollte gewissen Erfahrungswerten entsprechen (Saugleitungen 1,5 m/s, Druckleitungen 3–4 m/s, Abflußleitungen 2 m/s, in Steuerorganen bis 6 m/s bei 6 MPa und bis 7 m/s bei 10 MPa Betriebsdruck). Leckverluste und damit Schlupfverluste sollten durch sorgfältige konstruktive Gestaltung der Hydraulikanlage so gering als möglich gehalten werden. Andere Triebmittel sind *Emulsionen,* wie Mischungen von Öl in Wasser oder Wasser in Öl, Glykole in Wasser und wasserfreie *synthetische Flüssigkeiten* wie Phosphatester u.ä. Richtlinien der Normung und für die Auswahl geben die Einheitsblätter VDMA 24 317 für schwer entflammbare Druckflüssigkeiten und VDMA 24 318 für Druckflüssigkeiten auf Mineralölbasis.

1.8.2. Hydraulikpumpen und Hydraulikmotoren

Die *Flüssigkeitspumpe (Hydropumpe)* hat die Aufgabe, hydraulische Energie zu erzeugen und diese in Form von Triebmitteldruck und -menge dem Flüssigkeitsmotor (Hydromotor) zur Umwandlung in mechanische Arbeit zuzuführen. Meist angetrieben von Elektromotoren geschieht dies mit Verdrängerpumpen bei ununterbrochenem Triebmittelstrom. Man unterscheidet dabei Pumpen mit *gleichbleibender Fördermenge* Q_c ohne Verstellbarkeit und gleichbleibender Antriebsdrehzahl und Pumpen mit *veränderlicher Fördermenge* Q_v durch Verstellbarkeit bei gleichbleibender Antriebsdrehzahl. Es ist auch üblich, sich auf die Größe des Verhältnisses der Fördermenge Q zum Druck p zu beziehen. Q/p ist klein bei volumetrischen Pumpen; Q/p hat mittlere Größe bei Zentrifugalpumpen; Q/p ist groß bei Axialpumpen. Bei volumetrischen Pumpen kann auch die Fördermenge von der Bauart und Antriebsdrehzahl, dagegen weniger vom Druck abhängig sein.

Kolbenpumpen sind in vielen unterschiedlichen Ausführungen anzutreffen. Neben der Anwendung des Scheibenkolbens und kurzen Kolbens ist auch der lange Tauchkolben, der Plunger, in Gebrauch. Ausgeglichenes Fördern des Triebmittels ermöglicht die Mehrzylinderpumpe mit ungerader Anzahl von mindestens fünf Zylindern. Nicht zu vermeidende Druckschwankungen durch intermittierendes Fördern gleicht man in der Anlage durch Zwischenschalten von Hydrospeichern aus. In *Reihenkolbenpumpen* befinden sich die Zylinder allgemein senkrecht in Richtung zur Antriebswellenlage, für *Radialpumpen (Sternpumpen)* ordnet man sie nach der Wellenmitte gerichtet kreisförmig um diese an.

Axialpumpen haben um die Welle herum und in deren Achsrichtung liegende Zylinder.

Plungerpumpen sind hauptsächlich für große Druckwasseranlagen von Maschinen der Rohstoff- und Halbzeugfertigung eingesetzt, etwa bis 30 MPa Druck und 500 kW Antriebsleistung (Bild 1-73). Der Kolbenhub entsteht mittels Kurbel- oder Exzenterantrieb, Taumelscheiben-, Schrägscheiben- und Schwenktrommelantrieb. Dabei gibt es Ausführungen für gleichbleibenden und verstellbaren Hub. Für Kolbenpumpen gilt:

Theoretische Fördermenge	$Q_{th} = \dfrac{n\,z\,V_0}{60 \cdot 1000}$	$(\mathrm{dm^3/s})$	Gl (1.30)
Nutzbares Zylindervolumen	$V_0 = A\,h$	$(\mathrm{cm^3})$	Gl (1.31)
Kolbenhub	$h = 2\,e$	(cm)	Gl (1.32)
Effektive Fördermenge	$Q_e = \eta_g\,Q_{th}$	$(\mathrm{dm^3/s})$	Gl (1.33)

n = Drehzahl der Pumpenwelle $\mathrm{min^{-1}}$

z = Anzahl der Pumpenzylinder

e = Außermittigkeit der Kurbel oder des Exzenters auf Pumpenwelle cm

A = Kolbenfläche $\mathrm{cm^2}$

η_g = Gesamtwirkungsgrad der Pumpe einschließlich Schlupf und Undichtheiten

Für Pumpen mit verstellbarem Hub ist h entsprechend der Stelleinrichtung gesondert zu berechnen.

Bei der *Reihenkolbenpumpe* bewirken exzentrisch angeordnete Laufringe auf der Kurbelwelle die Hubbewegung der Kolben. Spielfreies Berühren der Kolben besorgen Druckfedern. Die federbelasteten Saug- und Druckventile arbeiten selbsttätig. Es können Drücke bis über 50 MPa erreicht werden. Die Pumpe ist für große Umformmaschinen und -anlagen geeignet.

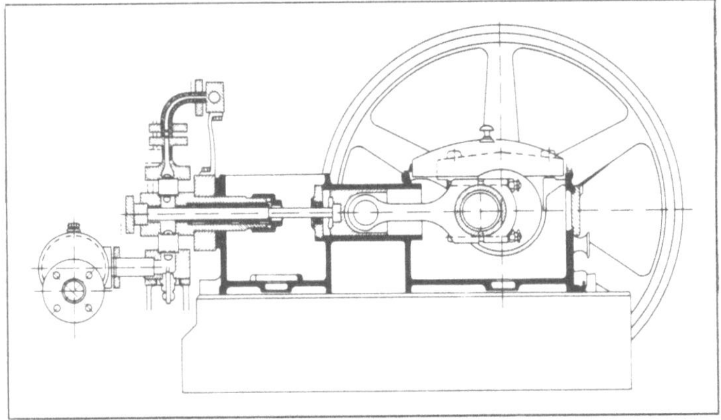

Bild 1-73. Dreiplungerpumpe für hydraulikantriebe großer Umformmaschinen

Kolbenzellenpumpen unterscheidet man entsprechend der Lage der Kolbenachsen in Axial- und Radialkolbenpumpen. Ist der Kolbenhub einer Kolbenzellenpumpe so regelbar, daß bei unerwünschten Drucksteigerungen die Fördermenge bis auf Null zurückgehen kann, bezeichnet man sie auch als *Nullhubpumpe. Axialkolbenpumpen* werden hergestellt mit rotierendem und feststehendem Zylinderblock mit 5 bis 11 Zylindern. Für *unveränderliche Fördermenge* genügt eine drehende Taumelscheibe mit gleichbleibendem Stirnschlag an der Hubplatte (Bild 1-74, 1-75). Entsprechend der Bauart kann diese auch im Stillstand gehalten werden, wenn sich der Zylinderblock dreht. Stufenlos *veränderliche Fördermenge* mit Verstellbarkeit des Kolbenhubs ist möglich. Der Triebflansch ist mit einem drehenden und schwenkbaren Zylinderblock, oder einem schwenkbaren Triebflansch mit drehendem Zylinderblock, oder einem drehenden und treibenden Zylinder mit schwenkbarer Hubplatte verbunden.

Die *Thoma-Axialpumpe* (Bild 1-76) ist eine häufig verwendete Bauart für stufenlos veränderliche Fördermenge. Sie wird erreicht durch Schwenken des in einem Schwenkrahmen rotierenden Zylinderblocks aus der Mittellage mit $\alpha = 0°$ in die beiden Endstellungen $\pm \alpha = 25°$. Außerdem gehört zu jeder Schwenkseite entweder eine saugende oder eine drückende Pumpenwirkung, womit die Fließrichtung des Triebmittels umgekehrt werden kann. Die theoretische Fördermenge läßt sich ermitteln:

$$Q_{th} = \frac{\pi d^2 n z \sin \alpha D}{240 \cdot 1000} \quad (dm^3/s) \qquad \qquad Gl\,(1.34)$$

Kolbenhub: $\qquad \qquad h = \sin \alpha D \qquad \qquad (cm) \qquad \qquad Gl\,(1.35)$

α = Schwenkwinkel des Zylinderblocks oder Neigungswinkel der Taumelscheibe

D = Teilkreisdurchmesser der Pleuellagerung auf dem Antriebsflansch oder der Taumelscheibe in cm

übrige Formelgrößen siehe Gl (1.30) bis Gl (1.33).

Eine von innen beaufschlagte *Radialkolbenpumpe* (Bild 1-77) ist die *Pittler-Thoma-Sternpumpe.* Der Zylinderblock dreht sich um den ruhend gelagerten waagerechten Mittelzapfen, durch dessen Kern die Triebmittelzufuhr über Ein- und Auslaßventile in die Zylinder erfolgt. Die an den Kolben befindlichen Rollen laufen in der Gleitbahn des Innengehäuses und stützen beim Arbeitsablauf die Kolben gegen den Triebmitteldruck ab. Verschiebt man mit der Verstellspindel das Innengehäuse radial zum Zylinderblock, entsteht wegen der Außermittigkeit ihrer Lage die Kolbenbewegung. Die Steuerbuchse verteilt die Triebmittelzufuhr vom Mittelzapfen in die Zylinder, wobei auf die Dauer einer halben Umdrehung des Zylinderblocks je ein Saug- und Druckhub bewirkt wird. Fördermenge und Fließrichtung sind abhängig von der Größe und Lage der Außermittigkeit ($\pm e$). Für die theoretische Fördermenge der Radialkolbenpumpe gilt:

$$Q_{th} = \frac{\pi d^2 n z e}{120 \cdot 1000} \quad (dm^3/s) \qquad \qquad Gl\,(1.36)$$

$\pm e$ = Außermittigkeit in cm

übrige Formelzeichen siehe Gl (1.30) bis Gl (1.33)

Bei der *Flügelzellenpumpe* bewegt der im Gehäuse auf Außermittigkeit einstellbare Rotor in radialen Führungsschlitzen gleitende, plattenförmige Flügel. Sie teilen den zwischen

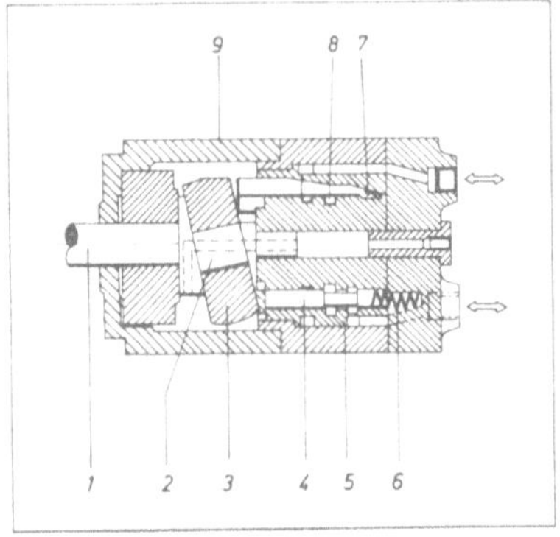

Bild 1-74
**Axialkolbenpumpe mit nicht verstellbarem Hub-
scheibenantrieb** (Taumelscheibe)

1 Antriebswelle; 2 Hubscheibenkurbel; 3 Taumelscheibe; 4 Stauchkolben mit Steuernuten; 5 Kolben-
zylinder; 6 Rückstellfeder für Tauchkolben;
7 Saug- und Druckkanal; 8 Steuerkanäle; 9 Pumpengehäuse

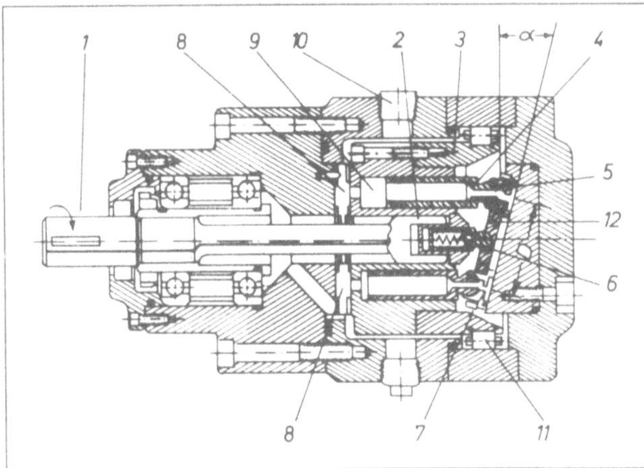

Bild 1-75
**Axialkolbenpumpe mit
nicht verstellbarer und nicht
drehender Hubplatte für
gleichbleibende Fördermenge**

1 Kupplungsteil; 2 Mitnehmer
mit Vielkeilprofil; 3 Kolben-
träger; 4 Tauchkolben;
5 Kolbengleitschuhe; 6 Stütz-
feder; 7 Hubplatte; 8 Steuer-
platte; 9 Pumpenzellen;
10 Lecköolanschluß; 11 Rollen-
lager; 12 Gleitschuhhalter

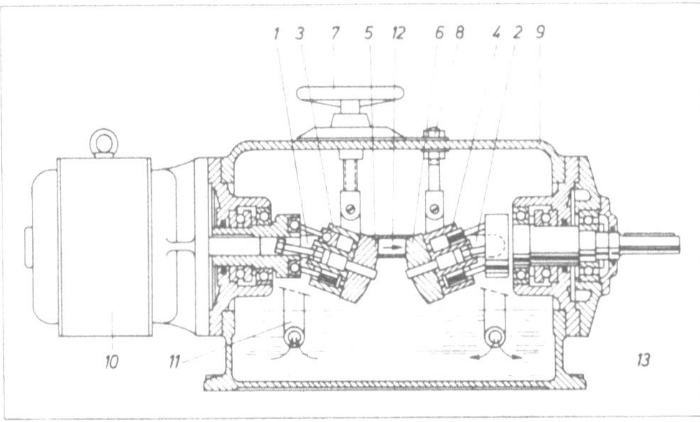

Bild 1-76
Axialkolben-Hydrogetriebe
(Bauart Thoma)

1 Pumpe; 2 Motor; 3 und 4
drehende Zylinderblöcke;
5 und 6 nicht drehender
Schwenkkopf; 7 und 8
Gewindespindeln zum Ver-
stellen des Schwenkwinkels;
9 Gehäuse; 10 Antriebs-
motor; 11 Saugstutzen;
12 Druckleitung; 13 Öl-
wanne.
Das Getriebe ist für Pumpen-,
Motor- und Verbundsteuerung
geeignet

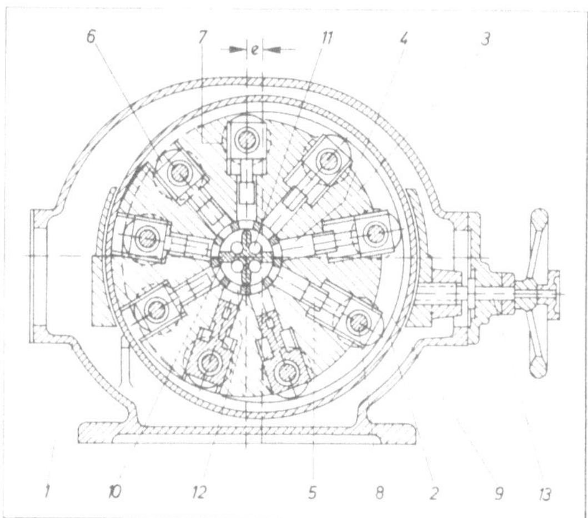

Bild 1-77
Radialkolbenpumpe mit innerer
Beaufschlagung (Bauart Pittler-Thoma)

1 äußeres und 2 inneres Pumpengehäuse; 3 Zylinderblock;
4 Pumpenzylinder; 5 Pumpenkolben;
6 Stützrollen; 7 Geradführung;
8 Stützrollen; 9 Stützrollenlaufbahn;
10 feststehender Mittelzapfen; 11 Öl-
zuführ- und Abführkanäle; 12 Steuer-
büchse für Triebmittel; 13 Verstelleinrichtung für Exzentrizität e;
Fördermenge bis 45 l/s, betriebsdrücke
bis 25 MPa

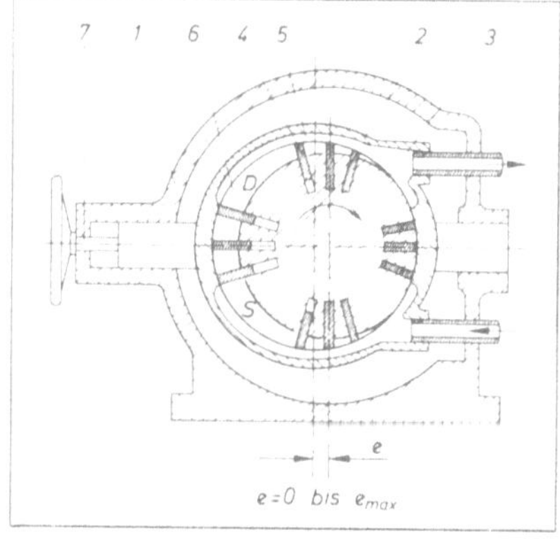

Bild 1-78
Flügelzellenpumpe mit äußerer Beaufschlagung
(Bauart Enor-Forst)

1 äußeres und
2 inneres Pumpengehäuse
3 Rotor
4 Pumpenflügel
5 Flügel-Kreisführung
6 Zellenvolumen
7 Verstelleinrichtung für Exzentrizität e;
  S Saugseite; D Druckseite

Gehäuse und Rotor befindlichen Raum in Zellen ein, deren Volumen sich während
einer Drehung des Rotors ändert. Dabei werden Saugseite, Zellen und Druckseite im
Inneren des Gehäuses mit Triebmittel steigenden Druckes durchströmt. Die Außermittigkeit e bestimmt die Größe der Zellen und damit die Fördermenge. Bei Einstellen auf eine
gegenüberliegende Außermittigkeit (+ oder − e) kann bei gleichbleibender Drehrichtung
des Rotors die Förderrichtung umgekehrt werden. Bei $e = 0$ fördert die Pumpe nicht;
sie kann deshalb auch als Nullhubpumpe so arbeiten, daß bei Erreichen des Höchst-
druckes die Fördermenge auf Null zurückgeregelt wird. Je nach Ausführung (Zuführung
des Triebmittels von der Gehäuseseite oder der Pumpenwellenseite) unterscheidet man
Pumpen mit *äußerer oder innerer Beaufschlagung*. Bekannte Bauarten von Flügelzellen-
pumpen sind die *Forst-Enor-Pumpe* (Bild 1-78) (mit äußerer Beaufschlagung, wobei das
Triebmittel von der Gehäuseseite zufließt) und die *Boehringer-Sturm-Pumpe* (Bild 1-79).
Letztere besitzt innere Beaufschlagung. Das Triebmittel fließt über getrennte Kanäle
in der feststehenden Pumpenachse und durch Kanäle im Rotor von der Saugseite zur

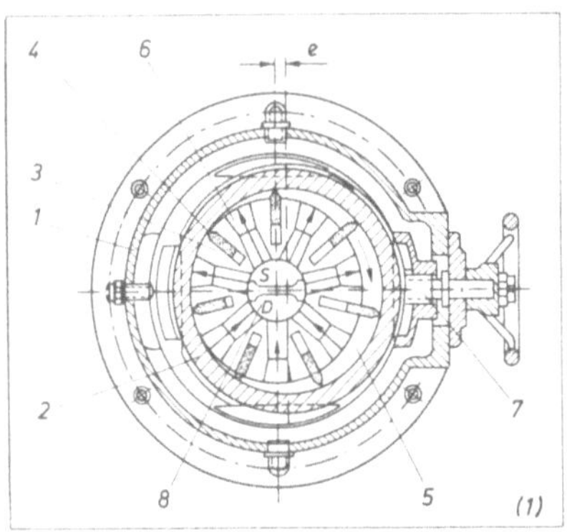

(1) **Flügelzellenpumpe mit innerer Beaufschlagung** (Bauart Boehringer-Sturm)

1 äußeres und 2 inneres Pumpengehäuse;
3 Rotor; 4 Pumpenflügel; 5 Zellenvolumen; 6 Ölkanäle; 7 Verstelleinrichtung für Exzentrizität e; S Saug-,
D Druckseite

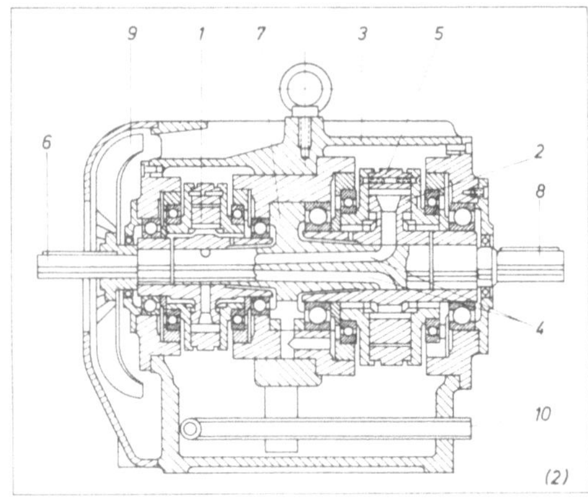

(2) **Hydrogetriebe** (Boehringer-Sturm) **mit innerer
Beaufschlagung**

1 Pumpe; 2 Motor; 3 Gehäuse; 4 Kanäle;
5 inneres Gehäuse; 6 Antriebswelle; 7 Mittelzapfen; 8 Antriebswelle; 9 Gebläse; 10 Rohrleitung zum Ölkühler

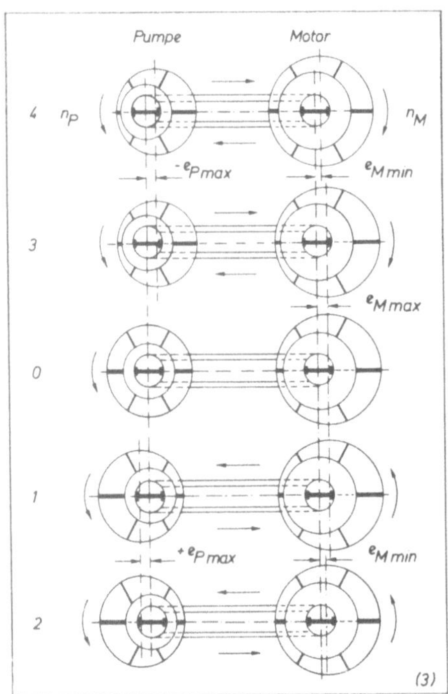

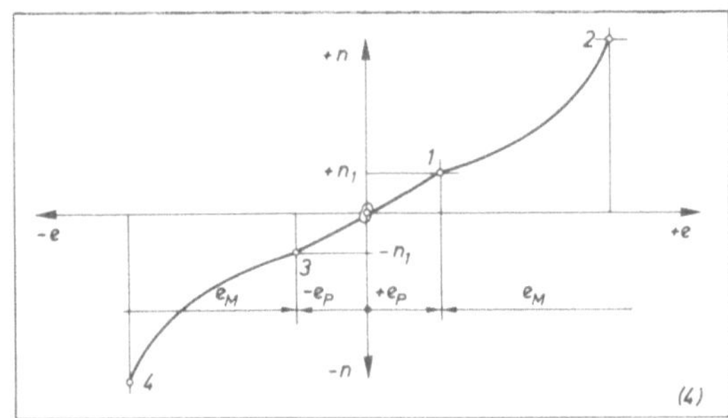

(4) **Drehzahlkennlinie in Abhängigkeit der
Rotorexzentrizität**

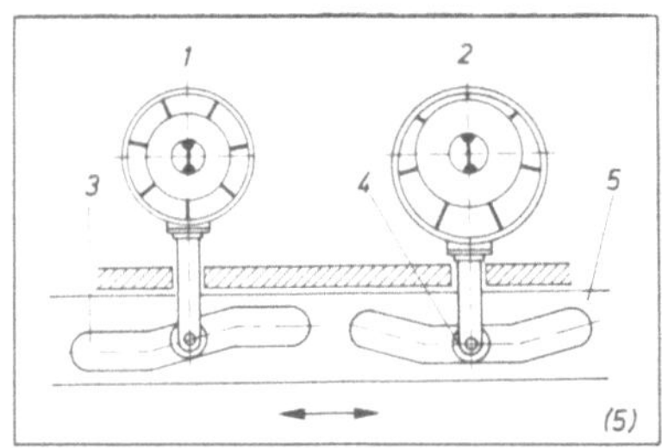

(3) **Abhängigkeit der Drehrichtung des Hydromotors von der Exzentrizität der Hydropumpe
bei gleichbleibender Pumpendrehzahl**

(5) **Einstellen der Rotorexzentrizität;** 1 Pumpe;
2 Motor; 3 Steuerkurve; 4 Leitrolle; 5 Schieber

Bild 1-79

Druckseite und zurück zum sich wiederholenden Kreislauf. In der Normalausführung werden erreicht: Drücke von etwa 2,5 bis 7,5 MPa, in zweistufiger Anordnung bis 15 MPa; Fördermengen bis 25 dm³/s mit Drehzahlen von 1400 bis 2800 min⁻¹. Für die Fördermenge gilt:

theoretische Fördermenge $\qquad Q_{th} = \dfrac{n\, z\, V_0}{60 \cdot 1000}$ $\qquad$ (dm³/s) $\qquad$ Gl (1.37)

wirksames Zellvolumen $\qquad V_0 = V_1 - V_2$ $\qquad$ (cm³) $\qquad$ Gl (1.38)

Volumen der größten Zelle $\qquad V_1 = \dfrac{2}{z}\, r_m\, (R + e - r)\, b$ $\qquad$ (cm³) $\qquad$ Gl (1.39)

Volumen der kleinsten Zelle $\qquad V_2 = \dfrac{2}{z}\, r_m\, (R - e - r)\, b$ $\qquad$ (cm³) $\qquad$ Gl (1.40)

effektive Fördermenge $\qquad Q_e = \eta_g\, Q_{th}$ $\qquad$ (dm³/s) $\qquad$ Gl (1.41)

R = Innenradius des Gehäuses in cm
r = Außenradius des Rotors in cm
r_m = mittlerer Radius aus R und r
b = Breite des Zellenraumes in cm
z = Zahl der Flügel
n = Drehzahl der Pumpenwelle oder des Rotors in min⁻¹

In der einfachen *Zahnradpumpe* (Bild 1-80) nimmt ein angetriebenes Zahnrad ein Gegenrad mit, wobei das Triebmittel durch entstehende Saugwirkung von der Eintrittsseite (Saugzone) in den freien Zahnlücken an der Gehäusewand entlang bei fast linearem Druckanstieg in die Austrittsseite (Druckzone) gefördert wird. Saug- und Druckzone werden an der Eingriffsstelle der Räder voneinander getrennt. Sind die gefüllten Zahnlücken bis zum Eingreifen der Zähne nicht entleert, muß sich dort das restliche Triebmittel bei zunehmendem Druckanstieg quetschen, was sich durch harten und stoßweisen Lauf anzeigt. Abhilfe dagegen sind seitliche Entlastungsöffnungen, durch die das Resttriebmittel in die Druckseite abfließen kann. Förderschwankungen sind umso geringer, je mehr Zähne die Pumpenräder haben. Leck- und Pumpenverluste entlang der seitlichen Gehäusewand lassen sich mit Dichtungen und kleinem Bewegungsspiel vermindern. Andere Ausführungen von Zahnradpumpen haben drei und mehr im gemeinsamen Eingriff befindliche Zahnräder. Für die Zahnformen sind Gerad-, Schräg- und auch Pfeilverzahnungen im Gebrauch. Bewährt haben sich für größere Fördermengen Pumpen mit Innenverzahnung. Entsprechend der Ausführung sind mit Zahnradpumpen Drücke bis 20 MPa, Fördermengen bis 100 dm³/s zu erreichen. Antriebsdrehzahlen liegen zwischen 1400 und 2800 min⁻¹. In Werkzeugmaschinen laufen sie meist wegen der Geräuschentwicklung zwischen 800 und 1400 min⁻¹. Sie haben dabei gleichbleibende Fördermenge bei gleichbleibender Drehzahl *(volumetrische Pumpe)*.

Theoretische Fördermenge $\qquad Q_{th} = \dfrac{n\, 2z\, V_0}{60 \cdot 1000}$ $\qquad$ (dm³/s) $\qquad$ Gl (1.42)

Wirksames Zellenvolumen $\qquad V_0 = \dfrac{\pi d m b}{z}$ $\qquad$ (cm³) $\qquad$ Gl (1.43)

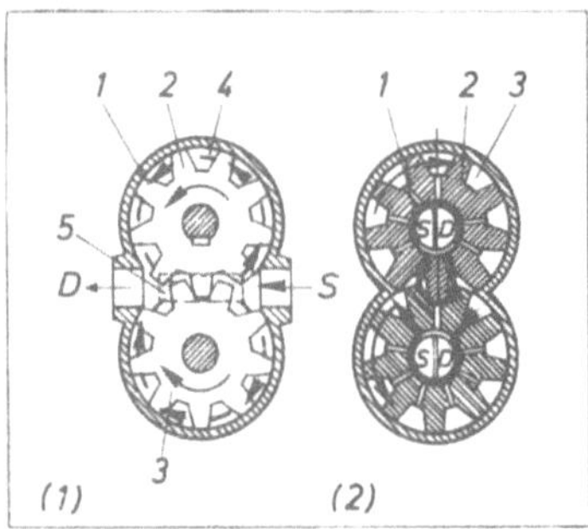

Bild 1-80
Zahnradpumpe
(1) mit äußerer Beaufschlagung; 1 Pumpengehäuse;
    2 treibendes Zahnrad; 3 getriebenes Zahnrad;
    4 Zellvolumen; 5 Ölkanal für Quetschöl; S Saug-
    leitung; D Druckleitung
(2) mit innerer Beaufschlagung; 1 Mittelzapfen mit
    Ölkanälen; 2 Ölkanäle zu jeder Zahnlücke (Zelle)

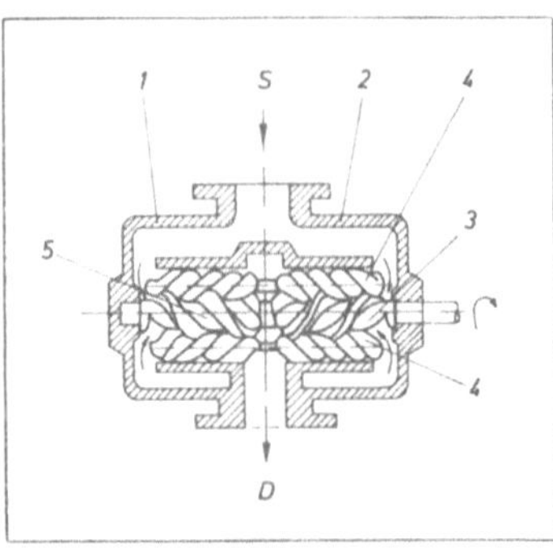

Bild 1-81. Schraubenpumpe
1 äußeres und 2 inneres Pumpengehäuse
3 Antriebsrotor, bestehend aus zwei Schnecken
4 Nebenrotore
5 Zellenvolumen

Für die effektive Fördermenge ist auch hier der Gesamtwirkungsgrad η_g zu berücksichtigen.

d = Teilkreisdurchmesser der Verzahnung in cm

m = Modul der Verzahnung in cm

b = Zahnrad- bzw. Zellenbreite in cm

z = Zähnezahl der gleichen Pumpenreihe

Schraubenpumpen sind *volumetrische Pumpen* (Bild 1-81) (gleichbleibende Fördermenge) und arbeiten mit zwei bis drei parallel gelagerten zylindrischen Schraubenspindeln, die mit ihren Gewinden ineinandergreifen. Das Gewinde hat ein besonders gut zueinanderpassendes Flankenprofil, wobei Rechts- und Linksdrall miteinander kämmen. Dabei entsteht in dem freien Teil der Gewindenuten eine Kolbendruckwirkung mit Triebmittelstrom in ständig gleichbleibender, ruhiger, axialer Richtung. Stoßfreie und geräuscharme Förderung in der Anlage ist damit gegeben, was in Feinstbearbeitungsmaschinen erwünscht ist. Der Druck in der Pumpe steigt mit der Zahl der Gewindegänge und höherer Antriebsdrehzahl. Niederdruckpumpen liegen im Bereich bis 2 MPa, Mitteldruckpumpen 3 ... 6 MPa, Hochdruckpumpen bis etwa 20 MPa. Mit zweistufiger Anordnung können bis 20 MPa erreicht werden. Für eine Schraubenpumpe mit zwei Spindeln gilt:

theoretische Fördermenge $\qquad Q_{th} = \dfrac{n\,z\,V_0}{60 \cdot 1000}$ (dm^3/s) Gl (1.44)

wirksames Zellenvolumen $\qquad V_0 = \pi\,d_2\,t_1\,b$ (cm^3) Gl (.145)

Für effektive Fördermenge ist auch hier η_g einzurechnen.

d_2 = Flankendurchmesser der Schraubenspindel in cm

t_1 = Gewindetiefe in cm

b = Rillenbreite des Schraubendralles im Flankendurchmesser in cm

z = Zahl der Teilungen (Gänge) je Steigung eines Gewindedralles

Flüssigkeitsmotoren (Hydromotoren) wandeln die von der Flüssigkeitspumpe erzeugte hydraulische Energie (Triebmitteldruck) in mechanische Arbeit um. Die Bauweise vieler Motoren entspricht denen der Pumpen, die, von einigen Ausnahmen wie Größe und Ventilausstattung abgesehen, wie Motoren arbeiten können. Man leitet den Motoren das Triebmittel von der Pumpe unter Druck zu und nimmt die mögliche Bewegungsform ab. *Drehende Abtriebsbewegung* geben Hydromotoren ab, die wie Axial-, Radialkolben- oder Flügelzellen-, Zahnrad- oder Schraubmotoren mit unveränderlichem oder veränderlichem Schluckvermögen hergestellt sind. *Geradlinige Abtriebsbewegung* erzeugen Hydrozylinder mit hin- und hergehenden, einfach- und doppeltwirkenden Kolben. Einfachwirkende Kolben bewegen sich mit Eigengewicht, Fremdgewicht oder Federkraft in ihre Ausgangsstellung zurück. Doppeltwirkende Kolben erhalten beidseitig hydraulischen Druck.

1.8.3. Hydraulikanlagen, Hydraulikgetriebe

Eine Hydraulikanlage bzw. ein Hydraulikgetriebe besteht aus Hydraulikpumpe, Hydraulikmotor und einer Reihe weiterer Bauelemente. Ziel der Planung von Hydraulikanlagen ist, die besonderen Vorteile der hydraulischen Kraftübertragung voll wirksam werden zu lassen und zu nutzen. Aus der Vielzahl der Anwendungsmöglichkeiten ist sorgfältig auszuwählen, ob für die auszustattende Werkzeugmaschine die günstigsten Anlagebauformen zum Einsatz kommen. Neben der Verwirklichung der erforderlichen Bewegungsabläufe in einer Maschine mit bestimmtem Arbeitsverfahren und Antriebs- und Steuerungsbedingungen sind Raumbedarf, Betriebssicherheit, Wartungsmöglichkeit, Umwelteinflüsse und Wirtschaftlichkeit ebenfalls zu planen. Ein wichtiges Planungs- und Informationsmittel ist neben Bauplänen die zeichnerische Darstellung der sich vielfach überlagernden hydraulischen Vorgänge und deren Steuerung im *Weg-Kraft-Zeit-Diagramm*. Es gibt übersichtlich Auskunft über den für die Arbeitsvorgänge zugehörigen Kraftbedarf und die Bewegungsfolgen (für die Zeit des eigentlichen Arbeitsvorganges, der Schleich- und Eilgänge, der Pausen, der Steuerung und anderer erforderlicher Vorgänge im hydraulischen Kreislauf). Die Triebmittelmenge V_{ges}, die von der Pumpe für den Arbeitsablauf umgesetzt werden muß, gibt man im *Triebmittel-Durchsatz-Diagramm* an. Sie setzt sich zusammen aus dem Bedarf der einzelnen Bewegungsabschnitte und deren Zeitdauer (Takte),

$$V_{ges} = V_1 + V_2 + \ .. \ (\mathrm{dm^3/s}).$$

Eine hydraulische Anlage kann mit *offenem oder geschlossenem Kreislauf* arbeiten. Welcher Kreislauf geeignet ist, muß mit Rücksicht auf die zu erzeugende Bewegungsart des Arbeitsvorganges, der Anlagegröße, der Betriebstemperatur, der thermischen Belastbarkeit des Triebmittels u.a.m. gewählt werden. Sind zwischen Hydropumpe und Hydromotor relativ lange Rohrleitungen gelegt, oder werden Hydromotoren für geradlinige Bewegungen angewendet, arbeitet man vorwiegend mit offenem Kreislauf. Der geschlossene Kreislauf eignet sich besonders in *Hydrogetrieben,* in denen Hydropumpe und Hydromotor zu einer Einheit zusammengefaßt sind, und für überwiegend drehende Abtriebsbewegung. *Hydroaggregate* als Krafteinheiten in Form von Beistell- oder Einbauaggregaten für Werkzeugmaschinen enthalten die Hydropumpe mit elektrischem Antriebsmotor, sowie Schalt- und Steuerorgane.

Die Verstell- bzw. Steuermöglichkeit eines Hydraulikgetriebes für drehende Abtriebsbewegung in Flügelzellenbauweise zeigt Bild 1-79). Bei der *Pumpensteuerung* wird die Außermittigkeit e_p des Flügelrades in der Pumpe verändert. Daraus folgt für die Pumpe (Bild 1-82(1)):

> Fördermenge Q_p und Antriebsleistung P_p ändern sich proportional mit der Außermittigkeit e_p. Die Drehzahl n_p ist mit der des Antriebsmotors unveränderlich.

für den Motor:

> Die Drehzahl n_M und Leistung P_M ändern sich mit der Fördermenge Q_p. Drehmoment M_M bleibt praktisch gleich und ist proportional P_M/n_M.

Bei der *Motorsteuerung* (Bild 1-82(2)) wird die Außermittigkeit e_p des Flügelrades in der Pumpe nicht verändert, jedoch die Außermittigkeit e_M des Flügelrades im Motor. Daraus folgt für die Pumpe:

> Fördermenge Q_p, Antriebsleistung P_p und Drehzahl sind unveränderlich.

für den Motor:

Schluckmenge Q_M, Leistung P_M sind unveränderlich, jedoch die Drehzahl n_M nimmt mit größer werdender Außermittigkeit e_M ab. Q_M ist auch dem Produkt $n_M e_M$ proportional. Das Drehmoment M_M steigt, da P_M proportional $M_M n_M$ ist.

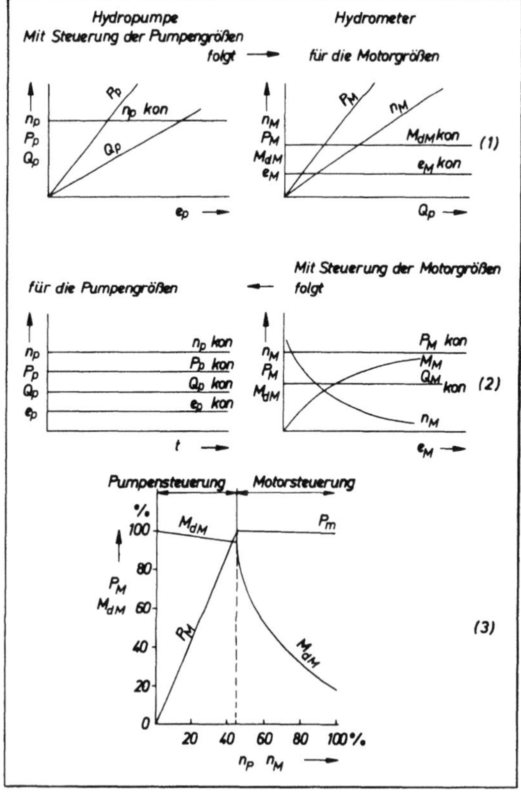

Bild 1-82
Steuerung der Hydropumpe oder des Hydromotors oder beider zusammen in einem Hydrogetriebe

(1) Pumpensteuerung
(2) Motorsteuerung
(3) Verbundsteuerung

Verbundsteuerung (Bild 1-82(3)) steuert Pumpe und Motor. Die Pumpensteuerung erreicht zunächst mit kleinen Drehzahlen n_p und n_M ein großes konstantes Drehmoment M_M für den Motor. Durch die anschließende Motorsteuerung erreicht man gleiche konstante Leistung bei höheren Drehzahlen, wobei sich das Drehmoment M_M verringert. Die Antriebsdrehzahl n_M errechnet man durch Gleichsetzen der Fördermenge der Pumpe und der Schluckmenge des Motors.

Fördermenge der Pumpe	$Q_p = q_p\, n_p\, \eta_p$	(dm^3/s)	Gl (1.46)
Schluckmenge des Motors	$Q_M = \dfrac{q_M\, n_M}{\eta_M}$	(dm^3/s)	Gl (1.47)
Drehzahl des Motors	$n_M = n_p\, \dfrac{q_p}{q_M}\, \eta_{ges}$	(min^{-1})	Gl (1.48)

q_p, q_M = Triebmittelmenge je Umdrehung des Flügelrades (Läufers) in dm^3

$\eta_{ges} = \eta_p \eta_M$ = Gesamtwirkungsgrad des Hydraulikgetriebes, etwa 0,8 bis 0,9.

Hydraulische Getriebe dieser Art und solche nach Bild 1-76 können sich im Leerlauf- und Lastzustand den Drehzahlen der Antriebsmotoren vom Anlaufen bis zur Lastdrehzahl und in höhere Bereiche bei praktisch gleichbleibender Leistung leicht anpassen. Druckbegrenzungsventile vermeiden Überlastungen.

Vorschubpumpen und Vorschubeinheiten für Vorschubbewegungen der Werkzeug- und Werkstückschlitten sind mit Vorschubhydraulikmotoren ausgestattet. Sie erhalten das Triebmittel aus dem Triebmittelkreislauf des Hauptantriebes einer Werkzeugmaschine, oder aus einem eigenen Kreislauf mit gesondert arbeitender Vorschubpumpe bzw. einer hydraulischen Vorschubeinheit. Vorschubmotoren erteilen die Vorschubbewegung unmittelbar mit Hydrozylindern *(hydromatisch)* oder bei drehender Ausgangsbewegung über Gewindespindel und Mutter bzw. Zahnrad und Zahnstange *(hydromechanisch)*. Hydromechanische Vorschubeinheiten erzeugen spielfreien, starren und selbsthemmenden Vorschub, der für hohe Maß- und Oberflächengüte an Werkstücken erforderlich ist. Vorschubmotoren müssen ruckfreie gleichförmige Bewegungen beim Anlaufen und während des Arbeitens ermöglichen, die Triebmittelmenge für Vorschub und Eilgänge aufnehmen und mit wechselnden Vorschubrichtungen arbeiten können. Für drehende Übertragung ist gleichbleibendes Drehmoment erforderlich. Verwendet man Vorschubpumpen zum feinfühligen (dosierten) Zuführen des Triebmittels in den Vorschubmotor, schaltet man auch eine Zahnradpumpe vor. Mit hydromatischen Mehrfachvorschubpumpen ist es möglich, getrennt arbeitende Vorschubmotoren für Längs- und Planvorschub und Spannbewegungen zugleich zu versorgen. Beim hydromechanischen Vorschubantrieb erhält jede Vorschubbewegung eine Vorschubeinheit (Vorschubpumpe und -motor, sowie Steuer- und Maximaldruckventil).

1.8.4. Sonstige Bauelemente der Hydraulikanlagen

Steuer- und Regelorgane sind Ventile, nach DIN 24300 gegliedert in Wege-, Sperr-, Druck-, Strom- und Absperrventile. Diese Steuergeräte bewirken Fließen, Halten, Richtungsänderung, Verteilen und Vereinigen des Triebmittelstromes. Dabei können sie selbst direkt oder indirekt gesteuert sein (Bild 1-72). Die Geräte zum Steuern und Regeln haben viele gemeinsame Aufgaben und sind sich in ihrem Grundaufbau ähnlich. Als Regler bezeichnet man sie erst dann, wenn sie mit Meßeinrichtung, Vergleicher und Stelleinrichtung ausgestattet sind oder in Verbindung gebracht werden. Ihre Betätigung erfolgt mit *Muskelkraft, mechanisch, elektrisch oder durch Hydraulik oder Pneumatik.* Ihre Anfälligkeit für Temperaturerhöhung, Triebmittelreibung und Leckverluste müssen überwacht werden.

Schwankt während eines Arbeitsablaufes Menge oder Druck des Triebmittels, können in das Hydrauliksystem eingeschaltete *Hydrospeicher* (Bild 1-83) die darin gesammelte Energie zum Ausgleich oder zusätzlich abgeben. Das geschieht bei plötzlichem Versagen der Pumpe, zur Entlastung des Antriebsaggregates, zur Unterstützung länger anhaltenden Arbeitsdruckes, und wenn Nebenkreise für Spannen, Halten, Vorschübe für Eil- und Rückholgänge zusätzlich versorgt werden müssen, oder auch zur Maschinensicherung. Speicher sind Druckbehälter verschiedener Ausführung, in denen das Triebmittel *gewichts-, feder- oder druckbelastet* im Raum zwischen beweglicher Trennwand (Kolben, Membrane) und Behälterwand gesammelt wird. Zur Druckbelastung dienen Drucköl und Stickstoffgas. Druckbehälter unterliegen den behördlichen Vorschriften für Betrieb und Unfallverhütung. Bei gasbelasteten Speichern unterscheidet man trennwandlose, unmittelbar beaufschlagte Speicher und Speicher mit Trennwand. Nach Art der Trennwand unterscheidet man *Kolben-, Blasen- und Membranspeicher.* In Berechnungen zur Herstellung sind die Gas-Zustandsgleichungen für *isothermische und adiabatische Gaszustandsänderungen* zu beachten.

Triebmittelbehälter werden nach Größe und Form den Betriebsverhältnissen angepaßt. Der erforderliche Vorrat liegt allgemein zwischen der doppelten bis zehnfachen Förderleistung der Pumpe. Der Behälter kann ein Bestandteil des Maschinenkörpers oder als Einzelstück in diesen eingesetzt sein. Eine Trennwand im Innern unterteilt ihn in einen Saug- und Druckraum. Sie bewirkt die Beruhigung des Triebmittels, das Absetzen von Schmutz und das Entweichen eingeschlossener Luft. Zu seiner Wartung und der der zugehörenden Geräte, wie Filter, Siebe und Ölstandanzeiger, und wegen der Bedienung der Einfüll-, Ablaß- und Entlüftungsstutzen muß er einfach gestaltet und leicht zugänglich angeordnet werden. Kühlaggregate sind anzuwenden, wenn die Wärmeableitung durch Kühlrippen nicht mehr ausreicht.

Mit *Rohr- und Schlauchleitungen* werden Triebmittelwege zwischen den Hydraulikorganen hergestellt. Sie müssen entsprechend den Betriebsdrücken bemessen sein und sich den Betriebs- und Umwelteinflüssen anpassen können (Bewegungen von Maschinenteilen mitauszuführen, Schwingungen zu dämpfen und Temperaturwirkungen auszugleichen.) Man verwendet dazu nahtlos gezogene blanke

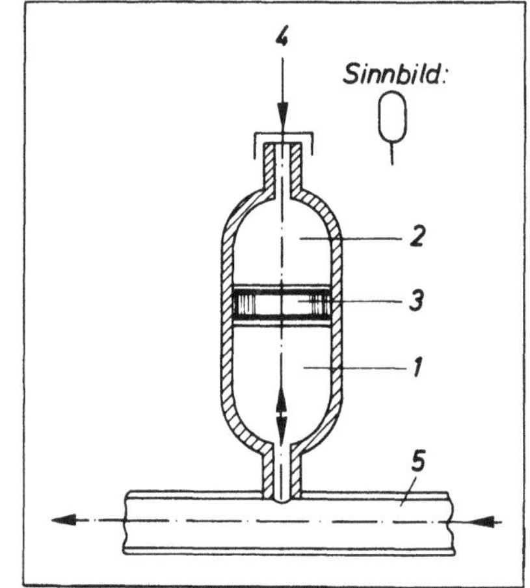

Bild 1-83. Hydrospeicher
1 Speicherraum
2 Raum für Druckmittel
   (Öl, Luft, Stickstoff oder Druckfeder)
3 Kolben oder Mebrane
4 Füllstutzen
5 Rohrleitung

Präzisionsmetallrohre (Stahl- oder Kupferrohre), Federrohre und elastische Schlauchleitungen. Metallisch bewegliche Leitungselemente sind Rohrwendeln, Rohrgelenke, Schiebe- und Teleskoprohre. Elastische Schlauchleitungen bestehen aus Kautschuk und Kunststoffen, die mit Textil- oder Metallgeflechten und mit Stahldrähten verstärkt sind. *Verbindungs- und Kupplungselemente* sind für das Zusammensetzen des Leitungsnetzes aus einzelnen Rohrleitungsabschnitten erforderlich. Überwiegend haben sie leicht lösbare Schraubverbindungen mit Dichtungsaufgabe. Die Dichtung erfolgt durch Bördel, metallische Schneid- oder Keilringe, plastische Flach- oder Formdichtungen (O-Ringe). Für besondere betriebliche Anforderungen gibt es *Schnellwechselverbindungen* mit Rückschlagdichtung. In großen Rohrleitungen verwendet man auch Rohrflansche. Beim Verbinden durch Schweißen und Löten ist darauf zu achten, daß kein Abbrand, Lötperlen oder andere Fremdkörper in die Leitung gelangen. Für Reinigungszwecke sind außerdem Siebe und Reinigungsfenster erforderlich.

Bewegte Maschinenteile, die mit dem Triebmittelstrom unmittelbar in Berührung kommen, müssen wegen der Leckverluste gegeneinander abgedichtet sein. Neben *Stopfbuchsenpackungen, Manschettendichtungen* (für höhere Betriebsdrücke) sind raumsparende Formdichtungen mit Kreis-, Quadrat- und Sonderquerschnittsform im Gebrauch. Für drehende Bewegungen eignen sich Lippen- und Schleifringdichtungen. Metallische Hydraulikteile, die mit hoher Maß- und Formgenauigkeit und Oberflächenglätte hergestellt sind, entwickeln ausreichende Eigendichtung.

Filtergeräte: Hydropumpen, Hydromotoren und Steuer- und Regelgeräte sind Präzisionsbauteile mit kleinsten Spielpassungen, die bei Verschmutzung leicht versagen. Andauerndes Reinhalten des Triebmittelstromes ist daher erforderlich. Dies bewirken Siebe, Rücklauf- Saug- und Druckfilter im Rohrnetz vor und hinter der Hydropumpe. Das allgemeine Leitungsnetz reinigt man auf die Feinheit von $60\,\mu$m bis $40\,\mu$m. Im Steuerbereich und für elektro-hydraulische Regelorgane liegen die Feinheiten bei 20μm bis $5\,\mu$m. Dem Filterelement entsprechend unterscheidet man Drahtgewebefilter, Magnet-, Spalt-, Sinterwerkstoff-, und Feinfilter mit Filztuch und Papiereinlagen. Spaltfilter erhalten einen Filtereinsatz aus aufeinanderliegenden Stahllamellen mit Zwischenlagen. Magnetfilter arbeiten mit Dauermagneten zwischen Drahtsieb und Filterpapiereinlage.

1.9. Pneumatische Kraftübertragung

1.9.1. Allgemeines

Pneumatische Kraftübertragung[1] erfolgt durch verdichtete Luft, Druckluft, die mit Verdichteranlagen hergestellt wird. Dazu verwendet man Kolbenverdichter oder Rotationsverdichter in ortsfester und beweglicher Bauart. Erzeugung und Nutzung dieser Kraftübertragung für Antrieb und Steuerung bezeichnet man allgemein mit *Pneumatik.* Um gleichmäßige Strömung und Druck zu erhalten, speichert man das Triebmittel Druckluft vorübergehend in Druckbehältern, an die das Rohrleitungsnetz mit Steuer-, Regel-, Wartungseinheiten und die Druckluftmotoren und Druckluftverbrauchsgeräte angeschlossen sind. Bei Verwendung von gespeicherter Druckluft aus Stahldruckflaschen

---

[1] siehe *G. Kriechbaum,* Pneumatische Steuerungen, Verlag Vieweg, Braunschweig 1971

ist man von Verdichteranlagen unabhängig. Ihr Druckluftinhalt ist für größere Arbeitsverrichtungen relativ gering. Druckluft nützt man in verschiedenen Maschinen und Geräten, die in vielen Ausführungen und Funktionen denen der Hydraulik ähnlich sind. Zur *Kraftübertragung* sind es *Druckluftmotoren,* ausgeführt als Kolbenhubmotoren (Pneumatikzylinder) für geradlinige Bewegungen und Rotationsmotoren (z.B. Flügelzellenmotoren) für drehende Abtriebsbewegungen. Druckluft benutzt man auch für den Betrieb von *Druckluftwerkzeugen, Spannzeugen, Meßzeugen* und ebenso für die *Steuerung von Maschinen* und deren dazugehörenden Vorrichtungen des Fertigungsablaufes wie Zubringeeinheiten, Sicherheitsvorrichtungen usw. Die schnell schaltenden pneumatischen Steuerglieder für Einzel- oder Programmsteuerung werden betätigt durch Muskelkraft, arbeiten mechanisch oder mit elektrischen Impulsen. Alle Eingangsgrößen müssen in pneumatische Signale umgewandelt werden. Dazu benutzt man *Logikelemente* herkömmlicher Bauweise und deren Miniaturausführungen mit bewegten Teilen, oder neuzeitliche Schaltelemente der Fluidic bzw. Pneumonik. Die *Fluidic* arbeitet mit Schaltelementen der pneumatischen Steuerungstechnik, die keine beweglichen Teile beinhalten[2]. Sie reagieren auf strömungsmechanische (dynamische) Erscheinungen und Wirkungen geringer Luftströme bei niedrigen Luftdrücken (etwa 0,1 bar). Die Ausgangssignale dieser Schwachdruckschalter werden mit geeigneten Geräten auf den üblichen Arbeitsdruck einer pneumatischen Anlage verstärkt. Die für das Planen und Bauen pneumatischer Anlagen erforderliche Verständigung in Plänen, Zeichnungen, Betriebsanleitungen und in Fachliteratur erfordert einheitliche Benennungen und Sinnbilder. Diese sind in DIN 24 300 enthalten. Sie gelten mit wenigen Ausnahmen zugleich für Pneumatik und Hydraulik (Bild 1-72). Die Verwendung der Druckluft zum Antrieb und Steuern in Werkzeugmaschinen hat unter anderem folgende *Vorteile:*

> Bis zu fünfmal höhere Strömungsgeschwindigkeiten des Triebmittels gegenüber Hydraulikölen, dadurch höhere Arbeitsgeschwindigkeiten. Sauberes Rohrnetz, keine flüssigen Rückstände an undichten Stellen. Mit großen Druckkesseln kann der Verdichter längere Zeit außer Betrieb bleiben.

Nachteile:

> Mit üblichen Betriebsdrücken von etwa 0,7 MPa sind wegen der baulichen Abmessungen der Geräte Arbeitkräfte bis zu 25 000 N erreichbar. Wegen der Zusammendrückbarkeit (Kompressibilität) der Druckluft ergeben sich nur mit Druckluftsteuerung allein für die Maschinenschlitten keine genauen Arbeitswege. Lärmbelästigung von Verdichtern und durch Entweichen der Druckluft aus den Verbrauchsgeräten machen Schalldämpfung erforderlich. Bei nicht voller Ausnutzung einer Druckluftanlage ist auch Druckluft ein teures Triebmittel.

Luft als Pneumatikmedium oder Triebmittel ist ein Gas und lastet in unserer Atmosphäre in Meereshöhe unter 45° geographischer Breite bei 0 °C Temperatur mit dem mittleren Druck von 10,13 m Wassersäule, welches in einem Quecksilberbarometer mit 0,76 m = 760 mm Quecksilbersäule angezeigt wird. Diesen atmosphärischen Luftdruck bezeichnet man als *absolute oder physikalische Atmosphäre* 1,013 bar. Da er alle auf der Erde leben-

---

[2] Sog. Strahlelemente zur Nutzung des Wandstrahl- und Impulseffektes strömender Luft für die Verwirklichung logischer Verknüpfungen. Entdeckt von Henry Coanda, rumänischer Flugzeugingenieur, 1933, Coandaeffekt. Fluid = strömender Stoff in gasförmiger oder flüssiger Form, logic = Sinn.

den und toten Gegenstände beeinflußt, ist der Luftdruck allgemein für den Menschen nicht fühlbar. Jeder davon abweichende wird spürbar als *atmosphärischer Überdruck oder Unterdruck.* 1 bar entspricht $10^5 \, N/m^2$ und 0,1 MPa.

Luft hat die Eigenschaft, daß sie in Abhängigkeit von ihrer Temperatur verschiedene Mengen Feuchtigkeit in Dampfform aufnimmt und bei sich behält. Hat sie die größtmögliche Menge aufgenommen, ist die *absolute Feuchtigkeit* oder gesättigte Luft mit 100 % erreicht (Tabelle II). Ist eine geringere Feuchtigkeitsmenge in der Luft enthalten, so gibt der Sättigungsgrad als Verhältnis des augenblicklichen Feuchtigkeitsgehaltes zu dem, bei dem die Luft gesättigt wäre, den Zustand der *relativen Feuchtigkeit* (%) an. Wird bei der Erzeugung der technischen Druckluft eine angesaugte Luftmenge bei gleichbleibender Temperatur auf einen bestimmten Teil ihres Volumens verdichtet, sinkt ihre Wasseraufnahmefähigkeit, wobei mit weiterer Drucksteigerung die dampfförmige Feuchtigkeit als Wasser ausfällt. Gleiches geschieht auch, wenn man die Druckluft nachträglich kühlt. Diesen Zustand bezeichnet man als *Taupunkt.* Eine Entwässerung der Druckluft ist gegeben, wenn ihr Herstellungsdruck etwas über dem Arbeitsdruck liegt und sie sich wenig unter Raumtemperatur abkühlt. Ins Rohrnetz eingeschaltete Filter, Wasser- und Ölabscheider halten vom Verdichter mitgebrachte Verunreinigungen, nicht verwertbare Schmierölreste und entstehenden Wasserdampf von der Verbrauchsstelle zurück.

Tabelle II. Höchster Feuchtigkeitsgehalt der Luft (gesättigte Luft = 100 %)

Lufttemperatur $\vartheta\,°C$	− 20	− 10	0	+ 10	+ 20	+ 30	+ 40	+ 50	+ 60	+ 70	+ 80	+ 90
Höchste Feuchtigkeitsmenge g/m³	0,88	2,14	4,84	9,40	17,3	30,3	51,1	83,0	130	198	293	424

Die Verdichtung der Luft unterliegt den Gesetzen der *Zustandsgleichungen der Gase,* dargestellt durch die Polytropengleichung $p\,v^n$ = konstant. Allgemein wendet man annähernd die *adiabatische Verdichtungsgleichung* $p\,v^{1,41}$ = konstant an, obwohl die der *isothermischen Verdichtung* $p\,v^1$ = konstant der idealere Vorgang wäre (Bild 1-84). Die wirklichen Verdichtungsverhältnisse werden im Verdichter beeinflußt vom Füllungsgrad, von der Rückexpansion, der Drosselung, dem Spätschluß der Ventile und vom undichten Kolbenspiel. Dies bewirkt verschiedene Antriebsleistungen des Verdichters P_{an}, wie die der adiabatischen Leistung P_{ad}, der isothermischen Leistung P_{is} usw.

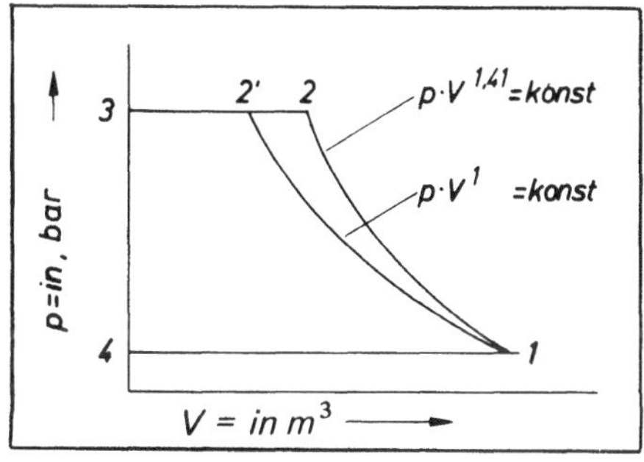

Bild 1-84
p-V Diagramm eines idealen Verdichters und Zustandsgleichung der Gase

4-1 Verdichter saugt atmosphärische Luft an.
4-2 Luft wird verdichtet, Luftdruck steigt an.
2-3 Druckluft wird ausgeschoben
3-4 Druckwechsel, Druckabfall im Verdichterzylinder
1-2 *adiabatische* Luftverdichtung $p \cdot V^n$ = konst mit $n = x = 1{,}41$
1-2' *isothermische* Luftverdichtung $p \cdot V^n$ = konst mit $n = 1{,}0$

Druckluft erreicht im Rohrleitungsnetz Strömungsgeschwindigkeiten bis zu $v = 500\,\text{m}/\text{min}$ gegenüber dem Triebmittel Hydraulik mit etwa $v = 100\,\text{m}/\text{min}$. Die Ansprechzeit bei Steuerung und Antrieb während der Umwandlung der Energie in Arbeit ist deshalb sehr kurz. Mit Stromventilen kann durch Drosseln die gewünschte Geschwindigkeit für geradlinige und drehende Arbeitsvorgänge erhalten werden. Kolbengeschwindigkeiten in Pneumatikzylindern bei normalen Bedingungen betragen $v = 0,3 \ldots 150\,\text{m}/\text{min}$. Für die Verdichtung von Luft muß Arbeit aufgewendet werden, was nicht ohne Verlust möglich ist. Mechanische Verluste entstehen durch Reibung im Antriebsmotor, Verdichter, Kühlgebläse und in der Wasser- und Ölpumpe.

1.9.2. Bauelemente der Druckluftanlagen

Luftverdichter sind Maschinen, die Luft ansaugen und auf kleineren Raum zusammendrücken, wobei sich der Druck erhöht. Für den Antrieb und die Steuerung in Werkzeugmaschinen, Werkzeugen und anderen Geräten der Fertigungstechnik sind nicht alle Verdichterarten geeignet. Allgemein unterteilt man in Kolbenverdichter und Kreiselverdichter, die in ortsfester und beweglicher Ausführung hergestellt werden. *Mechanische Wirkungsgrade* der Verdichter sind:

Kolbenverdichter, Reihenbauart $\qquad\qquad\qquad \eta_{\mathrm{m}} = 0,8 \ldots 0,9$

$\qquad\qquad\qquad$ L-, V-, W-Bauart $\qquad\quad \eta_{\mathrm{m}} = 0,9$

$\qquad\qquad\qquad$ mit Kreuzkopfausführung $\quad \eta_{\mathrm{m}} = 0,9$

Flügelzellenverdichter $\qquad\qquad\qquad\qquad \eta_{\mathrm{m}} = 0,85$

Es gilt $\eta_{\mathrm{m}} = \dfrac{P}{P_{\mathrm{an}}}$

$\qquad P \;\;\;= $ abgegebene Verdichterleistung

$\qquad P_{\mathrm{an}} = $ Antriebsleistung des Verdichters.

Wirkungsgrade des Verdichters, die von der Zustandsgleichung der Gase während der Verdichtung beeinflußt worden sind:

adiabatischer Wirkungsgrad $\qquad\qquad \eta_{\mathrm{ad}} = P_{\mathrm{ad}}/P = 0,9 \ldots 0,98$

isothermischer Wirkungsgrad $\qquad\qquad \eta_{\mathrm{is}} = P_{\mathrm{is}}/P = 0,95 \ldots 0,98$

Gesamtwirkungsgrad des Verdichters $\qquad \eta = \eta_{\mathrm{ad}}\,\eta_{\mathrm{m}} \quad$ bzw. $\quad \eta = \eta_{\mathrm{is}}\,\eta_{\mathrm{m}}$.

Die *Kleinkolbenverdichter* in Großwerkzeugmaschinenanlagen der Umformtechnik (Schmiedemaschinen) sind üblich für hochgespannte Druckluft in kleineren Ausführungen, vielfach im Baukastensystem gestaltet, und mit Antriebsmotor und Druckbehälter zu einem Pneumatikaggregat zusammengefaßt. Eine bessere Anpassung der Verdichterleistung an den Bedarf eines Druckluftverbrauchers ist dadurch möglich. Es gibt Reihen-, V-, und W-Bauarten, wasser- oder luftgekühlt für ein- und mehrstufige Verdichtung (Verdichterdrücke $0,7 - 25$ MPa). Ausführung und Wirkungsweise der Rotationsverdichter ist ähnlich wie bei den entsprechenden Hydraulikpumpen. Es sind dies Flügelzellenverdichter, Drehkolben-, Schrauben-, Turbo- und Axialverdichter.

Bei Druckluftmotoren unterscheidet man, angelehnt an Bauweise und Funktion von Hydraulikmotoren, *Kolbenhub- und Rotationsmotoren*. Die Verwendung des *Kolbenhubmotors* (Pneumatikzylinder) (Bild 1-85, Tabelle III) für geradlinige Arbeitsbewegungen zu Antrieb und Steuerung in Werkzeugmaschinen hat sich in vielen Fällen bewährt. Zum Antrieb von Schmiedehämmern, Schmiedepressen und anderen Werkzeugmaschinen

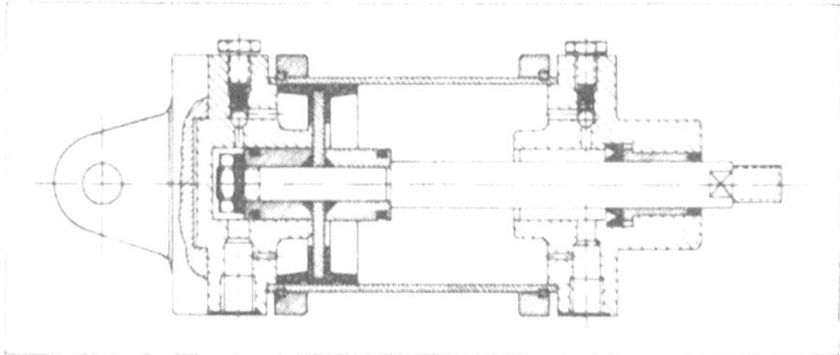

Bild 1-85. Doppelt wirkender Pneumatikzylinder
mit einseitiger Kolbenstange und Endlagendämpfung für gelenkige Befestigung

Tabelle III. Luftverbrauch bei normalem Betriebsdruck 7 bar = 0,7 MPa im Druckluftnetz (Auszug)

Pneumatikzylinder									
Zylinderdurchmesser mm	12	25	35	50	70	100	140	200	250
Luftverbrauch q für 1 cm Hub des Kolbens l/cm	0,008	0,033	0,066	0,134	0,262	0,535	1,048	2,139	3,342
Kolbenkraft F mit Berücksichtigung von 10 % Zylinderreibung [N]	60	250	520	1060	2080	4240	8320	17000	26000

Pneumatik-Rotationsmotor						
für:	Bohrmaschine Bohrerdurchmesser mm		Schleifmaschine mit			
			Schleifstift mm	Schleifscheibendurchmesser mm		
	bis 6	bis 10	bis 10	bis 25	bis 100	bis 150
Luftverbrauch Q in m³/min	0,30	0,50	0,60	0,38	1,00	1,40
Leerlaufdrehzahlen n in min^{-1}	4000	1800	10 000	22 000	10 000	6800
Leistung am Werkzeug P in kW	0,50	0,75	0,45	0,20	0,75	1,10

der Umformtechnik arbeitet man auch verschiedentlich mit vorgewärmter Druckluft. Für Werkzeugmaschinen zum Schneiden, Nieten und Biegen ist der Zylinder auch vielfach als Schlagzylinder gestaltet. Abmessungen, Formen und Leistungen als Antriebsmotor und zur Steuerung von Arbeitsabläufen sind weitgehend genormt.

Druckluftrotationsmotoren wie *Zahnrad-, Radialkolben-, Flügelzellen-, (Lamellen-)* und *Turbinenmotoren* sind geeignet zum Antrieb für Bohr- und Schleifspindeln. Ihre erreichbaren Drehzahlen liegen mit Rücksicht auf Schnittgeschwindigkeiten zwischen 2000 und 200 000 min^{-1}. Druckluft dient hier zugleich auch zur Lagerung der Hauptspindel. Ein Druckluftrotationsmotor kann bei Überlastung mit geringem und weichem Abfangmoment ohne Schaden zum Stillstand kommen (Bild 1-86).

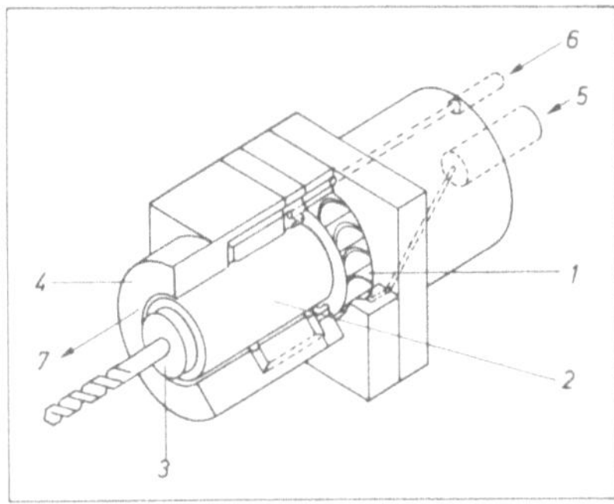

Bild 1-86
Schnittbild eines Turbomotors
Drehzahlen bis 250 000 min^{-1} für
kleine Bohrungen ab 0,25 mm;
Druckluft dient zum Antrieb und
Spindellagerung; Oberflächengüte
von Lager und Spindel ± 1,3 μm;
Radialkräfte bis 20 N; Axialkräfte
bis 40 N; 1 Turbinenrad; 2 Bohrspindel; 3 Spannfutter; 4 Gehäuse;
5 Lufteintritt zum Turbinenrad;
6 Lufteintritt zur Lagerung;
7 Luftaustritt

Wartungseinheiten: Nach vorübergehendem Speichern der Druckluft im Druckkessel ist
für sie auf dem Weg zur Verbrauchsstelle eine weitere Aufbereitung erforderlich. Dies
geschieht in Wartungseinheiten bestehend aus Druckluftfilter, Druckluftregler und Druckluftöler. Im *Druckluftfilter* reinigt sich die Luft von mitgebrachtem Verdichteröl, Wasser-
tröpfchen und sonstigen Verunreinigungen. Der *Druckluftregler* reduziert den eintreten-
den Druck von der Erzeugerseite (Primärdruck) auf den Verbrauchsdruck (Sekundär-
druck) und hält diesen konstant. Damit sind für Druckluftzylinder gleichbleibende
Schubkräfte und für Druckluftrotationsmotoren gleichbleibende Drehzahlen möglich.
Mit dem *Druckluftöler* mischt man durch Zerstäuben von Schmieröl im Luftstrom die
Druckluft mit einem Ölnebel zum Schutz aller mit ihr in Berührung kommenden Metallteile gegen Korrosion und zur Minderung von Reibung und Verschleiß der beweglichen
Teile in den Druckluftorganen. Wartungseinheiten werden nahe der Verbraucherstellen
bequem bedienbar angebracht. Für höhere Ansprüche an Reinheit und Trocknung muß
die Grobaufbereitung ergänzt werden durch Nachschalten von *Kälte-* oder *Chemie-*
trocknung.

Die *Steuer- und Regelorgane* (Bild 1-87 und 1-88) einer Druckluftanlage als Stell-, Steuer-
oder Signalglieder einer Steuerkette sind überwiegend Ventile. Diese sind eingeteilt nach
der *Funktion* als *Wegeventil,* ihrer *Betätigung (elektromagnetisch)* und nach ihrer *Kenn-*
größe (Arbeitsdruck). In ihrer Bauform können sie mit Schieberventil, *Sitzventil* oder
Hahnventil eingerichtet sein. Sie haben die gleichen Aufgaben zu erfüllen wie die Organe
der Hydraulik (Abschnitt 1.18). Im Gegensatz zu jenen sind sie jedoch vielfach in leich-
terer Bauweise ausgeführt.

Rohrleitungen bilden den Anschluß eines Druckluftverbrauchers an ein Rohrnetz, das von
einer zentralen Verteilerstelle Druckluft bezieht. Sie besteht vielfach aus langen Haupt-
leitungen und Verzweigungen. Diese und eingebaute Bogen, T-Stücke, Ventile, sowie die
Rauhigkeit der inneren Oberflächen in diesen Teilen lassen Druckabfall entstehen, der
durch richtige Rohrabmessungen und glatte Innenoberflächen vermindert werden kann.
Neben Rohren und Rohrverbindungen aus Stahl und glatten Kunststoffen für Leitungen
verwendet man auch mit Metallgeweben verstärkte Gummi- und Kunststoffschläuche
zum eleastischen Ausgleich gegen Schwingungsübertragungen.

Verbindungselemente zum Zusammensetzen der Rohrabschnitte sind Schneidringver-
schraubungen, die mehrmals verwendet werden können. Für Kunststoffrohre sind auch
Klemmringverschraubungen und solche mit Rohrwulsten an Nippeln und Überwurf-
muttern in Anwendung. *Schnellkupplungen* eignen sich zum raschen An- und Abschließen

eines Verbrauchers mit zusätzlicher Selbstdichtung am Versorgerteil. *Dichtungen* einer Pneumatikanlage gegen Leckverluste, besonders an bewegten Teilen, entsprechen in Form und Werkstoff denen der Hydraulik. Werkstoffe sind metallische und nichtmetallische Stoffe und Verbindungen. Die elastischen Stoffe für Dichtungen haben Kunst- oder Naturkautschuk zur Grundlage. Beständigkeit gegen Öle, Fette und andere Medien auch bei hohen Temperaturen müssen gewährleistet sein.

Schalldämpfer, die eine Dämpfung für etwa 80 Phon einhalten, müssen verwendet werden, wenn Druckluft mit großer Geschwindigkeit aus dem Druckluftmotor oder Verbrauchsgerät austritt. Beim Auftreffen dieser Druckluft auf sich normal bewegende Raumluft entsteht ein starkes Auspuffgeräusch bis zu etwa 120 Phon (zulässiger Geräuschpegel 90 Phon vorübergehend und 75 Phon dauernd).

Für den Bau von erforderlichen *Druckbehältern*, sowie deren Montage und Wartung ebenso wie für Montage und Wartung der Druckluftanlage gelten behördliche Vorschriften. Gewerbeaufsichtsamt und Technischer Überwachungsverein sorgen für deren

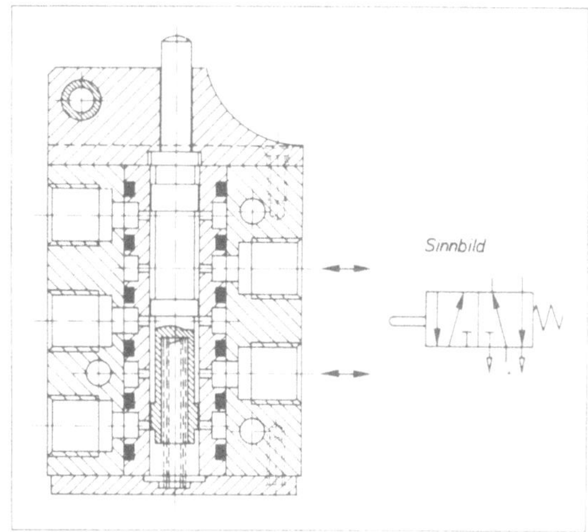

Bild 1-87
4/2 Wegeventil mit Kolbenschieber
Kolben in Führungsbüchse eingepaßt

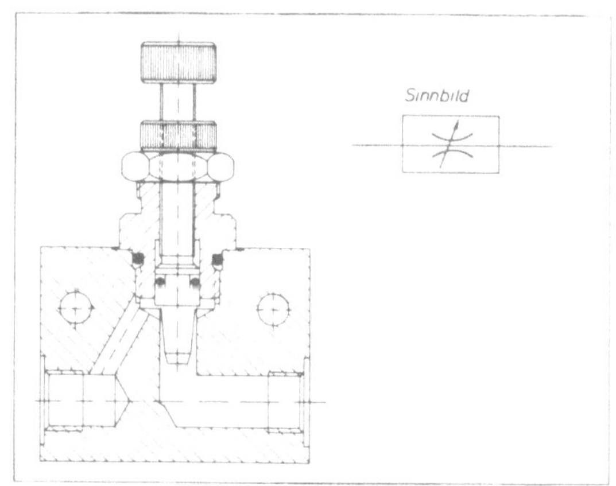

Bild 1-88
Verstellbare Drossel (Stromventil)
Drosselung in beiden Richtungen

Anwendung und Einhaltung. Verdichter sollen in Gebäuden erschütterungsfrei aufgestellt werden und mit dem Rohrleitungsnetz durch eine elastische Leitung verbunden sein. Rückleitungen zur Wiederverwendung der entspannten Druckluft sind nicht erforderlich.

1.10. Numerische Steuerungen

Der selbsttätige Ablauf der Steuerungs- und Arbeitsvorgänge in Werkzeugmaschinen und Fertigungsstraßen ist mit Anwendung der numerischen Steuerung technisch und wirtschaftlich wesentlich verbessert worden. Die Bedien- und Arbeitsverrichtungen durch

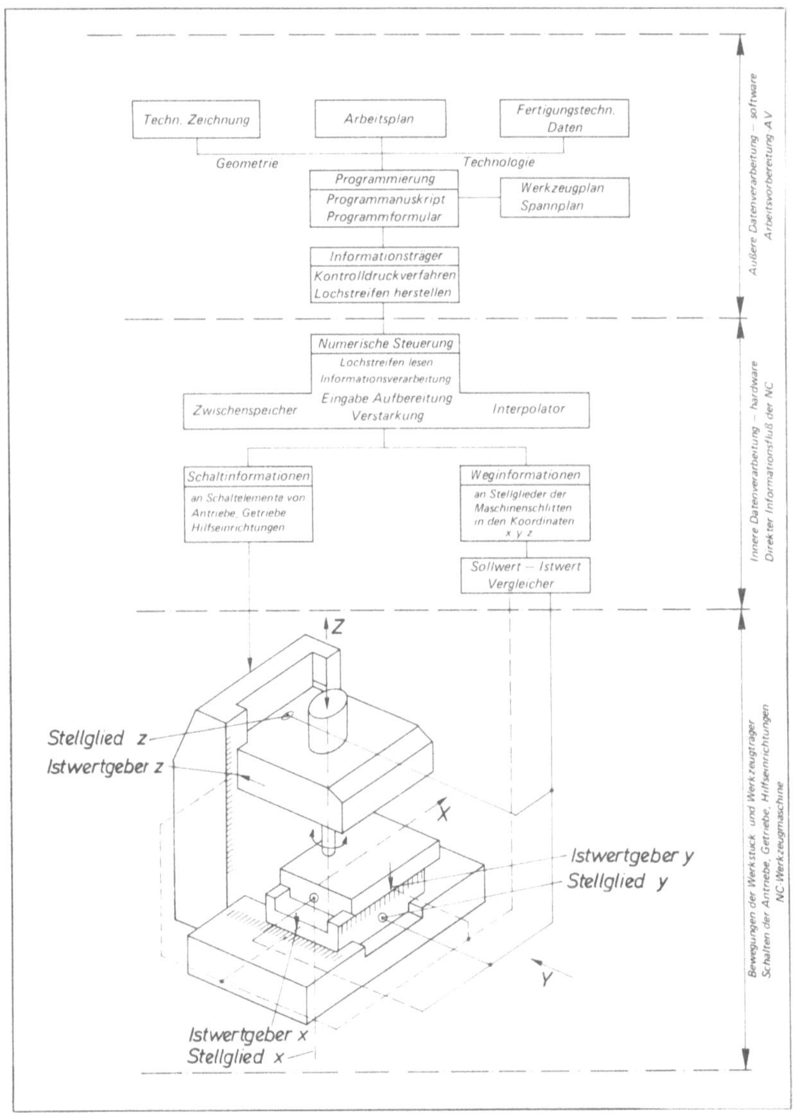

Bild 1-89. Allgemeiner Informationsfluß der NC-Steuerung mit manueller Programmierung
Koordinatensystem für Bohren und Fräsen

Menschen und herkömmliche Steuerungsmittel sind mittels dieser Steuerungstechnik soweit zurückgegangen, daß der Mensch für den Fertigungsablauf überwiegend vorbereitende und aufsichtsführende Aufgaben übernimmt. Numerisches Steuern bedeutet, daß aus einem *Programmierformular* durch Zahlen ausgedrückte Steuerungsdaten in codierter Form in einen *Informationsträger* gespeichert und in das *Steuerungsgerät* der Maschine eingegeben werden. Die Daten darin sind fortlaufend von der Maschine zu lesen, wenn erforderlich bis zur Verarbeitung wieder zu speichern und dann an die *Stellglieder* als elektrische Impulse für Weg und Schaltbefehle umzusetzen. Gleichzeitiges Überwachen dieser Befehle erfolgt mittels *Soll-Ist-Meßsteuerung* in einem *offenen oder geschlossenen Wirkungsweg* (Bild 1-89). Die Bezeichnung NC kann als Abkürzung des englischen Ausdruckes numerically controlled gelten. Das bedeutet angelehnt an das Wort numerieren, fortlaufend zählen bzw. Steuerung durch Zahlen.

Der Einsatz numerisch gesteuerter Werkzeugmaschinen (NC-Maschinen) hat die herkömmliche Arbeitsweise der Arbeitsvorbereitung durch die einer Programmierorganisation neuzeitlich geändert. Im einzelnen besteht diese Veränderung in NC-gerechter Gestaltung der Werkstücke (Teilefamilien, Art der NC-Steuerung), der Zeichnungen (Nullpunktangabe, Koordinantenbemaßung), sowie der Herstellgenauigkeit der Maschine angepaßte Maßtoleranzen. Die Verwendung eines genormten, voreinstellbaren Werkzeugsystems ermöglicht ein einfaches, rasches Einrichten der Maschinen und Kontrollieren der Werkstücke. Der *Informationsträger (Lochstreifen, Lochkarte, Magnetband, Magnetplatte),* überwiegend ein für die Benützung endlos gemachter Lochstreifen, wird in der Arbeitsvorbereitung hergestellt und auch dort für eine Wiederverwendung aufbewahrt. Er ist ins Steuergerät leicht einsetz- und austauschbar. Hinzu kommt, daß herkömmliche Verrichtungen, die maßlichen Aufgaben dienen, gespart werden können, da ihr Maßbild jetzt in Form von Befehlen für Wegeschritte im Informationsträger gespeichert ist. Diese Besonderheiten der NC-Steuerungstechnik machen es möglich, Arbeitsfolgen an Werkstücken spanloser und spanender Arbeitsverfahren in großen und kleinen Stückzahlserien bis herab zur Einzelstückfertigung wirtschaftlich auszuführen. Gerade die Herstellung von Einzelstücken läßt sich auf diese Weise automatisieren.

Schwierige Steuerungen für ebene und räumliche Kurvenwege werden mit zusätzlichen *Rechenwerken (Interpolatoren, Processoren)* punktweise in stufenförmige schnelle Koordinatenschritte aufgelöst. Dadurch kann die gewünschte Werkstückform innerhalb der zugelassenen Maß- und Formtoleranz ohne Abtasten von Modellen, Schablonen oder Steuerkurven von Werkzeugen durchlaufen werden. Für die Produktionsbereiche zeitlich langer und in großen Stückzahlen angelegter Aufträge entwickeln sich mit dieser Steuerungsart zentral gesteuerte NC-Fertigungsstraßen mit Prozeßrechnern der *DNC-* und *CNC-Steuerungstechnik* (Direct Numerical Control und Computerized Numerical Control). Treten während des Programmablaufs keine großen Störungen in den NC-Wirkungsweg ein, wie z.B. Beschädigungen am Informationsträger, frühzeitige Werkzeugabnützung, Werkzeug- und Maschinenschaden, erhält man einen gleichmäßigen, nach Arbeitsplan maß- und zeitgerechten Fertigungsablauf. Vorteilhaft ist außerdem dabei der hohe Nutzungsgrad der Betriebsmittel und das Ausschalten des Einflusses menschlicher Fehlhaltungen. Die hohen Anschaffungskosten des Steuerungsteils der NC-Maschinen im Verhältnis zu denen der eigentlichen Werkzeugmaschinen werden mit der Zeit durch die Vorteile der NC-Rationalisierung ausgeglichen.

1.10.1. Steuerungsarten

Die vom Programmanuskript auf den Informationsträger übertragenen *Weg- und Schaltinformationen* für die Bewegungen der Schlitten und Stellglieder in Richtung der Koordinatenachsen der Maschinen müssen beim Ablauf der Arbeitsvorgänge überwacht werden. Die elektrischen Impulse, die Bewegungen auslösen, haben eine zeitlich abge-

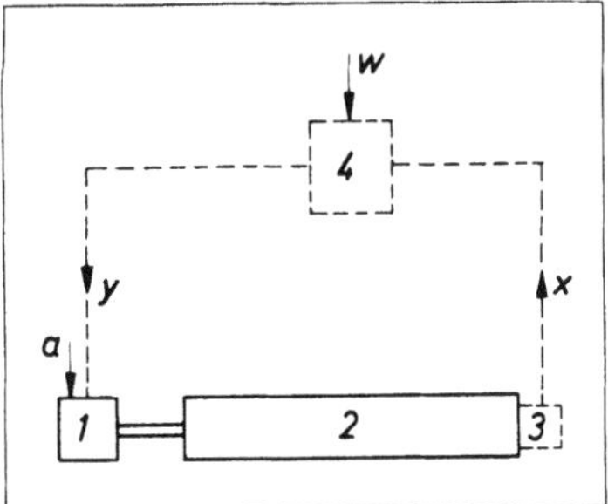

Bild 1-90
Grundschema einer numerischen Steuerung in einer Achse
1 Antrieb des Schlittens; 2 Maschinenschlitten; 3 Wegmeßeinrichtung; 4 Soll-Istwertvergleicher; *a* Impuls für Antriebsmotor; *w* Sollwerteingabe; *x* Istwertmeldung; *y* Stellgröße

stimmte Folge (Impulsfrequenz), womit man gleichmäßige Verschiebe- und Drehgeschwindigkeiten erhält. Jede Drehung der Abtriebswelle des elektrischen Schrittmotors um einen Winkel bewirkt für das zu steuernde Maschinenteil einen dadurch bestimmten Winkel für eine Drehbewegung oder für einen Verschiebeschritt. Die Bezeichnung numerische Steuerung für Bewegungsabläufe in Werkzeugmaschinen zum Herstellen der Maß- und Formgenauigkeit an Werkstücken geht im Sinne der Steuerungs- und Regelungstechnik über den eigentlichen Begriff der Steuerung hinaus (Bild 1-90). *Steuerungen* sind *offene Wirkungswege* oder *Wirkungsketten.* Ein Beispiel dafür ist, wenn durch die Anordnung der Löcher im Lochstreifen Vorschubmotoren (Schrittmotoren) elektrische Impulse erhalten und Maschinenschlitten in schneller Schrittfolge in die gewünschte Stellung bringen. Der Steuerungsvorgang an sich ist damit beendet. Die dabei möglichen Abweichungen von der Sollstellung sind von der Arbeitsgenauigkeit des Vorschubmotors abhängig.

Regelungen sind *geschlossene Wirkungswege* oder *Wirkungskreise.* Dies ist der Fall, wenn während der Steuerung des Schlittenweges zusätzlich ein Wegmeßsystem die Iststellung (Istwert) erfaßt und diese in der *Vergleichseinrichtung (Vergleicher)* laufend mit der Sollstellung *(Sollwert)* verglichen wird. Entsprechend des Unterschieds erhält der *Stellantrieb* (Antriebs-, Stellmotor) ein Signal zur Richtigstellung. Dabei unterscheidet man den *Regel- und Abschaltkreis. Im Regelkreis* erhält der Stellantrieb vom Vergleicher so lange ein Signal, bis Soll- und Istwert übereinstimmen. Der Stellantrieb bleibt stehen, wenn die Regelabweichung Null ist. Im *Abschaltkreis* erhält der Stellantrieb vom Vergleicher nur dann ein Signal, wenn Soll- und Istwert übereinstimmen.

Bewegungen, die Werkzeug- und Werkstückträger während eines Arbeitsablaufes ausführen, sind Haupt-, Vorschub- und Zustellbewegungen. Je nach Arbeitsverfahren und den dafür gestalteten Maschinen können diese Bewegungen durch das Werkzeug, das Werkstück oder von beiden ausgeführt werden. *Hauptbewegungen* dienen dem Arbeitsverfahren z.B. Umformen, Trennen, Fügen, Veredeln u.a. *Vorschubbewegungen* ermöglichen mit der Hauptbewegung den Ablauf stetiger oder unterbrochener Arbeitsverrichtungen. Sie können wirkliche Arbeitsvorschübe oder auch Schleich- und Eilgänge für das Anfahren und Verlassen des Arbeitsortes sein. *Zustellbwegungen* bewirken die maßliche Veränderung am Werkstück oder dienen einem Meßvorgang.

Die in NC-Maschinen erforderlichen Steuerungsvorgänge für diese Bewegungen an Maschinenschlitten in drei Koordinatenrichtungen zwecks Lagebestimmung werden durch ver-

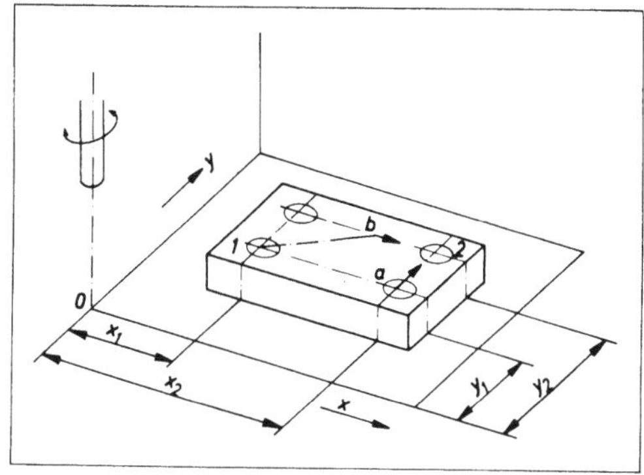

Bild 1-91
Punktsteuerung
1 und 2 Bearbeitungspunkte

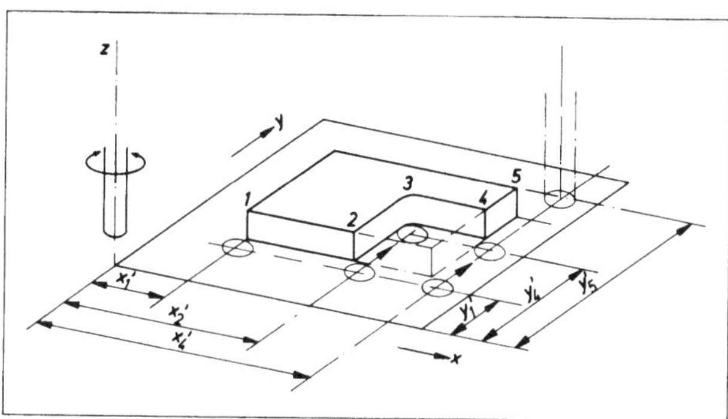

Bild 1-92
Streckensteuerung
für die Strecke
1- 2- 3- 4- 5

schiedene Arten von Steuerungen, (Punkt-, Strecken- und Bahnsteuerung) ausgeführt. Zu den NC-Steuerungen ohne Funktionszusammenhang gehören Punkt- und Streckensteuerung, zu denen mit Funktionszusammenhang die Bahnsteuerung. Die Bewegungen zwischen Werkzeug und Werkstück sind dabei Relativbewegungen.

Bei der *Punktsteuerung* (Bild 1-91) erreichen Werkzeug oder Werkstück den Bearbeitungsort meist im Eilgang bei möglichst kurzen Verschiebebewegungen. Die Arbeitsverrichtung findet nur an deren Ende im *Bearbeitungspunkt* statt. Ist der Bearbeitungspunkt durch zwei Koordinantenwege zu erreichen, kann die Verschiebebewegung auch in beiden Richtungen zugleich erfolgen. Die Punktsteuerung ist die einfachste Steuerungsart, weil auf den Verschiebewegen keine mathematischen Zusammenhänge zu bestimmen und zu programmieren sind. Man verwendet sie in Maschinen mit Koordinateneinstellung wie Bohr- und Fräswerken, Punktschweißmaschinen und ähnlich arbeitenden Werkzeugmaschinen.

Im Gegensatz zur Punktsteuerung findet bei der *Streckensteuerung* (Bild 1-92) zwischen Anfang und Ende einer Strecke, also entlang des *Weges zwischen zwei Punkten,* bei Vorschubgeschwindigkeit eine Arbeitsverrichtung statt. Dabei erfolgen meist die Bewegungen in den Schlittenführungen der steuerbaren Koordinatenrichtungen. Bei festen Verhältnissen der Geschwindigkeiten zueinander sind Bewegungen gleichzeitig in zwei Koordinatenrichtungen möglich. Streckensteuerungen kommen häufig bei Dreh- und Fräsmaschinen vor.

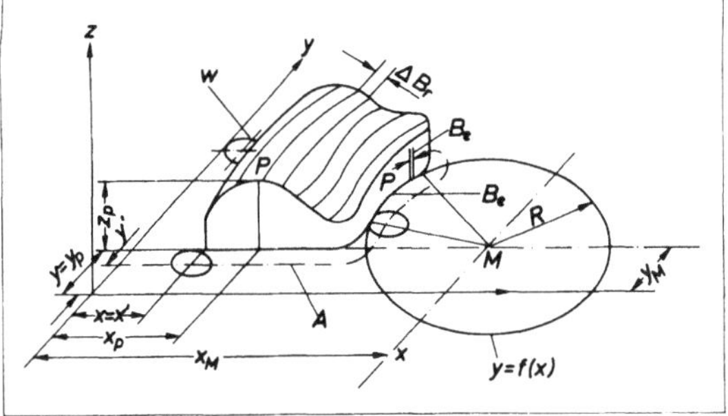

Bild 1-93. Bahnsteuerung
Werkstück oder Werkzeug entlang
ebener oder räumlicher Bahnkurven in
zwei oder drei Koordinantenrichtungen
bewegt; Zwischenpunkte entsprechend
einer Funktionsgleichung

Mit der *Bahnsteuerung* (Bild 1-93) können sich Maschinenschlitten in allen Koordinaten-richtungen bewegen. Während des Vorschubs erhält das Werkstück die Bearbeitung, wobei ebene oder räumliche Strecken oder Flächen *(Bahnen)* entstehen. Entsprechend der gewünschten Genauigkeit der Bahnen ist es erforderlich, für deren Verlauf eine Anzahl von Raumpunkten mittels Koordinaten festzulegen. Die Weginformation hierzu gibt man fortlaufend in das Steuergerät der Maschine ein. Für unveränderliche Vorschub-geschwindigkeiten in krummlinigen Bahnen sind noch Geschwindigkeitsangaben für Schlittenbewegungen erforderlich. Dabei entsteht ein mathematischer Funktionszu-sammenhang zwischen den Bewegungen in den Koordinantenachsen. Alle Informationen kann ein Lochstreifen normaler Länge nicht speichern. Daher arbeitet die Bahnsteuerung mit einem Rechengerät (Interpolator), das alle Zwischenwerte einer Bahn berechnet und den Stellantrieben der Maschinenschlitten übermittelt. Dabei sind laufend Soll-Istwert-vergleiche bei den Koordinatenbewegungen als Funktionen der Regelungstechnik auszu-führen. Bahnsteuerungen verwendet man besonders in Fräsmaschinen für die Herstellung von räumlichen Formen bei Einzelstücken, Modellen und Werkzeugen.

1.10.2. Wegmeßsysteme

Die im Informationsträger gespeicherten Anweisungen für Schaltungen und Weghinweise leitet man an die zugehörenden Adressen der NC-Maschinen. Diese Befehle werden unmittelbar an Stellglieder der verschiedenen Steuerketten für Schaltungen von Magnet-kupplungen, Kontakten, Endabschaltungen usw. weitergeleitet. Einfache Endabschal-tungen geben keine genauen maßgerechten Positionen der Werkzeug- und Werkstückträger zueinander (innerhalb von Hundertstelmillimeter) her. Genaue Weginformationen werden daher zuerst in den *Soll-Istwertvergleicher* eingegeben. Die in den steuerbaren Koordinaten an den Schlitten angebrachten *Wegmeßeinrichtungen* melden den erreichten Istwert zum Vergleichen an das Vergleichergerät. Falls eine Richtigstellung des Istwerts bezogen auf den Sollwert erfolgen muß, geht eine Anweisung an das zugehörige Stellglied. Dabei übernimmt der Vergleicher die bereits genannte Aufgabe einer Wegesteuerung durch den Abschaltkreis bei Punkt- und Streckensteuerung. Bei der Bahnsteuerung wird durch den Regelkreis der Istwert laufend auf den Sollwert eingestellt. Die Wegmeßeinrichtungen müssen genau arbeiten und sind daher im Aufbau schwierig gestaltet. Sie gehören zu den empfindlichsten Teilen der NC-Maschinen. Die gebräuchlichen Grundarten der Wegmeß-systeme, für die eine Vielzahl von Bauarten der verschiedenen Hersteller auf dem Markt sind, zeigt das Schema in Bild 1-94.

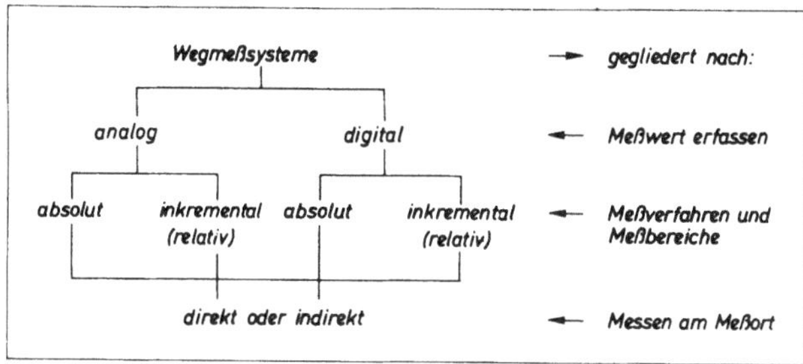

Bild 1-94
Gliederung der Wegmeßsysteme

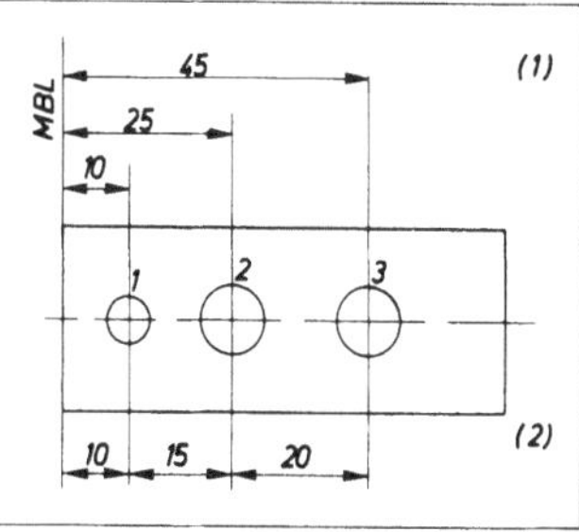

Bild 1-95
Digitale Zahlenangabe
(1) Digital absolut
(2) Digital inkremental

Die *Erfassung der Meßwerte* kann auf verschiedene Weise erfolgen. Als *analoge Wegmessung* bezeichnet man eine fortlaufende Messung der Schlittenbewegung, bei der sich fortlaufend, gleichförmig, ähnlich und stetig (analog) die physikalische Vergleichsgröße, mit welcher der Schlittenweg gleichgesetzt wird, ändert. Es handelt sich also um einen proportionalen Vergleich der Meßwerte zweier verschiedener Meßgrößen. Eine *digitale Wegmessung* liegt vor, wenn sich der Meßwert mit der Zahl von zählbaren Meßgrößen fortlaufend ändert, wie z.B. mit Digitalschritten oder Spannungsimpulsen. Es erfolgt also ein Vergleichen der Meßgeräte der Schlittenbewegung mit Zahlen. Kleinere Schlittenschritte als die vorgesehenen Digitalschritte können hierbei nicht gemessen werden. Digital bedeutet also fortlaufend zählen.

Meßverfahren und Meßbereiche sind ebenfalls unterschiedlich. *Absolutes Messen* ist ein Wegmessen von einem gleichbleibenden Bezugspunkt aus. Allgemein ist dieser Punkt die Nullstellung für die Schaltstellung eines Werkzeugmaschinenschlittens. Dies ist auch der Nullpunkt des Werkzeugmaschinen- oder Werkstückkoordinantensystems. In den Zeichnungen gehen die Maßlinien für dieses Messen von den Maßbezugslinien oder Koordinatenachsen aus (Bezugsmaße). *Inkrementales Messen* eines Schlittenweges liegt vor, wenn von einem vorausgehenden Meßpunkt aus gemessen wird und sich dies mehrmals wiederholt, also ein *relatives Messen.* Die Summe dieser kleinsten Wegabschnitte Δs (Weginkremente), die ein Werkzeugmaschinenschlitten durchfährt, werden in Zeichnungen als Kettenmaße angegeben (Bild 1-95). Welches dieser beiden Meßverfahren für eine Fertigung angewendet wird, ist schon bei der Auswahl der NC-Maschinen zu beachten.

Verschiedene Meßwerterfassungen und unterschiedliche Meßverfahren ergeben verschiedene, unterschiedliche Kombinationsmöglichkeiten der Wegmessung. *Analog-absolut* wird gemessen, wenn ein Schleifer (Stromabnehmer) eine Spannung von einem Widerstandsdraht entsprechend der jeweiligen Schlittenstellung abgreift. Der Draht ist vom Nullpunkt über den ganzen Schlittenweg gespannt. Entsprechend der Schlittenstellung ändert sich die Abgreiflänge auf diesem Draht und damit die abgegriffene Spannung.

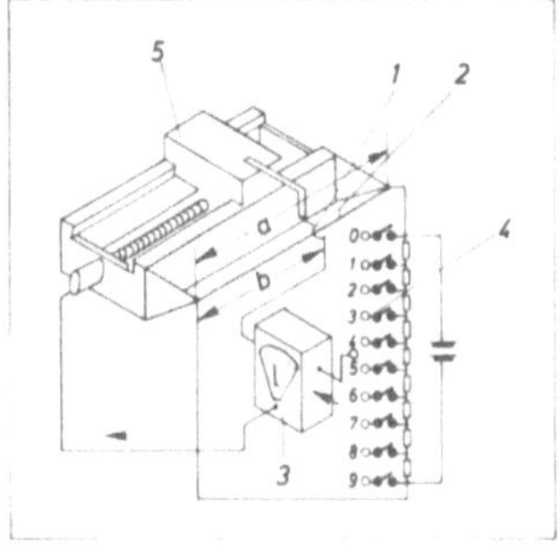

Bild 1-96. Schema einer analog-absoluten Wegmessung
(Ortsmeßsystem mit Brückenschaltung)
1 Schleifer; 2 Widerstandsdraht a = volle Spannung,
b = Teilspannung; 3 Meßinstrument (Vergleicher);
4 Widerstand; bei Unterteilung in gleiche kleine Wegstrecken kann analog-inkremental gemessen werden

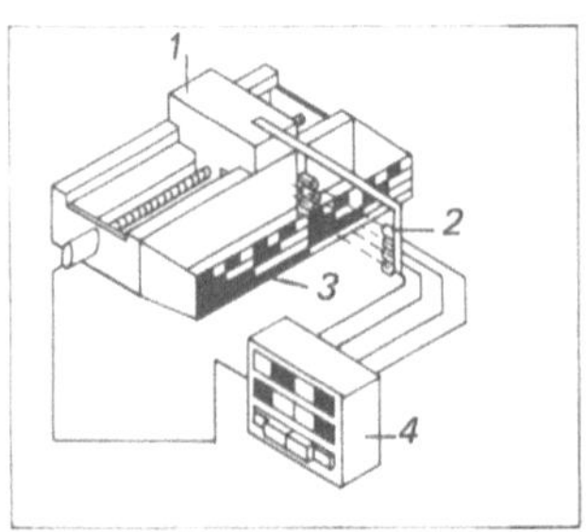

Bild 1-97. Digital-absolute Wegmessung
1 Maschinenschlitten
2 Fotozellen
3 Digital-binär-codierte Maßskala
4 Soll-Istwert-Vergleicher

Diese Istspannung (Istwert) vergleicht man mit der Sollspannung (Sollwert) aus dem Informationsträger (Bild 1-96). Bei *analog-inkrementaler Messung* ist der elektrische Meßdraht entlang des Schaltwegs eines Maschinenschlittens in kleine, gleiche Wegstrecken Δs (Weginkremente) unterteilt, in deren Bereich analog gemessen wird. Bei Abtasten des Schleifers entsteht am Übergang zum nächsten Wegabschnitt Δs ein Meßsprung für den Beginn einer neuen analogen Messung. So entsteht eine Menge relativer Ortsmessungen für die Maschinenstellungen innerhalb einer vorgegebenen und zu durchfahrenden Strecke. Das Maß dieser Strecke ergibt sich durch das Zusammenzählen dieser Meßeinheiten in einem Zählwerk. Die analogen Ortsmeßsysteme arbeiten meist dreistufig. Ein Grobmeßsystem für die ganze Schaltweglänge bringt den Schlitten in die Nähe der Sollstellung, ein Meßsystem mit mittlerer Empfindlichkeit verbessert die Einstellung und ein genaues Feinmeßsystem legt schließlich die genaue Sollstellung fest.

Bei *digital-absoluter Messung* liegen mehrere Digitalmaßstäbe mit verschiedener Teilung entlang der Maschinenschlittenführung über den ganzen Meßbereich nebeneinander. Es sind dies Stahl- oder Glasmaßstäbe mit einer für die erforderliche Feinteilung aufgedampften digital-binär-codierten Skala (Bild 1-97). Jeder Digitalschritt Δs verursacht durch die Wegmarkierung der Skala mittels eines Lichtabtastsystems (Fotozelle oder Lichtschranke) einen bestimmten Impuls. Diese Impulse zusammen ergeben ein Signal bzw. eine Signalkombination als Maß für den zurückgelegten Schlittenweg bezogen auf den Nullpunkt des Meßsystems der Maschine. Diese Maßzahl ist ein digital-absoluter Meßwert, der am angeschlossenen elektronischen Anzeigegerät abgelesen wird (Vorwahlzähler). Die Wegmarkierung dieser digital-binär-codierten Skalen sind helle und dunkle Felder, womit die Digitalschritte des Maschinenschlittens vorteilhaft durch binäre elektrische Impulse ausgedrückt werden können. Die Signale sind für jede Schlittenstellung

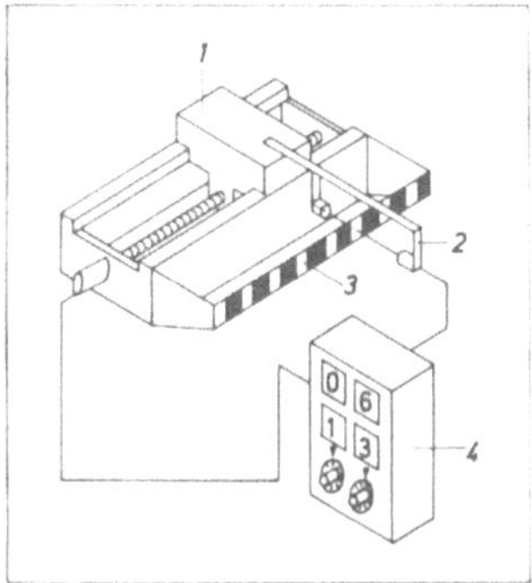

Bild 1-98
Digital-inkrementale Wegmessung
1 Maschinenschlitten
2 Fotozellen
3 Strichmaßstab
4 elektronisches Zählwerk

verschieden und ergeben vom Nullpunkt aus eine fortlaufende Zählung. Für eine dreistellige Dezimalzahl hat der Maßstab zehn Spuren (von $2^0 = 1$ über $2^9 = 512$ bis 999, das sind 10 Bit). Anstelle der Wegmessung mit digital-codierten Maßstäben für absolute Zeichenzählung werden auch analog elektrische Systeme für die absolute Lagebestimmung verwendet, z.B. die induktiven Wegmeßsysteme Drehmelder (Synchro) und Linearmaßstab (Induktosyn). Mit Analog-Digital-Umsetzern wandelt man den analogen Meßwert in einen numerischen um. Vorteil dieser Wegmessung ist eine stetig verlaufende Meßwerterfassung und eine Auflösung der Digitalschritte Δs bis zu 0,001 mm und feiner. Die Verwendung der technisch schwierig herstellbaren Maßstabskalen kann man so vermeiden.

Bei der *digital-inkrementalen Wegmessung* ist entlang der Maschinenschlittenführung ein Strichmaßstab mit einer Feinteilung angebracht. Seine hellen und dunklen Felder zur Begrenzung der Digitalschritte tastet ein Beleuchtungssystem am bewegten Schlitten ab. Die entsprechenden Signale zählt ein elektronisches Zählwerk. Das Zählergebnis ist die Anzahl der Schritte für den Wegzuwachs einer Strecke. zurückgelegt vom Ende des jeweils vorhergehenden Wegabschnittes. Für einen Meter Schaltweg des Schlittens bei der Feinteilung $\Delta s = 0,01$ mm müssen 100 000 Felder aufgezeichnet sein (Bild 1-98). Neben digital-inkremental geteilten Maßstäben für relative Zeichenzählung verwendet man auch ebenso zählende Schrittmotoren. Der Schrittmotor erhält von einem Frequenzgenerator die Zahl der Impulse übermittelt und ist oft zur Leistungsverstärkung mit einem hydraulischen Servoantrieb verbunden. Diese Bauart wird für Wegmeßsysteme, Vorschub- und Eilgangantriebe angewendet (Bild 1-99).

Das *Messen am Meßort* schließlich kann ebenfalls auf verschiedene Weise erfolgen. Man kann direkt und indirekt messen. *Direktes Messen* liegt vor, wenn der gerade Schaltweg eines Maschinenschlittens an einem geraden Maßstab entlang der Schlittenführung direkt und unmittelbar abgelesen wird (translatorisches Messen). Ein anderes Beispiel ist das Messen einer Drehbewegung unter Verwendung von gezeichneten Kreisskalen, wobei Kreisteil- oder Winkelschritte direkt abgelesen werden (rotatorisches Messen). Das Messen erfolgt meist durch elektrisches oder optisches Abtasten. *Indirektes Messen* erfolgt, wenn der zurückgelegte Schaltweg eines Maschinenschlittens aus einer geraden Längsbewegung mit Schraube und Mutter (Kugelrollspindel) oder Zahnstange und Zahnrad in eine drehende Bewegung umgewandelt wird. Das Maß der Längsbewegung wird jetzt indirekt (mittelbar) von einem rotorisch arbeitenden Meßgerät (Drehgeber) abgetastet oder von einer Kreisskala an der Bedienwelle abgelesen.

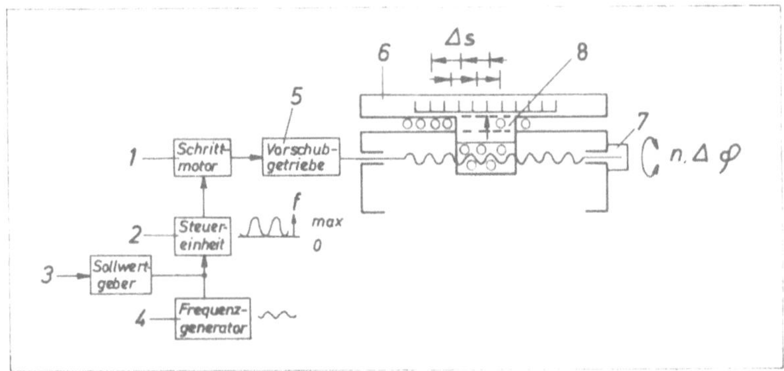

Bild 1-99. Wegmessung mit Schrittmotor-Steuerung
1 Schrittmotor; 2 Steuereinheit zur Impulsverstärkung; 3 Sollwertgeber; 4 Frequenzgenerator;
5 Vorschubeinheit; 6 Maschinenschlitten mit Wälzführung und Kugelspindel; 7 Meßwertgeber
für analoges Messen (indirekt); 8 Meßwertgeber für analoges Messen (direkt)

1.10.3. Codierung

Die bisher zum Steuern der Maschinen verarbeiteten Informationen, entnommen aus
Zeichnungen, Arbeitsplänen und mündlichen Anweisungen erfaßt man bei der NC-
Steuerung mit einem für elektrische Steuervorgänge geeigneten Informationssystem.
Besonders geeignet ist das *binäre Zahlensystem (Dualsystem)*. Mit diesem kann der
elektrische Stromfluß, eingeschaltet oder ausgeschaltet, einfach signalisiert werden. Der
Übergang vom allgemein gültigen Buchstaben- und Zahlensystem zu einer solchen elektrischen Maschinensprache wird durch eine Übersetzungsanweisung, den „Code" ermöglicht. Die mathematische Bedeutung des Binärsystems stellt die Anwendung von
zwei Ziffern dar, um den nächsthöheren Stellenwert einer Zahl zu erhalten (im Gegensatz zu 10 Ziffern beim Dezimalsystem). Das bedeutet für die Steuerung mit Lochstreifen,
daß dann ein Signal gegeben wird, wenn in den Spuren des Streifens ein Loch gestanzt
wird. Die Alternative Loch und kein Loch im Streifen regelt die Signalgebung. Die Loch-
anordnungen sind somit Zifferzusammenstellungen (numerische Zeichen) für Maßzahlen
der Maschinenschlittenwege (Wegmessung) und darüber hinaus auch Buchstaben (alpha-
Zeichen), die für die Informationen zum Schalten der Maschine (Ein, Aus, Drehzahl)
und Abläufe von Hilfsfunktionen (Transport, Spannen, Kühlen) erforderlich sind. Im
Binär-Zahlensystem wendet man nur die zwei Ziffern 0 und 1 an. Zur besonderen
Kennzeichnung, daß das binäre Zahlensystem angewendet wird und in Bezug auf die
Verwendung einer Maschinendruckschrift schreibt man die übliche 1 auf den Kopf gestellt und benutzt auf der Schreibmaschine den großen Buchstaben L. So bedeutet bei
codierten Ziffern das Signal L, daß für die Impulsgebung ein Loch in den Lochstreifen
geschnitten wird. Beim Abtasten des Lochstreifens schließt sich hier ein Stromkreis.
Bei 0 findet in den Spuren für Befehlsbits keine Lochung statt, der Stromkreis wird
unterbrochen. Für Alphazeichen gilt entprechendes. Eine Ziffer oder ein Stellenwert
im binären Zahlensystem nennt man „Bit" *(binary digit)*.

Ausgehend von dem im Fernschreibverkehr üblichen Informationscoden für 5- und
8-spurige Lochstreifen hatte sich ursprünglich für die NC-Steuerung von Werkzeugmaschinen der 8-Spur-Programmcode 8B der Electronic Industries Association, USA,

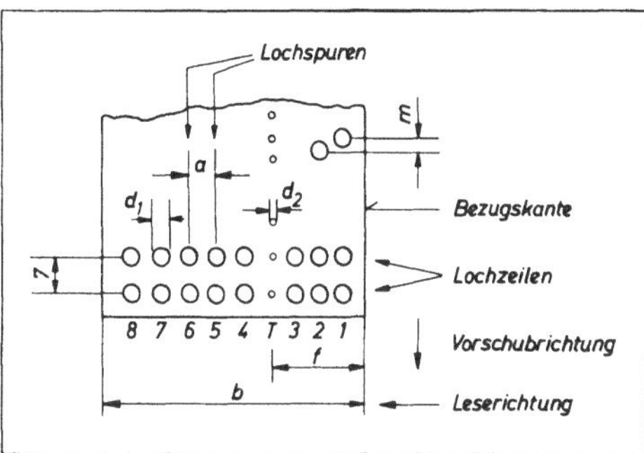

Bild 1-100
Steuer-Lochstreifen nach DIN 66024
a Spurenabstand 2,54 mm
b Breite $1'' = 25,4$ mm
d_1 Durchmesser des Codeloches 1,8 mm
d_2 Durchmesser des Taktloches $1,2 \pm 0,08/0,03$ mm
f Führungsmaß 9,96 mm
t Teilung der Taktlöcher $2,54 \pm 0,05$ mm
m Versatz der Löcher höchstens 0,08 mm
Streifendicke 0,1 mm
Material Spezialpapier oder Kunststoff

eingeführt (Teil der EIA-Standard RS-244 und in VDI-Richtlinien 3259 aufgenommen). Inzwischen wurde er von der Code-Tabelle DIN 66003 und 66024 in Verbindung mit ISO auf der ganzen Welt abgelöst (Bild 1-100 und 1-101). Die Verarbeitung der im Lochstreifen gespeicherten Informationen im Steuergerät geschieht durch digitale Signale mittels elektronischer Bauelemente (Dioden, Transistoren). Dabei gelten die logischen Verknüpfungsgesetze UND-ODER-NICHT. Die Speicherung der Informationen erfolgt im Steuerungsgerät (Zwischenspeicher). Das Zählen und Rechnen verwirklicht man mit bistabilen Kippgliedern, die durch elektrische Impulse (Signale) einen Spannungszustand annehmen und solange beibehalten, bis das nächste Signal diesen löscht (Gedächtnisschaltung). Man arbeitet dabei mit sehr kleinen elektrischen Leistungen. Die Ausgangssignale müssen daher vor der Weitergabe an die Stell- und Antriebsglieder (Schrittmotoren, Kupplungen usw.) in Verstärkereinrichtungen auf deren Leistungsbedarf angehoben werden.

1.10.4. Informationsfluß in NC-Maschinen

Äußere Datenverarbeitung beginnt mit der Anfertigung einer NC-gerechten Zeichnung und umfaßt die herkömmlichen Aufgaben der Arbeitsvorbereitung mit anschließender NC-Programmierung und endet bei der Herstellung des Informationsträgers. Diese Arbeitsunterlagen bezeichnet man als software. Bei der *Programmierung* unterscheidet man vier Schritte.

1. Schritt: Man beginnt mit dem *Zusammenfassen der Informationen* aus technischen Zeichnungen (Geometrie) und den aus Erfahrung gewählten fertigungstechnischen Daten (Technologie) im Arbeitsplan. Sie werden im Klartext in der Reihenfolge der für die Bearbeitung des Werkstückes gewählten Arbeitsschritte (Teilvorgänge) aufgeführt. Begleitend hinzu kommen Daten des Werkzeug- und Spannplanes und erforderlichenfalls die Meßmittelkarte.

2. Schritt: Die im Arbeitsplan *aufbereiteten Arbeitsinformationen* überträgt man im Klartext und satzweise in das Programmformular. Dabei sind die Weginformationen in Koordinatenwerte der Werkzeugmaschine umzurechnen und die verschlüsselten Schaltinformationen einzutragen. Ein Satz ist die programmierte Niederschrift eines Arbeitsschrittes, der sich zur Kontrolle in den folgenden zwei Zeilen wiederholt.

3. Schritt: Das folgende *Kontrolldruckverfahren* arbeitet mit einer Codier-Schreibmaschine verbunden mit einem Lochstreifenstanzgerät (Locher). Unter jede handschriftlich geschriebene erste Zeile eines Satzes druckt man die zweite in Maschinenschrift.

Nr	Zeichen	Spur P / Bit 8	7	6	Spur 5 (2^4 / 16)	Spur 4 (2^3 / 8)	T	Spur 3 (2^2 / 4)	Spur 2 (2^1 / 2)	Spur 1 (2^0 / 1)	Zeichenerklärung (siehe auch DIN 66025)
											Lochkombination
1	NUL						•				Null
2	BS	•				•	•				Rückwärtsschritt — (backspace)
3	HT					•	•			•	Horizontal-Tabulator
4	LF					•	•		•		Satzende, auch Zeilenvorschub (linefeed)
5	CR	•				•	•	•		•	Wagenrücklauf (carriage return)
6	SP	•		•			•				Zwischenraum (space)
7	(			•		•	•				Anmerkungsbeginn
8	)	•		•		•	•			•	Anmerkungsende
9	%	•		•			•	•		•	Programmanfang
10	:			•	•	•	•		•		Hauptsatz
11	/	•		•		•	•	•	•	•	Satzunterdrückung
12	+			•		•	•		•	•	plus
13	–			•		•	•	•		•	minus
14	0			•	•		•				Ziffer 0, in binärer Schreibweise = 0 $\quad$ = 0 $\quad$ = 0 0 0 0
15	1	•		•	•		•			•	Ziffer 1, in binärer Schreibweise = 2^0 $\quad$ = 1 $\quad$ = 0 0 0 L
16	2	•		•	•		•		•		Ziffer 2, in binärer Schreibweise = 2^1 $\quad$ = 2 $\quad$ = 0 0 L 0
17	3			•	•		•		•	•	Ziffer 3, in binärer Schreibweise = $2^1 + 2^0$ $\quad$ = 2 + 1 $\quad$ = 0 0 L L
18	4	•		•	•		•	•			Ziffer 4, in binärer Schreibweise = 2^2 $\quad$ = 2 · 2 $\quad$ = 0 L 0 0
19	5			•	•		•	•		•	Ziffer 5, in binärer Schreibweise = $2^2 + 2^0$ $\quad$ = 4 + 1 $\quad$ = 0 L 0 L
20	6			•	•		•	•	•		Ziffer 6, in binärer Schreibweise = $2^2 + 2^1$ $\quad$ = 4 + 2 $\quad$ = 0 L L 0
21	7	•		•	•		•	•	•	•	Ziffer 7, in binärer Schreibweise = $2^2 + 2^1 + 2^0$ = 4 + 2 + 1 = 0 L L L
22	8	•		•	•	•	•				Ziffer 8, in binärer Schreibweise = 2^3 $\quad$ = 2 · 2 · 2 = L 0 0 0
23	9			•	•	•	•			•	Ziffer 9, in binärer Schreibweise = $2^3 + 2^0$ $\quad$ = 8 + 1 $\quad$ = L 0 0 L
24	A		•				•			•	Drehbewegung um die x-Achse
25	B		•				•		•		Drehbewegung um die y-Achse
26	C	•	•				•		•	•	Drehbewegung um die z-Achse
27	D		•				•	•			Drehbewegung um eine weitere Achse
28	E	•	•				•	•		•	Drehbewegung um eine weitere Achse
29	F	•	•				•	•	•		Vorschubbefehl (feed)
30	G		•				•	•	•	•	Wegbedingung (go)
31	H		•			•	•				frei verfügbar
32	I	•	•			•	•			•	Abstand von Interpolations-Hilfspunkten, z.B. Kreismittelpunkt
33	J	•	•			•	•		•		Abstand von Interpolations-Hilfspunkten
34	K		•			•	•		•	•	Abstand von Interpolations-Hilfspunkten
35	L	•	•			•	•	•			frei verfügbar
36	M		•			•	•	•		•	Zusatzfunktion, Hilfsfunktion, (miscellaneous funktions), Verschiedenes
37	N		•			•	•	•	•		Satz-Nummer (number)
38	O	•	•			•	•	•	•	•	nicht verwenden
39	P		•		•		•				dritte Bewegung parallel zur x-Achse oder Eilgang
40	Q	•	•		•		•			•	dritte Bewegung parallel zur y-Achse oder Eilgang
41	R	•	•		•		•		•		dritte Bewegung parallel zur z-Achse oder Eilgang
42	S		•		•		•		•	•	Spindeldrehzahl-Befehl (speed)
43	T	•	•		•		•	•			Werkzeugbefehl (tool), T hier 20, Buchstabe, daher Codezeichen 20 = L 0 L 0 0
44	U		•		•		•	•		•	zweite Bewegung parallel zur x-Achse
45	V		•		•		•	•	•		zweite Bewegung parallel zur y-Achse
46	W	•	•		•		•	•	•	•	zweite Bewegung parallel zur z-Achse
47	X	•	•		•	•	•				Bewegung in Richtung der x-Achse, Wegbefehl
48	Y		•		•	•	•			•	Bewegung in Richtung der y-Achse, Wegbefehl
49	Z		•		•	•	•		•		Bewegung in Richtung der z-Achse, Wegbefehl
50	DEL	•	•	•	•	•	•	•	•	•	Löschen (delete)

Bild 1-101. Code-Tabelle für 8-Spur-Lochstreifen nach DIN 66024
7-Bit-Code mit Prüfbit als 8. Bit in acht Informationsspuren für 50 Zeichen (Zahlen, Ziffern, Buchstaben und Satzzeichen); die Lochkombination einer Lochreihe ergibt das Zeichen; Spur 1—4 Befehlsbits für Ziffern, Buchstaben, Satzzeichen; Spur 5—7 Zonenbits zur Ergänzung der Befehlsbits; Spur 8 Prüfbit

Zugleich codiert (verschlüsselt) die Schreibmaschine den Text und das Lochgerät stanzt die Löcher in den Lochstreifen. Umgekehrt kann anschließend der Lochstreifen die Schreibmaschine zum Schreiben steuern, wobei die programmierten Informationen auf der dritten Zeile zur Kontrolle erscheinen. Es gibt eine Vielzahl von Herstell- und Kontrollmöglichkeiten für Informationsträger (VDI 3256).

4. Schritt: Die *abschließende Programmprobe* mit dem Informationsträger führt man in einem Simuliergerät, oder vor Aufnahme der Fertigung in der Werkzeugmaschine aus. Simuliergeräte sind vom Informationsträger gesteuerte Zeichenmaschinen. Die Probe bewirkt das Erkennen verbessernder Maßnahmen für den Ablauf des gewählten Programmes.

Neben der Vielzahl der Herstellnormen der NC-Maschinen, ihrer Programmier- und Codiermöglichkeiten, sind folgende Normen zu beachten:

> DIN 66024 für 8-Spur-Lochstreifen
>
> DIN 66025 Programmaufbau für NC-gesteuerte Arbeitsmaschinen, Satzbau, Wegbedingungen, Zusatzfunktionen, Vorschübe und Spindeldrehzahlen
>
> VDI 3252 Verschlüsselung von Zahlenwerten und Auswahlreihen
>
> VDI 3255 Koordinantenachsen und Bewegungsrichtungen (Bild 1-102) TC 97 SC8 ISO-Norm.

Mit dem Eingeben des Informationsträgers (Lochstreifens) in das Lesegerät beginnt die *innere Datenverarbeitung.* Sie bewirkt die Schlittenbewegungen und Schaltvorgänge. Die in diesem Bereich verwendeten Steuergeräte bestehen aus maschinentechnischen und elektrischen Bauelementen und werden als *hardware* bezeichnet. Das *Lesen oder Abtasten* des Informationsträgers löst elektrische Impulse an die Steuerelemente im Steuergerät aus. Mechanische Lesegeräte für Lochstreifen lesen etwa 20 Zeichen, optische bis 500 Zeichen in der Sekunde. Wenn die Lesegeschwindigkeit kleiner ist als die der Maschinenbewegung für einen Arbeitsschritt, wird der Satz vorausgelesen und bis zum Ende des vorausgehenden Arbeitsschrittes in einem Zwischenspeicher (Pufferspeicher) festgehalten.

Interpolieren erfolgt in Rechengeräten (Computern, Interpolatoren), die die Lage von Zwischenpunkten für Bewegungen bestimmen. Sie sind von mathematischen Funktionen abhängig (Kreisbewegungen u.a.). *Inneninterpolatoren* sind feste Einrichtungen der NC-Steuerung einer Werkzeugmaschine. Für sie sind Rechenaufgaben bei Punkt- und Streckensteuerungen zu bestimmen, z.B. die Lage für das Übergehen der Arbeitsvorschübe in Eil- und Schleichgänge und umgekehrt, Berichtigungen der Weginformationen, Korrekturen bei Formänderungen an Werkzeugen. Bei Bahnsteuerungen müssen sie die genaue Lage der schrittweise anzufahrenden Zwischenpunkte einer ebenen und räumlichen Bahnkurve vorgeben. Die groben Bestimmungsgrößen enthält bereits der Informationsträger (Lochband), z.B. Mittelpunktslagen und Radien für Kreisbewegungen. *Außeninterpolatoren* arbeiten für mehrere Werkzeugmaschinen und sind der äußeren Datenverarbeitung beigegeben. Man steuert sie vorab mit groben Bestimmungsgrößen, z.B. aus dem Lochband. Daraus errechnen sie genauere Informationen zum Erreichen der vielen Kurvenpunkte, die zwischen Anfang und Ende einer schwierigen Bahnkurve liegen. Ihre Informationen speichert man auf Magnetband und führt sie dann der NC-Steuerung der Maschine zu.

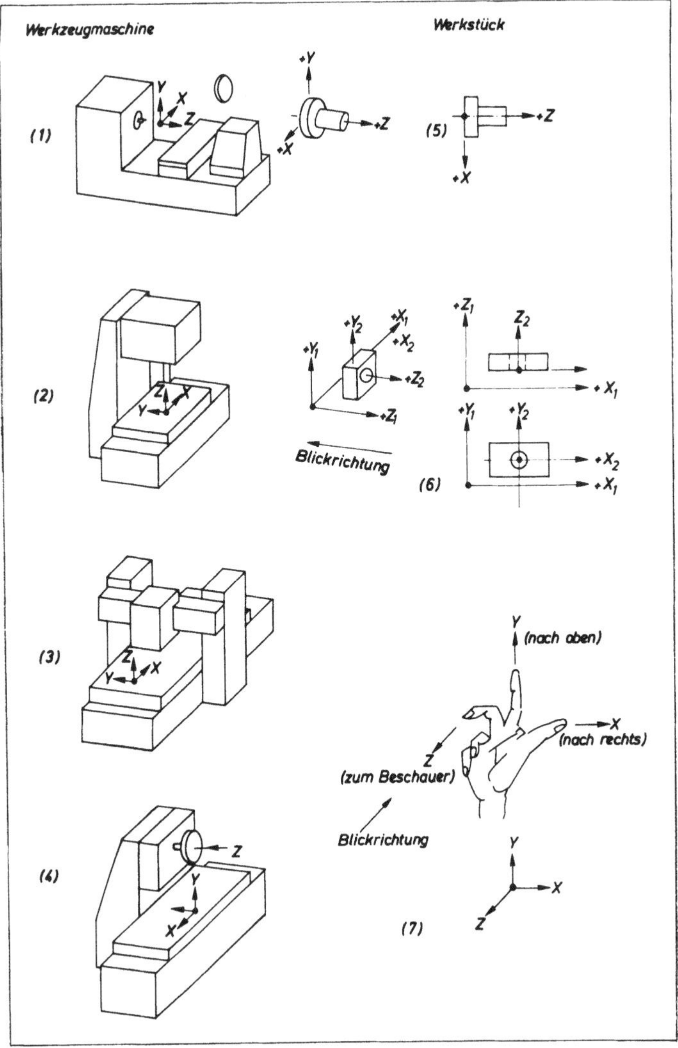

Bild 1-102. Koordinantensysteme für Werkzeugmaschinen nach ISO/TC 97 SC 8 bzw. VDI-3255

1 Drehen und Rundschleifen; 2 Bohren und Fräsen; 3 Hobeln; 4 Planschleifen; 5 in der Drehachse am Werkstück; 6 neben dem Werkstück; 7 rechte Hand-Regel

Ein *Soll-Istwertvergleicher* stellt den Istschlittenweg fest, vergleicht ihn mit dem Sollschlittenweg und veranlaßt erforderliche Korrekturen. Zum Messen verwendet man ein analoges oder digitales Wegmeßsystem.

Manuelles und maschinelles Programmieren: Die im vorausgehenden Text genannte äußere Datenverarbeitung bis hin zur Herstellung des Informationsträgers (Lochband) wird unter Anwendung technischer Hilfsmittel für jeden Programmiervorgang von Hand ausgeführt. Entsprechend bezeichnet man dieses Arbeiten *manuelles Programmieren.*

Verwendet man insgesamt oder teilweise elektronische Datenverarbeitungsanlagen (EDV), so nennt man den Vorgang *maschinelles Programmieren.* Maschinelles Programmieren kommt zur Anwendung bei Arbeitsvorgängen an vielseitig gestalteten Werkstücken (mehrere Bearbeitungsstellen mit vielen Koordinantenwerten) und der bei diesen untereinander sich gleichenden und wiederholenden Programmierarbeiten der Geometrie und Technologie.

EDV-Anlagen sind nicht mit gleicher Befehlssymbolik ausgestattet. Daher müssen die vorausgehenden Programmierarbeiten (Teileprogramme) der NC-Werkzeugmaschinen als Eingabedaten für einen Rechner in dessen Symbolsprache (Maschinen- oder Programmiersprache, problemorientierte Sprache) für bestimmte Aufgabenbereiche (Probleme) übersetzt werden. Für dieses *problemorientierte Programmieren* ist deshalb ein *Übersetzungsprogramm (compiler)* erforderlich, das aufgeteilt ist in das *Verarbeitungsprogramm (processor)* und in das Anpassungsprogramm (postprocessor). Das Verarbeitungsprogramm faßt die Rechenschritte zusammen, die für mehrere Werkzeugmaschinen gleich sind und solche, die sich immer wiederholen, z.B. Berechnungen der Geometrie; Aufbereitung von Bearbeitungsanweisungen wie Arbeitsablauf, Werkzeuganwendung; Vermerken von Fehlerentstehung u.a.

Das *Anpassungsprogramm* ist ausgerichtet für die Kenndaten der zu steuernden Werkzeugmaschine und muß daher für jede dieser Maschinen getrennt erarbeitet werden. Es enthält auch die Anweisung der Codierung. Man nennt diese Teile auch Unterprogramme und Quellenprogramme. Das Übersetzungsprogramm ist das Ergebnis des Werkzeugmaschinenprogrammes, das in der Form des Informationsträger (Lochstreifen) die EDV-Anlage verläßt.

Aufbau und Anwendung der *Programmiersprachen* für NC-Maschinen sind vielseitig und ihre Entwicklung noch nicht abgeschlossen. Technische, problemorientierte Programmiersprachen entwickelten sich aus dem von den USA kommenden Programmiersystem für geometrische Probleme in spanenden Werkzeugmaschinen APT (automatic programming of tools). Daraus entwickelten sich, erweitert für europäische Benutzer, die Programmiersprachen EXAPT (expanted APT).

EXAPT 1, für Punkt- und einfache Streckensteuerung. Mit Processor für EDV-Anlagen SIEMENS 4004/55, IBM 360/40.

EXAPT 2, für Punkt- und zweidimensionale Bahnsteuerung (Drehmaschinen). Mit Processor für EDV-Anlagen UNIVAC 1107, SIEMENS 4004, IBM 360/50.

EXAPT 3, für dreidimensionale Bahnsteuerung (strecken- und bahngesteuertes Fräsen). Mit Processor für UNIVAC 1107, IBM 7090.

Sie dienen zur maschinellen Programmierung und Herstellung von Lochstreifen für die Steuerung verschiedenartiger Werkzeugmaschinen ohne Rücksicht auf die EDV-Anlage (problemorientiertes Programmieren). Zur optimalen Ausführung von Arbeitsvorgängen benutzt man auch das automatische Anpassen (adaptives Regelungssystem) (adaptiv = anpassen) von Umform- und Zerspanungsgrößen an die sich ständig verändernden Bearbeitungszustände; z.B. Anpassen des Vorschubes bei sich ändernden Spanquerschnitten. Andere problemorientierte Programmiersprachen sind für mathematische Probleme *ALGOL*, für kommerzielle Probleme *COBOL*.

1.11. Arbeits- und Leistungsbedarf für Antrieb und Formgebung

Werkzeugmaschinen werden von den Herstellern für ein erforderliches Arbeitsvermögen zweckentsprechend gestaltet und mit Antriebsmotoren ausgestattet, deren Leistung für den vorgesehenen Arbeitsbereich ausreicht. Die Benützer müssen für die Erhaltung der Maschinen darauf achten, daß die Kräfte zur Bearbeitung der Werkstücke kleiner sind als die, die aus dem angegebenen Arbeitsvermögen herauszuholen sind. Die Berechnung des zu erwartenden Kraft- und Leistungsbedarfs für einen Arbeitsvorgang dient in der Fertigung meist dazu, aus dem Maschinenbestand eines Betriebes die geeignete Maschine auszuwählen und die Werkzeugbeanspruchung sowie die Vorgabezeiten zu bestimmen. Den vielfach langen schriftlichen Rechenweg kann man verkürzen mit graphischem Rechnen, Diagrammen, Nomogrammen und Sonderrechenstäben, womit oft für die Praxis genügend genaue Ergebnisse erhält. Für einige Arbeitsverfahren sollen im folgenden an einfachen Beispielen Kraft- und Leistungsvorgänge betrachtet werden.

1.11.1. Spanlose Formgebung

In der *Hammerpresse* hat der im Hammer wirkende Bär und in der Reibspindelpresse hat der dem Hammer entsprechende Pressenstößel schlagende Arbeitsverrichtung. Beide hebt man auf eine für die Umformung erforderliche Höhe H an, um das dabei gespeicherte Arbeitsvermögen W (Energie) anschließend durch ihr Fallen zu nutzen. Beim Auftreffen auf das Werkstück muß das Arbeitsvermögen, falls es richtig voraus bestimmt ist, bei der Umformung verbraucht werden (arbeitsgebundene Maschine). Meist ist der Bär bzw. der Pressenstößel mit einem Formwerkzeug verbunden.

Im Gegensatz zum *Freiformschmieden* kann beim *Gesenkschmieden* und *Kaltschlagen* eine zu große Umformkraft das Werkzeug und die Maschine beschädigen. Zu kleines Arbeitsvermögen erfordert zu häufiges Schlagen, um die gewünschte Werkstückform zu erhalten. Für den Stillstand des Bären oder Stößels in einer bestimmten Fallhöhe, damit man gleichmäßige Schläge bekommt, benutzt man Bremsen, die elektrisch oder hydropneumatisch gesteuert werden, sowie Vorrichtungen mit Dampf, Druckluft oder Hydraulik als Triebmittel. Allgemein gilt:

Arbeitsvermögen der Umformmaschine $W = FH$ [J]

Für Schmiede- und Schlagarbeiten kann man näherungsweise und für die Praxis genügend genau die erforderliche Umformkraft und die Formänderungsarbeit wie folgt berechnen:

erforderliche Umformkraft $F = A_d\, k_{we}$ [N][1]
Formänderungsarbeit $W = V\varphi_h \cdot k_{wm}$ [J]

---

[1] Die neuen Formelzeichen entsprechen: $1\,N = 0,1\,kp$; $1\,J = 1\,Nm = 0,1\,kpm = 1\,Ws$; $1\,kp = 1\,daN = 10\,N$; $10^5\,\dfrac{N}{m^2} = 10^5\,Pa \cong 1\,at$; $1\,J \cong 0,24 \cdot 10^{-3}\,kcal$. $1\,at \cong 1\,bar$.

Die erforderlichen Rechengrößen bei der spanlosen Formgebung für die vorkommenden Zusammenhänge sind:

a $= \varphi_h k_{wm}$; spezifische Formänderungsarbeit in Nmm/mm^3 (s. Bild 1-107)

A_d gedrückte Fläche (einschließlich Gratfläche) in mm^2, senkrecht zur Kraftrichtung (Projektion)

η_F Formänderungswirkungsgrad, abhängig von der Größe der Umformung, dem Zustand der Stauchbahnen am Werkzeug, der Verzunderung. Bei stark gegliederten Formen $\eta_F = 0{,}6 \dots 0{,}95$; bei geringen Werkstücksdicken $\eta_F = 0{,}25 \dots 0{,}4$

η_v Wirkungsgrad der Umformgeschwindigkeit

φ $= \ln h_1/h_0$ logarithmierte Formänderung oder Umformgrad in %

φ_m $= \ln h_{m1}/h_0$ logarithmierte mittlere Formänderung

h_{m1} $= V/A_d$ mittlere Endhöhe des Schmiedestückes in mm

h_0 Anfangshöhe des Werkstückes in mm

k_{fm} mittlere Formänderungsfestigkeit in Pa; aus Fließkurven ermittelbar, abhängig von Werkstoff, Umformung, Werkstofftemperatur und Umformgeschwindigkeit (Bild 1-107)

k_{wa} Formänderungswiderstand in Pa, zu Beginn der Umformung

k_{wm} $= k_{fm}/\eta_F$ mittlerer Formänderungswiderstand in Pa

k_{we} Formänderungswiderstand am Ende der Umformung in Pa, je nach Form des Schmiedestückes $k_{we} = 10 \dots 12\, k_{wa}$.

$\ln a$ $= \lg a\, 2{,}3026$, natürlicher Logarithmus von a

ϑ Schmiedetemperatur in K

v Hammer- oder Stößelgeschwindigkeit in m/s

Mit graphischem Rechnen, also bei der Anwendung von Schaubildern, ist der Rechenweg für die Bestimmung der Umfangkraft und der Formänderungsarbeit für die angegebenen Umformvorgänge ausgehend von der anfänglichen Umformgeschwindigkeit $w_0 = v/h_0$ (s^{-1}), über die mittlere Umformgeschwindigkeit $w_m = \eta_v w_0$ (s^{-1}) auszuführen (Bilder 1-103 bis 1-106, Tabelle IV)

$$10\,\text{MPa} = 1\,\text{kp/mm}^2 = 1\,\text{daN/mm}^2$$

$$1\,\text{MPa} = 10^6\,\text{Pa}$$

$$1\,\text{Pa} = 10^{-7}\,\text{daN/mm}^2 = 10^{-7}\,\text{kp/mm}^2$$

Tabelle IV. Richtwerte für die mittlere Umformgeschwindigkeit zur Bestimmung der Umformkräfte in Bild 1-106.

Umform-Maschine	Hammer- oder Stößel-Geschwindigkeit v [m/s]	anfängliche Umform-Geschwindigkeit w_0 [s^{-1}]	mittlere Umform-Geschwindigkeit w_m [s^{-1}]
arbeitsgebunden: Hammer Spindelpresse	5 ... 7 0,3 ... 0,4	40 ... 160 4 ... 25	0,85 ... 0,9 w_0
Kraftgebunden: Hydraulische Presse	0,2 ... 0,5	0,01 ... 10	1,3 ... 1,6 w_0
weggebunden: Kurbelpresse und Exzenterpresse	0,4 ... 0,6	4 ... 25	0,3 ... 0,4 w_0
Die höheren Werte gelten für größere Umformungen			

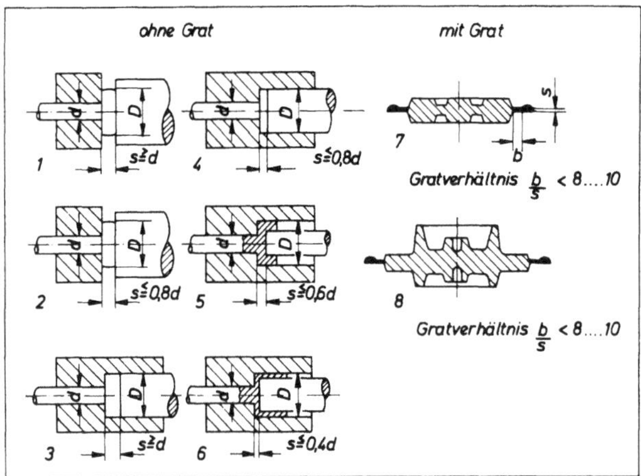

Bild 1-103
Werkstückformen für
Umformvorgänge beim
Schmieden und Stauchen

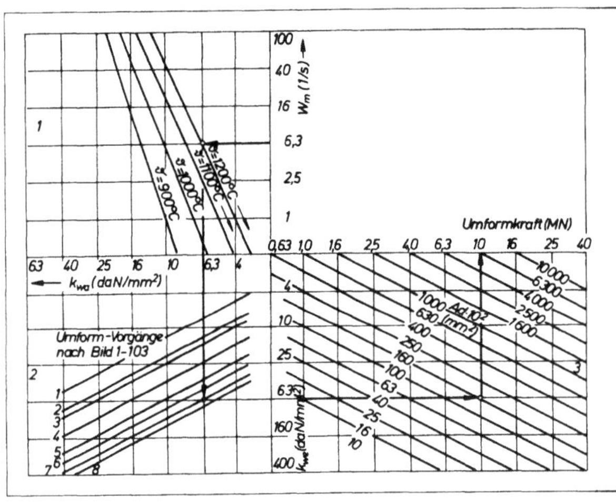

Bild 1-104
Umformkräfte
zu Bild 1-103

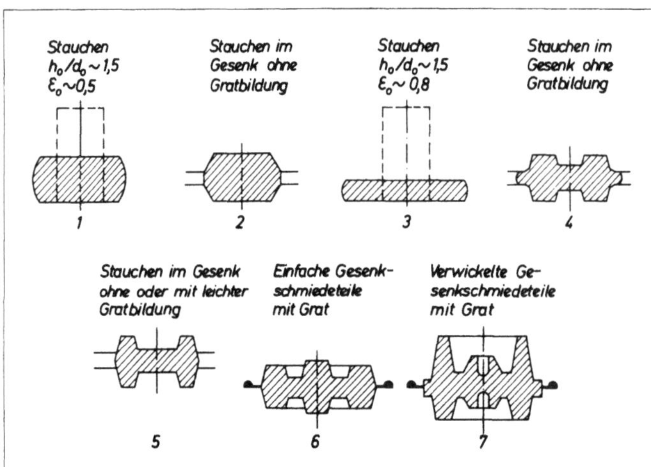

Bild 1-105
Werkstückformen
für Umformvorgänge
beim Schmieden
und Stauchen
zum Ermitteln
der Umformarbeit

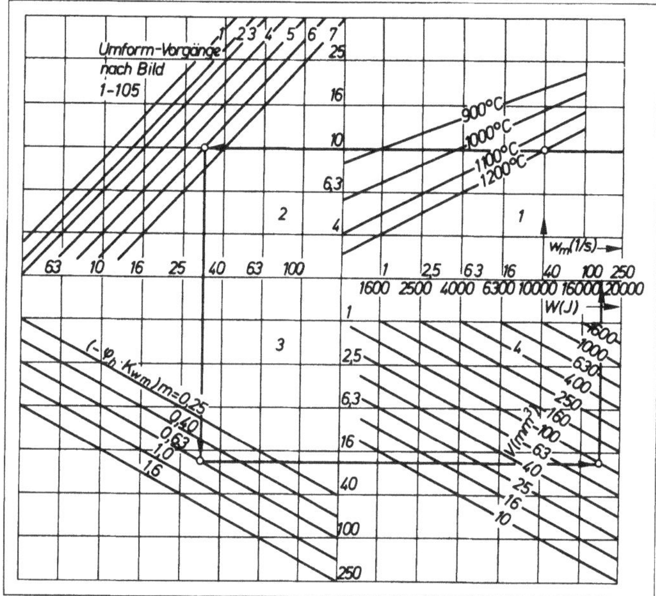

Bild 1-106
Umformarbeit
zu Bild 1-105

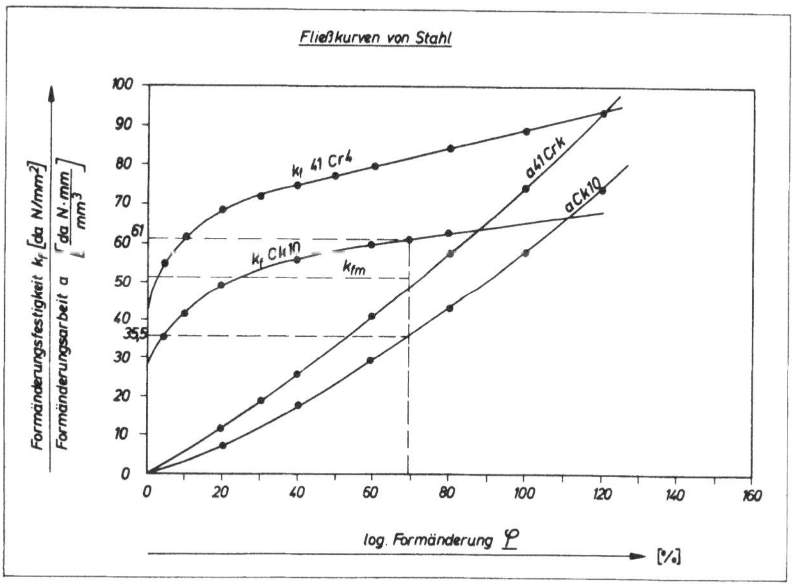

Bild 1-107. Fließkurven von Ck 10 und 41 Cr 4
der Flächeninhalt unter der Fließkurve entspricht der spezifischen Formänderungsarbeit $a = \dfrac{k\varphi}{fm}$

Kurbel- und Kniehebelpressen (Bild 1-108 und 1-109) sind als mechanische Pressen weggebundene Maschinen, die ihr Arbeitsvermögen in einem rotierenden Schwungrad speichern. Das Arbeitsvermögen darf nicht wie bei Hammer und Spindelpresse während des Arbeitsvorganges aufgebraucht werden, da sonst die bewegten Massen aus dem eingetretenen Stillstand des Stößels wieder in Bewegung gebracht werden müssen. Das

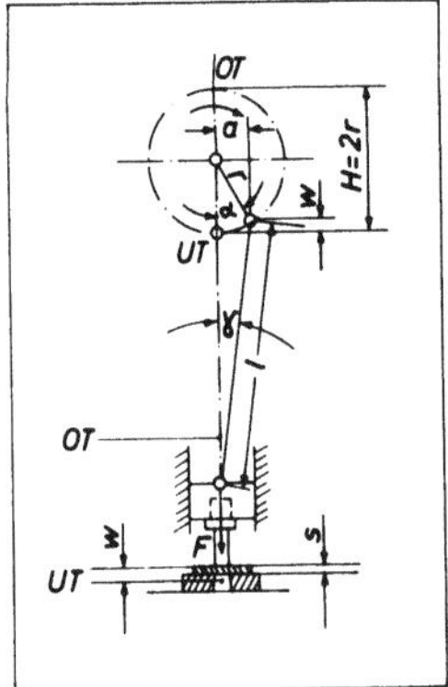

Bild 1-108
Schema des Kurbel-
bzw. Exzenterantriebs

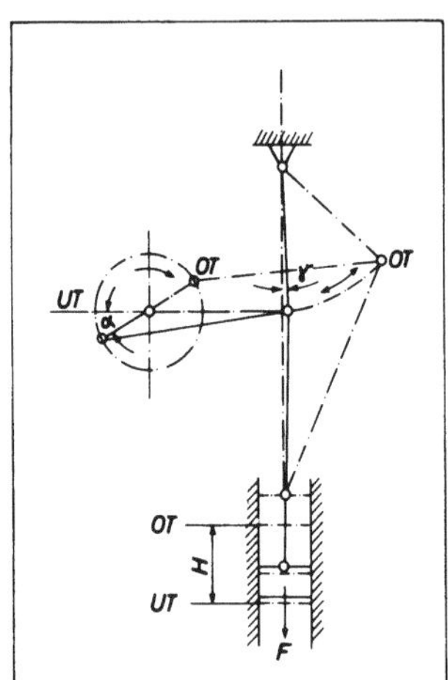

Bild 1-109
Schema des
Kniehebelantriebs

Schwungrad hält den Stößel in laufender Bewegung, wodurch ein zusammenhängendes, wiederkehrendes und fortlaufendes Arbeiten dieser Maschinen möglich wird. Die auf dem Wirkweg w aus dem Schwungrad entnommene Energie W wird im anschließenden Leergang durch die Schwungkraft und den weiter wirkenden Antriebsmotor wieder gewonnen und gespeichert. Die Drehbewegung der Schwungmassen wird durch den nicht verstellbaren Kurbeltrieb (Exzenter) in eine hin- und hergehende, geradlinige und ungleichförmige Bewegung des Stößels umgewandelt.

Kniehebelpressen haben für die Bewegung des Stößels ein Gelenk — bzw. Lenkersystem —, das von einem Kurbeltrieb bewegt wird, beim Rücklauf des Stößels ausknickt und für den Arbeitshub in Streckenstellung geht. Auf dem Weg zur Strecklage und vor dem zugehörenden sog. Totpunkt wird die Bewegung langsamer als beim Kurbeltrieb. Dadurch entsteht ein langsames Wirken der Preßkraft, der Kriecheffekt. Dieser Vorteil wird besonders für Preß- und Tiefzieharbeiten mit hoher Maßgenauigkeit genutzt. (Bild 1-110). Für *Kurbelpressen* bezieht man die erforderliche Umformkraft für einen Arbeitsvorgang auf die Kurbelstellung α_{UT}^{0} vor dem unteren Umkehrpunkt des Stößels (unterer Totpunkt UT) und bezeichnet sie als Nennpreßkraft F_0 der Presse. Innerhalb dieses Winkelbereiches kann sie voll genutzt werden. Im übrigen Bereich vom oberen Umkehrpunkt (oberer Totpunkt OT) bis zu dieser Stellung sollen keine Kräfte abgenommen werden. Angaben für das Einrichten der Presse auf diesen Winkel sind aus Betriebsanleitungen und Maschinentafeln zu entnehmen.

Allgemein gilt:

Arbeitsvermögen der Presse $W = FH$ [J]   (Bild 1-111)

Da $H = \Sigma \, \Delta s$ wird aus dem Kraft-Weg-Diagramm dafür auch $W = \displaystyle\int_{s=0}^{s} F \, ds$

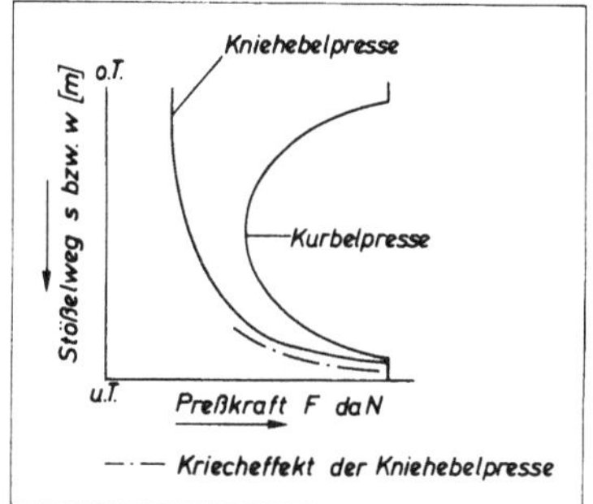

Bild 1-110
**Vergleich des Preßkraftverlaufes zwischen Kurbel-
und Kniehebelpresse mit gleichem Hub und Nennpreßkraft**

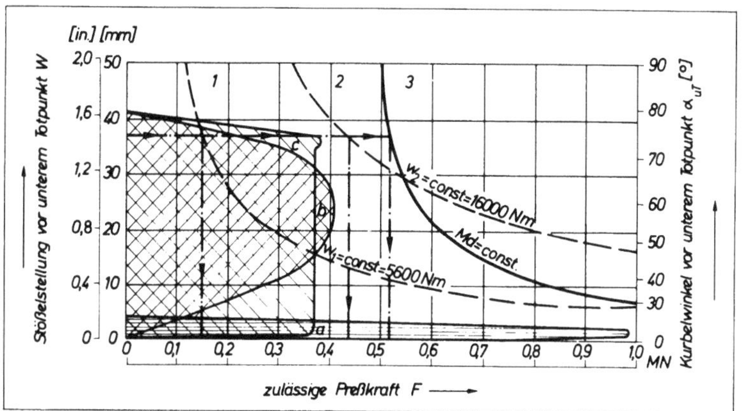

Bild 1-111. Kennlinien von zwei verschiedenen Pressen mit verschiedenem Arbeitsvermögen
Kennlinie 1 und 2 zeigen die tatsächlichen Preßkräfte F für den Stößelweg w vor dem unteren
Totpunkt bei voller Ausnutzung des Arbeitsvermögens der Presse; Kennlinie 3 zeigt die zulässigen
Kräfte abhängig vom Kurbelwinkel α_{uT} unter Beachtung der Sicherheit; die Stößelkraft F_0 bei
größtem Hub vor dem unteren Totpunkt ist die Pressennennkraft; Stößelkraft F tatsächlich = F_0 =
$2 \sin\alpha$ zu Beginn der Schneidarbeit; die Kurven 1 und 2 unterscheiden sich sowohl durch F tatsächlich
als auch durch das Arbeitsvermögen

Auf die gesamte im Schwungrad gespeicherte Energie bezogen gilt:

gesamtes Arbeitsvermögen der Presse $W_{ges} = \frac{1}{2}\, m\, r^2\, \omega^2$ [J]

oder[1])

$$W_{ges} = \frac{J}{182,5}\, n_0^2 \quad [J]$$

Auf die zulässige geminderte Drehzahl $n_x = n_0 - n_1$ bezogen, die sich während eines
Arbeitsvorganges einstellt und genutzt wird gilt:

nutzbares Arbeitsvermögen $W_n = \frac{J}{182,5}\, n_x^2$ [J]

---

[1]) J = Massenträgheitsmoment = $\frac{1}{2}\, mr^2$ [kg m²]

$\omega = \frac{\pi \cdot n_0}{30}$ [s⁻¹]; n_0 = Leerlaufdrehzahl [min⁻¹]

s. auch *A. Böge*, Mechanik und Festigkeitslehre Verlag Vieweg, Braunschweig 1976

Aus dem nutzbaren Arbeitsvermögen W_n für den Wirk- oder Umformweg w bestimmt man vereinfacht die

nutzbare Umformkraft $\qquad F_0 = \dfrac{W_n}{w} \qquad$ [N]

Sie muß für die Stößelstellung zu Beginn des Winkels α_{UT}^0 vor dem unteren Totpunkt als Nennpreßkraft zur Verfügung stehen. Die Antriebsleistung P_{an}, die ein Antriebsmotor für den Arbeitsgang haben muß, leitet sich aus der allgemeinen Beziehung für die Leistung ab.

$$P = \frac{W}{t} \qquad [W]$$

Antriebsleistung des Antriebsmotors für den auszuführenden Arbeitsvorgang:

$$P_{an} = \frac{P_n}{\eta} = \frac{W_n\, n_L}{60 \cdot 1000\, \eta} \qquad [kW]$$

Der Stößel- oder Wirkweg w, der zur Kurbeldrehung im Winkelfeld α_{UT} vor dem unteren Totpunkt gehört, wird errechnet:

$$w = r\,(1 - \cos\alpha) \pm \frac{r}{\lambda}\,(1 - \sqrt{1 - \lambda^2 \sin^2\alpha}) \qquad [mm].$$

Da für den Kurbeltrieb in Pressen die Pleuellänge l groß ist im Verhältnis zum Kurbelradius r (Radius r = Exzentrizität e), ist das Verhältnis $\lambda = \dfrac{r}{l} = 1/\infty = 0$ und es gilt deshalb vereinfacht:

Stößelweg $\qquad w = r\,(1 - \cos\alpha) \qquad [mm].$

Der Kurbeltrieb wandelt die gleichförmig drehende Bewegung der Kurbelwelle in eine ungleichförmige geradlinige Bewegung des Stößels um. Die Stößelgeschwindigkeit v_α für den Kurbelwinkel α der Kurbelstellung ist:

Stößelgeschwindigkeit $\qquad v_\alpha = r\,\dfrac{\pi\, n_L}{30}\,(\sin\alpha \pm \tfrac{1}{2}\sin 2\alpha) \qquad [mm/s]$

oder vereinfacht $\qquad v_\alpha = r\,\dfrac{\pi\, n_L}{30} \qquad [mm/s]$

mit Kurbelradius $r = H/2$, halber Stößelhub, gilt:

Stößelgeschwindigkeit $\qquad v_\alpha = \dfrac{H\,\pi\, n_L}{60} \qquad [mm/s].$

Ist der Stößelweg w bekannt, so errechnet man die

Stößelgeschwindigkeit $\qquad v_\alpha = w\,\dfrac{\pi\, n_L}{30}\,\sqrt{\dfrac{H}{w} - 1} \qquad [mm/s].$

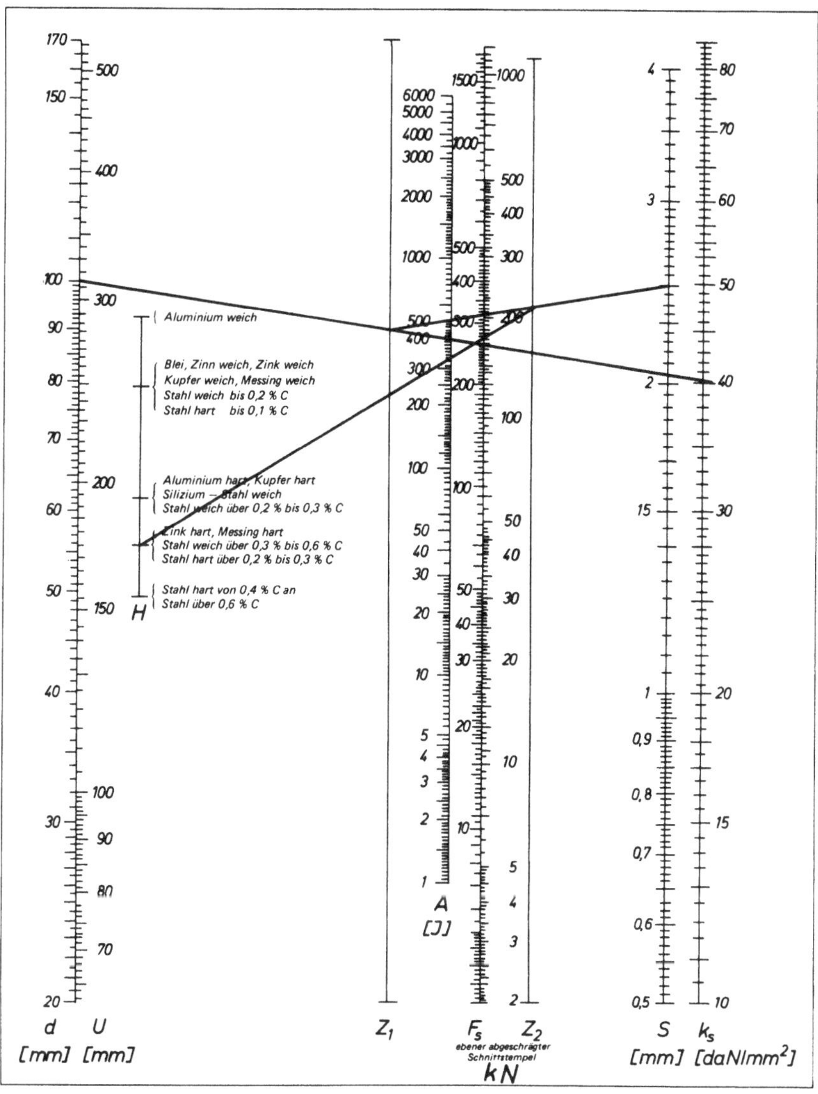

Bild 1-112. Leitertafel zur Bestimmung der Schnittkraft und Schnittarbeit
d Scheibendurchmesser in mm; U Schnittumfang in mm; z Hilfslinien; F_s Schnittkraft in kN;
W_s Schnittarbeit in J; s Materialdicke in mm; k_s Scherfestigkeit in daN/mm²; H Hilfswert

Unter Berücksichtigung des Drehmomentes M_d am Kurbeltrieb gilt:

Drehmoment $\quad M_d = F a = F \sin \alpha\, r \quad$ [Nm]

Hebelarm $\quad a = \sin \alpha\, r = \sin \alpha \dfrac{H}{2}$ [m] $\quad$ mit $\quad r = \dfrac{H}{2} \quad$ [m]

Preßkraft am Stößel $\quad F = \dfrac{M_d}{\sin \alpha\, r} \quad$ [N].

Die Anforderungen an Pressen durch Arbeitsverfahren der Stanzereitechnik sind wegen der vielseitigen Ausführungsmöglichkeiten der Stanzwerkzeuge überwiegend nur annähernd zu bestimmen[1]. Einige Berechnungsformeln dafür, die aus Forschungsarbeiten und aus der Praxis entwickelt sind, seien genannt.

Schneiden mit Schnittwerkzeugen (Bild 1-112)

Schnittkraft $\qquad F_s = A\,\tau_s \qquad$ [N]

Schnittarbeit $\qquad W_s = F_s\,h_s\,K_s \qquad$ [J]

Die Schnittkraft kann mit schrägen Schneidkanten im Werkzeug bis zu 30 % verringert werden. In den Formeln gilt:

$A = l\,s$ [mm^2]	Schnittfläche aus Länge l der Schnittform und Werkstoffdicke s [mm].
$\tau_s \cong 0{,}7 \dots 0{,}9\,\sigma_B$ [daN/mm^2]	Scherfestigkeit des Werkstoffes aus der Bruchfestigkeit σ_B (daN/mm^2).
$h_s = s$ [m]	Schneidweg in Werkzeugen mit ebenen Schneidkanten, s = Werkstoffdicke.
K_s	Korrekturwert zur Berücksichtigung des Kraftverlaufs beim Schneiden.
$K_s \cong 0{,}4 \dots 0{,}7$	je kleiner das Stempelspiel, desto größer K_s.

Biegen mit Biegewerkzeugen

Biegeart, Werkzeuggestaltung und Werkstoffhärte haben hier besonderen Einfluß auf die Biegekraft. Beim freien Biegen arbeitet man ohne Prägekraft, wodurch überwiegend Rückfederung am Werkstück auftritt. Das formschlüssige Biegen erfordert Prägekraft, d.h. Biegekraft mit aufsitzendem Stempel (Biegestanzen), und gibt Formgenauigkeit mit geringster Rückfederung.

Biegekraft für V-Biegen	$F_{bV} = K\,\dfrac{\sigma_B\,b\,s^2}{l}$	[N]
Biegearbeit für V-Biegen	$W_{bV} = K\,F_{bV}\,h$	[J]
Biegekraft für L- und U-Biegen	$F_{bL} = z_k\,(0{,}2 \dots 0{,}25)\,\sigma_B\,b\,s$	[N]
Biegekraft für L- und U-Biegen	$W_{bL} = K\,F_{bL}\,h$	[J]
Ausstoßkraft	$F_{bA} = (0{,}15 \dots 0{,}25)\,F_b$	

---

[1] *E. Semlinger*, Stanztechnik, Verlag Vieweg, Braunschweig 1973.

Darin bedeuten:

b [mm]	Biegebreite des Werkstücks;
β (°)	Biegewinkel oder tatsächlicher Öffnungswinkel nach dem Biegen;
β_W (°)	Gesenkwinkel, der die Rückfederung berücksichtigt $\beta_W < \beta$;
h [mm]	Stempelweg vom Auftreffen des Stempels auf das Werkstück bis zum Ende des Biegens;
K	Korrekturwert zur Berücksichtigung des Kraftverlaufs beim Biegen, $K \cong 0{,}75$ bei Biegen ohne Prägekraft, $K \cong 1{,}2$ bei Biegen mit Prägekraft, $K \cong 0{,}3 \ldots 0{,}6$ bei Biegearbeit je nach Biegefall und Maschineneinstellung;
l [mm]	Gesenkbreite beim V-Biegen, Entfernung der beiden stützenden Auflagekanten;
s [mm]	Werkstückdicke, Blechdicke;
σ_B [daN/mm²]	Bruchfestigkeit des Werkstoffes;
z_K	Zahl der Biegekanten beim L- und U-Biegen.

Ziehen mit Ziehwerkzeugen (Bild 1-113 und 1-114)

Das Umformen einer ebenen Blechscheibe in einen niedrigen bis hohen Hohlkörper mittels der verschiedenen Tief- und Formzieharten stellt an Maschinen, Werkzeuge und Werkstoffe großen unterschiedlichen Kraft- und Arbeitsbedarf. Zieharten sind Ziehen mit und ohne Blechniederhalter, sowie Ziehen ohne und mit Weiterschlag (einfaches Ziehen, Formziehen, Tiefziehen, Stülpen), Abstrecken und teilweise auch Fließpressen. Es muß auch hier mit Näherungsgleichungen und Erfahrungswerten gerechnet werden.

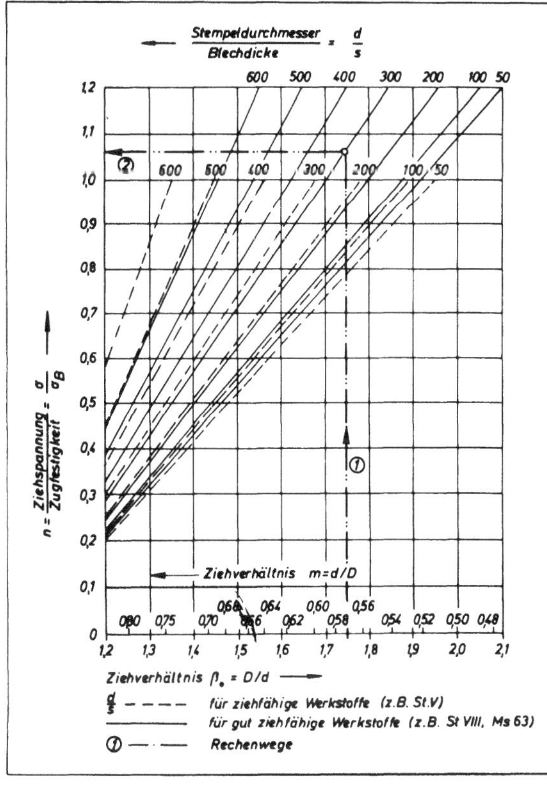

**Bild 1-113
Schaubild zur Bestimmung der Ziehkraft beim Tiefziehen zylindrischer Teile im Anschlag**

Allgemein gilt:

Ziehkraft F_z für runde Hohlkörper mit Anschlagzug

$$F_z = \frac{\pi d_p s\, k_{fm} \ln \beta_1}{\eta_F} \quad [\text{N}]$$

Blechniederhalterkraft

$$F_N = A_N\, p_N \quad [\text{N}]$$

Zieharbeit mit Blechhalter

$$W_z = (F_z + F_N)\, h\, K_W \quad [\text{J}]$$

Nennarbeit für die auszuwählende Presse mit 20 % Sicherheitszuschlag

$$W = 1{,}2\, W_z \quad [\text{J}]$$

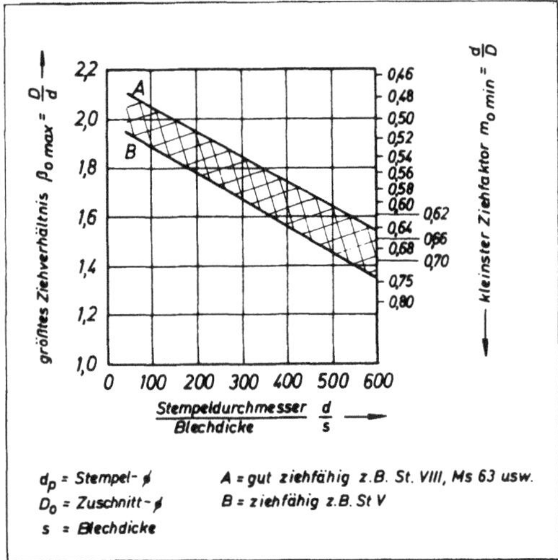

Bild 1-114
Schaubild zum Bestimmen der Grenz-
verhältnisse beim Tiefziehen zylindrischer
Teile im Anschlag

Bei einem Folgezug (2. Zug) gilt entsprechend:

$$\text{Ziehkraft} \qquad F_{z2} = \frac{F_{z1}}{2} + \frac{\pi\, d_{p2}\, s\, k_{fm2}\, \ln \beta_2}{\eta_F} \qquad [\text{N}]$$

A_N	Blechhalterdruckfläche [cm^2]
$\beta = D_0/D_p$	Ziehverhältnis > 1
$\beta_2 = D_{p1}/D_{p2}$	für Folgezug
D_0	Zuschnittsdurchmesser der Scheibe [mm]
D_p	Ziehstempeldurchmesser [mm]
p_N	Niederhalterdruck [N/cm^2]
h_i	innere Ziehteilhöhe [mm] bei Anschlagziehen
h_w	wirksamer Umformweg (Hub) beim Durchziehen [mm]
k_{fm}	mittlere Formänderungsfestigkeit des Ziehteilwerkstoffes, aus Fließkurven metallischer Werkstoffe nach VDI-Richtlinien 3200 ... 3202 entnehmen [daN/mm^2]
K_w	Korrekturwert aus Nomogrammen berücksichtigt die Ziehringkantenform
η_F	Formänderungswirkungsgrad
s	Blechdicke [mm].

Hydraulische Presse (Bild 1-115)

Die für den Arbeitsvorgang benötigte Energie wird im Augenblick des Umformens von der Hydraulikanlage erzeugt. Diese kraftgebundenen Maschinen arbeiten ohne Schwungrad, weshalb die Speicherung des Antriebsvermögens nicht wie in mechanischen Pressen üblich besteht. Die am Stößel anzunehmende Umformbarkeit und Umformkraft kann man durch Steuern der Hydraulik dem jeweiligen Bedarf anpassen und in jeder Stößelstellung anwenden. Für Antrieb und Steuerung hydraulischer Pressen sind die Gesetze der Hydrostatik und Hydromechanik zu beachten. Allgemein gilt:

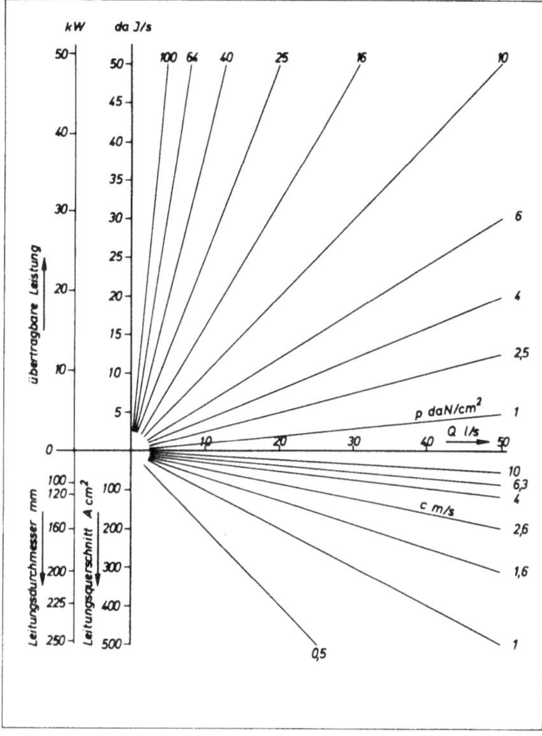

Bild 1-115
Schaubild zum
Bestimmen der Leistung
in hydraulischen Pressen

Arbeitsvermögen der hydraulischen Presse bei gleichbleibendem Druck während des Wirkweges w.

$$W = F\,w \qquad\qquad [\text{J}]$$

Mit $F = A\,p$ und $V = A\,w$ $\qquad W = A\,p\,w = V\,p \qquad\qquad [\text{J}]$

Bei veränderlichem Druck gilt: $\qquad W = A \int\limits_{w=0}^{w} p\,\mathrm{d}w \qquad\qquad [\text{J}]$

Wirksame Umformkraft, Preßkraft am Stößel $\qquad F = \dfrac{W}{w} = A\,p \qquad [\text{N}]$

Die Antriebsleistung P_{an}, die der Antriebsmotor für einen Arbeitsgang der Umformung haben muß, erhält man aus $P = W/t$. Werden die elektrischen, mechanischen und hydraulischen Leistungsverluste mit dem Gesamtwirkungsgrad η_g berücksichtigt und Q in $l/\min$, p in N/cm^2 gesetzt, so folgt die Antriebsleistung für die auszuführende Umformung

$$P_{\text{an}} = \frac{W}{t\,\eta_g} = \frac{10\,p\,Q}{60 \cdot 1000\,\eta_g} \qquad [\text{kW}]$$

Den Triebmittelbedarf V für den Wirkweg w muß die Hydraulikpumpe als Fördermenge Q stetig dem Kolbenhubmotor zuführen. Die Rechengrößen für diese Zusammenhänge sind:

A	Kolbenfläche, auf die der Betriebsdruck des Triebmittels wirkt [cm²] üblich sind Kreis- und Kreisringflächen
$\eta_g = \eta_e \eta_m \eta_h$	Gesamtwirkungsgrad
p	Betriebsdruck des Triebmittels [daN/cm²]
$V = A v_{St}$	Triebmittelvolumen für den Wirkweg w im Arbeitszylinder (Hydromotor) [$\frac{cm^2 \cdot m}{s}$
$v_{St} = w/t$	Stößelgeschwindigkeit für den Wirkweg w [m/s]
Q	Fördermenge der Hydraulikpumpe [l/min]
w	Wirkweg, Stößelweg, der für die Umformung erforderlich ist [m]

Die Belastungen durch Arbeitsverfahren der Stanzereitechnik bestimmen sich für hydraulische Pressen mit den gleichen Rechengängen wie für mechanische Pressen.

1.11.2. Spanende Formgebung

Die Arbeitsverfahren der Zerspantechnik werden zur Formgebung technischer Erzeugnisse am häufigsten verwendet. Mit ihnen können fast alle Formen und Oberflächengüten in gewünschten Maßgenauigkeiten erhalten werden. Im *Wirkungskreis der Zerspanung, Werkstück – Werkzeug – Werkzeugmaschine* bestehen eine Menge mechanischer, physikalischer und oft auch chemischer Vorgänge. Die wichtigsten technologischen Wirkgrößen, als Oberbegriffe genannt, sind u.a. *Schnittgeschwindigkeit, Vorschubgeschwindigkeit, Schnittkraft, Antriebsleistung, Standzeit und Hauptnutzungszeit.* Für deren richtige Auswahl verwendet man Richtwertabellen und Schaubilder. Daran anschließende Rechengänge sind für die zweckentsprechende und wirtschaftliche Auswahl einer Werkzeugmaschine der spanenden Formgebung erforderlich. So sind Schnittkräfte aus k_s-Tabellenwerten zu berechnen (Tabelle V). Die Berechnungen geben nur angenäherte Werte. Verfeinerungen durch Einflußmultiplikatoren (z.B. für Schneidenabnützung, Verfahrenszuschläge, Schneidstoff, Schneidengeometrie, Spanreibung u.a.) sind erforderlich. Es muß aber geprüft werden, ob die Verfeinerung in der Berechnung im Hinblick auf Ungenauigkeiten bei der Erstellung der k_s-Tabellen und andere Einflüsse sinnvoll ist. Vielfach können für ein Arbeitsverfahren verschieden gestaltete Maschinen verwendet werden. Im folgenden werden die allgemeinen Bestimmungen der technologischen Größen und der Belastung einer Werkzeugmaschine durch dieselben dargestellt.[1]

Drehmaschine. Während der Zerspanung entstehen am Drehmeißel Kräfte, die Maschinenkörper und Antriebsmotor belasten. Bild 1-116 zeigt die Lage der Kräfte und Bezugsgrößen, die für das Maß der Antriebsleistung zu beachten sind.

Hauptschnittkraft $F_s = A\,k_s$ [N]

Schnittleistung an der Drehmeißelschneide $P_s = \dfrac{A\,k_s v_{tats}}{60 \cdot 1000}$ [kW]

Antriebsleistung des Motors $P_{an} = P_s/\eta$ [kW]

---

[1] s. auch *K.-T. Preger*, Zerspantechnik, Verlag Vieweg Braunschweig 1972

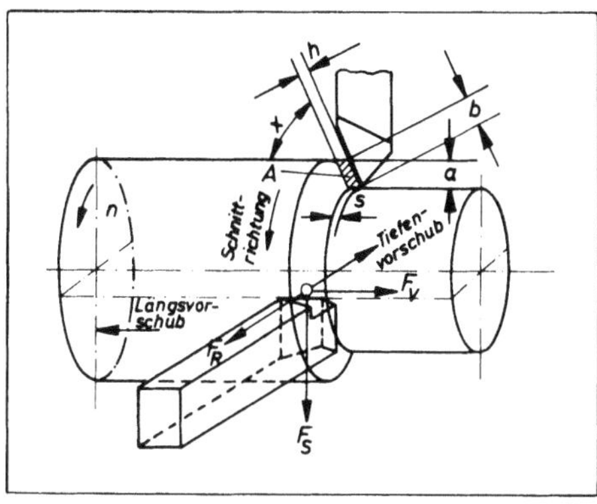

Bild 1-116
Kräfte am Drehmeißel
und Bezugsgrößen der
Zerspanung

Mit der spezifischen Schnittkraft $k_{s\,1.1}$ ergibt sich die

Hauptschnittkraft $F_s = b\,h^{1-z}\,k_{s\,1.1} = A\,k_s$ [N]

Die Leistungsangabe am Motorschild P_{sch} des Antriebsmotors einer Werkzeugmaschine wird unter Berücksichtigung eines angenommenen Ausnutzungsgrades η_a bestimmt nach $P_{sch} = P_{an}/\eta_a$. In den Gleichungen gilt:

A	Spanungsquerschnitt [mm²] = $a \cdot s$ oder $b \cdot h$
b	Spanungsbreite = $a/\sin\chi$ [mm]
a	Spanungstiefe [mm]
h	Spanungsdicke = $s \sin\chi$ [mm]
s	Vorschub [mm/u]
χ	Einstellwinkel der Hauptschneide am Drehmeißel
η	Maschinenwirkungsgrad (Bild L 1-117)
k_s	spezifische Schnittkraft = $k_{s\,1.1}/h^z$ [daN/mm²]
$k_{s\,1.1}$	Hauptwert der spezifischen Schnittkraft [daN], spezifische Schnittkraft bei Spanungsquerschnitt $A = b \cdot h = 1$ [mm²], mit dem Verhältnis $\frac{b}{h} = 1$, $\kappa = 90°$, d.h. quadratische Fläche (nach Forschungsergebnissen von Prof. Kienzle), mit Hartmetallschneidstoff bei $v = 100$ m/min Schnittgeschwindigkeit, Spanwinkel $\gamma = 6°$ und Drehmeißel nach DIN.
z	Neigungswert der k_s-Geraden im doppel-logarithmischen Schaubild dargestellt
$v_{tats} = \pi d\,n_{tats}/1000$ [m/min]	tatsächliche Schnittgeschwindigkeit
n_{tats}	tatsächliche Drehzahl, häufige Messung wegen Belastungsschwankungen erforderlich
η_a	Auslastungsgrad [%]

(Bild 1-118 und 1-119, Tabelle V).

Aus *Vorschubkraft F_V* und *Rück- oder Schaftkraft F_R* aufzubringende Leistungen haben beim Längsdrehen geringe Größe, weshalb sie in die einfache Leistungsberechnung nicht einbezieht. Jedoch ist zu prüfen, ob dies wegen Arbeitsstellung, Zahl, Form und Abstumpfung der Werkzeuge bei den vielseitigen Dreharbeiten im einzelnen zulässig ist.

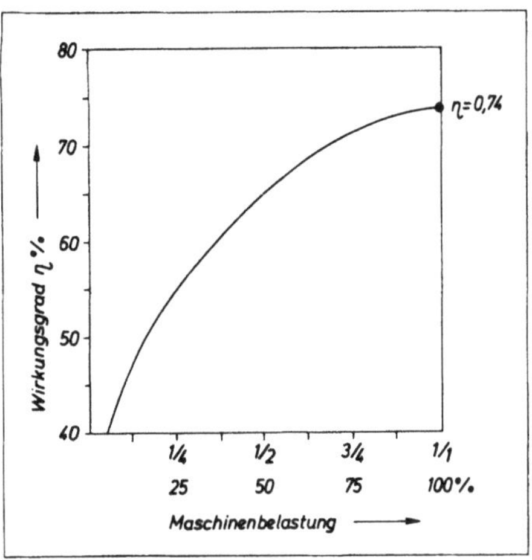

Bild 1-117
Kennlinie des Gesamtwirkungsgrades
einer Drehmaschine
abhängig von Größe und Bauart
der Maschine

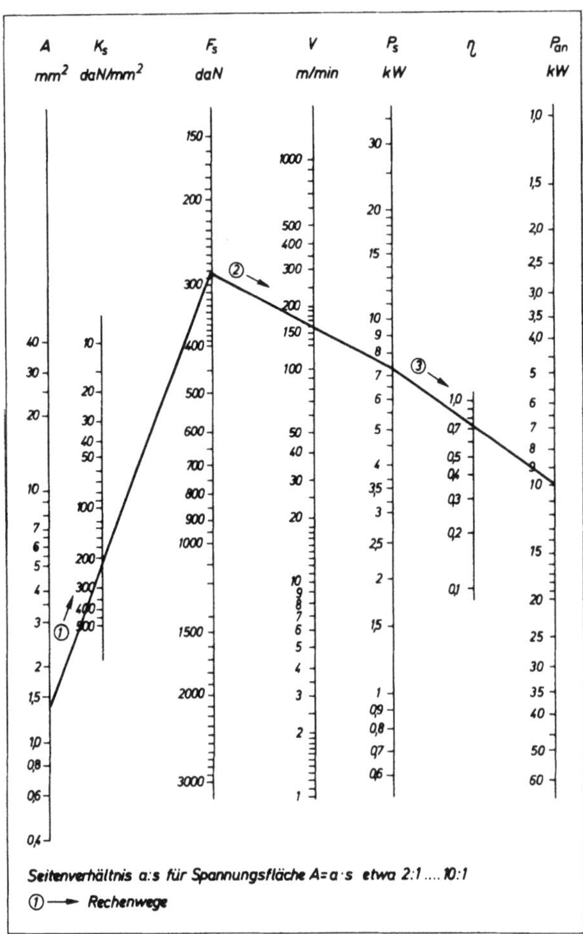

Bild 1-119
Leitertafel zur Bestimmung
der Antriebsleistung
einer Drehmaschine

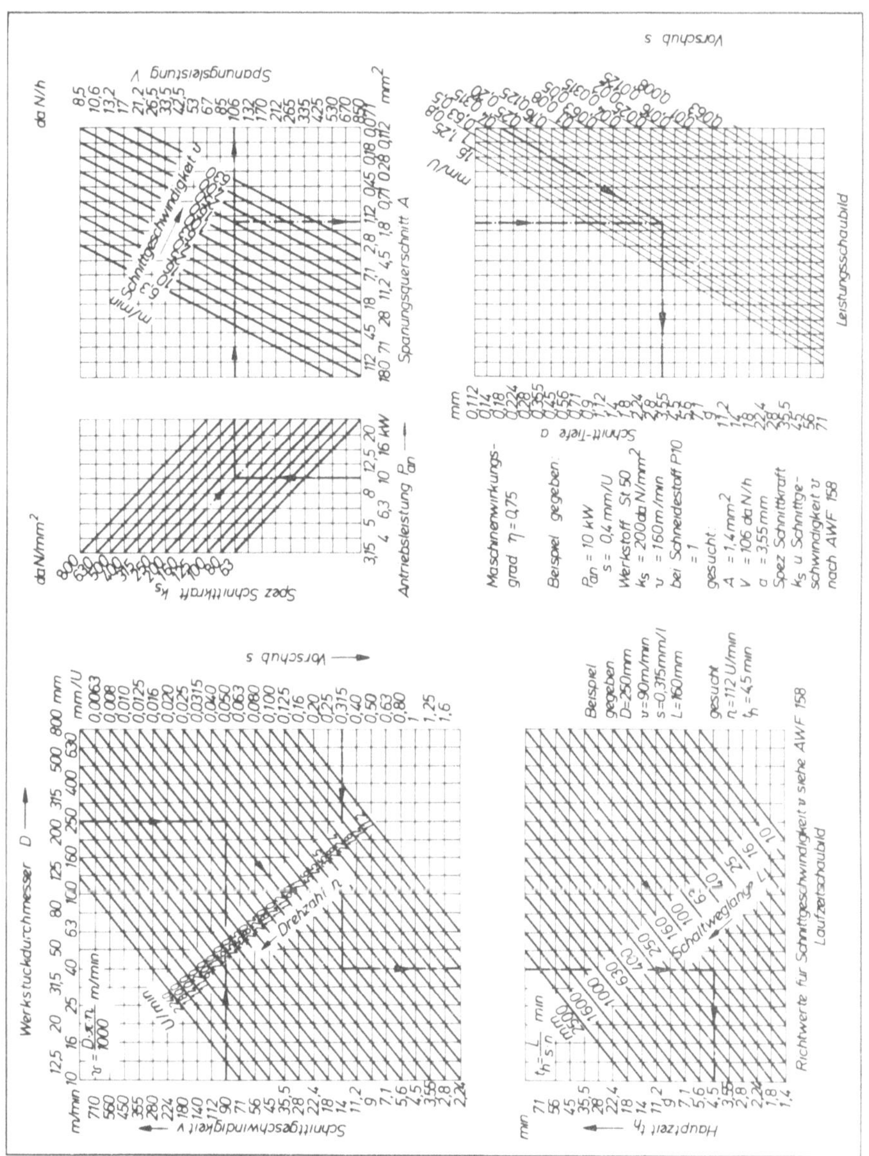

Bild 1-118. Schaubilder zur Bestimmung der Antriebsleistung P_{an} und Spanleistung V und Hauptnutzungszeit t_h einer Drehmaschine
Drehzahlbereich B = 200; Gesamtübersetzung i = 1 : 200; Stufensprung q = 1,25

Tabelle V. k_s-Richtwerttabelle für Drehen mit DIN-Drehmeißel (Auszüge)

Werkstoff	daN σ_B/daN/mm² HB/daN/mm²	Allgemeine k_s-Werte [daN/mm²] für s [mm/U] und χ [°]: $k_s = \dfrac{F_B}{A}$												$k_{s1\cdot1}$ $h=s$ $\chi=90°$	k_s-Werte aus: $k_s = \dfrac{k_{s1\cdot1}}{h^z} = h^{-z}k_{s1\cdot1}$ für h[mm]					
		0,1 mm/U			0,25 mm/U			0,63 mm/U			1,0 mm/U				z	$1-z$	0,1	0,25	0,63	1,0
		45°	60°	90°	45°	60°	90°	45°	60°	90°	45°	60°	90°							
St 50	52	398	373	361	310	290	283	243	230	224	218	206	199	190	0,26	0,74	345	270	215	190
St 79	72	498	466	450	380	355	341	290	270	260	252	234	226	215	0,30	0,70	425	325	245	215
16MnCr5	77	420	395	383	330	312	302	258	244	236	230	216	210	200	0,26	0,74	370	290	225	200
GG 26	HB 200	230	218	211	182	171	166	143	134	130	128	120	116	105	0,26	0,74	190	150	115	105
k_s-Richtwerte für Drehen nach:		VDF 8700													Prof. O. Kienzle					

Das sich aus der k_s-Richtwerttabelle abzeichnende Ergebnis besagt als Zerspangesetz:
Die spezifische Schnittkraft k_s sinkt:

1. mit Zunahme von Vorschub s [mm/U] und Spanungsdicke h [mm],
2. mit Zunahme des Einstellwinkels χ [°],
3. mit fallenden Festigkeitswerten σ_B [daN/mm²] der zu bearbeitenden Werkstoffe.

Hobelmaschine, Waagrechtstoßmaschine. Die Bestimmung der Antriebsleistung ist von mehreren Einflußgrößen abhängig. Zu beachten sind Maschinenart und -größe, Kurz- oder Langhobelmaschine, weiterhin ob die Schnittbewegung bei ruhendem oder bewegtem Werkzeug bzw. Werkstück erfolgt, sowie die Größen der Massen, die bei jedem Doppelhub zu bewegen oder zu bremsen sind. Für die Berechnung der Schnittleistung ist die mittlere Arbeitsgeschwindigkeit v_{mA} des spanabhebenden Hubes maßgebend. Kurzhobel- und Langhobelmaschinen besitzen verschiedene Getriebe, wodurch sich unterschiedliche Berechnungsweisen für v_{mA} ergeben.

Es gilt:

Schnittkraft $\qquad F_s = A\,k_s \qquad$ [N]

Antriebsleistung bei mechanischem Getriebe $\qquad P_{an} = \dfrac{F_s v_{mA}}{60 \cdot 1000\,\eta} \qquad$ [kW]

Antriebsleistung bei hydraulischem Getriebe $\qquad P_{an} = \dfrac{10\,Q\,p}{60 \cdot 1000\,\eta_g} \qquad$ [kW]

Arbeits- und Schnittgeschwindigkeit v_{mA} :
Kurzhobelmaschine mit Kurbelschwinge $\qquad v_{mA} = \dfrac{L\,180°\,n_L}{1000\,\alpha°} = \dfrac{L\,n_L\,(1+q)}{1000\,q} \qquad$ [m/min]

Langhobelmaschine, allgemein $\qquad v_{mA} = L/t_A \qquad$ [m/min]

Langhobelmaschine, mit Zahnstangenantrieb $\qquad v_{mA} = \dfrac{z\,m\,\pi\,n}{1000} \qquad$ [m/min]

Langhobelmaschine, mit Hydraulikmotor $\qquad v_{mA} = \dfrac{10\,Q\,\eta_h}{A_K} \qquad$ [m/min]

Durchzugskraft bei größeren Langhobelmaschinen $\qquad F = F_s + \mu\,(G_T + G_W) \qquad$ [N]

Antriebsleistung $\qquad P_{an} = \dfrac{F\,v_{mA}}{60 \cdot 1000\,\eta_g} \qquad$ [kW]

Rücklaufleistung $\qquad P_{rü} = \dfrac{(G_T + G_W)\,v_{mR}}{60 \cdot 1000\,\eta_g} \qquad$ [kW]

A_K	wirksame Kolbenfläche im Hydraulikmotor [cm^2]
$\alpha° = 180° - \beta°$	Kurbelwinkel für den Arbeitshub
$\cos\beta = L/2l$	Kurbelwinkel für den Rücklauf
l	Kurbelschwingenlänge [mm]
$\eta_g = \eta_e\,\eta_m\,\eta_h$	Gesamtwirkungsgrad bei hydraulischem Getriebe
η	Wirkungsgrad bei mechanischem Getriebe
G_T	Gewicht des Maschinentisches [N]
G_W	Gewicht des Werkstückes [N]
k_s	spezifische Schnittkraft [daN/mm^2]
$L = l_a + l + l_u$	Hublänge des Maschinenstößels [mm]
l_a	Anlauf und l_u Überlauf des Hobelmeißels am Werkstück [mm]
n	Drehzahl des Zahnstangenritzels
μ	Reibbeiwert, bei Flachbahnen $\mu = 0,1$, bei V-Bahnen $\mu = 0,2\ldots0,25$
p	Betriebsdruck des Triebmittels [daN/cm^2]
Q	Fördermenge und Q_{ab} abgegebene Fördermenge der Hydraulikpumpen [l/min]
$q = v_{mR}/v_{mA} = \alpha/\beta$	Geschwindigkeitsverhältnis Rücklauf zu Vorlauf
v_{mR}	Rücklaufgeschwindigkeit [m/min]
n_L	Doppelhubzahl des Stößels oder Werkstücks [DH/min]

(Bild 1-120 und 1-121), übrige Rechengrößen siehe bei Abschnitt Drehmaschinen.

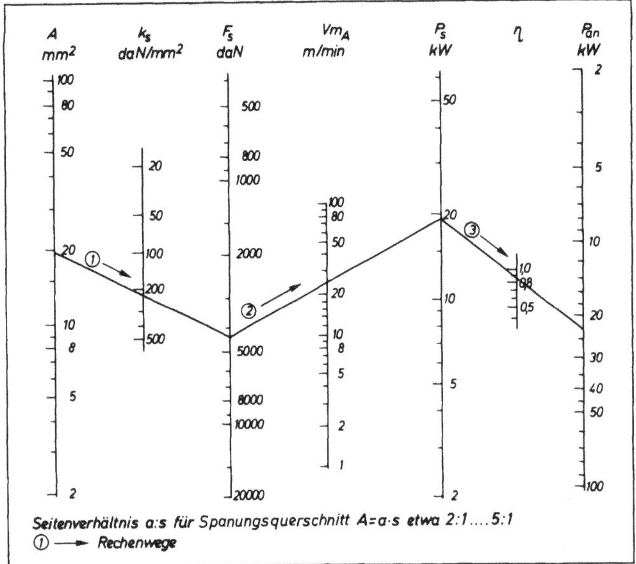

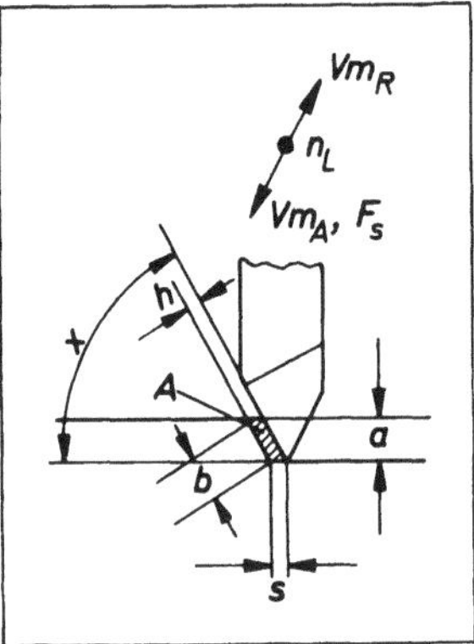

Bild 1-121
Hauptschnittkraft F_s und Bezugsgrößen der Zerspanung beim Hobeln

Bild 1-120. Leitertafel zur Bestimmung der Antriebsleistung für Hobel- und Stoßmaschinen

Fräsmaschine. Die vielen Formen der Fräswerkzeuge und ihre Lage bzw. Schnittführung beim Zerspanen unterteilen das Fräsen in verschiedene Arten. Man unterscheidet *Stirnfräsen* und *Walzenfräsen,* bei letzterem dazuhin noch *Gegen- und Gleichlauffräsen.* Das unterbrochene Schneiden der Werkzeuge führt zu Spänen mit kommaförmigem Querschnitt bei nicht gleichbleibender Schnittkraft. Durch zweckentsprechende Anordnung der Zähne wird trotzdem eine gleichmäßige Leistungsanforderung an den Antriebsmotor erreicht. Für Fräsvorgänge gilt allgemein:

mittlere Schnittkraft	$F_{sm} = z_e F_{smz}$	[N]
mittlere Schnittkraft je Zahn	$F_{smz} = b h_m k_{sm}$	[N]
Antriebsleistung	$P_{an} = \dfrac{F_{sm} v_{tats}}{60 \cdot 1000 \, \eta}$	[kW]

b Spanungsbreite [mm]

η Gesamtwirkungsgrad der Fräsmaschine

h_m mittlere Spanungsdicke [mm]

k_{sm} mittlere spezifische Schnittkraft [daN/mm^2]

z_e im Eingriff befindliche Zähnezahl

übrige Rechengrößen siehe bei Abschnitt Drehmaschinen und Bild 1-122

Bohrmaschine. Ausgehend vom Schneiden des zweischnittigen Bohrers (Bild 1-123) in den vollen Werkstoff berücksichtigt man für die Leistungsermittlung nur die *Schnittkraft F_s.* Sie ist die wichtigste Komponente der *Zerspankraft F_z* auf eine Bohrerschneide. Andere

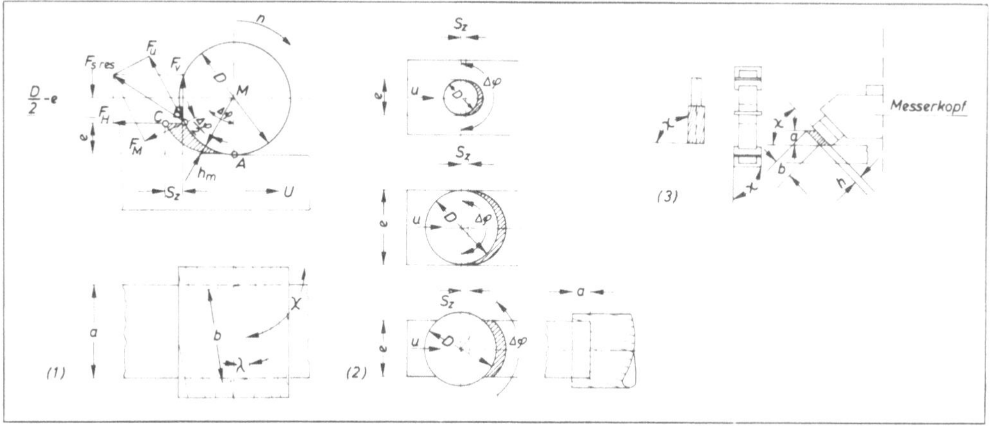

Bild 1-122. Kräfte am Fräserzahn und Bezugsgrößen der Zerspanung

(1) Walzenfräsen im Gegenlauf, $\Delta\varphi$ Eingriffswinkel, h_m Mittenspanungsdicke, κ Einstellwinkel, *a* Schnittbreite, *b* Spanungsbreite, λ Drallwinkel, *u* Vorschubgeschwindigkeit, Fläche ABC Spanungsquerschnitt, *D* Fräserdurchmesser, *e* Schnittiefe, *A* Anfang, *C* Ende des Schneideneingriffes, F_{sres} resultierende Schneidkraft, F_u Umfangkraft, F_H Horizontalkraft, F_M Mittenkraft, F_V Vertikalkraft

(2) symmetrisches Stirnfräsen, $\Delta\varphi$ Eingriffswinkel, h_m Mittenspanungsdicke, *a* Schnittiefe, *e* Schnittbreite

(3) Einstellwinkel κ bei Fräsern (siehe auch Bild 1-3)

Kraftkomponenten wie *Passivkraft* F_p, *Fasenreibungskraft* F_R, *Querschneidenkraft* F_Q werden vernachlässigt. Es gilt *Axialkraft* $F_A = 2F_v$, F_v *Vorschubkraft* [N] (Bild 1-123)

Schnittkraft an einer Schneide
$$F_s = A\,k_s = \frac{D\,s}{4}\,k_s \qquad [\text{N}]$$

Bohrdrehmoment
$$M_t = F_s\frac{D}{2} = \frac{D^2\,s}{8}\cdot k_s \qquad [\text{Nmm}]$$

Antriebsleistung ohne Vorschubleistung
meist ausreichend genau
$$P_{an} = \frac{M_t\,n_{tats}}{9550\cdot 1000\,\eta} \qquad [\text{kW}]$$

Vorschubleistung
$$P_v = \frac{F_A\,s\,n_{tats}}{60000\cdot 1000\,\eta_v} \qquad [\text{kW}]$$

Siehe dazu Bild 1-124 und 1-125

D Bohrerdurchmesser [mm]

s Vorschub des Bohrers [mm/U]

n_{tats} tatsächliche Drehzahl des Bohrers [min^{-1}]

k_s spezifische Schnittkraft für Bohren, es können die Werte für Drehen verwendet werden [daN/mm^2]

η Gesamtwirkungsgrad der Bohrmaschine

η_v Wirkungsgrad des Vorschubgetriebes bei selbsttätigem Vorschub.

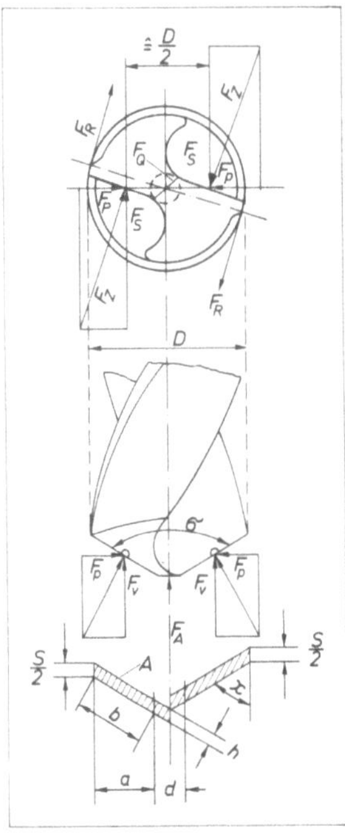

Bild 1-123
Kräfte und Bezugsgrößen
der Zerspanung
beim Bohren

1.11.3. Maschinenzeiten

Drehzahlen, Hübe, Schaltwege, Vorschübe und Impulse der Antriebsmedien zur Steuerung beeinflussen die Bewegungszeit von Werkstück- oder Werkzeugträgern, Zubringevorrichtungen, Meßeinrichtungen und Steuerungselementen. Die Laufzeit einer Werkzeugmaschine für die Erledigung eines Arbeitsvorganges ist mit Rücksicht auf diese Bewegungen abzustimmen. Dabei nimmt man gleichförmige Geschwindigkeitsvorgänge an. Bei ungleichförmigen Bewegungen benutzt man Mittelwerte.

Aus der allgemeinen Geschwindigkeitsgleichung $v = s/t$ folgt:

$$\text{Maschinenlaufzeit} = \frac{\text{Schaltweg}}{\text{Vorschubgeschwindigkeit}}, \quad t = \frac{L}{u} \quad \text{[min]}$$

Maschinenzeiten für Werkzeugmaschinen der spanlosen Fertigung lassen sich aus der Zahl der Arbeitswege in der Zeiteinheit, also s [mm/U], n_H oder n_{DH} [min^{-1}], ermitteln. Für Werkzeugmaschinen der spanenden Fertigung ist der Arbeitsweg oder Schaltweg L [mm] zu berücksichtigen. Diese auf den Schaltweg bezogene Maschinenzeit für einen Arbeitsvorgang bezeichnet man nach REFA als Hauptnutzungszeit t_h. Entsteht sie selbsttätig, das heißt unbeeinflußbar von Bedienungspersonen, durch den Maschinenvorschub so wird sie *unbeeinflußbare Hauptnutzungszeit* t_{hu} genannt. Es gilt:

bei Dreh-, Fräs- und Bohrmaschinen $t_{hu} = i \dfrac{L}{s \cdot n} = i \dfrac{L}{u}$ [min]

bei Hobelmaschinen $t_{hu} = i \dfrac{B}{s \cdot n_L} = i \dfrac{B}{u}$ [min]

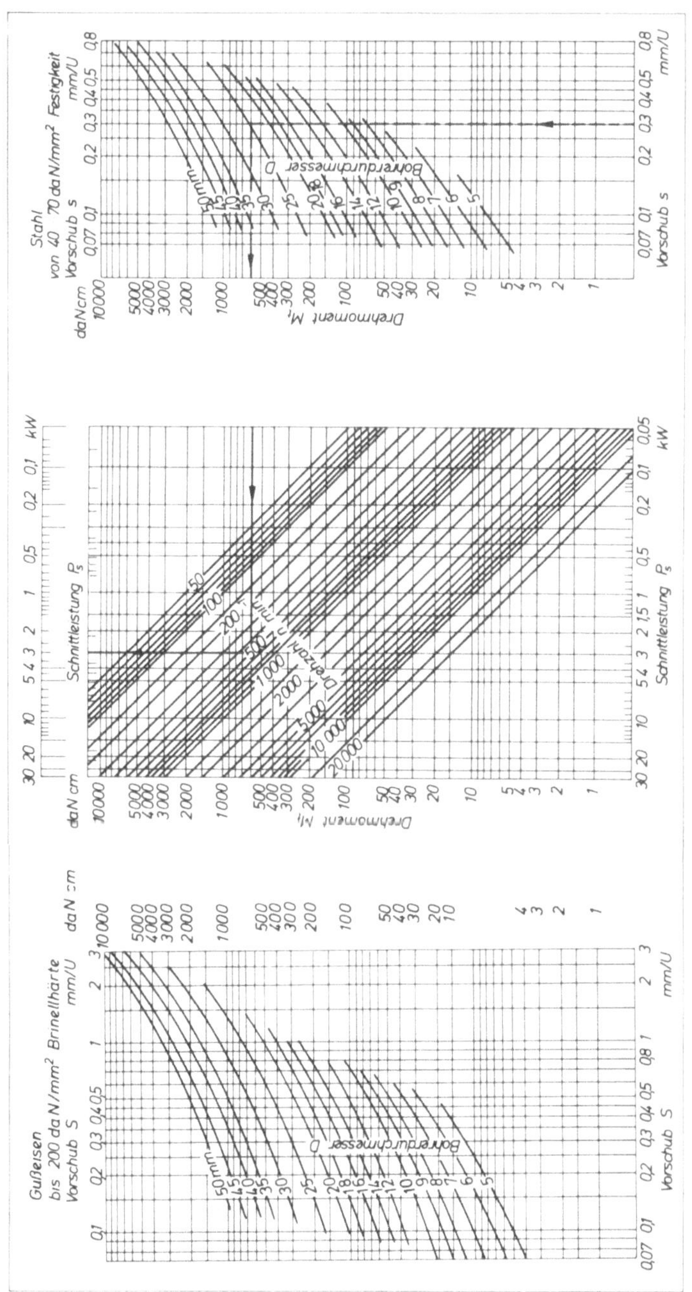

Bild 1-124. Schaubild zum Bestimmen der Antriebsleistung beim Bohren

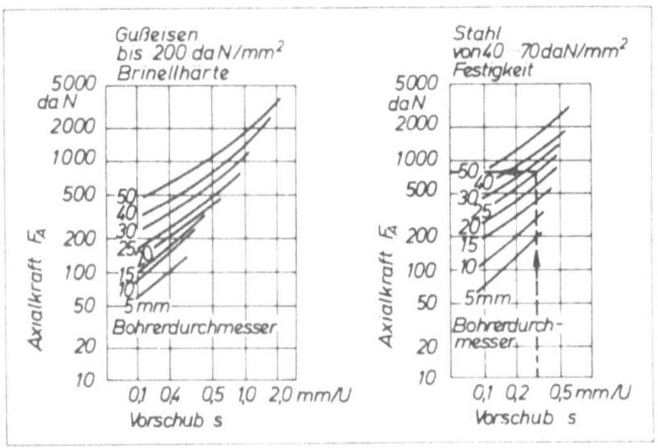

**Bild 1-125
Schaubild zum Bestimmen
der Vorschubleistung
beim Bohren**

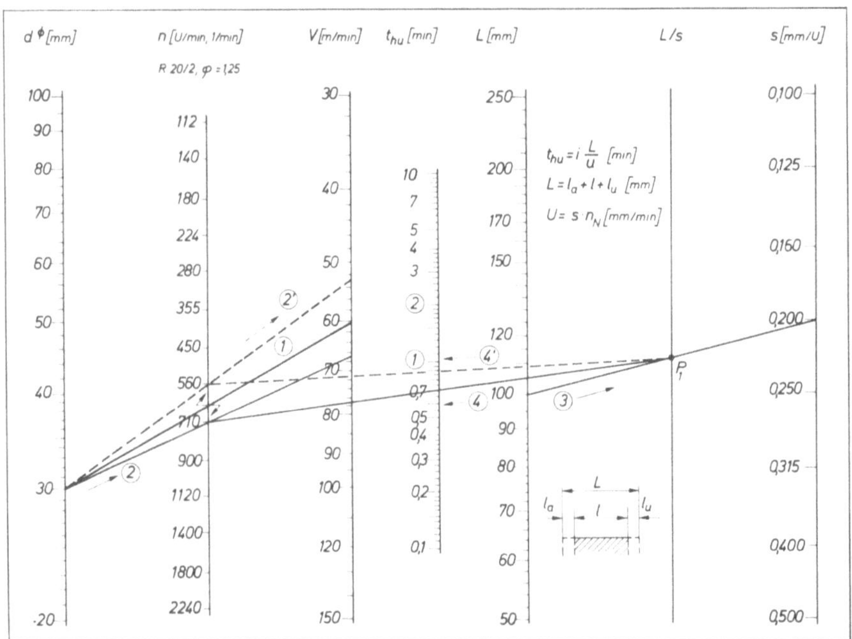

Bild 1-126. Leitertafel zum Bestimmen der Hauptnutzungszeit t_h beim Drehen

Wird der Arbeitsvorgang von der Bedienungsperson beeinflußt, nennt man die Maschinenzeit *beeinflußbare Hauptnutzungszeit* (t_{hb}). Man erhält sie dann als Mittelwert aus einer Reihe von Zeitaufnahmen. Die Gleichung $t = \frac{L}{u}$ gilt auch für Anstell- und Rücklaufbewegungen (Eilgänge und Schleichgänge) entsprechend, nach REFA Nebennutzungszeit (t_{nu} und t_{nb}) genannt.

$B = l_a + b + l_u$ [mm]	Schaltwegbreite
$b = b' + z_b$ [mm]	wirkliche Werkstückbreite
b'	Zeichnungsmaß ohne Zugabe
z_b	Zugabe für nachfolgende Bearbeitung
$L = l_a + l + l_u$ [mm]	Schaltweglänge
$l = l' + z_l$ [mm]	wirkliche Werkstücklänge
l'	Zeichnungsmaß ohne Bearbeitungszugabe
z_l	Werkstoffzugabe für nachfolgende Bearbeitung
l_a	Anlaufweg
l_u	Überlaufweg
i	Zahl der Schnitte, bzw. sich wiederholender Arbeitsvorgänge
s [mm/U]	Vorschub beim Drehen, Bohren, Fräsen, [mm/DH] beim Hobeln
s_z [mm/Zahn]	Vorschub je Fräszahn
z	Anzahl der Fräserzähne
n	Drehzahl des Werkzeuges oder Werkstückes (Bild 1-126)
u	Vorschubgeschwindigkeit [mm/min] beim Drehen und Bohren $= sn$, beim Hobeln sn_L, beim Fräsen $s_z z n$, die errechneten Vorschubwerte müssen mit einer in der Fräsmaschine schaltbaren Drehzahl neu berechnet werden.

Für die Auftragsplanung kann die Maschinenzeit auch als Belegungszeit betrachtet werden.

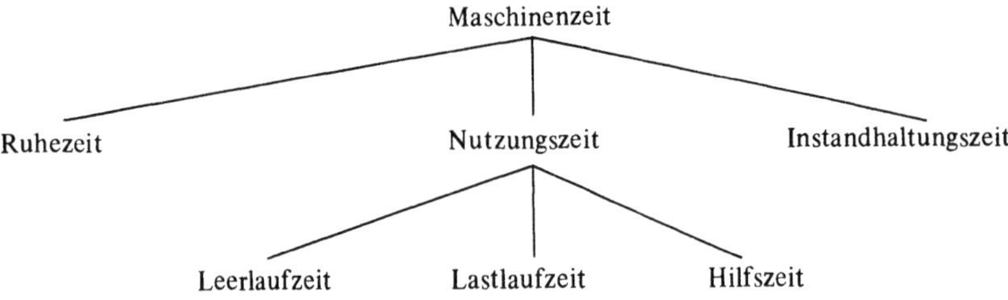

Nach REFA gilt:

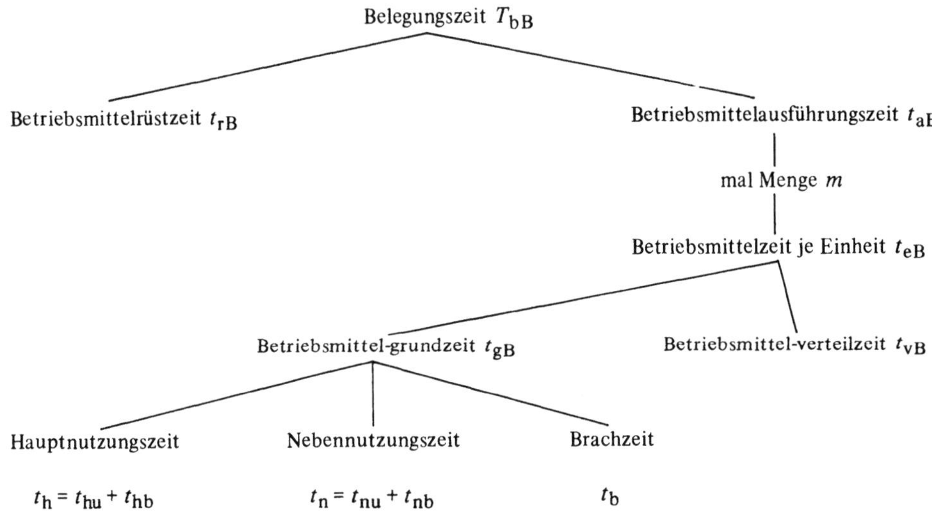

2. Werkzeugmaschinen der spanlosen Formgebung

2.1. Übersicht und Einteilung

Spanloses Formen metallischer Werkstoffe ist in der Umformtechnik trotz des Vordringens nichtmetallischer Stoffe die wichtigste Erzeugungsart für Roh- und Halbzeugteile. Neben Stoffeinsparung und höheren Festigkeitseigenschaften sind durch Verbesserung bekannter Verfahren die Maß- und Formgenauigkeit so erhöht worden, daß in vielen Fällen die spanende Formgebung übertroffen wird. Die Arbeitsweise neuzeitlicher Werkzeugmaschinen der Umformtechnik ermöglicht in rascher Arbeitsfolge die Formgebung bei vollkommener Gleichheit der Teile untereinander. Dabei erhält man Oberflächengüten in Maßtoleranzen, die der spanenden Feinbearbeitung gleichkommen. Die bauliche Ausführung der Maschinen ist je nach aufzubringender Leistung, Gewicht und Größe der Erzeugnisse umfangreich und vielseitig; auch werden zusätzliche Hilfseinrichtungen für Wärmebehandlung und Säuberung benötigt. Außer den üblichen Maschinenantrieben und Steuerungen hat sich für Maschinen der Serien- und Massenfertigung die automatische Steuerung eingeführt. Selbsttätiges Steuern der Fertigungsabläufe mit Numerik, Einsatz von Beschickungseinrichtungen und Verkettung mehrerer Maschinen durch Transportmittel brachte Einsparungen an Arbeitskräften und Nebenzeiten.

Teile gleicher Form für gleiche Funktion können mit verschiedenen Fertigungsverfahren der Umformtechnik hergestellt werden. Man unterscheidet folgende Umformverfahren:

Massive Warmumformung

Massive Kaltumformung

Blechumformung.

Entsprechend unterscheidet man ebenso verschiedene Arten der Werkzeugmaschinen. Der Arbeitsbereich der Werkzeugmaschinen für massive Umformung reicht von der Herstellung von Walzwerkerzeugnissen und -teilen der Schwerindustrie aus erhitzten Blöcken bis zu kaltgeformten Teilen der Feinwerktechnik. Vorzug der Blechumformung ist die leichte Bauweise der Erzeugnisse. Mit Sicken, Bördeln, Prägen von Wölbungen und Versteifungen durch die Verbindung so geformter Teile untereinander mit Punkt- und Nahtschweißung erhält man Widerstandsfestigkeiten der Erzeugnisse, die denen aus der Massivumformung gleichwertig sind.

Neuzeitliche Entwicklungen brachten Umformvorgänge, die in kürzesten Zeitabschnitten ablaufen. Diese sind als Hochgeschwindigkeitsbearbeitung oder Hochleistungsverfahren bekannt geworden. Sie umfassen:

Explosivumformung

pneumatisch-mechanische Umformung

hydro-elektrische Umformung

elektromagnetische Umformung.

2.1.1. Werkzeugmaschinen der massiven Warmumformung

Walzwerkmaschinen; Rohr- und Strangpressen; Stangen- und Drahtziehmaschinen; Richtpressen; Auf- und Abziehmaschinen; Einzieh- und Aufweitmaschinen; Biegemaschinen für Formstangen, Rohre, Bleche und Federn; Schmiedemaschinen wie Hämmer, mechanische und hydraulische Schmiedepressen, Spindelpressen, Schmiedewalzen, Waagrecht-Stauch- und Schmiedemaschinen; Knüppelscheren.

2.1.2. Werkzeugmaschinen der massiven Kaltumformung

Mechanische und hydraulische Pressen zum Lochen, Formschneiden, Prägen, Biegen, Ziehen; mechanische, hydraulische, pneumatische Stanzmaschinen; Schlagpressen; Mehrstufen-Umformpressen in waagrechter und Ständerbauweise, Kaltstauchmaschinen für Schrauben, Bolzen, Muttern, und ähnliche Bauteile; Fließpressen für Massiv- und Hohlteile aus Stangenabschnitten und Ronden; Ziehmaschinen für Stangen, Rohre und Drähte; Maschinen zum Biegen von Stangen, Rohren und Drähten; Roll- und Walzmaschinen für Gewinde, Kerbverzahnungen, Rändel und Kordel; Maschinen zum Schneiden und Scheren wie Gehrungsschneiden, Ausklinken von Formstangen, Abscheren von Knüppeln und Rohlingen; Hammermaschinen für Formgebung dünner, langer Massivteile; Glätt- und Rolliermaschinen für Endbearbeitung spanend vorgefertigter Drehteile auf kleinste Toleranzen.

2.1.3. Werkzeugmaschinen der Blechumformung

Ziehpressen für Einstufen- und Mehrstufenziehen (Hohlkörper kreisförmiger und beliebiger Raumformen und zum Schneiden); Schneid- und Stanzmaschinen; Drückwalzmaschinen für große symmetrische Blechkörper (Rotationskörper); Streckformmaschinen zum Formen und Biegen großer Bleche; Abkantmaschinen für Blechformteile in Stangen-, Leisten- und Tafelform.

2.1.4. Sondermaschinen

Einrichtungen für Hochgeschwindigkeitsverformung; Arbeitsmaschinen für Pulvermetallurgie wie Sinterpressen für massive und hohle Körper aus Metallpulver; Sondermaschinen für Erzeugnisse der Raumfahrt.

Alle diese Maschinen näher zu betrachten würde den Rahmen dieses Buches sprengen. Daher werden in der Hauptsache Schmiedemaschinen, Pressen und einige Sondermaschinen wegen ihres Grundaufbaues beispielhaft behandelt.

2.2. Schmiedemaschinen

2.2.1 Schmiedehämmer

Die Industrie verwendet zum Schmieden für Einzel- und Mengenfertigung Maschinenhämmer. Die Aufgabe des Schmiedehammers übernimmt der Bär, dessen Gewicht dem verlangten Arbeitsvermögen der Maschine angepaßt ist. Seiner Arbeitsbewegung entsprechend unterscheidet man *Winkel- und Parallelhämmer*. Der Bär wird angehoben durch Menschenkraft, Kurbeltrieb, Reibung, Dampf- oder Luftdruck. Beim *Hebel- und Fallhammer* fällt der Bär infolge seines eigenen Gewichtes. In *Feder-, Dampf- und Lufthämmern* wirken auf den fallenden Bären noch zusätzliche Kräfte (Feder, Dampf oder Preßluft). Ähnlich kann das Arbeitsvermögen in *Oberdruck- und Gegenschlaghämmern* zur Wirkung kommen. Den verschiedenen Arten der Antriebe entsprechen die verschiedenen Bauformen der Maschinenständer.

Der Maschinenhammer muß weitgehende Regelbarkeit der Schlagstärke aufweisen. Rohbearbeitung eines Werkstückes erfordert schwere Einzelschläge, Feinbearbeitung am Ende des Schmiedevorganges schnelle und leichte Schläge. Das Schmiedestück kann zwischen Amboß und Bär festgehalten und der Bär in beliebiger Höhe angehalten werden. Diese Arbeitsabläufe regeln Steuerorgane, die mit Bedieneinrichtungen betätigt werden.

Die Arbeitsweise des *Stiel- oder Hebelhammers* entspricht dem Schmieden mit dem Handhammer. Der Bär ist an einem starren oder federnden Hebelarm (Stiel) angebracht. Beim *Aufwerfhammer* (Bild 2-1) schwingt der Bär in kreisförmiger Bahn, die nur in einer Lage mit der Amboßbahn parallel ist. In allen anderen Lagen bilden beide einen Winkel zueinander, weshalb er auch als *Winkelhammer* bezeichnet wird. Je nach Lage der Anhebevorrichtung spricht man auch von *Stirn-, Brust- oder Schwanzhammer.* Diese Hammerart findet nur noch ein geringes Anwendungsgebiet, z. B. in der Kleineisenwarenindustrie für Baubeschläge und einfache Werkzeuge. Bärgewichte liegen im Mittel bei 1000 N.

Federhammer

Bei diesen Hämmern wird der Bär mittels eines Kurbeltriebes mittelbar angetrieben. Beim *Blattfederhammer* wird der starre Stiel des Hebelhammers durch einen Federarm ersetzt. Ein Paket Blattfedern bildet ein federndes Glied für die Schlagwirkung. Ein Gelenk verbindet Federarm und Bär. Der Bär erhält eine gerade Führung, wodurch paralleles Aufschlagen desselben ermöglicht wird. Durch Verstellen des Kurbelzapfens an der Kurbelscheibe läßt sich Hub und Schlagstärke des Hammers ändern. Das Blattfedernpaket wird beim Aufwärtsgehen des Bärs gespannt und wirkt beim Fallen verstärkend auf den Schlag (Bild 2-2). Beim *Bügelfederhammer* tritt an die Stelle des starren Stieles ein bügelförmiges Blattfedernpaket als federndes Glied zwischen Bär und Schubstange. Dadurch kann sich der Hammer den verschiedenen Dicken des Schmiedestückes anpassen. Außerdem wird die Schlagstärke vergrößert.

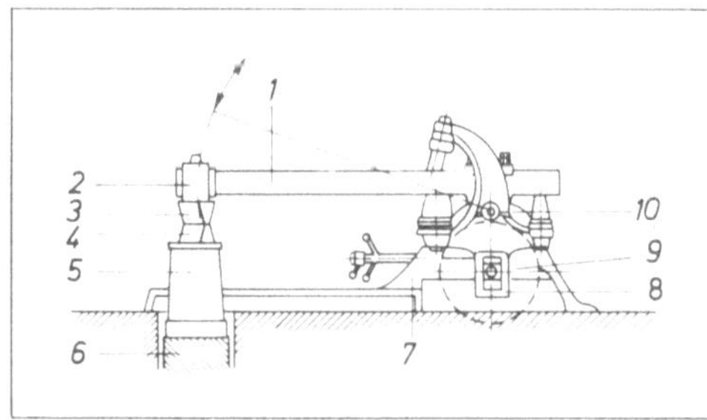

Bild 2-1
Stiel- oder Hebelhammer, Aufwerfhammer

1 Hammerstiel; 2 Bär; 3 Hammer; 4 Amboß; 5 Schabotte; 6 Fundament; 7 Maschinenkörper; 8 Rahmen mit verstellbarem Gleitstück; 9 Antriebswelle mit Kurbelzapfen; 10 Schwingzapfen für Hammerstiel und Rahmen

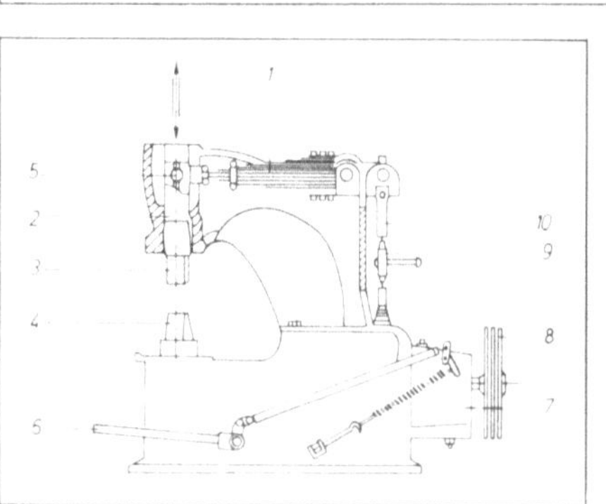

Bild 2-2. Blattfederhammer

1 Federarm	6 Fußhebelsteuerung
2 Bär	7 ölhydraulisches Stellgetriebe für den Arbeitshub
3 Hammer	
4 Amboß	
5 Gelenk	8 Antriebsscheibe
	9 Stellvorrichtung für die Arbeitshöhe
	10 Schubstange; Arbeitsvermögen 1000 J, Schlagzahl 150 bis 300 je min

Stöße und Erschütterungen beim Schmieden führen vielfach zum Bruch der Stahlfedern. Deshalb wird auch zwischen Antrieb und Bär oft ein Luftpolster verwendet. Beim *Luftfederhammer* (Bild 2-3) bewegt die Schubstange eines Kurbeltriebes einen Zylinder auf und ab. Im Zylinder ist ein Kolben verschiebbar eingebaut, an dessen Stange der Bär befestigt ist. Gesteuertes Öffnen und Schließen von Kanälen im Zylindermantel reguliert den Luftein- und -austritt. Bei Hämmern mit feststehendem Zylinder (Bild 2-4) bewegt der Kurbeltrieb nur einen Arbeitskolben. Unterer Zylinderabschluß ist der als Kolben ausgebildete Bär. Lufthämmer mit getrennten Zylindern für den Bär und als Luftpumpe haben gedrungene Bauformen und sind standfester (Bild 2-7 und 2-8). Sie gehören zu den Oberdruckhämmern. Lufthämmer eignen sich zu allen Schmiedearbeiten. Sie bilden den Übergang zu den Fallhämmern.

Beim *Fallhammer ohne Treibmittel* entwickelt sich das Arbeitsvermögen durch den freien Fall des Bärs. Angehoben in seine obere Ruhelage wird er durch mechanische, pneumatische oder hydraulische Kraft. Als biegsame Hebemittel dienen Riemen, Ketten, starre Bretter oder Kolbenstangen. Hauptbauarten für *mechanischen Antrieb ohne Treibmittel* sind *Riemenfallhammer, Kettenfallhammer und Brettfallhammer. Hammerarten mit Treibmittel* Druckluft, Dampf und Ölhydraulik baut man als *Aufwurfhammer, Aufzughammer, Oberdruckhammer und Gegenschlaghammer.* Fallhämmer gehören wegen ihrer Bärführung zu den Gleis- oder Parallelhämmern. Sie werden besonders beim Gesenkschmieden eingesetzt. Lufthämmer bevorzugt man für das Freiformschmieden und zum Zwischenformen von Gesenkschmiedestücken. Abgesehen von den Baumaßen des Hammers ist seine Stoßkraft dann am größten, wenn das Obergesenk mit Bär unmittelbar auf das Untergesenk auftrifft, was annähernd beim letzten Schlag auf das Schmiedestück erreicht wird. Die Leistungsfähigkeit eines Hammers ist abhängig:

Vom Arbeitsvermögen des Bärs im Augenblick des Schlages;

von der größten Stoßkraft, die bei Abgabe des Arbeitsvermögens an das Schmiedestück auftritt;

von der nutzbaren Schlagzahl in der Zeiteinheit.

Beim *Riemenfallhammer* dient ein Riemen als Hebemittel für den Bär (Bild 2-5). Fallhammerriemen sind Sonderriemen aus mehreren Lagen Wolle oder Kunstfaser. Sie sind stark auf Zug und Reibungsverschleiß beansprucht. Man verringert die entstehende Reibungswärme durch verschiedene Ausführungen der Hebevorrichtung. Man unterscheidet den *einfachen Riemenfallhammer,* den *Riemenfallhammer mit Schlupfantrieb* und den *Riemenfallhammer mit Wickelantrieb.* Diese Hämmer unterscheiden sich nach der Art der Anordnung ihrer Riemen.

Als Hebemittel für den Bär dient beim *Kettenfallhammer* eine Gliederkette. Diese wickelt sich beim Anheben auf eine Kurvenscheibe auf. Der sich dabei verändernde Halbmesser dieser Scheibe bewirkt, daß sich die Beschleunigungskräfte verringern. Eine elektropneumatische Bremse kann den Bär in beliebiger Höhe festhalten. Beim *Brettfallhammer* erfolgt das Heben des Bären mit einem Brett, welches von zwei sich entgegengesetzt drehenden Reibrollen gehoben wird. Die Reibung ist gering und das ganze Bärgewicht kann für das Arbeitsvermögen ausgenutzt werden. Diese Bauart erlaubt einfache Einstellbarkeit der Stoßkraft, Nachteilig ist die geringe Lebensdauer des aus Buchenholz gefertigten Brettes. Deshalb wird der Brettfallhammer heute durch Riemen- oder Kettenfallhammer ersetzt.

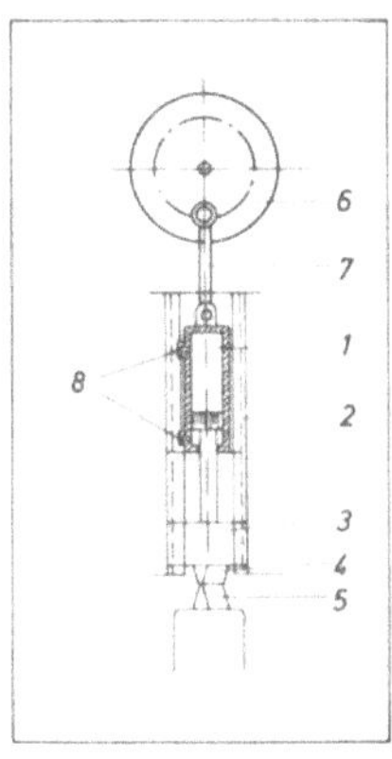

Bild 2.3
Wirkungsweise der
Luftfederhämmer mit
gemeinsamem Bär- und
Luftpumpenzylinder

1 beweglicher Zylinder
  mit Luftpolster zur
  Federung
2 Kolben
3 Stangenbär
4 Hammer
5 Anboß
6 Kurbelscheibe
7 Schubstange
8 Luftkanäle

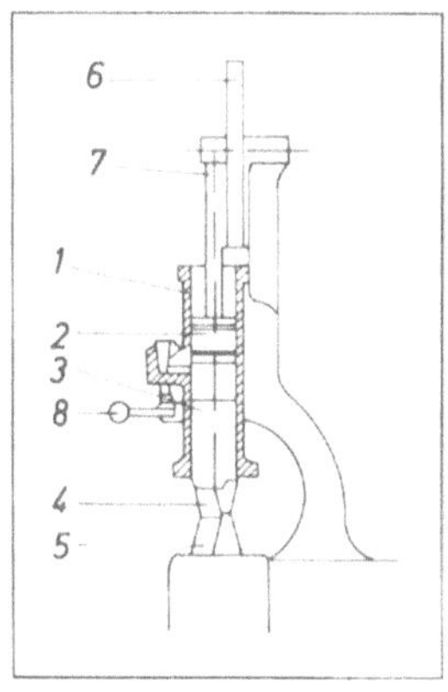

Bild 2-4
Wirkungsweise der
Luftfederhämmer

1 feststehender Zylinder mit
  Luftpolster zwischen den
  Kolben
2 Luftpumpenkolben
3 Plungerbär als Arbeitskolben
4 Hammer
5 Amboß
6 Kurbelscheibe
7 Schubstange
8 Steuerhahn

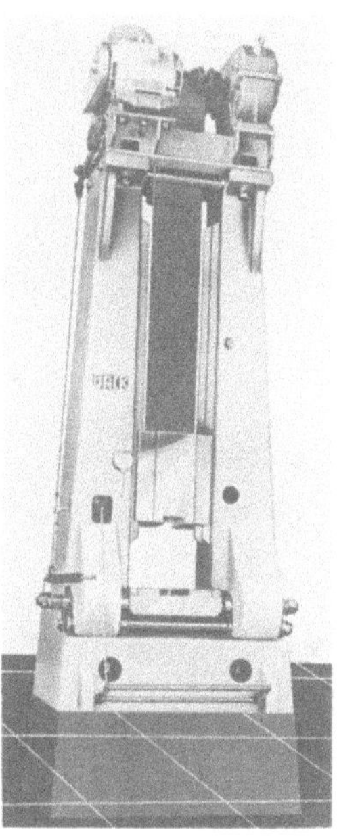

Bild 2-5. Riemenfallhammer

Bild 2-6. Kurzhubiger Oberdruckhammer
als Gesenkschmiedehammer mit ölhydrau-
lischem Antrieb für Genauschmiedestücke

Bild 2.7
Lufthammer als Oberdruckhammer

Bild 2-8
Kurzhub-Oberdruckgesenkhammer
Arbeitsvermögen 25 000 J

Beim *Aufwurfhammer* werfen zwei geführte Kolbenstangen, angetrieben durch Dampf oder Druckluft, den Bär aus seiner unteren Lage in die Höhe, so daß er auf das Schmiedestück herabfallen kann. Die Kolbenstangen beschleunigen den Bär so stark, daß er am Ende ihres Hubs weiter nach oben geschleudert wird. Die Schlagstärke wird durch die Höhe des Aufwerfens geregelt. Mit Dampf, Druckluft oder Drucköl als Treibmittel hebt beim *Aufzughammer* eine Kolbenstange den mit ihr elastisch verbundenen Bär. Dabei verdichtet sich die über dem Kolben befindliche Luft und bremst den Bär zunächst ab. Beim Fallen entspannt sie sich und wirkt beschleunigend.

Beim einfach wirkenden Fallhammer drückt das Treibmittel zum Heben des Bären unter den Antriebskolben. Der Bär fällt dann durch sein Eigengewicht. Im Gegensatz dazu ist der *Oberdruckhammer* doppelt wirkend. Beim Fallen des Bärs drückt das Treibmittel zusätzlich auf den Kolben und beschleunigt ihn, wodurch das Arbeitsvermögen erhöht wird.

Arbeitsvermögen $W = \dfrac{m_{\mathrm{B}}\,v^2}{2} = (G_{\mathrm{B}} + pi_{\mathrm{m}}\,A_{\mathrm{K}})\,H$ [Nm]

$m_{\mathrm{B}}, G_{\mathrm{B}}$ [kg, N]   Masse und Gewicht des Bärs und der bewegten Teile
v [m/s]   Endgeschwindigkeit des Bärs
pi_{m} indizierter mittlerer Druck [N/cm^2]
A_{K} [cm^2]   Kolbenfläche
H Fallhöhe [m]

Man unterscheidet Hämmer mit *selbsterzeugtem Treibmittel* (Druckluft) und solche mit *fremderzeugtem Treibmittel* (Dampf, Druckluft). Erstere können ohne Rücksicht auf Energieeinrichtungen einer Schmiede aufgestellt werden.

Der *Lufthammer* (Bild 2-7), als Oberdruckhammer gebaut, erzeugt mit einem im Maschinenständer eingebauten Druckluftverdichter das Treibmittel selbst. Überströmkanäle führen die Druckluft unter und über den Arbeitskolben. Mit Steuerhähnen (Drehschiebern) verändert man den Druckluftstrom und bestimmt so die Stoßkraft des Hammers. Die Schlagzahl ist von der Drehzahl des Verdichters abhängig. Der Lufthammer ohne besondere Bärführung eignet sich besonders zum Freiformschmieden kleiner und mittlerer Teile und zum Vorformen beim Gesenkschmieden. Der *Luftgesenkhammer* besitzt eine zusätzliche Bärführung und eignet sich daher zum Gesenkschmieden kleiner, genauer Teile in großen Stückzahlen. Dabei können gleichzeitig notwendige Vorformarbeiten in Nebengesenken ausgeführt werden.

Eine besondere Form der Lufthämmer ist der *Reckhammer,* der zum Ausschmieden und Recken von Knüppeln und Barren dient. Treibmittel ist Druckluft von ca. 300 °C Temperatur. Ein elektrisch angetriebenes, hydraulisches Steuergetriebe, welches unabhängig von der Bärbewegung ist, ermöglicht alle erforderlichen Bärgeschwindigkeiten. Diese Steuerung erlaubt automatische Schlagfolge, sofortigen Wechsel von langsamer Schlagzahl für Recken auf hohe Schlagzahl für Schlichten und Einzelschlag. Reckhämmer werden neuerdings als Schweißkonstruktionen gebaut; mit einem Manipulator kann man ununterbrochen schmieden.

Der *Freiformschmiedehammer,* ebenfalls mit Druckluft oder Dampf getrieben, dient zum Schmieden sperriger Teile. Sein Ständer hat in jeder Bauart große Ausladung. Die Einständerausführung neigt daher bei Dauerbetrieb leicht zum Schwingen. Besser ist die Zweiständerausführung, wenn auch die Zugänglichkeit durch die zwei Ständer eingeengt ist. Bei besonders großen Ständerweiten bezeichnet man diesen Hammer auch als Brückenhammer.

Der *Oberdruckgesenkhammer* in Zweiständerbauart erreicht große Arbeitsgenauigkeit beim Gesenkschmieden durch große Steifigkeit. Ständer und Schabotte sind in einem stabilen Stahlgußstück geformt. Dieser Hammer wird mit langem und kurzem Hub gebaut. Beim *großhubigen Oberdruckgesenkhammer* sind Kolben und Kolbenstange zweiteilig gestaltet. Die Schlagzahl liegt bei 60 Schlägen je Minute. Im *kurzhubigen Oberdruckgesenkhammer* (Bild 2-6) ist der Bär mit Kolben und Kolbenstange zusammen aus einem Schmiedestück. Die Durchmesser sind größer, und höhere Schlagzahlen werden bei kleinerem Hub erreicht. Treibmittel ist kalte oder heiße Druckluft. Wird Öl als Treibmittel verwendet, wird die Kolbenstange biegeelastisch, also im Verhältnis zum Kolben dünn gehalten. Über 200 Schläge je Minute erreicht man beim *Schnellgesenkhammer* dadurch, daß beide Kolbenseiten Druckluft mit gleichem Druck erhalten. Beim *Kurzhubgesenkhammer* (Bild 2-8) wirkt auf jeder Kolbenseite ein anderer Druck. In der oberen Ruhelage des Kolbens sind die Auslaßventile über ihm geöffnet, auf die untere Seite wirken etwa 3 bar Druckluft, die in Luftkammern im Maschinengestell gespeichert wird. Für den Arbeitshub wird in den oberen Zylinderraum Druckluft mit 8 bar und 200 °C zugeführt, wobei die Luft auf der Unterseite des Kolbens wieder in die Kammern zurückgedrückt wird. Zum Heben genügt dann das Öffnen der Auslaßventile über dem Kolben. Kurzhubgesenkhämmer werden auch mit direktem hydraulischen Antrieb gebaut.

Der *Gegenschlaghammer* bietet gegenüber dem Fall- und Oberdruckhammer wesentliche Vorteile. Zwei Bären bewegen sich zwangsläufig mit gleicher Geschwindigkeit gegeneinander und übertragen ihr gesamtes Arbeitsvermögen voll auf das Schmiedestück. Dadurch werden starke Erschütterungen auf Boden und Gebäude vermieden. Schabotte und schwere Fundamente sind nicht mehr erforderlich. Ein leicht ausgeführtes Maschinengestell nimmt auftretende Schlagkräfte auf. Dasselbe wird in Zwei- oder Vierständerbauweise aus Stahlguß oder als Schweißkonstruktion hergestellt. Mit diesen Hämmern erreicht man eine größere Wirtschaftlichkeit beim Schmieden. Beim *mechanischen Gegenschlaghammer* (Bild 2-9 und 2-10) sind Arbeitskolben und Bär meist aus einem Stück

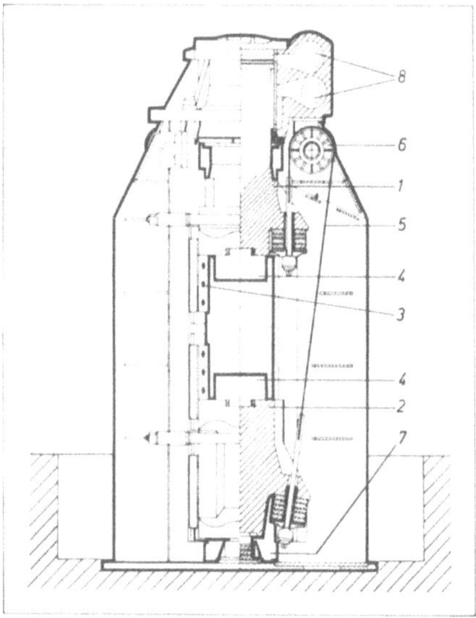

Bild 2-10
Schnittbild des Gegenschlaghammers von
Bild 2-9 mit vier Ständern und
mechanischem Kupplungssystem

1 Arbeitskolben mit oberem Bär
2 unterer Bär
3 Vierständer Bärführung
4 Gesenk
5 Stahlband der Kupplung
6 Umlenkrolle für das Stahlband
7 Gummipuffer
8 Steuerschieber

Bild 2-9
Mechanischer Gegenschlaghammer
mit Bandkupplung und 200 000 J
Schlagleistung

geschmiedet, oder ein Stahlgußstück wird mit dem unteren Bär über umgelenkte Stahl-
bänder verbunden. Der *hydraulische Gegenschlaghammer* (Bild 2-11 und 2-12) wird
für große Hämmer verwendet. Statt des Stahlbandes wird Ölhydraulik als Kupplungs-
element benutzt. Neben Gegenschlaghämmern mit senkrechter baut man auch solche
mit waagrechter Bärbewegung. Beide Bären sind hier gleich schwer. Das Treibmittel
Druckluft wirkt auf jeden Bär über einen eigenen Zylinder.

2.2.2. Schmiedepressen

Diese Maschinen arbeiten mit kleineren Geschwindigkeiten als Hämmer. Der Antrieb
kann mechanisch (bei Kurbel-, Exzenter-, Spindel- und Kniehebelpressen) oder wasser-
bzw. ölhydraulisch erfolgen. *Vorformpressen, Fertigschmiedepressen* und *Kalibrierpressen*
erreichen verschiedene Arbeitsgenauigkeiten. Die *Schmiede-Schlagpresse* ist eine Über-
gangsform zum Hammer, sie wird als Ständer- oder Säulenpresse und als liegende Maschine
meist mit Kniehebelantrieb gebaut. Im Gegensatz zum Hammer, bei dem die Schabotte

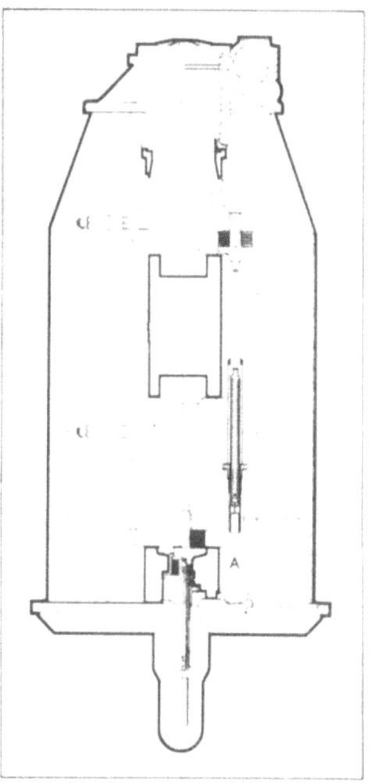

Bild 2-12
Schnittbild durch einen hydraulisch gekuppelten Gegenschlaghammer
mit 160 000 J Schlagleistung

Bild 2-11. Gegenschlaghammer mit zwei Ständern und hydraulischer Kupplung
125 000 J Schlagarbeit; Lagerung der Druckstempel in den Hydraulikkolben (Tauchkolben) auf Kugelkalotten

das vielfach ruhende Gegengewicht zum Arbeitsvermögen des Bärs darstellt, übernimmt bei der Presse diese Aufgabe das Gestell. Die Entscheidung, ob Hammer oder Presse einzusetzen ist, wird von der Umformbarkeit bzw. der Gestellbeanspruchung bestimmt.

Beim Gesenkschmieden mit dem Hammer wird der Werkstoff mit hoher Aufprallgeschwindigkeit in die Form geschleudert. Dabei wirkt die Schmiedekraft nicht immer bis in das Innerste des Werkstücks. Beim Schmieden mit der Presse hat der Werkstoff mehr Zeit zum Fließen und das Werkstück wird besser durchgeschmiedet, wodurch größere Form- und Maßgenauigkeit erzielt wird. Schmiedepressen haben gemeinsame Merkmale mit den Pressen für massive Kalt- und Blechumformung. Die Werkzeuge lassen sich in Pressen einfacher wechseln, feiner einstellen und bringen größere Genauigkeit. Der Pressenständer ist als ein Stahlgußständer oder aus zwei bis vier Stahlgußteilen, die mit Zugankern verbunden sind, oder als Schweißkonstruktion ausgeführt. Für Zweiständerpressen ist enge oder weite Bauform gebräuchlich. Für den Stößel sind große Führungslängen zweckmäßig, um bei außermittigen Kräften ein Verkanten zu vermeiden. Große Bedeutung hat bei Schmiedepressen auch die Steuerungsart. Die Bedienung der Steuerorgane kann von Hand, mit Servoeinrichtung oder selbsttätig programmiert erfolgen. Das gilt für den Preßvorgang mit Einzelschlägen, Reihenschlägen, dem Arbeiten mit

(1) Gesamtansicht

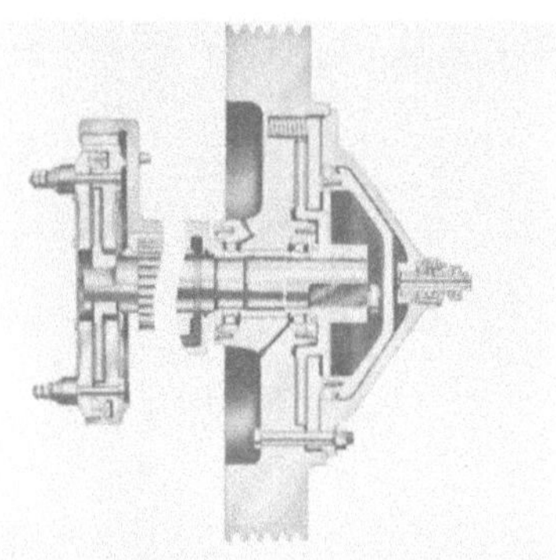

(2) Druckluftbetätigte Einscheiben-
reibkupplung und -bremse

Bild 2-13
Zweiständerkurbelpresse mit 6 300 MN
Preßkraft

Bild 2-14
Doppelwandige Exzenterpresse als
Gesenkschmiede- und Kalibrierpresse
mit 6 300 MN Preßkraft

voller oder halber Preßkraft, dem kurzen Halten in einer Preßstellung und dem Stößelrückgang. Neben halbautomatischer sind automatische Steuerungen gebräuchlich. Auch Beschicken, Fördern des Schmiedeteiles im Gesenk von Gravur zu Gravur, Auswerfen und erforderliches Zwischenglühen, meist induktiv, können automatisiert werden. Gesenksprüheinrichtung und Wasserumlaufkühlung in den Führungen dämmen die Wärmewirkungen ein und erhalten das Bewegungsspiel der Maschine und deren Einrichtungen. Auftretende Preßkräfte kann man mit Dehnungsmeßstreifen am Ständer messen.

Bei den *mechanischen Pressen* werden *Kurbel- und Exzenterpressen* als Ein- und Zweiständerpressen für Gesenkschmiedearbeiten eingesetzt. Kurbelpressen (Bild 2-13), haben festen, Exzenterpressen verstellbaren Hub. Durch ein Schwungrad wird die Antriebsenergie gleichmäßig gehalten. Bei leichter Bauweise ist dasselbe unmittelbar auf der Kurbel- oder Exzenter-

Bild 2-15. Dreischeibenreibradpresse

welle, bei schwerer ist ein Vorgelege zwischengeschaltet. Stößellänge und Tischhöhe sind meist veränderbar, um gute Werkzeugeinstellung zu erreichen. *Einständerpressen* (Bild 2-17) eignen sich für leichte Arbeiten wie Zwischenformen, Richten, Stauchen, Prägen und Abgraten von Gesenkschmiedeteilen. Bei großer Belastung neigen diese Maschinen zum Auffedern. Baugrößen und Anschlußmaße werden für Preßköpfe von 0,1 bis 4 MN nach DIN 55 170 bis 55 172 ausgeführt. Doppelwandige *Exzenterpressen* (Bild 2-14) mit zweiteiligem Ständer haben eine querliegende, beidseitig gelagerte Exzenterwelle. Auch sie sind gegen Auffedern empfindlich. Ausführungsformen nach DIN 55 173 bis 55 174. *Zweiständerexzenterpressen* besitzen ein steifes, meist aus Stahlguß bestehendes Torgestell und eignen sich zum Gesenkschmieden größerer Werkstücke. Sie sind ausgestattet mit elektrohydraulisch oder elektropneumatisch gesteuerten Rutschkupplungen und Bremsen. Dadurch wird das Gestell bei Überlastung gegen Bruch gesichert. Neuzeitliche Pressen haben automatischen Werkstückstransport. Baumaße für Preßkräfte bis 10 MN sind in DIN 55 180 genormt.

Reibspindelpressen dienen zum Warm- und Kaltumformen massiver Teile, zum Gesenkschmieden, Kalibrieren, und, wenn sie prellsicher gebaut ist, auch zum Prägen. Die *Dreischeiben-Reibradpresse* (Bild 2-15) besitzt als Antriebselemente zwei auf einer waagrechten Welle ständig im gleichen Drehsinn umlaufende Reibscheiben. Durch wechselseitiges Andrücken an die Umfangsfläche der Schwungscheibe bewirken sie das Heben und Senken des Pressenstößels. In diesem ist senkrecht drehbar das eine Ende der Gewindespindel gelagert. An ihrem anderen Ende befindet sich fest und waagerecht verbunden die Schwungscheibe. Die Spindelmutter ist im Pressenquerbalken befestigt. Eine Rutschkupplung dient als Überlastsicherung. Bei der *Vierscheibenreibradpresse* übernehmen zwei übereinander angeordnete, kleinere Rücklaufscheiben das Heben des Stößels. Die Reibungsverluste sind dabei geringer.

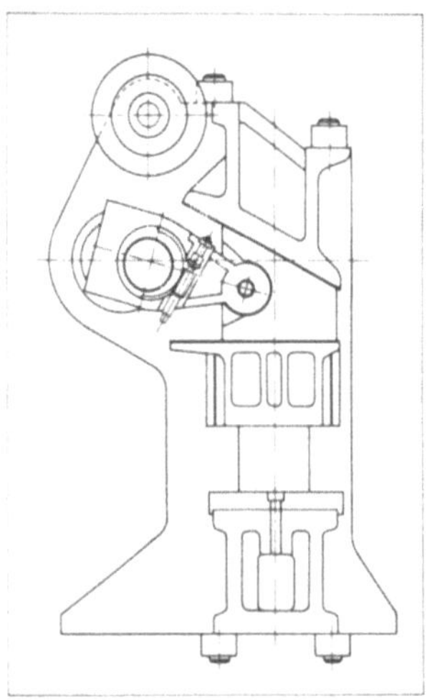

Bild 2-16
Antriebsschema einer Keilpresse

Bild 2-17
Ölhydraulische Einständerschmiedepresse

Die *Vincent-Presse* als besondere Form der Reibradspindelpresse hat die Gewindespindel im Querbalken des Gestells nur drehbar gelagert, wodurch das Schwungrad beim Drehen in gleicher Höhe bleiben muß. Ein im Gestell geführter Rahmenschlitten trägt im oberen Querbalken die Spindelmutter. Beim Antrieb des Schwungrades durch die Treibscheibe für den Arbeitshub verschiebt sich der Rahmenschlitten in der Gestellführung nach oben. Die beiden Werkzeugteile werden vom unteren Querbalken und vom Stößel aufgenommen. Die *Spindelschlagpresse* besitzt ein Reibritzel auf der Antriebswelle eines elektrischen Umkehrmotors (Reversiermotors) und treibt von innen unmittelbar die topfförmige Schwungscheibe an. Sie ist mit der Gewindespindel fest verbunden, die im Querbalken des Gestells nur drehbar gelagert ist. Die Spindelmutter befindet sich im Stößel. Diese Bauweise erzeugt wenig Schlupf- und Reibungsverluste, wodurch der Arbeitshub des Stößels eine schlagartige Wirkung erhält. In der *Keilpresse* (Bild 2-16) stützt sich der Stößel mit seiner oberen Fläche gegen einen als Keil ausgebildeten Schieber. Dieser wird von einer Kurbelwelle mit Doppeldruckstangen bewegt, wodurch ein besseres kipp- und klemmfreies Arbeitsspiel des Stößels in den Gestellführungen erreicht wird. Mit einer Exzenterverstellung läßt sich die Stößellage in senkrechter Richtung verändern.

Hydraulische Pressen verwendet man zum Freiform- und Gesenkschmieden, Lochen, Stauchen und Biegen, besonders auch für Leichtmetallteile. Die vielseitige Anwendbarkeit des hydraulischen Antriebs ermöglicht eine große Zahl verschiedener stehender und liegender Pressenausführungen. Je nach gegebenen Betriebsverhältnissen und Arbeitsabläufen wird der *Pumpenakkumulatorantrieb für Druckwasser* oder der *unmittelbare Pumpenantrieb für Drucköl* ausgewählt. Der Druckwasserantrieb ist für Gruppenantrieb mehrerer besonders großer Pressen und bei hohen Arbeitsgeschwindigkeiten besser geeignet. Für Einzelantrieb und kleinere Arbeitsgeschwindigkeiten bevorzugt man den Druckölantrieb. Preßkräfte bis 30 MN und Bauformen des Antriebs in Unter- und Über-

Bild 2-18
Wasserhydraulische
Zweisäulenfreiformschmiedepresse

Bild 2-19
Wasserhydraulische 16 MN Freiformschmiede-
presse in Viersäulenbauart

flurausführung sind gebräuchlich. Druckwasserantrieb ist heute selten. Schmiedepressen werden in Ständer- und Säulenbauweise hergestellt. Programmsteuerungen und automatischer Arbeitsablauf sind auch bei Schmiedepressen gebräuchlich.

Die Ständer- und Säulenpressen werden als *Einständerpressen* (Bild 2-17) mit Preßkräften bis 10 MN, *Zweisäulenpressen* (Bild 2-18) mit Preßkräften bis 30 MN und als *Viersäulenpressen* (Bild 2-19, 2-20, 2-21) für sehr genaues Schmieden gebaut. Die Säulen sind oben und unten mit einem kastenförmigen Holm verbunden. Zwischen beiden Holmen gleitet der Laufholm, geführt in den Säulen. Ausreichend lange Führung gewährleistet klemmfreien Lauf.

Hydraulische Spindelpressen besitzen einen Hydraulikmotor zum unmittelbaren Spindelantrieb. Die zur Beschleunigung erforderliche Energie kann man schlagartig aus einem Hydrospeicher entnehmen. Im oberen Totpunkt des Stößels fördert der Hydraulikmotor das Drucköl in den Speicher zurück. Nennpreßkräfte liegen bei 2,5 bis 125 MN (kurzzeitig können doppelte Werte erreicht werden), Hubzahlen bei 16 bis 100 min^{-1}. Die *hydraulische Schmiede-Schlagpresse* (Bild 2-22) stellt eine Verbindung von hydraulischer Presse und Hammer dar. Beim Arbeiten als Hammer ist die Fallenergie des Stößels in hohe Schlagkraft wandelbar. Auf die Preßhübe folgen die Hammerschläge, deren Folge und Anzahl programmiert werden können. Als Antrieb werden Axialkolbenpumpen mit veränderlicher Förderrichtung verwendet, wodurch verzögerungsfreier Umkehrbetrieb möglich wird. Je nach Baugröße erreicht man Preßkräfte von 4 bis 10 MN und Schlagarbeit von 30 000 bis 80 000 J. Für die Stößelhübe von 80 bis 140 cm liegen die Schlagzahlen bei 200 bis 60 min^{-1}.

Die *hydraulische Sonderpresse* zum Warmpressen von Armaturen mit ähnlicher Grundform und in großen Stückzahlen lohnt sich vor allem dann, wenn durch Hohlformen spanende Arbeitsgänge eingespart werden können. Die Mehrstößelpresse besitzt einen

Bild 2-20
Ölhydraulische Gesenkschmidepresse in
Viersäulenbauart 63 MN Preßkraft

Bild 2-21
Ölhydraulische Abgratpresse in Viersäulen-
kastenbauweise mit 12,5 MN Preßkraft

Bild 2-22
Spindelschlagpresse für schwere
Schmiedearbeiten

senkrecht wirkenden Hydraulikzylinder mit dem Oberwerkzeug für die Grundform. Er
preßt den Schmiederohling in das Unterwerkzeug und hält ihn fest, um mit waagrechten
Preßdornen Hohlräume zu erzeugen. Sternförmig um das Unterwerkzeug sind für diese
Preßdorne Hydraulikzylinder angeordnet. Jeweils für vier dieser Zylinder arbeitet eine
langsam laufende Vierplungerpumpe. Einer der Zylinder ist im Bereich von 45° verdreh-
bar, so daß die Preßrichtung geändert werden kann.

Bild 2-23
Strangpresse mit
20 MN Preßkraft

Bild 2-24
Profilstreckmaschine
mit hydraulischem
Antrieb der Spannköpfe
in Rahmenbauart

Die Vielfalt der Schmiedestücke und ihre Fertigungsmöglichkeiten verlangen große Erfahrung für die Auswahl der zweckmäßigen Schmiedemaschinen und die Gestaltung der Schmiedewerkzeuge. Technische Richtlinien für Lieferung, Gestaltung und Herstellung sowie für Maße und Gewichte der Schmiedestücke zeigt DIN 7522 bis 7529. Baugrößen und Benennungen der Schmiedemaschinen sind in DIN 55 150 bis 55 170 genormt. Besondere Pressenarten stellen Strang- und Rohrpressen dar (Bild 2-23), ebenso Profilstreckmaschinen (Bild 2-24).

Bild 2-25. Horizontale automatisch arbeitende Gesenk-schmiedepresse für einfache Schmiedestücke

(1) Gesamtansicht
(2) Blick auf Pressenstößel und Schermesser

Bild 2-26
Waagrecht-Schmiede- und Stauch-maschine mit Zangenklemmung und 9 MN Stauchkraft

Bild 2-27
Warmmutternpreßanlage mit induktiver Erwärmung der Rohlinge vor dem Pressen
Abschneiden der Ronden in einer Kaltpresse; beide Pressen als Kurbelpressen

2.2.3. Warmstauchmaschinen

Warmstauchmaschinen sind waagrecht arbeitende Schmiedemaschinen (Bild 2-25, 2-26, 2-27), die das Anstauchen von Köpfen, Scheiben und Tellern an Stangenenden mit einem in Stangenlängsrichtung arbeitenden Stauchschlitten ausführen. Zugleich kann man quer dazu mit einem Klemm- oder Spannschlitten Absetzungen oder Hinterschneidungen vornehmen. Stauchstempel und zweiteilige Klemmbacken wirken zusammen, wobei ein- oder mehrstufige Stauchung möglich ist, ebenso wie automatisches Zubringen der Rohlinge gekoppelt mit dem Stauchvorgang. Eine induktiv wirkende Wärmevorrichtung in der Zubringeeinrichtung bringt den Rohling auf Schmiedetemperatur. Eine Stauchmaschine als Kurbelpresse gebaut (Bild 2-27), besitzt eine Kurbelwelle, die mit der Motorwelle über eine elektro-pneumatische Motorwelle verbunden ist. Die Kurbelwelle treibt den Stauchschlüssel über eine Druckstange oder kinematisch über ein Hebelgetriebe den Klemmschlitten. Mechanische oder hydraulische Sicherungen schützen vor Überlastung. Die Klemmbacken müssen den Rohling bereits umschlossen haben, wenn noch etwa 60 % des Stauchschlittenhubes zum Stauchen zur Verfügung stehen. Die Klemmkraft beträgt das 1,25 fache der Stauchkraft. Stauchkräfte von 0,5 bis 30 MN bei 80 bis 15 Doppelhüben je Minute sind üblich. Neuzeitliche Maschinen besitzen Ein- oder Mehrfachwerkzeuge im Stauchschlitten. In *Elektrostauchmaschinen* erfolgt die induktive Erwärmung des umzuformenden Teils durch Klemmbacken und Stauchamboß als Elektroden. Der Werkstückteil außerhalb des Bereiches der Elektroden wird nicht erwärmt, wodurch blanker Werkstoff verarbeitet werden kann. Diese Erwärmungsart ist nahezu vollständig zunder- und abbrandfrei. Durch Verändern des Stauchvolumens, Stauchdruckes und der Heizstromstärke lassen sich Stauchungen für verschiedene Durchmesser und Längen durchführen. Stauchungen an beliebiger Stelle der Rohlingslänge erfordern als Amboßelektrode ausgeführte Klemmbacken. Stehend arbeitende Maschinen verwendet man für kleinere Massenteile (Wärmevorrichtungen zwischen 10 und 500 kVA). Das Freiformstauchen erfordert ein Nachschlagen im Gesenk, beim Gesenkstauchen dagegen erreicht man die gewünschte Genauigkeit ohne Nacharbeiten.

2.2.4. Schmiedewalzen

Diese Maschinen werden auch als Reckwalzen bezeichnet, da ein Recken des Werkstoffes erfolgt. Das erwärmte Rohteil wird zwischen zwei auf mehreren Segmentscheiben bestehenden, drehenden Reckwalzen durchgeführt (Bild 2-28, 2-29). Auf den Mantelflächen tragen diese Scheiben die Werkstückgravuren. Im segmentfreien Bereich wird das Teil wieder im Spalt zwischen den Grundwalzen in die Ausgangsstellung zurückgeholt. Danach erfolgt die nächste Formungsstufe zwischen anderen Segmenten. Vor- und Fertigwalzen ist mit einer Erwärmung ausführbar. Die Länge der Schmiedeteile ist den Walzen- und Segmentumfängen angepaßt. Neben der Handbedienung ist die Reckwalze mit automatischem Werkstückstransport gebräuchlich. Eine Greifzange, hydraulisch betätigt, nimmt das Werkstück auf und führt es programmgesteuert durch die Walzen. Wiederholte Durchgänge (Stiche) erreichen kleine Toleranzen und saubere Oberflächen. Häufig werden Reckwalzen zum Vorformen mit anschließendem Fertigformen in einer Schmiedepresse eingesetzt. Dies bringt ohne Zwischenerwärmung besonders große Form- und Maßgenauigkeit bei großer Wirtschaftlichkeit, da die Werkzeuge höhere Standzeiten erreichen.

Bild 2-28
Reckwalze mit zwei Walzsegmenten

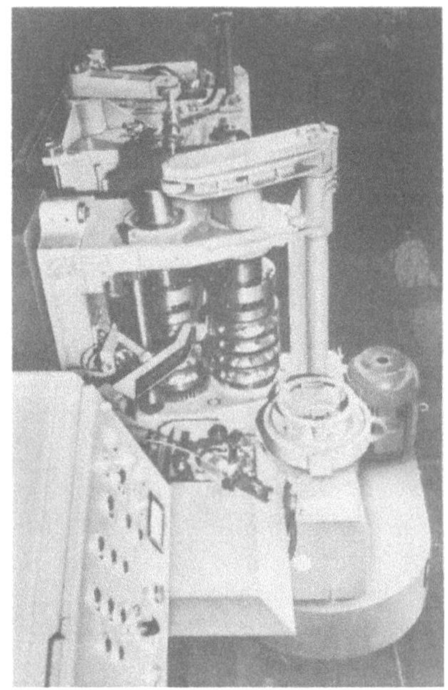

Bild 2-29
Reckwalze mit automatischem
Werkstücktransport

2.3. Maschinen zum Kaltstauchen, Kaltpressen und Kaltfließpressen

2.3.1. Kaltpressen

Kaltstauchen hat sich zu einem technisch und wirtschaftlich beachtlichen Umformverfahren entwickelt. Mit geeigneten Werkstoffen, Verbesserungen der Bauarten und Arbeitsweisen der Kaltpressen erhalten die Teile große Genauigkeit und erfüllen hohe Anforderungen an Form und Maße. Gegenüber spanender Fertigung gleicher Massenteile erreicht man Einsparungen an Werkstoff bis zu 70 % und an Arbeitsaufwand bis zu 90 %. Wesentliche Fertigungsgebiete des Kaltstauchens und Kaltpressens sind die Herstellung von Nieten, Schrauben, Rollen, Kugeln, Muttern, Formbolzen, Beschlagteilen u. ä. Formteilen; auch unsymmetrische Stauchformen sind herstellbar. Beim üblichen Kaltstauchverfahren ist der Ausgangswerkstoff Draht in Ringbunden. Vor dem Eintritt in den Arbeitsraum der Maschine wird er durch ein Richtgerät gezogen und stark gebogen. Das Trennen der Bolzen vom Drahtstrang erfolgt durch ein Schermesser. Der Ausgangsdurchmesser des Rades kann durch Stauchen verdickt und durch Recken verjüngt werden. Die Arbeitsweise entspricht dem Kaltfließpressen; überflüssig verformter Werkstoff kann nachträglich in Abgratmaschinen mit Schermatrizen und Formmeißeln entfernt werden. Je nach Abmessung und Festigkeit des Werkstoffes bzw. dem Stauchverhältnis unterscheidet man Einfachdruck-Kaltpresse (Eindruckkaltpresse), Doppeldruck-Kaltpresse und Mehrstufen-Kaltpresse. Neben Waagrechtstauchmaschinen gibt es auch Senkrechtstauchmaschinen für die spanlose Mutternfertigung und zum Nachformen oder Fertigen von Tuben und Hülsen.

Die *Einfachdruck-Kaltpresse* (Bild 2-30 und 2-33) eignet sich zur Herstellung von Nieten und Holzschraubenrohlingen aus weichem Stahl, Messing, Aluminium, Kupfer usw. Das Anstauchen der Köpfe erfolgt mit einem Schlag (Einmatrizenmaschine). Die Stauchlänge beträgt ungefähr das 2,5 fache des Drahtdurchmessers. Außer Stauchen können auch Bolzenschäfte teilweise reduziert werden (einfache Anwendung des Fließpressens). Durch geringfügige Änderung der Ausführung kann die Maschine mit Sondereinrichtungen als *Kugelkaltpresse* arbeiten. Bei den Stauchwerkzeugen unterscheidet man geteilte und geschlossene Matrizen. Der Hauptantrieb geht über ein Rädervorgelege zur Kurbelwelle mit Pleuel und von da zum Preßschlitten. Derselbe läuft in einstellbaren Führungen und trägt den senkrecht und waagrecht verstellbaren Werkzeughalter für den Preßstempel. Das Schwungrad ist über eine Sicherheitskupplung mit der Kurbelwelle verbunden. Pressen für Bolzen über 10 mm Durchmesser erhalten

Bild 2-30. Einfachdruck-Kurzhubkaltpresse
Blick in den Werkzeugraum zur Herstellung von Rohlingen für Wälzlagerkörper

teilweise zwei Schwungräder. Einfachdruck-Kaltpressen für Drahtdurchmesser bis etwa 3 mm und Bolzenlängen von 20 mm erreichen eine theoretische Stundenleistung bis 24 000 Stück, bei Drahtdicken von 25 mm 5 000 Stück je Stunde. Der Draht wird von einem Bund bis zum Anschlag in die Maschine gezogen, sodann erfolgt das Abscheren und danach der Stauchvorgang.

Doppeldruck-Kaltpressen verwendet man, wenn die Stauchlänge (Kopfform einer Schraube) mehr als das 2,5 fache des Drahtdurchmessers beträgt. Im Unterschied zur Eindruck-Kaltpresse arbeitet diese mit Vorstauch- und Fertigstauchstempel (Preßstempel) bei einer Matrize und benötigt deshalb zwei Schläge. Beim ersten Schlag wird vor-, beim zweiten fertiggestaucht. Der Preßschlitten führt zwei Arbeits- und zwei Rücklaufhübe aus. Der Werkzeughalter mit mittig übereinander angeordneten Preßstempeln macht eine Auf- und Abwärtsbewegung oder auch nebeneinander eine hin- und herschwingende (oszillierende) Bewegung. Der weitere Ablauf erfolgt wie bei der Eindruck-Kaltpresse. Es wird ein Stauchvolumen für die fertige Form bis zu einer Stauchlänge mit dem 4,5 fachen des Drahtdurchmessers erzielt; mit Sondereinrichtungen, wie federnder Vorstauchstempel, kann bis zu dem 6,5 fachen des Drahtdurchmessers verformt werden. Doppeldruck-Kaltpressen eignen sich zum Verarbeiten von Werkstoffen mit hoher Festigkeit (z. B. hochfeste Stahlschrauben 8 · 8, 10 · 9, 12 · 9). Mit besonderen Einrichtungen kann die Maschine auch als Rollen-Kaltpresse arbeiten. Bei Drahtdurchmessern bis etwa 5 mm erreicht die Maschine eine Leistung von 15 000 Stück je Stunde, bis 20 mm Drahtdurchmesser 3 600 Stück je Stunde. Die Presse kann mit geteilter und mit geschlossener Preßmatrize arbeiten. Geteilte Matrizen eignen sich für Schaftlängen ab dem 7 bis 10 fachen des Drahtdurchmessers.

Die *Doppeldruck-Kaltpressen* kann auch *in liegender Bauweise* hergestellt werden. Dabei ist der Maschinenständer aus Gußeisen oder Stahlguß besonders verwindungssteif in geschlossener Rahmen- oder Kastenbauweise hergestellt. Scharf ausgeprägte Werkstücksformen verlangen statt des Kurbelantriebes den Kniehebelantrieb. Man erreicht beim eigentlichen Preßvorgang eine um die Hälfte geringere Preßgeschwindigkeit, aber dafür scharfes Ausfließen der Formen. Der hängend angeordnete Preßschlitten läuft zwischen verstellbaren Führungsleisten.

Mehrfachdruck-Kaltpressen (Bild 2-31 und 2-32) verwendet man für Teile mit einem Stauchvolumen, das mit Doppeldruckkaltpressen nicht mehr erreicht werden kann. Die Werkzeuge für die Verformungsstufen liegen waagrecht nebeneinander und die Preßlinge werden quer von Stauchstufe zu Stauchstufe transportiert. Durch diese Maschinen wurde es ermöglicht, daß zahlreiche Massenteile, die bisher nur durch Schmieden oder Warmpressen hergestellt, nunmehr durch massive Kaltumformung gefertigt werden konnten. Je Arbeitshub wird ein Teil fertiggestellt, so daß ein Zwischenglühen nicht mehr notwendig war. Die Arbeitsweise ist dieselbe wie die einer Eindruck-Kaltpresse. Die Anzahl der Verformungsstufen kann nach Bedarf gewählt werden. Da die Mehrfachdruck-Kaltpresse, auch *Quertransportpresse* genannt, breit gebaut wird, lassen sich auch schwierige Formteile fertigen, die in ihren Verformungsstufen mehrfach verjüngt oder gestaucht werden müssen. Es läßt sich ein größer als üblich bemessener Ausgangsdurchmesser (Walzdrahtdurchmesser) auf mehrere Durchmesser verjüngen und an den Ausgangsabmessungen stauchen. Dieses Verjüngen durch Fließpressen bringt eine Festigkeitszunahme, das Stauchen einen günstigeren Gefügeverlauf. Man unterscheidet die *Dreifachdruck-Kaltpressen mit zwei Matrizen* für Teile mit dünnem Schaft und großem Kopfvolumen (diese Maschine ist auch als Hohlnietkaltpresse verwendbar) und die *Vierstufen-Kaltpresse mit drei formgebenden Matrizen.* Beim Quertransport ist es auch möglich, das Preßteil von Stufe zu Stufe um 180° zu wenden. Bei mehr als vier Stufen muß ein Zwischenglühvorgang eingelegt werden. Zur Erhöhung der Wirtschaftlichkeit erhalten diese Maschinen zusätzlich Vorbaugeräte, wie Vorschub-, Richt- und Drahtziehvorrichtungen. Diese sind besonders zweckmäßig, wenn Drähte andere als kreisförmige Querschnitte haben.

Durch Kaltstauchen oder Kaltpressen eines Formteiles wird nicht immer der endgültige Zustand erreicht. Weitere Arbeitsfolgen spanloser oder spanender Art sind notwendig. Dazu notwendige Maschinen lassen sich mit der Kaltpresse zusammen zu Fertigungsstraßen als *Sondermaschinen der massiven Kaltumformung* zusammenstellen. Für die Mengenfertigung vielgebrauchter Formteile, wie Schrauben, Gewindebolzen, Nippel, Achsen usw. wurde die *Mehrstufen-Mehrstationen-Kaltpresse* entwickelt. Diese Maschine vereint in einem Maschinenkörper eine Mehrstufenpresse mit Quertransport mit Einrichtungen, die eine Abgrat- und Gewindewalzmaschine ersetzen (vergleiche Boltmaker, Bolzenmacher, Fa. National-Kayser; Boltmatic, Fa. Hatebur). Die Leistung dieser Maschinen beträgt für 4,5 mm Drahtdurchmesser 6 500 Stück je Stunde, für 36 mm Drahtdurchmesser 2 300 Stück pro Stunde. Schaftlängen sind von 10 bis 250 mm möglich. Antriebsleistungen liegen zwischen 3,5 und 150 kW.

Für das Pressen von Muttern werden auch ausgesprochene *Muttern-Kaltpressen* in liegender und stehender Bauart (Bild 2-32 und 2-33) hergestellt. Eine liegende Muttern-Kaltpresse mit Quertransport fertigt den Mutternrohling in 5 Stufen aus Runddraht. Bei manchen Maschinen dieser Art erfolgt ein Wenden des Mutternkörpers um 180°. Eine

Bild 2-31
Vollautomatische Kaltformpresse
als horizontale Kurbelpresse für
die Schraubenherstellung mit
Gewindewalzstation

Bild 2-32
Vollautomatische Langhubkalt-
formpresse (fünfstufige Kaltpresse) für die Muttern-
herstellung

Bild 2-33
Kniehebelkaltpresse in Doppelständerbauweise
und O-Form für die Massivumformung

Sonderform ist eine liegend und stehend arbeitende Muttern-Kaltpresse. Die liegende Presse fertigt zwei Vorstufen, die stehende die beiden Endstufen. Letztere erlauben einen besseren Transport der liegenden Mutternkörper, wodurch genaueres Fertigpressen möglich ist. Zwischen Vor- und Fertigpressen wird weichgeglüht und die Oberfläche phosphatiert. Die spanlos gefertigten Mutternkörper erhalten ihre Gewinde durch Gewindebohrer in den Mutternschnittmaschinen. Eine besondere Kaltpressenform sind die Stangenrichtmaschinen (Bild 2-34) und die Knüppelscheren (Bild 2-35).

Bild 2-34. Zweiwalzenstangenrichtmaschine zum Richten und Polieren von Stangen

Bild 2-35
Knüppelschere zum Kaltscheren von
Vierkantknüppeln mit Exzenterantrieb

Bild 2-36
Hydraulische Kaltfließpresse mit
16 MN Preßkraft in stehender
Bauart für Hohlkörper

(1) Gesamtansicht

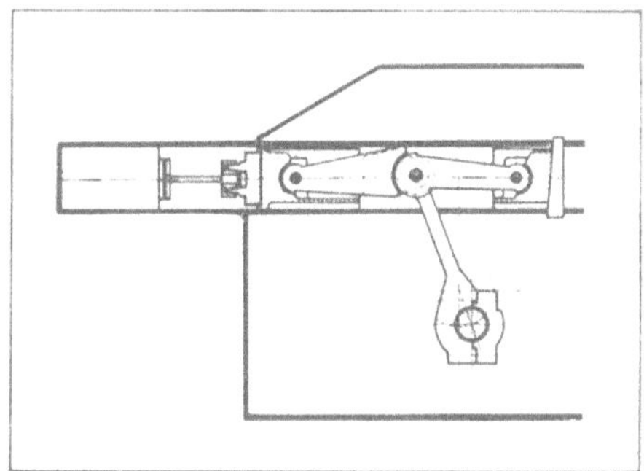

Bild 2-37
Waagrechte Fließdruckpresse mit
Kniehebelantrieb

(2) Kniegelenkprinzip und Prinzip des
Pressentisches

Bild 2-38
Mehrstufenkaltfließpresse in
liegender Bauart mit fünf Preßstufen
für die Mutternherstellung

2.3.2. Kaltfließpressen

Fließpressen ist ein Massiv-Umformverfahren metallischer Werkstoffe, wobei man Warm-
und Kaltfließpressen (Bild 2-36 bis 2-39) unterscheidet. Beim Warmfließpressen ist die
Formänderungsfestigkeit der Werkstoffe wesentlich geringer als beim Kaltspritzen. Durch
Verbesserung der Maschinen und Werkzeuge hat sich neben der Hülsen-, Tuben- und
Becherfertigung aus Nichteisenmetallen auch das Fließpressen von Stahl durchgesetzt.
Neben Werkstoffen mit niederer Streckgrenze ist auch der Einsatz von Schmiermitteln

Bild 2-39
Doppelständerkniehebelpresse in O-Form für Kalt- und Warmpreßarbeiten

Bild 2-40
Fließpressverfahren

(1) Arbeitsstellungen vor, während und nach der Umformung, Vorwärtsfließpressen für Vollkörper
(2) Vorwärtsfließpressen für Hohlkörper (Neumeyer-Verfahren)
(3) Rückwärtsfließpressen für einseitig offene Hohlkörper
(4) Gemischtfließpressen für doppelt offene Hohlkörper mit Abstufungen und Rändern
(5) Querfließpressen für flache Voll- und Hohlkörper

Teile: 1 Fließpreßstempel; 2 Matritze; 3 Auswerfer; 4 Gegenstempel

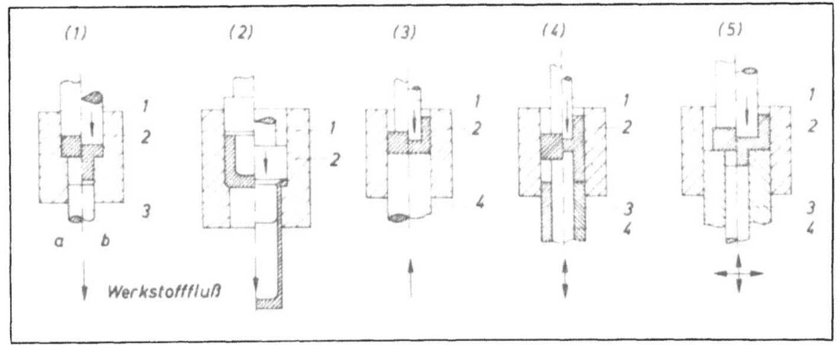

Bild 2-40
Fließpreßverfahren

zwischen Werkzeug und Werkstück erforderlich. Wichtig ist auch die Wahl einer geeigneten Ausgangsform des Rohlings mit Rücksicht auf seine Fertigform und des damit verbundenen Arbeitsvermögens der Fließpresse. Rohlinge können geschmiedete Scheiben, aus dicken Blechen gestanzte Ronden oder durch Stauchen oder Ziehen vorgeformte Stangenabschnitte sein. Beim Fließpressen unterscheidet man nach der Fließrichtung des Werkstoffes verschiedene Verfahren (Bild 2-40). Entsprechend der Werkstücksgröße, der aufzuwendenden Kräfte und des Arbeitsvermögens sowie notwendiger Arbeitswege der Preßstempel erfolgt die Auswahl der Fließpresse. Fließpressen werden gebaut mit mechanischem und hydraulischem Antrieb, in liegender und stehender Bauweise. Doppelständermaschinen sind bei höheren Belastungen besser geeignet als Pressen mit C-Gestellen. Anforderungen an Fließpressen sind dieselben wie für Pressen zum Stauchen:

Steife, kräftige Ausführung des Pressenkörpers;

großer, leicht zugänglicher Arbeitsraum;

großer Hub in verschleißfreier Stößelführung

hohe Stößelgeschwindigkeit beim Anfahren;

kleine Auftreffgeschwindigkeit für den Preßstempel;

ausreichender Kraftbedarf;

die Auswahl erfolgt nach dem Druckkurbelwinkeldiagramm und dem Weg-Geschwindigkeits Diagramm.

Hydraulische Pressen (Bild 2-36 und 2-41) haben über den ganzen Verformungsweg gleichbleibende Kräfte und sind für hohe Umformkräfte bei niedrigen Hubzahlen an großen Werkstücken geeignet. Aufbau und Arbeitsweisen dieser Pressen entsprechen denen der Blechumformung. *Mechanische Pressen,* wie Kurbel- und Exzenterpressen (Bild 2-44) erreichen ihre Nennpreßkraft etwa 30° vor dem unteren Hubende. Diese Maschinen sind für übliche Fließarbeiten besonders geeignet. Mittlere und lange Teile fertigt man mit Kurbelpressen und kleine Teile mit Exzenterpressen. Kniehebelpressen haben den Vorzug, kurz vor Hubende eine relativ langsame Stößelgeschwindigkeit auszuführen, wodurch dem Werkstoff ausreichend Zeit zum Fließen gegeben wird. Bei mehrgliedrigem Kniehebelsystem lassen sich gegenüber den Kurbel- und Exzenterpressen bei gleichen Hubzahlen und Hublängen um ein Viertel geringere Stößelgeschwindigkeiten erzielen. Diese Pressen sind für das Querfließverfahren von flachen Teilen mit Absätzen, Nuten, Naben und Zapfen geeignet (Bild 2-37 und 2-39). Spindel- und Zahnstangenpressen entwickeln wie hydraulische Pressen während des Arbeitsweges einen gleichmäßigen Fließdruck. Aus diesem Grund haben sie auch dasselbe Einsatzgebiet wie diese.

Eine weitere Kaltpressenart sind die Einsenkpressen (Bild 2-41) zum Kalteinsenken von Matrizen und Gesenken mit hoher Oberflächengüte. Diese Maschinen arbeiten hydraulisch.

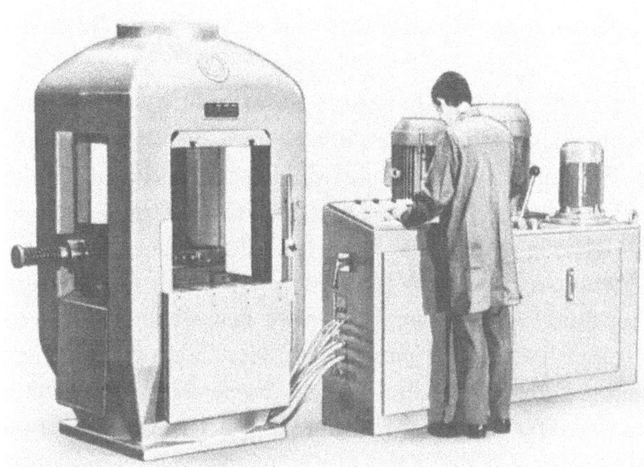

Bild 2-41
Ölhydraulische Viersäulenunter-
kolbenpresse als Einsenkpresse zum
Kalteinsenken mit 10 MN Preßkraft

2.4. Blechbearbeitungsmaschinen

2.4.1. Allgemeines

Entsprechend den Arbeitsverfahren der spanlosen Formgebung für Teile, die aus Blechen oder Blechstreifen hergestellt werden, unterscheidet man auch verschiedene Maschinen. Die wichtigsten Arbeitsverfahren sind:

Schneiden ebener oder gebogener Teile ohne Veränderung der Blechdicke (Ausschneiden, Lochen, Beschneiden, Abschneiden, Scheren, Trennen, Durchbrechen, Ausklinken u. dgl.);

Stanzen, Umformen ebener Teile durch Biegen oder Abkanten, wobei die Blechdicke unverändert, oder sich nur stellenweise geringfügig ändert, (Biegen, Formstanzen, Bördelstanzen, Nachschlagen, Kalibrieren, Rollen, Kröpfen, Flachstanzen zum Planieren, Einprägen von Punkt- und Waffelmustern, Stanzkerben und Stauchen);

Hohl- oder Flachprägen für gering plastische Formen in dünne Bleche, deren Dicke sich dabei nicht ändert (Schrift- und Bilderprägen);

Voll- oder Massivprägen für plastische Formen in Bleche und Blechzuschnitte, deren Dicke sich dabei wesentlich ändert (Prägestanzen, Prägesenken, Prägen von Münzen und Abzeichnen, Plaketten mit einseitigem und doppeltseitigem Relief);

Nachschneiden oder Formschaben zur Nacharbeit von Schneid- und Scherflächen an Schnitt-, Stanz- und Prägeteilen, um Oberflächengüten der Feinbearbeitung zu erhalten;

Feinschneiden oder Feinstanzen zur Erreichung von hohen Oberflächengüten und Maßgenauigkeiten an den Schneidflächen;

Flachziehen ebener Blechteile zu Hohlkörpern mit geringer Höhe wie nahtlose Deckel, Böden, Verkleidungen und dergleichen, wobei die Blechdicke weitgehend unverändert bleibt;

Tiefziehen ebener Blechteile oder gering verformter Hohlkörper zu Hohlkörpern mit großer Verformung und großer Ziehtiefe im Verhältnis zu Blechdicke und Formumfang (Ziehen mit und ohne Blechhaltung, Anschlagziehen, Folgeziehen, Stülpen, Abstrecken und Fließpressen);

Streckziehen großflächiger Blechteile für Verkleidungen im Behälter-, Fahrzeug-, Schiffs-, oder Flugzeugbau und sonstige Verbrauchsgütereinrichtungen.

Die verschiedenen Arbeitsverfahren der spanlosen Formgebung werden mit einer großen Zahl verschiedenartiger Pressen durchgeführt. Für einfachere Arbeiten wurden Scheren, Abkant-, Biege- und Drückmaschinen entwickelt. Die Pressen für die Blechumformung sind im Aufbau sehr ähnlich denen für die Massivumformung. Sie sind jedoch meist schwächer bemessen und deshalb nur für die Blechbearbeitung, nicht jedoch für die Massivumformung geeignet. Die verschiedenen Bauarten der Pressen unterscheiden sich in verschiedener Hinsicht.

Verschiedene Formen des Pressengestells (Bild 2-42) liefern ein erstes Unterscheidungsmerkmal. Der Einsatz dieser verschiedener Gestellarten wird durch die Belastung und durch die Form der Werkstücke bestimmt. Nach der Art der Antriebsenergie für den Stößel unterscheidet man *mechanische, hydraulische und pneumatische Pressen.* Befindet sich der Antriebsmotor mit dem Getriebe unter oder über dem Fußboden, bezeichnet man sie als *Unterantriebs-* oder *Oberantriebspresse.* Verschieden wird auch der Angriffspunkt der Preßkraft am Stößel gestaltet. In der *Einpunktpresse* bewegt den Stößel ein Pleuel. Um eine Schräglage des Stößels in seiner Führung beim Herstellen großflächiger Teile zu vermeiden, läßt man mehrere Pleuel auf ihn wirken. Diese dann weitgebaute Pressen nennt man entsprechend *Zwei- oder Vierpunktpressen* (Bild 2-43). Der Leistungsfluß des Antriebsmotors kann unmittelbar auf die Welle mit Schwungrad oder noch über

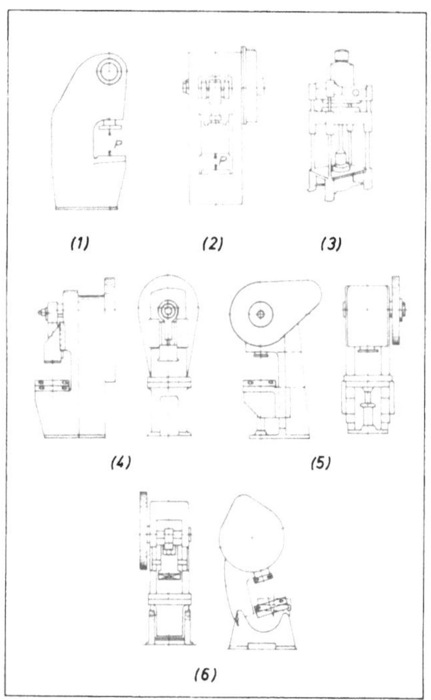

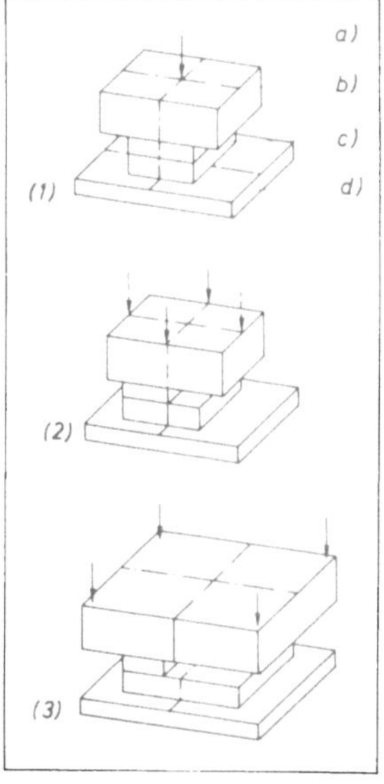

Bild 2-42. Pressen
(1) Presse mit C-Gestell für leichte und
    mittelschwere Blecharbeiten
(2) Presse mit O-Gestell für große
    Umformkräfte
(3) Presse mit Säulengestell für sperrige
    Teile
(4) Einständerpresse in Querwellenaus-
    führung
(5) doppelwandige Presse in Längswellen-
    ausführung
(6) neigbare Presse mi C-Gestell

Bild 2-43
Angriff der Preßkraft am Pressenstößel

a   Preßkraft in den Pleuelstangen
    angreifend
b   Pressenstößel
c   Werkzeug
d   Pressentisch

(1) Einpunktpresse mit einem Pleuel
(2) Zweipunktpresse mit zwei Pleueln
(3) Vierpunktpresse mit vier Pleueln

ein einfaches oder mehrstufiges Rädervorgelege verlaufen. Andere Antriebselemente für
den Stößel sind Kniehebel, Schraube und Mutter, Zahnrad und Zahnstange, sowie
Kurven.

Die *Steuerungen* der Pressen sind ebenfalls Unterscheidungsmerkmale. Die meisten
Arbeitsverfahren, die mit Pressen der Blechumformung ausgeführt werden, haben zeitlich
kurzen Ablauf. Die Arbeitsgeschwindigkeiten sind verhältnismäßig hoch. Daher müssen
kleinste und sichere Schaltzeiten für das Ein- und Auslösen des Stößels sicher sein. Wegen
der Unfallgefahr sind Sicherheitsmaßnahmen notwendig und vorgeschrieben. Dazu gehört,
daß nach dem Einschalten der Presse, dem Auslösen oder Anhalten des Stößels innerhalb
des Arbeitshubes ein ungewolltes Durchlaufen nicht möglich ist und auch nach Ende des
Rücklaufhubes kein Nachschlagen des Stößels erfolgt. Das Schalten kann von Hand, mit
Fuß oder selbsttätig mittels mechanisch, elektrisch, hydraulisch oder pneumatisch wirkender Steuereinrichtungen geschehen. Kupplung und Bremse zwischen Antriebsmotor und
Stößel sind dabei die wichtigsten steuerbaren Maschinenteile. Schaltmöglichkeiten für

Pressen sind Fußeinrückung und Zweihandeinrückung für Einzelhub und Dauerlauf. Erstere darf nur angewendet werden, wenn bei Hineingreifen in das Werkzeug das Auslösen des Stößels unmöglich ist. Bei letzterer darf sich der Stößel nur dann abwärts bewegen, wenn beide Einrückelemente (Schalthebel oder Tastschalter) zugleich betätigt werden. Hubunterbrechungen für das Stillsetzen des Stößels sind stufenlos entlang des Hubes mittels elektrischer Stellmotoren über Kontakte und mit Lichtschranken möglich. Dabei wendet man die Tippschaltung an (schnelles Drücken und Loslassen eines Tastschalters). Bei der Lichtschranke werden Hubunterbrechungen ausgelöst durch einen photoelektrischen Lichtvorhang vor dem Arbeitsraum. Der Stößel kann sich nicht bewegen, solange an irgendeiner Stelle durch Eintauchen eines Gegenstandes der Lichtvorhang unterbrochen wird. Diese Sicherheitseinrichtung ist heute allgemein gebräuchlich.

Man unterscheidet ferner verschiedene Pressenarten nach der *Anzahl der Bewegungen.* Für die verschiedenen Arbeitsverfahren der Blechumformung müssen die Werkzeuge eine, zwei oder drei Arbeitsbewegungen ausführen können. Entsprechend unterscheidet man *ein-, zwei-, oder dreifach wirkende Pressen.* Einfach wirkende Pressen haben einen Stößel, der unmittelbar die Stempel der Werkzeuge für das Schnitt- oder Stanzverfahren bewegt. Das Herstellen von Tiefziehteilen verlangt neben der Bewegung des Ziehstempels eine weitere für den Blechhalter. Für eine einfach wirkende Presse erreicht man dies mit einem Ziehgerät (Ziehkissen), das mit Federdruck, Druckluft oder Druckflüssigkeit gesteuert wird. Zusätzlich hat es die Aufgabe, als Ausstoßvorrichtung zu dienen.

Zweifachwirkende Pressen haben neben dem Antrieb des Ziehstempelstößels einen zusätzlichen für den Blechhalterstößel. Seine Bewegung wird unabhängig vom Ziehstempelstößel von der Antriebswelle mit Kniegelenken oder Kurventrieb oder mit Kolben- und Zylindertrieb ermöglicht. Bei *dreifachwirkenden Pressen* wird zu den zweifachwirkenden Bewegungen von Blechhalterstößel und Ziehstößel, bzw. den Wirkungen der Zieh- und Ausstoßvorrichtungen im Pressentisch oder Ziehstößel mit dem Pressentisch, eine dritte Hauptbewegung für einen Gegenzug hinzugefügt. Für die Dauer dieses Ziehvorganges wird bei Tiefstellung des Ziehstößels der Antrieb der Maschine meist stillgesetzt. Arbeitet man mit Blechhalter und Ziehstößel gegen die Druckwirkung der Drucklufteinwirkung im Pressentisch, so ist ein Doppelzug mit zweifacher Wirkung gegeben.

2.4.2. Pressen

Exzenter- und Kurbelpressen für die Blechbearbeitung sind die vielseitigst gestalteten und verwendeten Pressen. Antriebsmotoren sind in der Regel Drehstrom-Kurzschlußläufermotoren, bei Umformarbeiten zur besseren Steuerung der Stößelgeschwindigkeit Drehstrom-Regelmotoren oder Gleichstrommotoren. Ihren Leistungsfluß führt man in mechanischen Pressen meist mit Flach- oder Keilriemen an die Schwungmassen. Das Schwungrad ist mit der Antriebswelle des Stößels über Kupplung und Bremse reibschlüssig verbunden. Beide sind unerläßlich für einwandfreien, sicheren Antrieb und wirtschaftlichen Fertigungsablauf. Mit der Kupplung läßt sich der vom Schwungrad kommende Leistungsfluß nach Bedarf, besonders für jede Arbeitsstellung des Stößels, unterbrechen oder schließen. Zugleich muß die Bremse beim Entkuppeln den Stößel sofort sicher stillsetzen und beim Kuppeln sich sofort lösen.

Bild 2-44
**Einständerexzenterpresse mit Schwungradantrieb
und 0,1 bis 0,63 MN Preßkraft**

Bild 2-45
**Doppelwandige Exzenterpresse mit
Zweipunktantrieb** (auch mit Einpunkt-
antrieb möglich) **und Rädervorgelege**

Zum Bearbeiten dünner Bleche und Herstellen flacher Ziehteile genügen Pressen mit
unmittelbarem Schwungradantrieb (Bild 2-44). Für Schneid- und Umformarbeiten mit
dicken Blechen und zum Tiefziehen sind Rädervorgelege im Antrieb erforderlich. *Pressen
mit Rädervorgelegen* (Bild 2-45) haben größeres Arbeitsvermögen als Pressen mit unmittelbarem Schwungradantrieb. Die Antriebswelle ist entsprechend der Pressenart als
Kurbel- oder Exzenterwelle ausgeführt. Sie erzeugt mit dem Pleuel in der Stößelführung
die hin- und hergehende Bewegung des Stößels. Kurbelpressen haben unveränderlichen
Hub, Exzenterpressen sind für Hubverstellung eingerichtet. Das Verstellen des Hubes
an Exzenterpressen kann mit Verdrehen einer exzentrischen Stellbüchse mit Stirnverzahnung gegenüber einem nur axial verschiebbaren zweiten stirnverzahnten Spannteil
erfolgen. Das Verstellteil wird auch als Rastenscheibe ausgebildet. Die Zahl der Stellzähne
bestimmt die einstellbaren Hübe. Ein Kugelgelenk verbindet Pleuel und Stößel. Ist der
Kugelzapfen an einer Gewindespindel im Stößel gehalten, kann die Stößellänge und die
Höhe des Stößels über dem Pressentisch verändert werden. Zum Schutze der Presse
gegen Überlastung kommen mechanische oder hydraulische Überlastungssicherungen
zum Einsatz, die im Stößel oder im Pleuel eingebaut sind.

Bei der *Einständerpresse* (Bild 2-42
(4)) und der *doppelwandigen Presse*
(Bild 2-42(5)) erfolgt der Antrieb
des Stößels meist mit einem einzigen Pleuel. Man nennt diesen
Antrieb Einpunktantrieb und die
Presse *Einpunktpresse.* Der Maschinentisch ist am Ständer fest oder
in der Höhe verstellbar. In der
doppelwandigen Presse ist allseitiger
Zugang zum Werkzeug möglich.
Dadurch lassen sich Werkstücke
und Abfall leicht abführen. *Neigbare Pressen* (Bild 2-42 (6)) und
2-46), haben doppelwandige Gestelle und nicht verstellbare Tische.
Werkstücke und Werkstoffabfall
rutschen selbsttätig aus dem Werkzeug und vom Maschinentisch. Bei
der *Doppelkurbel- und Doppelexzenterpresse* wirken für den Antrieb
des Stößels zwei Pleuel, also *Zweipunktpresse.* Zwischen den Gestell-
wänden entstehen größere Arbeitsräume.

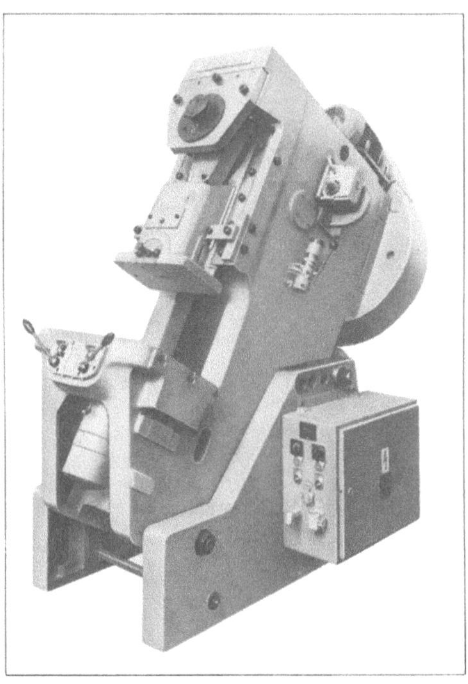

Bild 2-46
Neigbare C-Presse mit Rädervorgelege und
direktem Schwungradantrieb

Doppelständer-Kurbel- und Doppelständer-Exzenterpressen (Bild 2-47) in *Einpunkt-,
Zweipunkt- und Vierpunktausführung* (Bild 2-48) finden hauptsächlich für Großteile-
fertigung Verwendung. Das O- oder Torgestell bildet einen in sich geschlossen Rahmen
und ist für große Preßkräfte geeignet. Tisch- und Kopfteile werden mit vorgespannten
Zugankern verbunden. Dadurch ist nur geringe Auffederung möglich. *Vierpunktpressen*
haben (Bild 2-48) gute parallele, kippfreie Stößelführung und zentrale Tischlage. Hier
greifen vier Pleuel am Stößel an, der zwischen besonders breiten Seitenständern geführt

Bild 2-47
Zweiständerpresse mit
Ein- oder Zweipunktantrieb
mit Transfereinrichtung
automatisiert

Bild 2-49
Dreiständertransferpressenanlage
mit Exzenterantrieb

Bild 2-48
Zweiständerpresse mit Vierpunkt- und Querwellenantrieb,
einfach wirkend

ist. Um in Pressen mit großen Tischbreiten und mit Oberantrieb Verdrehungsfederung der Antriebswelle zu vermeiden, bevorzugt man statt Längswellenausführung auch Querwellenausführung.

Doppelständerpressen zu Fertigungsstraßen hintereinandergereiht erhöhen die Wirtschaftlichkeit einer Blechverarbeitung (Bild 2-49 und 2-50). Sie sind eingerichtet mit selbsttätigen Werkstoffzuführeinrichtungen für Blechtafeln oder Blechbänder. Mit Werkstück- und Reststoffabführvorrichtungen, Greifern, Ansaugnäpfen oder Auswerfern, die mit mechanischen, hydraulischen, pneumatischen, permanent-magnetischen oder elektromagnetischen Steuerungen ausgerüstet sind, schaltet man den Menschen als Arbeitskraft weitgehend aus. Großflächig und vielseitig räumlich geformte Blechteile erfordern Werkzeuge, die mit einem Kran bewegt werden. Hierfür hat man *Doppelständerpressen mit Schiebetischanlagen* entwickelt. Diese Maschinentische sind seitlich, links oder rechts, aus dem Pressengestell herausfahrbar. Dadurch kann die Presse während der Arbeit neu beschickt werden.

Stufenpressen werden in Doppelständerbauweise (Bild 2-51) ausgeführt. Man bezeichnet sie auch als *Stanz- oder Ziehautomaten.* Ihre Ausstattung ermöglicht das Anfertigen schwieriger Preß- und Ziehteile, die mehrere Umformstufen durchlaufen müssen, um überwiegend fertig oder zur Nacharbeit die Maschine verlassen zu können. Werkzeuge mit zwölf und mehr Umformstufen sind gebräuchlich. Eventuell ist Zwischenglühen

Bild 2-50
Automatische
Transferpressenanlage
mit Schiebetischen
und automatischer
Platinenzuführeinrichtung

Bild 2-52
Nutenstanzmaschine mit Kniegelenkantrieb
des Stößels

Bild 2-51
Zweiständerstufenpresse mit drei
bis zwölf Stufen und 45 MN Preßkraft

erforderlich, welches mit eingebauten Induktionsglüheinrichtungen erfolgen kann. Stufenpressen haben Ober- oder Unterantrieb und Längs- und Querwellenausführung. Beim
Unterantrieb wird der Stößel vom ziehend wirkenden Pleuel bewegt. Dieser ist in den
Seitenwänden untergebracht, wodurch ein größerer Arbeitsraum entsteht, was wiederum
zusätzliche Druckstufen ermöglicht.

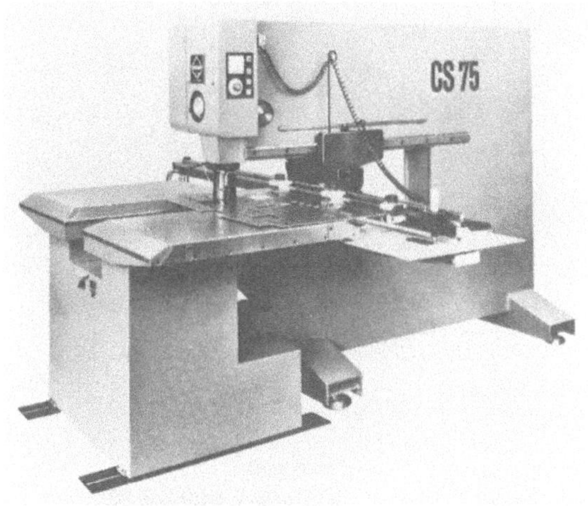

Bild 2-53
Kopierstanzmaschine zum Stanzen von Blechen,
mit Nibbelwerkzeug auch zum Nibbeln benutzbar

Säulenpressen (Bild 2-42(3)) sind im allgemeinen als Universalpressen verwendbar für größere Schneid-, Biege-, Präge- und Zieharbeiten. In Kurbelpressenausführung mit Oberantrieb ist Längs- oder Querwellenanordnung üblich. Das torförmige Pressengestell besteht aus Tisch, Säulen- und Kopfstück. Den Arbeitsdruck nehmen die Säulen auf. Ihre Anordnung ermöglicht gute Zugänglichkeit zu den Werkzeugen und Übersichtlichkeit für den Arbeitsablauf. Mit Viersäulenpressen läßt sich eine Vergrößerung der Tisch- und Stößelspannflächen über die vier Säulenweiten hinaus ausführen. Man kann auch Werkzeuge einspannen, deren Länge oder Breite größer ist als die Maschinenfläche. In manchen Pressen kann neben dem Stößel auch das Kopfstück verstellt werden.

Die *Schnelläuferpresse* wird für die Mengenfertigung verwendet zum Schneiden ebener Bleche und zum Ziehen niedriger Hohlkörper. Das Gestell ist in Doppelständer- oder Säulenbauweise mit Ober- oder Unterantrieb ausgeführt. Zur Schonung der Schneidwerkzeuge muß die Presse so gestaltet sein, daß geringste Gestellauffederung und kleinste Lagerspiele gesichert sind. Man arbeitet mit Folgewerkzeugen und verwendet Blechstreifen oder Blechbänder vom Bund. Bei letzteren zieht man das Band über eine Haspel vom Bund ab und durch den Richtapparat und die Zuführeinrichtung in das Werkzeug.

Nutenstanzen und Nutenautomaten (Bild 2-52 und 2-53) verwendet man für das Ausschneiden von Nuten in Kreisform, wie es z.B. für Rotor- und Statorbleche in Elektromotoren erforderlich ist. Die Stößelhubzahlen liegen bei $1000\,\mathrm{min}^{-1}$ und darüber. Es genügen einfache Schneidwerkzeuge. Ein Schaltgetriebe steuert eine Spannvorrichtung für Blechscheiben verschiedener Durchmesser mit drehendem Vorschub entsprechend der verlangten Nutenteilung. Nach jedem Stößelhub wird eine Nut geschnitten. Eine Sonderform für das Stanzen segmentförmiger Bleche bilden *Segment-Nutenstanzen*. Nutenautomaten sind selbsttätig arbeitende Schneidmaschinen. Das schrittweise Schalten für die Teilung übernimmt ein Schaltgetriebe, das Einlegen eine pneumatische Zuführeinrichtung. Permanentmagnete an Transportarmen stapeln die fertigen Teile auf Dorne, von dem sie Abstreifer wieder trennen.

In *Revolverpressen* mit halb- oder vollautomatischem Fertigungsablauf werden Mengenteile, die mit verschiedenen Arbeitsverfahren vorgearbeitet sind, durch Schneiden oder Biegen umgeformt. Der Revolverteller, ein Magazin als Mehrschaltvorrichtung, nimmt

(1) Ansicht der Maschine

(2) Lochblech

Bild 2-54
Perforierbreitpresse mit
Wechselradwalzen, Vorschub-
und Trennschere

Bild 2-55
Zweiständerziehpresse mit
Gelenkantrieb des Ziehstößels
und Kniehebelantrieb des
Blechhalters,
zweifach wirkend

die Teile auf und führt sie dem Werkzeug zu. Er liegt waagrecht auf dem Maschinentisch und ist drehend unter dem Stößel so angelegt, daß auch mehrere Werkzeuge zugleich arbeiten können. Die Steuerung geht von der Kurbelwelle aus. Die Maschinen sind meist mit Doppelständer und in C-Bauweise ausgeführt.

Perforierpressen (Bild 2-54) sind Lochmaschinen für einfache Lochungen und Lochbilder. Sie lochen Bleche über die ganze Ständerweite. Den Blechvorschub besorgt ein Walzenvorschub mit Feineinstellung, der ausschwenkbar angeordnet ist. Während des Lochvorganges halten einstellbare Niederhalter das Blech fest. Als *Perforiermaschinen* bezeichnet man Lochmaschinen, deren Stößelbreite sich nur über einen Teil der Ständerweite erstreckt. *Perforierautomaten* schneiden programmgesteuert Lochbilder in Streifen, Bänder und Tafeln. *Viellochstanzen* schließlich sind Sondermaschinen, die mit mehreren Werkzeugen verschiedene Innenformen schneiden.

Kniehebel-Ziehpressen (Bild 2-55) in der Blechverarbeitung eignen sich durch die Kniehebelwirkung besonders für das Tiefziehen. Sie haben doppelt wirkenden Arbeitsablauf für die Bewegungen von Blechhalter und Ziehstößel. Der Blechhalterstößel wird durch einen Lenkermechanismus (einfache Gelenke, Laschen, Kniegelenke) bewegt, der Blechhalterstößel durch einen Kurbeltrieb. Man baut diese Pressen in enger und breiter Doppelständerausführung, mit Ober- und Unterantrieb, in Längs- oder Querwellenanordnung und auch mit einfachen oder mehrstufigen Rädervorgelegen. Die *Gelenkpresse* ist eine Kniehebelpresse mit kleinsten Ziehgeschwindigkeiten im Arbeitsbereich und vor dem unteren Totpunkt des Stößels. Gegenüber vergleichbaren Kniehebel- oder Kurbelpressen haben sie höhere Hubzahlen. *Kniehebelbreitziehpressen* sind Sonderpressen mit Baumaßen je nach Verwendungszweck (z.B. für die Herstellung von Verkleidungen für Fahrzeuge und Flugzeuge). Entsprechend sind Mehrpunktantrieb, Ständerweiten und Tische bemessen. Tiefzieharbeiten für kleine Umformgeschwindigkeiten müssen mit niedrigen Hubzahlen ausgeführt werden. Damit trotzdem hohe Stückleistungen erzielt werden, entwickelte man Pressen mit Zweigeschwindigkeitskupplungen. Mit diesen werden selbsttätig kleine Ziehgeschwindigkeiten und höhere Rücklaufgeschwindigkeiten erreicht.

Die vielseitigen Bauformen und Antriebsarten für *Spindelpressen,* wie sie für die Massivumformung von Metallen (Bild 2-15 und 2-22) ausgeführt werden, finden in der Blechumformung nicht alle Anwendung. Leichtere Bauweise und Dreischeibenreibantrieb überwiegen. Die *Reibspindelpresse (Friktionspresse),* in enger und weiter Doppelständerbauweise bevorzugt man zum Tiefziehen drehsymmetrischer einfacher Hohlkörper, zum Hohlprägen, Biegen und

Bild 2-56
Handspindelpresse mit Säulengestell
und Schwungrad,
0,1 bis 1 MN Preßkraft

Planieren von Blechteilen. Mit Druckluftziehapparaten und Auswerfern als Zusatzeinrichtungen sind besondere Tiefzieharbeiten möglich. Reibscheiben treiben das Schwungrad auf der Gewindespindel, das im Stößel drehbar gelagert ist, an. Die *Handspindelpresse* (Bild 2-56) als einfache Maschine ist geeignet für die Fertigung kleiner Stückzahlen von Teilen, die geringe Schneid- und Preßkräfte erfordern. Auch im Werkzeugbau ist diese Presse häufig zu finden. Das Gestell kann in C-, O- und Säulenform mit Flur- oder Tischaufstellung gestaltet sein. Bei Schneid- und Biegearbeiten liegen die Antriebsdrehzahlen bei etwa einer halben Umdrehung bei Prägearbeiten, abgestimmt auf Hubhöhe und Schlagstärke, bei mehrfachen Umdrehungen je Minute.

In *hydraulischen Pressen für die Blechbearbeitung* nutzt man ebenso wie bei der Massivumformung die Vorteile des ölhydraulischen Kraftantriebes, Neben der allgemeinen Erzeugung großer, gleichmäßiger und weichwirkender Ziehkräfte sind bei der Blechumformung, hauptsächlich für die Ziehtechnik, folgende Eigenschaften der hydraulischen Presse von Bedeutung:

> *Stufenlose, feinfühlige Steuerbarkeit* des hydraulischen Druckes für Ziehstößel, Blechhalter und Ziehkissen über einzeln zugeordnete Hydraulikzylinder und der Druckkontrolle mit Manometer;
>
> *Ausführen beliebiger Zieh- und Leerlaufgeschwindigkeiten,* stufenlos regelbar zwischen Stillstand und Größtwert, wodurch ein Anpassen an die Fließgeschwindigkeit des Bleches gut möglich ist;
>
> *Wirkenlassen des Preßdruckes* auf das Werkstück, zeitlich beliebig lang, in jeder Stößelstellung ohne Überlastung der Presse und Beschädigung der Werkzeuge, auch bei Blechdickenabweichungen;
>
> *Verschiebbarkeit eines eingestellten Hubes* innerhalb des Arbeitsraumes für Pressenstößel und Blechhalter;
>
> *Verwenden des Ziehkissens* als Blechhalter oder Ausstoßer;
>
> *einfache Gestaltung der Werkzeuge* durch Verringerung der Fertigungsstufen auch bei größten Ziehtiefen;
>
> Schonung der Werkzeuge.

Der Aufbau der hydraulischen Pressen ist dem der mechanischen Pressen weitgehend ähnlich, jedoch entfallen Kurbelwelle, Schwungrad und Riementrieb. Bei hydraulischen Pressen der Blechbearbeitung haben Pressengestelle der stehend arbeitenden Pressen C- und O-Formen und werden in Einständer-, Rahmenständer- und Säulenbauweise gebaut. Die Bewegungen der Stößel erfolgen als Einpunkt- und Mehrpunktantrieb. Die Maschinen werden ein-, zwei- und dreifach wirkend als Oberantriebspresse oder Unterantriebspresse (Hydraulikantrieb im Oberteil oder Unterteil) gebaut. Bei manchen Maschinen wird der Hydraulikantrieb als Beistelleinheit ausgeführt. Die *einfach wirkende hydraulische Ziehpresse* ist zur Herstellung flacher Ziehteile geeignet. In Verbindung mit einem Ziehkissen im Pressentisch wird sie zur zweifach wirkenden Presse, die tiefere Ziehteile herstellen kann. Die *zweifach wirkende Ziehpresse* (Bild 2-57) arbeitet mit Ziehstößel und Blechhalter. Sie ist für tiefere Hohlkörper geeignet. Die *dreifach wirkende Ziehpresse* ist mit Ziehstößel, Blechhalter und Ziehkissen eingerichtet und für jede Zieharbeit geeignet. Ziehstößel und Blechhalter wirken abwärts, das Ziehkissen je nach Bauart abwärts oder aufwärts. Bei Aufwärtsbewegung wird die nutzbare Preßkraft des Ziehstößels gemindert. Bei den *Ziehkissen* unterscheidet man *ungesteuerte und gesteuerte,* je nachdem ob sie während des Umformvorganges kraftschlüssig mit dem Ziehstößel abwärts und wieder

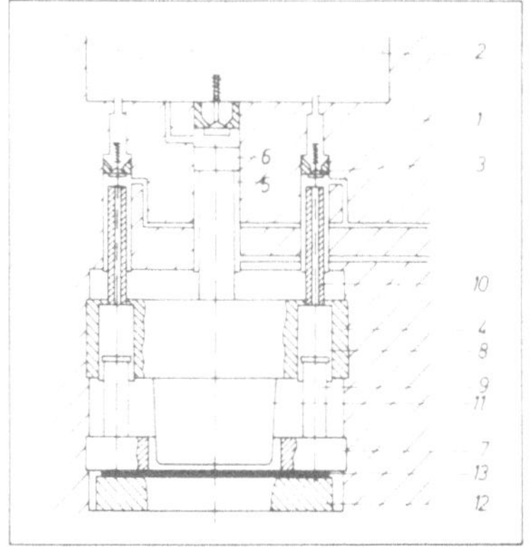

Bild 2-57
Grundschema eines Hydraulischen Antriebes für zweifach wirkende hydraulische Presse
1 Gestell; 2 Ölbehälter; 3 Einlaßventile; 4 Ziehstößel; 5 Hydraulikzylinder; 6 Kolben am Ziehstößel; 7 Blechhalter; 8 Hydraulikzylinder für Blechhalter; 9 Kolben am Blechhalter; 10 Tauchrohre; 11 Ziehstempel; 12 Ziehring; 13 Blechscheibe als Ziehteil

aufwärts gedrückt werden oder ob sie mit einer eigenen Hydraulikpumpe arbeiten. Der Blechhalter wird meist von vier Hydraulikzylindern bewegt, deren Kräfte durch Steuerung verschieden stark, an die Ziehformen des Werkstücks angepaßt, zur Wirkung kommen. Diese Hydraulikzylinder befinden sich wie die des Ziehstößels im Pressengestell oder sind im Ziehstößel untergebracht.

Hydraulische Streckziehpressen, auch Streckformmaschinen genannt, können großflächige Blechteile in gebogenen, gewölbten und gekrümmten Formen für kleine und große Stückzahlen herstellen. Es sind dies Blechverkleidungen für Behälter, Maschinen und Verkehrsmittel. Auch das Biegen von Formbändern und Formstangen für Verstärkungen von Gestellen ist möglich. Besonders vorteilhaft ist die verhältnismäßig billige und kurzfristige Anfertigung maß- und formgerechter Musterstücke für den Versuchsbau ehe ein Blechteil in großen Stückzahlen mit teueren Werkzeugen in Ziehpressen gefertigt wird. Der Aufbau der Streckziehpressen, ihre Betriebsanlage und Arbeitsweise ist gegenüber mehrfach wirkenden Ziehpressen einfach. Die Formwerkzeuge können aus Holz, Holzzement, Kunststoff oder Weichmetall hergestellt werden, Streckziehmaschinen arbeiten mit Vertikalzug, Tangentialzug oder im Verbund aus beiden. Der Antrieb der Arbeitsbewegungen kann öl- und wasserhydraulisch und auch mechanisch erfolgen. *Hydraulische Sonderverfahren der Blechumformung* wie z.B. mittelbares Hydroformen mit Gummikissen und unmittelbares Hydroformen mit Hydraulikkissen werden auf Pressen mit herkömmlicher Bauart, deren Hauptbestandteil ein Sonderwerkzeug ist, durchgeführt.

Druckluftpressen (Bild 2-58) verwendet man für die Blechumformung, wenn die Druckkraft 0,1 MN nicht übersteigt. Die Druckluft ist hier Energieträger für den Antrieb und dient zugleich für die Steuerung der Maschine. *Tisch- und Ständerausführungen* sind gebräuchlich. Nach Anschluß an das Druckluftnetz (Betriebsdruck meist 7 bar) sind die Maschinen betriebsbereit. Mit 7 bar Druck erreicht man eine Preßkraft von etwa 40 000 N. Kolbenhubmotoren bewegen mittels Lenkersystem oder Kurventrieb den Pressenstößel. Mit Schlagzylindern läßt sich der Antrieb eines Werkzeuges unmittelbar ausführen. Die Stößelbewegung kann mit Hand- oder Fußsteuerung betätigt werden. Selbsttätiges Arbeiten mit Druckluftpressen ist mit elektro-pneumatischen Vorschubgeräten für Blechstreifen und Blechteile auf einfache Weise erreichbar. Diese Pressen können zum Schneiden, Stanzen, Ziehen, Prägen, Nieten und Richten Verwendung finden. Auch hydraulische Pressen finden hier Verwendung (Bild 2-59).

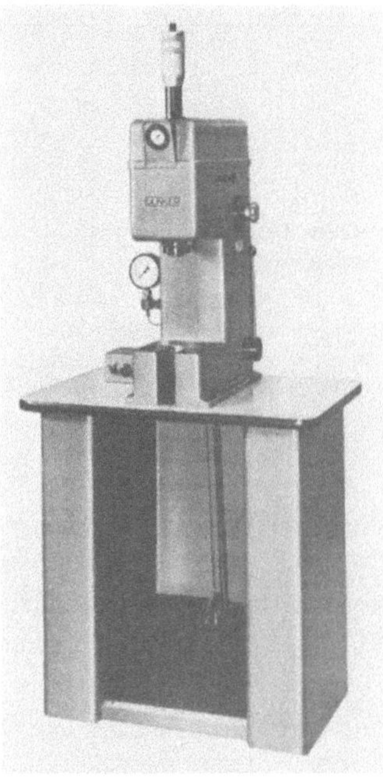

Bild 2-58
Druckluftbetriebene Tischpresse
mit Handhebelsteuerung

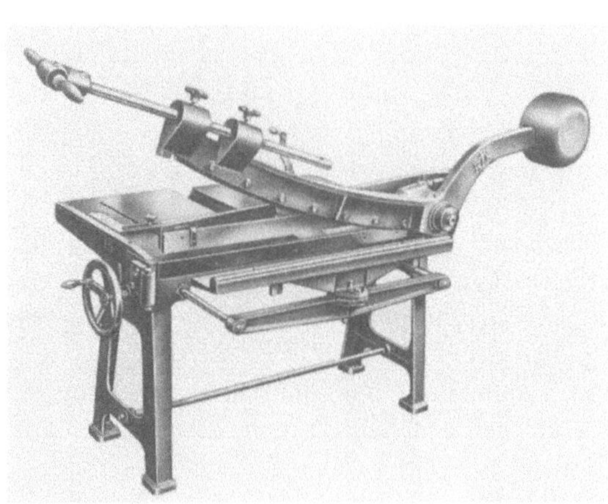

Bild 2-59
Hydraulisch betriebene Richtpresse
in Ständerausführung

Bild 2-60
Hebeltafelschere für
Blechdicken bis 2 mm
Schnittlänge 1020 m

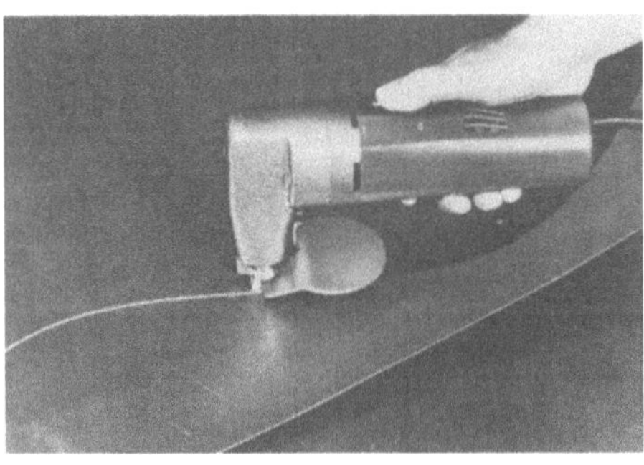

Bild 2-61. Elektrohandschere

2.4.3. Blechbearbeitungsmaschinen zum Scheren, Schneiden, Biegen und Drücken

Scheren haben, dem Verwendungszweck angepaßt, Bauformen und Ausstattungen, die zum Schneiden von Metallen in Stangen-, Knüppel-, Platinen- oder Blechformen verschiedener Schneidtechniken geeignet sind. Bei der Blechbearbeitung unterscheidet man Feinblech- und Grobblechscheren. Muskelkraft dient zum Antrieb von *Handscheren, Hebelscheren und kleinen Tafelscheren* (Bild 2-60). Die Schneiden der Obermesser verlaufen nach der Form einer logarithmischen Spirale. Ein gleichbleibender Neigungswinkel verringert die Entstehung unebener Abschnitte und vermeidet nachträgliche Richtarbeit. Bei *elektrischen Handscheren* (Bild 2-61) bewirkt ein Kurbel- und Exzentertrieb den geradlinigen, auf- und abgehenden Schneidvorgang der Obermesser gegen ein feststehendes Untermesser. Diese Schneidtechnik ist als Aushauen oder Nibbeln bekannt.

Tafelscheren werden eingesetzt in der Stanzereitechnik zum Schneiden breiter Feinbleche, im Stahl- und Maschinenbau für den Mittel- und Grobblechbereich. Sie haben *elektromechanischen* (Kurbeltrieb) oder *elektro-hydraulischen Antrieb* (Bild 2-62). Die Gestelle der Maschinenscheren sind in Guß-, in Stahlplattenfüge-, Schweiß- oder Verbundbauweise ausgeführt. Elektro-mechanische Scheren besitzen oben oder unten liegenden Antrieb; in elektro-hydraulischen Scheren wird der Antrieb der Messerbalken durch Hydraulikzylinder ausgeführt, die in den Seitenständern eingebaut sind. *Tafelscheren mit schwenkbarem Oberteil* können auch Schrägschnitte für Schweißkanten schneiden. Dazu erhalten die Bleche vorab einen auf Maß geführten Geradschnitt. Mechanische Scheren haben höhere Schnittfolgen als hydraulische, letztere aber eine weichere Schneidweise, die für lange Schnitte und dicke Bleche vorteilhaft ist. Scheren müssen den Unfallverhütungsvorschriften entsprechen, wobei besonders auf Fingerschutz zu achten ist.

Andere Scherenarten sind *Kreisscheren* (Bild 2-63), *Bandscheren* (Bild 2-64) und *kombinierte Blech- und Formscheren mit Ausklink- und Lochwerkzeugen. Aushau- und Nibbelmaschinen* (Bild 2-65) sind Mehrzweckmaschinen. Mit ihnen kann das Schneiden beliebiger Kurven beginnend am Blechrand oder das geschlossener Formen aus der Blechfläche heraus ohne Vorloch nach Anriß oder Schablone ausgeführt werden. Ein Kurbeltrieb ermöglicht den geradlinig auf- und abgehenden Antrieb des Stoßmessers, wodurch mit dem Untermesser zusammen eine nagende Wirkung entsteht. Die Messer sind austauschbar gegen Werkzeuge und Einrichtungen für das Umformen von Blech durch Absetzen, Sicken, Bördeln u.a. Arbeitsverfahren. In *Kopiernibbelmaschinen* erfolgt zusätzlich eine numerische Steuerung als Zweiachsen-Bahnsteuerung. Eine Weiterentwicklung

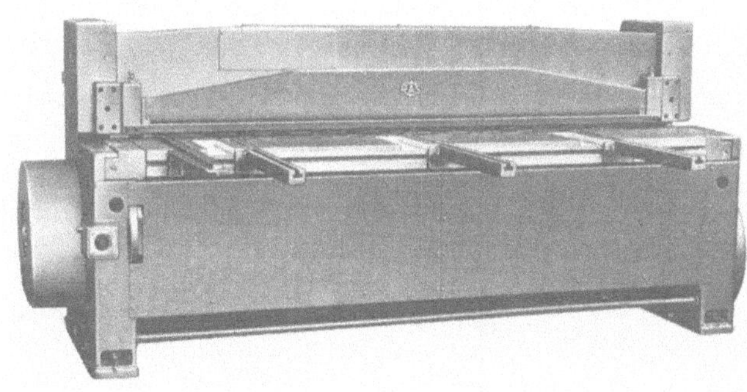

**Bild 2-62
Elektrohydraulische
Tafelschere
bis 4mm
Blechdicke und
2500 mm Breite**

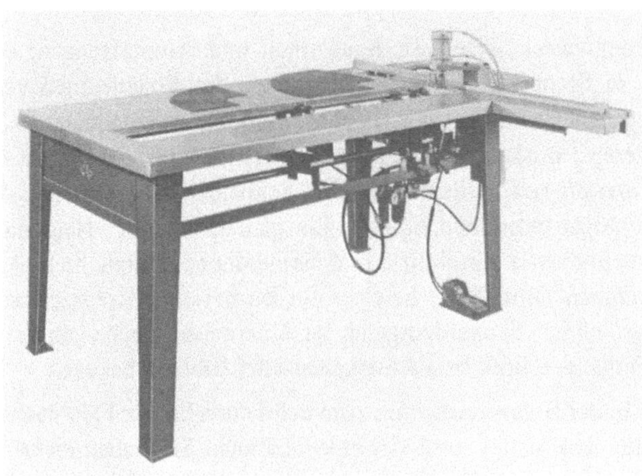

**Bild 2-63
Bogenschere für gerade, runde
und gebogene Schnitte**
(Blechdicken bis 1,5 mm)

**Bild 2-64
Rollenschere zum Schneiden
von Blechen in Streifen**

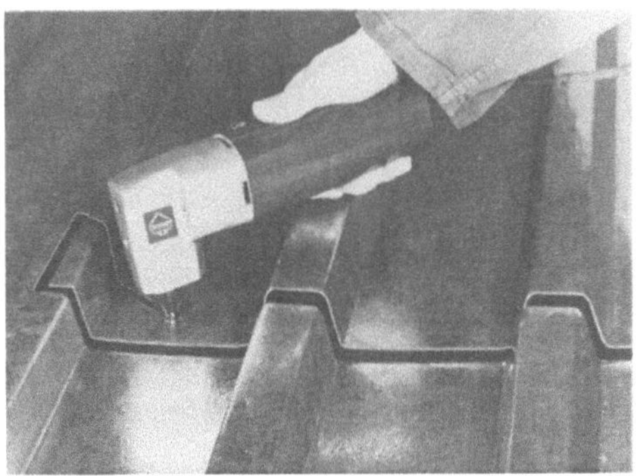

Bild 2-65. Elektrische Handnibbelmaschine

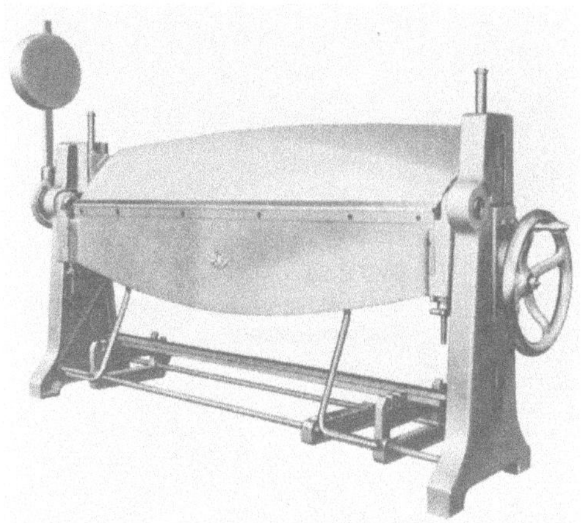

Bild 2-66
Universalschwenk-, Wulst- und
Rundbiegemaschine mit Handantrieb

Bild 2-67
Vollhydraulische Schwenkbiegemaschine mit
Programmsteuerung

der Nibbelmaschine ist die *Kopierschneidpresse* (Bild 2-54), die einen oder mehrere Programmabläufe gestattet. Mit Schneidwerkzeugen für Rund-, Rechteck- und Langlochformen lassen sich programmierte Lochbilder herstellen. Dazu verwendet man auch Schnellwechseleinrichtungen für die Werkzeuge, wie z.B. Werkzeugrevolver.

Abkant- und Biegemaschinen eignen sich zum Biegen offener oder geschlossener Formen (z.B. Fenster- und Türrahmen, Schienen, Streben, Rohre usw.) In Sonderausführungen sind auch Stanz- und Prägearbeiten möglich. Abkantmaschinen und Abkantpressen sind für die Blechverarbeitung, Biegemaschinen für Profilquerschnitte gedacht. In *Schwenkbiegemaschinen* (Bild 2-66) können Arbeiten für schwierige Formquerschnitte mittels schwenkbaren Biegewangen hergestellt werden. Für einfache, kleine Arbeiten und solche mit dünnen Blechen genügen Maschinen mit *Handantrieb. Elektromechanische Abkantpressen* haben Ober- oder Unterantrieb. Der Biegestößel erhält den Antrieb über Kurbel-, Exzenter-, Kniehebel- oder Zahnstangentrieb. Vorgelege, Kupplungen und Schwungräder sind ebenfalls erforderlich. *Elektrohydraulische Abkantpressen* (Bild 2-67) sind steuerbar durch Veränderung des Hydraulikdrucks. Die Hydraulikzylinder sind in oder auf den Seitenständern des Gestells angebracht. *Abkantmaschinen* für leichtere Blecharbeiten arbeiten ähnlich den Abkantpressen, aber ohne besondere Druckwirkung. Sie sind deshalb leichter und raumsparender gebaut.

Abkantpressen und Biegemaschinen haben Gestelle in C-Bauweise oder Rahmenform. Es gibt senkrecht und waagrecht arbeitende Maschinen (Bild 2-42). Die Oberwange, die in den Seitenständern geführt ist, ist auf den schmalen Pressentisch abgestimmt. Wegen ihrer geringen Breite ist sie jedoch hoch gebaut, um ein großes Widerstandsmoment gegen Biegung zu erhalten. Die Werkzeuge können auf einfache Weise gebaut werden. Die Arbeitsabläufe sind mittels Programmsteuerungen automatisierbar.

Rundbiegemaschinen dienen zum Herstellen zylindrischer und kegeliger Hohlkörper aus Blech (Rohre, Behälter und gewölbte Verkleidungen). Die Bleche werden in diesen Maschinen bis zur Blechkante zu Hohlkörpern gerundet. Nach Zahl und Anordnung der

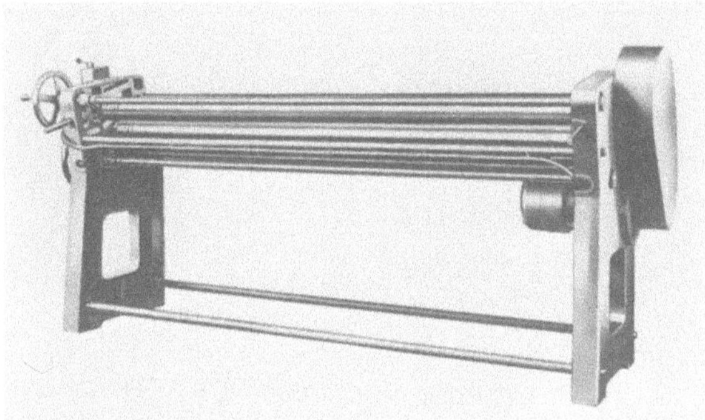

Bild 2-68
Vierwalzenrundbiegemaschine mit
Rädervorgelege

Bild 2-69
Hochleistungs-Blechricht-
maschine für Feinbleche
und -bänder bis 2000 mm
Breite

Biegewalzen unterscheidet man *Drei- und Vierwalzenmaschinen* mit gleichseitigen und ungleichseitigen festen und verstellbaren Walzenstellungen (Bild 2-68). Gleichseitige Dreiwalzenrundmaschinen mit nicht verstellbaren Walzen lassen beidseitig gerade Blechenden übrig. Ungleichseitige Dreiwalzenstellungen erzeugen nur ein gerundetes Ende. Soll das Blechende angerundet werden, benötigt die Maschine seitlich und senkrecht verstellbare Oberwalzen. Vierwalzenmaschinen runden die Blechkanten in einer Arbeitsfolge. Es arbeiten zwei treibende, übereinander gelagerte Mittelwalzen und zwei verstellbare Seitenwalzen.

In *Blechrichtmaschinen* können Eigenspannungen bei Grob- und Feinblechen, die vom Walzen herrühren, weitgehend beseitigt werden. Diese Maschinen haben eine Vielzahl gegeneinander verstellbarer Walzen, zwischen denen das Blech bei Wechselwirkung der Kräfte hindurchgeführt wird. Dadurch wird ein ebenes und gerades Richten, Recken, Entspannen und bestimmtes Spannen erzeugt. Grobbleche richtet man auch in erwärmtem Zustand. Feinbleche, die im Walzwerk aus Grobblechen kalt gewalzt wurden, neigen

Bild 2-70
Kontaktbandschleifmaschine
mit drei Schleifstellen für das
Schleifen von Blechbändern

Bild 2-71
Automatische Drück-.
Streckdrück- und Einzieh-
maschine in liegender Bauart

besonders zu Eigenspannungen und müssen sorgfältig entspannt werden. Durch das Durchlaufen der Bleche zwischen Richtwalzen erreicht man auch ein Lockern des Gefüges. Man unterscheidet einfache und genau arbeitende Richtmaschinen (Bild 2-69). Letztere haben mehrere angetriebene Richtwalzen, die von Stützwalzen gegen Ausweichen gesichert sind. Ausgangswalzen leiten das Zu- und Abführen der Bleche. Oberwalzen sind häufig in Gruppen zusammengefaßt, die gemeinsam gegen die Unterwalzen verstellt werden können. Ihre Verstellung kann in senkrechter oder waagrechter Richtung oder durch seitliche Neigung erfolgen. Sorgfältiges Richten und eventuell Schleifen der Bleche, besonders der Blechbänder, ist in der Stanzereitechnik von besonderer Bedeutung. Ebnen oder Planieren der Schneid- und Stanzteile kann dadurch eingespart werden (Bild 2-70).

Drückmaschinen (Bild 2-71 und 2-72) wurden zur Herstellung drehsymmetrischer Hohlkörper aus kreisförmigen Blechscheiben entwickelt. Man verwendet sie besonders für Teile, die sich nicht zum Tiefziehen eignen oder für die das Anfertigen teurer Tiefziehwerkzeuge wegen kleiner Stückzahlen nicht wirtschaftlich ist. Beim einfachen Drücken

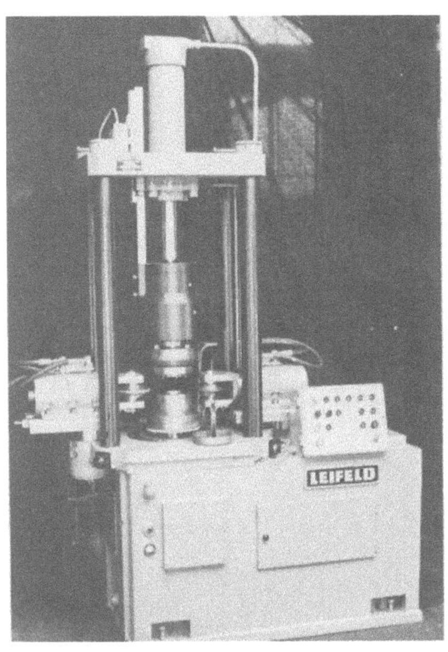

Bild 2-72
Drückmaschine in stehender Bauart

Bild 2-73
Universal Vierwege Beschneide-
und Stanzmaschine

zwingt eine Drückrolle die dünne Blechscheibe an ein sich drehendes Formteil, den Drückdorn oder das Drückfutter. Eine Verringerung der Blechdicke am Mantel des entstehenden Hohlkörpers ist möglich, jedoch unwesentlich. Für das Fließdrücken verwendet man ein vorbereitetes, flaches Hohlteil aus dickerem Blech. Bei diesem Drücken entsteht ein achsparalleles Werkstoffverschieben, ein Abstrecken bei Verminderung der Manteldicke. Hier sind größere Umformkräfte vorhanden und stabilere Drückmaschinen für die erforderliche Maßgenauigkeit, Form- und Oberflächengüte notwendig als beim einfachen Drücken. Drückmaschinen gehen in ihrer Bauweise auf Drehmaschinen zurück. Die Hauptspindel trägt das Drückfutter, gegen das der Reitstock das Blechteil spannt. Die Drückrolle auf der Querführung des Werkzeugschlittens kann längs und quer geführt werden und auch nach einer Schablone nachformen. Beim einfachen, leichten Drücken führt man den Drückstab mit der Hand entlang einer Auflage. Neuzeitliche Drückmaschinen haben hydraulisch verstellbare Drückrollen, die auch mit Nachformsteuerungen arbeiten können. Mit *Beschneidemaschinen* (Bild 2-73) werden Hohlkörper beschnitten.

2.5. Sondermaschinen der Umformtechnik[1]

Die Vielseitigkeit der spanlosen Formgebung ließ eine Menge Werkzeugmaschinen als Mehrzweck- und Sondermaschinen entstehen. Vielfach sind es auch Verbundmaschinen,

---

[1] Maschinen für Hochgeschwindigkeitsumformung (Explosivumformung, pneumatisch-mechanische, hydro-elektrische und elektro-magnetische Umformung) siehe *K. Grüning*, Umformtechnik, Verlag Vieweg, Braunschweig 1972

Bild 2-74
Profilformmaschine für Blech-
Kalt-Bänder

Bild 2-75
Doppelkopfprofilier-
maschine zum Profilieren
von Platinen

mit denen mehrere herkömmliche Arbeitsverfahren gemeinsam ausgeführt werden können.
Dies gilt sowohl für die Blechbearbeitung als auch für die Massivumformung. Es sind dies
u. a. folgende Maschinen:

> *Biegemaschinen* zum Herstellen von Rohren, Formschienen (Bild 2-74 bis 2-84), Wellblechen,
> Bändern, Streifen, Reifen und Flachfedern;
> *Maschinen zum Falten und Verpacken;*
> *Füge- und Verbindemaschinen* zum Löten, Schweißen, Nieten, Falzen, Klammern, und Bördeln
> (Bild 2-85);
> *Glättmaschinen* zum Ebnen von Falten, Falzen und Schweißnähten (Bild 2-58, 2-59 und 2-86).

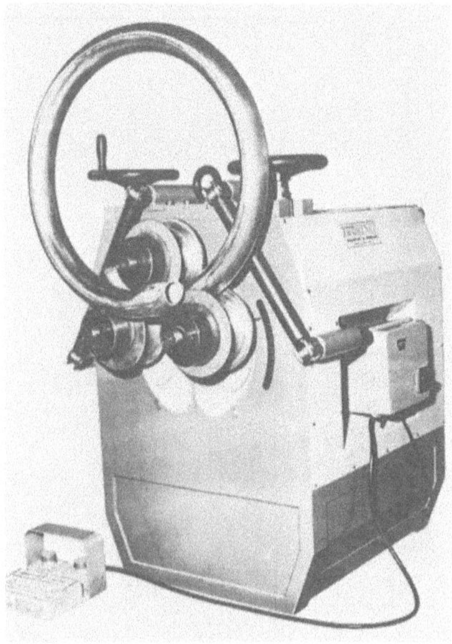

Bild 2-77
Rundbiegeeinrichtung auf Wendel

Bild 2-76. Rundbiegemaschine für Rohre und Profile

Bild 2-78
Maschine zum Aufrollen
eines Rolltores

In *Metallpulver- und Sinterpressen* ist eine besondere Herstellungsmöglichkeit technischer Erzeugnisse aus Metall- und Keramikpulver gegeben. Man bezeichnet diese Technik auch als *Sintertechnik* und im Bereich metallischer Werkstoffe als *Pulvermetallurgie.* Zum Verfahren gehört neben dem Sintern auch die Erzeugung des Metallpulvers. Das Verarbeiten des Metallpulvers zu festen Formteilen erfolgt in zwei Abschnitten:

Verdichten des Metallpulvers (Kaltpressen) (Bild 2-87) bei Raumtemperatur in Stahlformen ausgeführt in mechanischen oder hydraulischen Sonderpressen. Die entstehenden Formteile (grüne Preßlinge) sind noch ohne Festigkeit. Je nach Größe und erreichter Stoffdichte ist ein Nachpressen erforderlich.

Bild 2-79
Winkelbieger
zum Biegen
von Winkelteilen
aus verschiedenen
Profilen

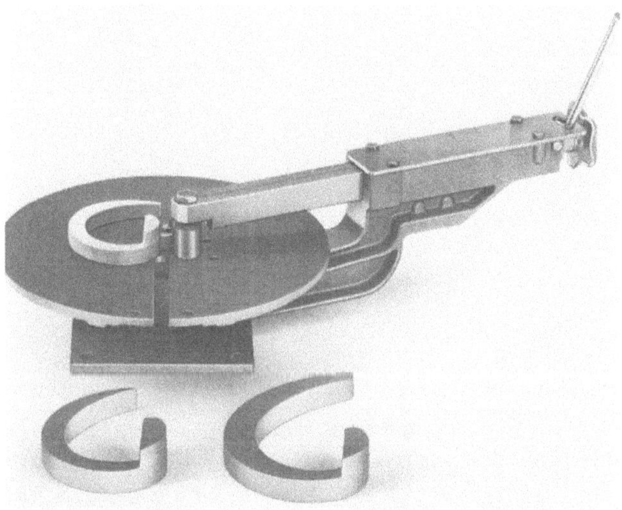

Bild 2-80
Schnörkelbieger
zum Biegen
von Flachstahl

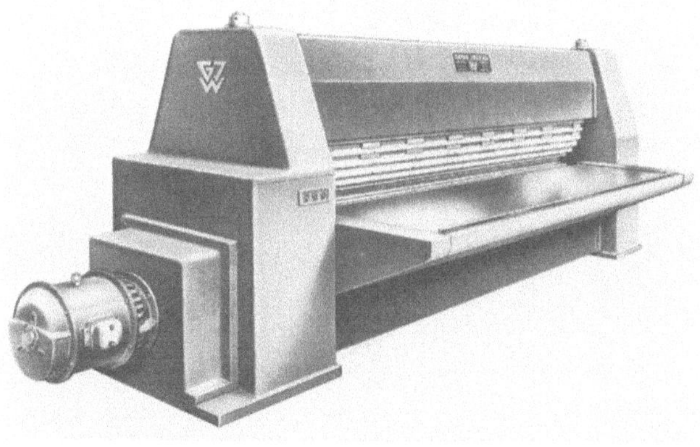

Bild 2-81
Wellblechwalzmaschine

**Bild 2-82
Vierwalzen-Egalisier-
und Bombiermaschine
für Wellbleche**

Bild 2-83. Wellblechschere

Nach dem Verdichten erfolgt das Sintern der Preßlinge. Dies ist ein Warmbehandeln unterhalb des Metallschmelzpunktes bei etwa 1100 °C. Das beim Verdichten erreichte mechanische Verklammern und Zusammenhalten (Adhäsion) der Pulverteilchen wird durch Diffusionsvorgänge auf Gebrauchsfestigkeit gebracht. Das Gefüge wird porig. Höhere Stoffdichte erreicht man durch Vorsintern, erneutes Verdichten und Fertigsintern. Eine Sinteranlage besteht meist aus mehreren Sinterpressen mit elektrisch beheiztem Sinterofen. Die Preßlinge werden in Blechkästen in Graphitpulver eingepackt und unter Schutzgas gegen Oxydation der Teile in den Heizraum gebracht. Sehr genaue Formen werden in einer Presse mit Kalibrierwerkzeugen nachbehandelt. Lagerteile, die Schmierstoffe aufnehmen sollen, sollen nach dem Sintern möglichst nicht mehr spanend bearbeitet werden, da sonst die Poren zugedrückt werden.

Bild 2-84
Wellblechprofilieranlage mit 14 Walzgerüsten

Bild 2-85
Bördel- und Sickenmaschine mit
Motorantrieb zum Säumen und
Versteifen von Blechen

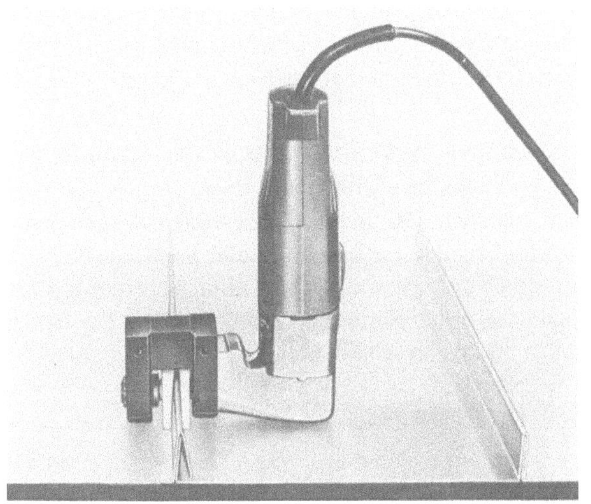

Bild 2-86
Falzmaschine für Blechdicken
bis 1,5 mm

Bild 2-87
Winkeldruckpresse als Metallpulverpresse
für W- und Mo-Pulver
Preßkraft 8 MN vertikal und 8,5 MN
horizontal

Sinterteile können auf hohe Form- und Maßgenauigkeit gefertigt werden. Bei der Gestaltung der Teile ist auf Verdichtungsmöglichkeit und Arbeitsweise der Presse zu achten. Es sind nur glatte zylindrische Begrenzungsflächen in Preßrichtung der Werkzeugstempel möglich, Hinterschneidungen in waagrechter Richtung nicht. Für das Verdichten unterscheidet man einseitiges Pressen, gegenläufiges Pressen, Presen mit federndem Mantel im Preßwerkzeug und Abziehverfahren. Die Bauformen der Sinterpressen unterscheiden sich von den Pressen anderer Umformverfahren nur wenig. Die Gestelle sind überwiegend Rahmen- oder auch Säulengestelle. Ihre Arbeitsweise und Ausstattung ist auf die Eigenart des Pulverwerkstoffes und auf die Verdichtungsart abgestimmt. Sie besitzen Folgesteuerung, mit der das Füllen der Preßform mit Metallpulver aus Füllbehältern, das Verdichten und Ausstoßen der Preßlinge selbsttätig erfolgt. Die Arbeitsfolgen Verdichten (Kaltpressen) und Nachpressen (Kalibrieren) sind in vielen Maschinentypen getrennt ausführbar. Besondere Kalibrierpressen sind dann nicht erforderlich. Mit hydraulischen Pressen ist Verdichten in zwei Preßbereichen möglich. Beim *Abziehverfahren* arbeitet man mit Oberkolben und Untertischantrieb. Bei hydraulischem Antrieb verwendet man Hochdruckpumpen, aber auch im Verbund Niederdruck- mit Hochdruckstufe.

Pressen für Sintern werden bis 2 MN, 500 mm Hubweg des Oberkolbens, 1000 mm Einbauhöhe, mit Hubzahlen für den Preßvorgang für große Pressen um 8 bis 15 min^{-1} und für kleine Schnellspressen bis 50 min^{-1}, 25 kW Antriebsleistung und 14 kW Steuerleistung und 34 cm^2 Werkstücksprojektionsfläche des Werkstücks in Preßrichtung gebaut. Nennpreßkräfte sind der Größe der Werkstücke anzupassen. Für Teile mit 1,5 kg Masse sind etwa 4,5 MN erforderlich.

Ein neuzeitliches Verfahren, das *Isostatische Verdichten,* arbeitet mit Plastikformen, die mit Sinterpulver gefüllt in einen hydraulischen Druckraum gelegt werden. Der mit Hochdruck erzeugte Flüssigkeitsdruck zwischen 200 und 700 MPa wirkt von allen Seiten (dreidimensional), gleichmäßig (isostatisch) auf die Plastikform und preßt das Pulver in die endgültige Formendichte. Damit sind Teile mit waagrechten Hinterscheidungen herstellbar. Auch typische Gußteile können so durch Sintern hergestellt werden. Die Druckzeiten liegen zwischen einigen Sekunden und mehreren Minuten.

3. Werkzeugmaschinen der spanenden Formgebung

3.1. Übersicht und Einteilung

Die Vielzahl der vorhandenen Werkzeugmaschinen macht es bei einer übersichtlichen Darstellung erforderlich, Gruppen von Maschinen zusammenzufassen. Bei der Gruppierung sind verschiedene Gesichtspunkte bestimmend. Zunächst bilden die angewandten Arbeitsverfahren wie Drehen, Fräsen, Hobeln usw. die Hauptgruppen der Werkzeugmaschinen. Innerhalb der Hauptgruppen erfordern verschiedene Gesichtspunkte eine Unterteilung. Verschiedene Formen, Arten und Größen von Werkstücken sowie zu bearbeitende Stückzahlen benötigen jeweils auch andere Arten von Werkzeugmaschinen. Entsprechend unterteilt man innerhalb der Hauptgruppen in Untergruppen.

3.1.1. Drehmaschinen

Zu dieser Hauptgruppe gehören Maschinen, die eine kreisförmige Hauptschnittbewegung ausführen. Es wird dies vorwiegend bei runden Werkstücken (Wellen u. ä.) oder bei Werkstücken mit runden Innenformen (Zylinder u. ä.) notwendig. Die Schnittbewegung wird fast immer vom Werkstück ausgeführt. Alle übrigen Bewegungen führt dann das Werkzeug aus. Folgende Untergruppen werden unterschieden:

Drehstühle und Kleindrehmaschinen für kleine Werkstücke, die hauptsächlich in der Feinwerktechnik benötigt werden.

Mechaniker- und Werkzeugmacher-Drehmaschinen für einfache, nicht zu große Werkstücke mit und ohne Gewinde. Gewinde erzeugt man mit Gewindeschneidwerkzeugen wie Gewindeschneideisen und Gewindebohrer.

Produktionsdrehmaschinen verschiedener Art werden jeweils für eine bestimmte, eng begrenzte Form von Werkstücken gebaut. Die zu fertigende Stückzahl muß jedoch den Einsatz einer solchen Maschine rechtfertigen. Leit- und Zugspindelmaschinen sind im Gegensatz zu Produktionsdrehmaschinen vielseitig. Dreharbeiten können an unterschiedlichen Werkstücken ausgeführt werden.

Nachformdrehmaschinen (Kopierdrehmaschinen) erzeugen nach einem vorgefertigten Modellwerkstück selbsttätig vielerlei Werkstücke.

Feindrehmaschinen eignen sich zum Herstellen von Werkstücken mit besonderer Oberflächengüte.

Vielschnittdrehmaschinen bearbeiten Wellen mit vielen Werkzeugen gleichzeitig.

Plandrehmaschinen eignen sich für kurze, im Durchmesser große Werkstücke.

Langdrehmaschinen werden im Gegensatz dazu für lange und dünne Werkstücke gebaut.

Karuselldrehmaschinen sind für unförmige, große Werkstücke geeignet.

Sonderdrehmaschinen, wie Hinterdreh-, Unrunddreh- und Kurbelwellendrehmaschinen werden für bestimmte, besonders geformte Werkstücke erforderlich.

Revolverdrehmaschinen und Drehautomaten kommen für die Serien- und Massenfertigung der verschiedenen Fertigungen zur Verwendung.

3.1.2. Fräsmaschinen

Zu dieser Hauptgruppe gehören Maschinen, die hauptsächlich ebene Flächen bearbeiten. Die Hauptschnittbewegung führt meist das Werkzeug, die Vorschubbewegung das Werkstück aus. Das verwendete Werkzeug ist dabei vielschneidig. Da diese Bedingungen für

Gewinde- und Zahnradfräsmaschinen nur teilweise zutreffen, ordnet man sie in die Gruppe der Sondermaschinen ein. Für die Herstellung verschiedenartiger Formen von Werkstücken bestehen an Untergruppen:

Senkrechtfräsmaschinen und Waagrechtfräsmaschinen mit senkrecht stehender und waagrecht liegender Fräserachse.

Universalfräsmaschinen haben wahlweise waagrechte oder senkrechte Fräserachslage und besitzen außerdem einen drehbaren Werkstücktisch. In der Verwendung sind sie entsprechend vielseitiger. *Werkzeugfräsmaschinen* sind besonders vielseitige Universalfräsmaschinen und vorwiegend für den Werkzeugbau geeignet.

Nachformfräsmaschinen (Kopierfräsmaschinen) arbeiten nach einem Meisterwerkstück und eignen sich für die Serienfertigung.

Langfräsmaschinen eignen sich für große Flächen.

3.1.3. Bohrmaschinen

Diese Hauptgruppe faßt Maschinen zusammen, die in Werkstücken runde Löcher bohren. Hauptschnittbewegung und Vorschub können sowohl vom Werkzeug als auch vom Werkstück ausgeführt werden. Im einzelnen unterscheidet man:

Senkrechtbohrmaschinen als Säulen-, Ständer- und Tischbohrmaschinen für normale Bohrarbeiten mit verschiedenen Bohrleistungen.

Reihenbohrmaschinen sind für die Fließbandfertigung geeignet.

Mehrspindelbohrmaschinen erzeugen gleichzeitig mehrere Bohrungen.

Auslegerbohrmaschinen eignen sich für sperrige und große Werkstücke.

Genaubohrmaschinen (Lehrenbohrwerke), z.T. in die Gruppe der Sondermaschinen gehörend, für genaue Arbeiten.

Waagrecht-, Bohr- und Fräswerke mit liegender Bohrspindel für Horizontalbohrungen.

3.1.4. Hobel-, Stoß- und Räummaschinen

Die Gruppierung erfolgt hier nach der Art der Hauptschnittbewegung. Maschinen, die eine hin- und hergehende, geradlinige Schnittbewegung ausführen, werden zu dieser Hauptgruppe zusammengefaßt. Zahnradbearbeitungsmaschinen, auf die diese Festlegung zutreffen würde, gehören zu der Gruppe der Sondermaschinen. Dazu gehören folgende Untergruppen.

Stoß- und Hobelmaschinen. Bei Stoßmaschinen führt das Werkzeug und bei Hobelmaschinen das Werkstück die Schnittbewegung aus.

Senkrecht- und Waagrechtstoßmaschinen unterscheiden sich entsprechend der Bewegungsrichtung.

Langhobelmaschinen arbeiten in waagrechter Lage, wobei das Werkstück die Schnittbewegung ausführt.

Kurzhobelmaschinen verwendet man als Formen- und Stempelhobelmaschinen, die schwierige Formen herstellen. Dem Antrieb entsprechend zählt man sie auch zu den Waagrechtstoßmaschinen (Shaper, Shaping).

Räummaschinen stellen eine Weiterentwicklung der Stoßmaschinen dar. Das Werkzeug besitzt viele nacheinander arbeitende Schneiden (Räumnadel), wobei der Vorschub im Werkzeug eingebaut ist.

Waagrecht- und Senkrechträummaschinen arbeiten mit liegend oder stehend gezogenem Werkzeug.

3.1.5. Fein- und Feinstbearbeitungsmaschinen

Maschinen zur Erzeugung besonderer Werkstückoberflächen werden für alle Werkzeugmaschinenarten gebaut und wegen des besseren Sinnzusammenhanges in deren Gruppen eingeordnet. Werkzeugmaschinen, die keine eigens geformte Werkzeugschneide besitzen und die Oberfläche verfeinern, sind Schleif-, Läpp- und Honmaschinen. Untergruppen werden nach der Form der Werkstücke unterschieden:

Rundschleifmaschinen für runde Teile mit Arbeiten in Spannvorrichtungen wie Futter, Zangen und zwischen Spitzen.

Spitzenlose Rundschleifmaschinen für solche Werkstücke, die nicht unbedingt zwischen Spitzen aufgenommen werden können. Besonders Teile der Mengenfertigung und bei Spindel- und Stangenform.

Innenrundschleifmaschinen zum Schleifen von Bohrungen.

Flächenschleifmaschinen zum Bearbeiten ebener und geformter Flächen.

Werkzeugschleifmaschinen zum Scharfschleifen von Werkzeugen.

Läpp- und Honmaschinen zur Erzeugung noch feinerer Oberflächen.

3.1.6. Säge- und Feilmaschinen

Zu dieser Hauptgruppe gehören im wesentlichen Maschinen, die vorwiegend zum Trennen von Werkstücken dienen. Man unterscheidet folgende Untergruppen:

Verschiedene Sägemaschinen, wie *Bügelsägemaschinen, Kreissägemaschinen und Bandsägemaschinen,* unterschiedlich nach der Form der Säge.

Trennschleifmaschinen trennen das Werkstück durch Schleifen.

Feil- und Sägemaschinen, auch in kombinierter Bauweise, sind für den Werkzeugbau besonders geeignet.

3.1.7. Sondermaschinen

Werkzeugmaschinen, die technisch besonders vervollkommnet wurden, und deshalb wirtschaftlich arbeiten, reiht man in die Gruppe der Sondermaschinen ein. Dazu gehören auch viele Maschinen für eigenartige und neuzeitliche Bearbeitungsverfahren. Fertigungstechnisch gesehen sind es Maschinen der Mechanisierung und Automatisierung, die eigenständig oder universell aus Baueinheiten für viele Arbeitsvorgänge zusammengestellt werden. Aus der Vielzahl seien genannt:

Gewindemaschinen, entsprechend dem Bearbeitungsverfahren und den Gewindearten unterschieden:

Gewindeschneidmaschinen, Gewindewirbelmaschinen, Gewindefräsmaschinen, Gewindeschleifmaschinen, Gewindebohrmaschinen.

Gewinderollmaschinen und *Gewindewalzmaschinen* zur spanlosen Herstellung von Gewinden.

Verzahnungsmaschinen, entsprechend den Bearbeitungsverfahren, und der Zahnradarten und Zahnformen.

Zahnradstoßmaschinen, Zahnradfräsmaschinen, Zahnradschleifmaschinen, Zahnradschabemaschinen und Zahnradläppmaschinen.

Wälzfräsmaschinen für Bogenverzahnung von Stirn- und Kegelrädern stellen eine besondere Untergruppe der Fräsmaschinen dar.

Nachform (Kopier)-Maschinen, Graviermaschinen für den vielseitigen Bedarf im Werkzeugbau.

Transfermaschinen werden für große Serien von Genauigkeitsteilen, für vielfältige und schwierige Bearbeitungs- und Montageaufgaben neuzeitlicher Fertigung eingesetzt. Das Zusammenwirken von Werkzeugmaschine, Werkzeug, Spannzeug und Werkstück ohne menschliche Steuerung mittels Mechanisierung und Automatisierung tritt an die Stelle der klassischen Werkzeugmaschine. Hier werden in zweckmäßiger Zusammenstellung Aufbau-, Schiebetisch-, Rundtisch- und Vorschubeinheiten als Sondermaschinen zu Maschinenstraßen vereinigt.

Maschinen für elektrische Abtrageverfahren. Diese schneidlosen Abtrageverfahren, die eigentlich nicht zu den spanenden Bearbeitungsverfahren gehören, nehmen wie die autogenen Schweißmaschinen eine Sonderstellung ein. Eingesetzt sind diese Maschinen im Werkzeugbau zum Erzeugen von Flächen und Formen. Sie dienen der Feinbearbeitung, auch in der Mengenfertigung. Man unterscheidet:

Elektroerodieren (elektroerosive Bearbeitung, Funkenerosion), *elektrolytisches Polieren* (Polierelysieren), *elektrolytisches Schleifen* (Elysieren), *elektrolytisches Einsenken, Bearbeitung mit Laser-Strahlen* (Bohren, Schneiden, Schweißen und auch zu Meß- und Prüfverfahren).

Maschinen für autogenes Trennschweißen. Herausschneiden von Formteilen aus Blechen im Einzel- und Nachformverfahren.

3.2. Drehmaschinen

3.2.1. Übersicht

Drehmaschinen werden für Form und Größe vorkommender Werkstücke sowie für die zu erzeugenden Stückzahlen und Oberflächengüten entwickelt. Nach Form und Größe der Werkstücke werden *Spitzendrehmaschinen und Futterdrehmaschinen* unterschieden. Spitzendrehmaschinen dienen zur Außenbearbeitung langer Drehteile und Futterdrehmaschinen zur Außen- und Innenbearbeitung kurzer Werkstücke. Eine wichtige Drehmaschinenart ist die *Leit- und Zugspindeldrehmaschine.* Ihrem Grundcharakter nach ist sie eine Spitzendrehmaschine. Mit Hilfe von Zusatzeinrichtungen können mit dieser Maschine fast alle vorkommenden Drehaufgaben (wie Außen- und Innendrehen, Gewindeschneiden, Bohren u.a.) gelöst werden. Gleiches gilt auch für Futterarbeiten. Die Maschine ist also eine Spitzen- und Futterdrehmaschine und wird deshalb auch *Universaldrehmaschine* genannt. Leit- und Zugspindelmaschinen, versehen mit Nachformeinrichtung, können zum Kopieren eingesetzt werden.

Maschinen mit kleinerem Arbeitsbereich finden sich bei Spitzen- und Futterdrehmaschinen. Bei Spitzendrehmaschinen sind dies *Produktionsdrehmaschinen* (Zugspindeldrehmaschinen), *Nachformdrehmaschinen, Vielschnittdrehmaschinen,* besondere *Langdrehmaschinen* und verschiedene *Sonderdrehmaschinen.* Bei Futterdrehmaschinen sind *Plandrehmaschinen* und *Karuselldrehmaschinen* wichtige Vertreter. Größere Stückzahlen in der Fertigung erfordern als weitere Gruppen von Drehmaschinen, die *Revolverdrehmaschinen* und die *Drehautomaten*, welche beide zu den Futterdrehmaschinen gehören. Während sich die Revolverdrehmaschine für mittlere Stückzahlen eignet, sind die verschiedenen Arten von Drehautomaten für große Stückzahlen gedacht. Häufig sind bei Drehteilen besondere Oberflächengüten erforderlich. Zu diesem Zweck werden *Feindrehmaschinen* gebaut.

3.2.2. Leit- und Zugspindeldrehmaschinen

Die Leit- und Zugspindeldrehmaschine (Universaldrehmaschine) ist für nahezu alle vorkommenden Dreharbeiten geeignet, z.B. Außen- und Innendrehen, Langdrehen, Plandrehen, Gewindeschneiden, Ein- und Abstechen, Rändeln, Kordeln, Kegeldrehen, Bohren

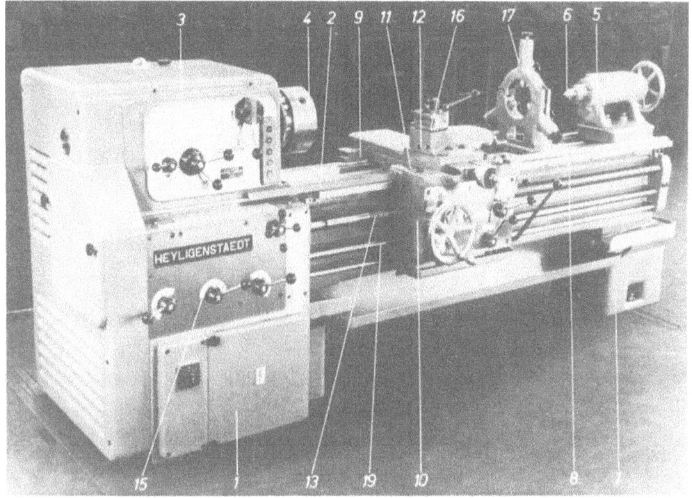

Bild 3-1. Gesamtansicht einer Leit- und Zugspindeldrehmaschine mit 1000 m Drehlänge
1 Gestell; 2 Drehbankbett; 3 Spindelkasten; 4 Hauptspindel mit Dreibackenfutter (Ersatzweise
Zwei- oder Vierbackenfutter oder Planscheibe); 5 Reitstock; 6 Reitstockspindel; 7 Reitstockspitze;
8 Gleitbahn; 9 Werkzeugschlitten; 10 Schloßkasten; 11 Planschlitten; 12 Oberschlitten; 13 Leitspindel; 14 Zugspindel; 15 Vorschubgetriebe; 16 Zweifachstahlhalter; 17 feststehende Lünette

und oft auch Kopierdrehen. Dies ist möglich durch entsprechende Zusatzeinrichtungen.
Diese Drehmaschine eignet sich daher besonders für die Einzelfertigung mit ihren vielgestaltigen Werkstücken. Der Grundaufbau der Maschine ist der einer Spitzendrehmaschine.

Den *Aufbau* einer Leit- und Zugspindeldrehmaschine, der auch der typische Aufbau
der Spitzendrehmaschine ist, zeigt Bild 3-1. Das Drehmaschinenbett trägt alle wesentlichen Teile und ruht auf dem Gestell oder den Kastenfüßen. Bett und Gestell werden
entweder als ein Teil gegossen oder als zwei Teile miteinander verschraubt. Auf dem
Drehmaschinenbett ist der Spindelstock fest, der Reitstock verschiebbar und feststell-
bar aufgebaut. Diese Anordnung ermöglicht ein genaues Fluchten von Hauptspindel,
Werkstückachse und Reitstockpinole. Im Spindelkasten sitzen Haupt- und Nebenantrieb
(Vorschubantrieb der Drehmaschine). Zwischen Reitstock und Spindelstock befindet
sich die Gleit- oder Führungsbahn für den Werkzeugschlitten mit allen seinen Anbauten.
Der Werkzeugschlitten besteht aus Bettschlitten mit Schloßkasten, Plan- oder Querschlitten und Oberschlitten. Der Bettschlitten liegt mit großer Auflagefläche und zwei
Gleitschuhen auf den Bettführungen. Die Auflageflächen des Reitstockes liegen zwischen
den Führungen für den Werkzeugschlitten. Dies und die Form des Bettschlittens ermöglichen, daß der Reitstock dicht an den Spindelstock heranzuführen ist. Auf dem Bettschlitten sind Planschlitten und Oberschlitten verschiebbar und letzterer noch drehbar
angebracht. Der Oberschlitten trägt die Haltevorrichtungen (Werkzeugträger) für Werkzeuge. Die Übertragung des Antriebs für den Bettschlitten erfolgt durch Leit- oder Zugspindel, die ihrerseits vom Vorschubgetriebe im Spindelkasten angetrieben werden. Im
Schloßkasten des Bettschlittens werden die Vorschubbewegungen für Längs- und Planvorschub übersetzt und umgelenkt. Getrennte Anordnung des Antriebs und besondere
Werkzeugschlittenführung ergeben ruhigen Lauf.

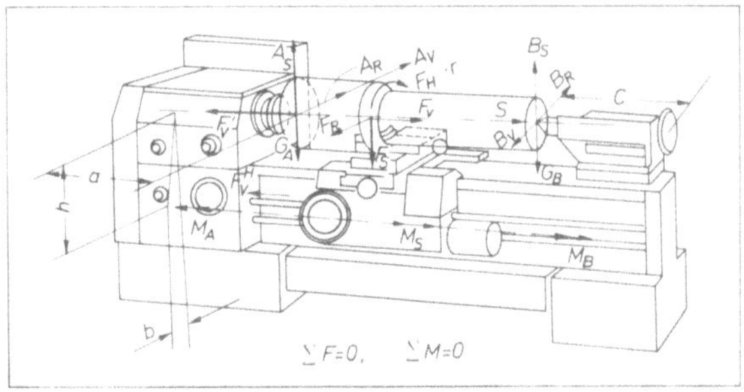

Bild 3-2
Kräfte und Drehmomente
an der Drehmaschine

Bett und Gestell: Das Drehmaschinenbett muß Kräfte und Drehmomente aufnehmen. Ursächlich hervorgerufen werden alle Kräfte von den Schnittkräften (F_S, F_R, F_V), die an der Schnittstelle entstehen (Bild 3-2). Beim Spitzendrehen entstehen noch die Schnittkräfte S auf die Spitzen. An den beiden Lagerstellen A und B treten dann Lagerkräfte ($A_S, B_S, A_V, B_V, A_R, B_R, F_V$) auf. Dazu kommen noch Kräfte, die vom Gewicht des Werkstücks herrühren (G_A, G_B). Bei Futterarbeiten treten dieselben Kräfte, nur teilweise mit anderer Richtung an den Lagerstellen A und C auf. Im Drehbankbett treten außerdem verschiedene Drehmomente (M_A, M_B, M_S) auf, die durch die Kräfte an den Lagerstellen A und B und die Spannkraft S mit den Hebelarmen a, b, c und h entstehen. Außerdem entsteht eine Gegenkraft F_V' zur Vorschubkraft im Vorschubgetriebe. Durch diese Kräfte und Drehmomente entstehen verschiedene Beanspruchungen im Bett und Gestell (Zug, Druck, Biegung und Verdrehung).

Die Beanspruchung auf Zug, Biegung und Verdrehung bestimmt die Form des Bettes. Damit das Bett genügend Steifigkeit besitzt, müssen seine Trägheitsmomente ausreichend groß sein. Neben Festigkeitsmaßnahmen sind bei der Gestaltung von Drehmaschinenbetten noch weitere Überlegungen wichtig. Späne und Kühlmittel müssen ungehindert abgeführt werden können, entsprechend sind Bett und Gestell zu gestalten. Der Abstand der beiden Führungsbahnen voneinander ist mitbestimmend für den größten bearbeitbaren Drehdurchmesser. Ist ein herausnehmbares Bettstück vorgesehen, können auch bei kleiner Spitzenhöhe große Drehdruchmesser erreicht werden. Außerdem sind Bett und Gestell so zu gestalten, daß die Bedienung der Maschine in bequemer Haltung möglich und größte Unfallsicherheit gewährleistet ist. Die Führungsbahnen des Bettes werden durch Deckleisten und Faltbälge gegen Beschädigungen geschützt. Besonders günstig als Grundform eines Drehmaschinenbettes haben sich zwei Doppel-T-Träger mit Diagonalverrippungen und weiteren Versteifungen erwiesen. Die Bilder 1-6 bis 1-11 zeigen Beispiele für Querschnittsformen von Maschinengestellen. Führungsbahnen von Bettschlitten werden als Prismen- oder Flachbahnführung oder als Prismen- und Flachbahnführung kombiniert ausgeführt. Außer zweibahnigen Führungen finden bei großen Maschinen drei-, vier- oder mehrbahnige Ausführungen Verwendung. Die Doppel-T-Träger des Drehbankbettes werden meist so hoch bemessen, daß sie in ihrer ganzen Länge auf dem Fundament aufliegen. Gestell oder Füße fallen dann weg. Zwei Führungsbahnen in verschiedener Höhenlage oder senkrecht übereinander ergeben besondere Führungsarten des Werkzeugschlittens. Spanabfuhr und Zugänglichkeit der Maschine werden dabei verbessert; die Beherrschung der Wirkkräfte auf das Maschinenbett wird etwas schwieriger.

Der *Hauptantrieb einer Drehmaschine* geht vom Elektromotor über das Hauptgetriebe zur Arbeitsspindel. Die Gesamtübersetzung von Hauptgetrieben schwankt von $i = 50$ bis $i = 200$. Das Arbeiten mit neuzeitlichen Schneidstoffen erfordert hohe Drehzahlen, große Leistungen und damit große Drehzahlbereiche. Antriebsmotor, Hauptgetriebe und Arbeitsspindel sind im Spindelstock bzw. im Fuß der Maschine eingebaut. Das Hauptgetriebe wird meist als Schieberädergetriebe ausgeführt, wobei die Räderblöcke verschoben werden. Diese Bauart ist bruchsicher und billiger als ein elektrisch geschaltetes Getriebe mit Magnetkupplungen. Neben dem Vorteil dieser elektrischen Kupplungen, daß sie sich ohne Stillsetzen der Arbeitsspindel schalten lassen, zeigen sich Nachteile. Dies sind größerer Raumbedarf, Schleifen der nicht geschalteten Kupplungslamellen im Leerlauf, was unerwünschte Wärme erzeugt. Zusätzlich sind alle Getrieberäder sich ständig drehend im Eingriff. Bild 3-3 zeigt eine Gegenüberstellung. Die letztere Art der Getriebe ermöglichen allerdings Drehzahlvorwahl und Programmsteuerung. Der Antrieb der Arbeitsspindel im Getriebe erfolgt entweder über das Bodenrad (Zahnrad auf der Arbeitsspindel) oder über den Riemen. Riemenantrieb ist empfehlenswert, wenn erhöhter Wert auf besonders ruhigen und erschütterungsfreien Lauf der Arbeitsspindel gelegt wird (Feindrehmaschinen). Jedes Getriebe muß Umsteuerung für Rechts- und Linkslauf ermöglichen. Drehmaschinengetriebe werden vorwiegend mit Stufensprüngen $q = 1,26$ oder $q = 1,41$ und mit 12, 18 oder 24 Drehzahlen gebaut. Der Raum innerhalb des Spindelstockes ist aus Gründen der Starrheit durch Rippen versteift. Innerhalb des verbleibenden Raumes im Getriebegehäuse werden die verschiedenen Übersetzungen auf Wellen mit Schieberäderblöcken und Kupplungen untergebracht. Bilder 3-4 und 3-5 zeigen schematisch den Getriebeplan, das Drehzahlschaubild und das Leistungsflußbild einer Leit- und Zugspindeldrehmaschine.

Die *Arbeitsspindel* ist die letzte Welle im Hauptgetriebe der Drehmaschine. Sie besitzt einen Spindelkopf zur Aufnahme von Spanneinrichtungen für Werkstücke. Die Drehzahl der Arbeitsspindel (Bild 1-22 und 1-23) ist damit gleichzeitig die Drehzahl des Werkstückes. Der Lauf der Spindel soll möglichst ruhig sein, um gutes Arbeitsergebnis zu sichern. Die Arbeitsspindel wird auf Biegung und Verdrehung beansprucht und ist sorgfältig zu berechnen. Zahnräder oder Riemenscheiben verursachen eine Beanspruchung auf Biegung. Wellen, die einer starken Durchbiegung unterworfen sind, neigen zu Schwingungen. Man ordnet daher das Bodenrad in der Nähe des Spindelhauptlagers an, um eine

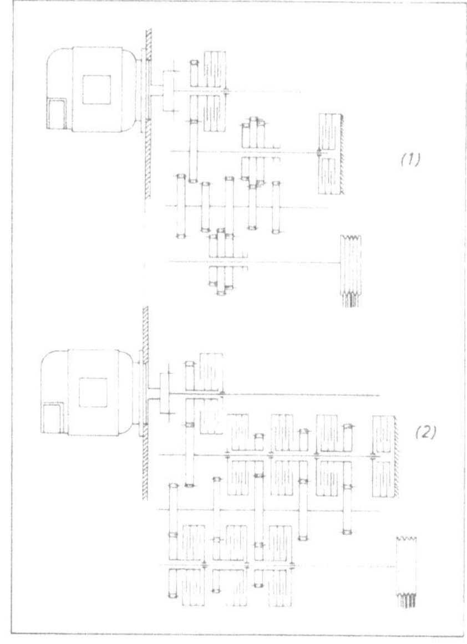

Bild 3-3. Schematische Gegenüberstellung eines 9-stufigen Getriebes in Drehmaschinen
(1) Schieberadgetriebe
(2) Kupplungsgetriebe

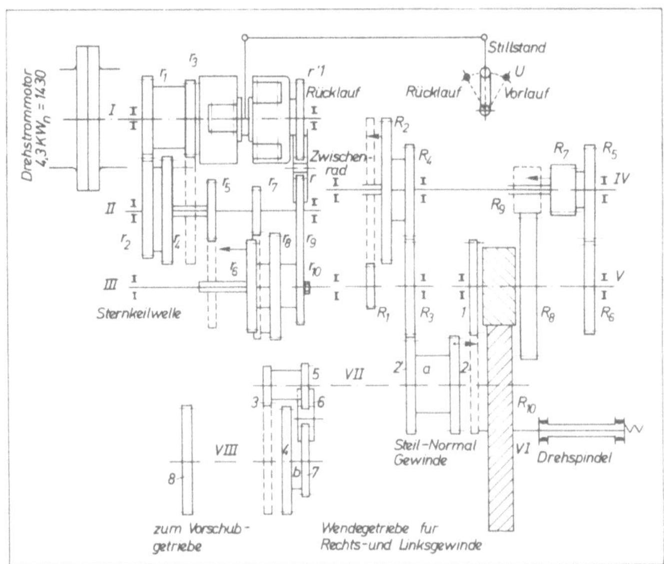

Bild 3-4
Schematischer Getriebe-
plan einer Leit- und Zug-
spindeldrehmaschine mit
18 Drehzahlen und
22 Rädern

starke Durchbiegung zu vermeiden. Die Arbeitsspindel sollte außer dem Bodenrad möglichst keine weiteren Zahnräder tragen. Eine Beanspruchung auf Biegung kann vermieden werden, wenn sich Bodenrad oder Riemenscheibe unmittelbar selbst mittels vorstehender Nabe in zwei Lagern dreht und durch eine Kupplung mit der in der hohlen Achse sich drehenden Arbeitsspindel verbunden wird. Auch kurze Lagerabstände der Wellen im Getriebekasten tragen zur Verminderung der Schwingungen bei. Ebenso vermindert getrennte Aufstellung des Antriebsmotors, wie bei Feindrehmaschinen, die Schwingungen. Die Lagerung der Arbeitsspindel soll dabei möglichst spielfrei sein. Um lange Werkstücke zu bearbeiten, ist die Arbeitsspindel hohl. Dadurch vermindert sich das Gewicht und die Warmbehandlung wird erleichtert. Die Abmessungen des Spindelkopfes sind genormt[1]. Der Spindelkopf wird meist mit Kurzkegelzentrierung und Bajonettscheibenbefestigung

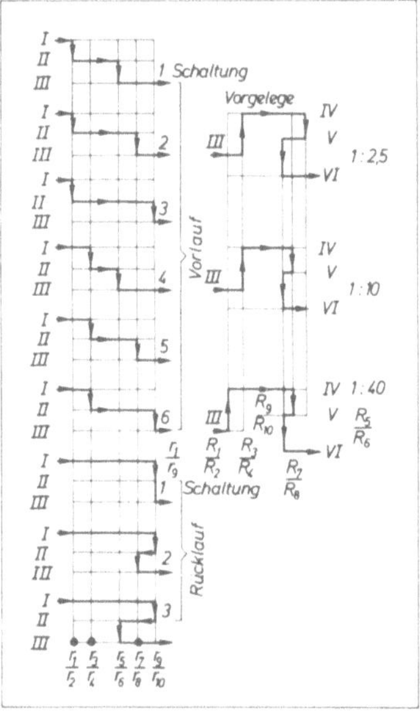

Bild 3-5. Leistungsflußbild
zum Getriebe in Bild 3-4

---

[1]) DIN 800 Spindelköpfe mit Gewinde und Anschlußmaßen der Spannzeuge
DIN 55 021 Spindelköpfe mit Zentrierkegel und Flansch
DIN 55 022 Spindelköpfe mit Zentrierkegel, Flansch und Bajonettscheibenbefestigung
USA-Norm ASA B 5.9- Spindelköpfe mit Zentrierkegel, Flansch und Camlock-Befestigung

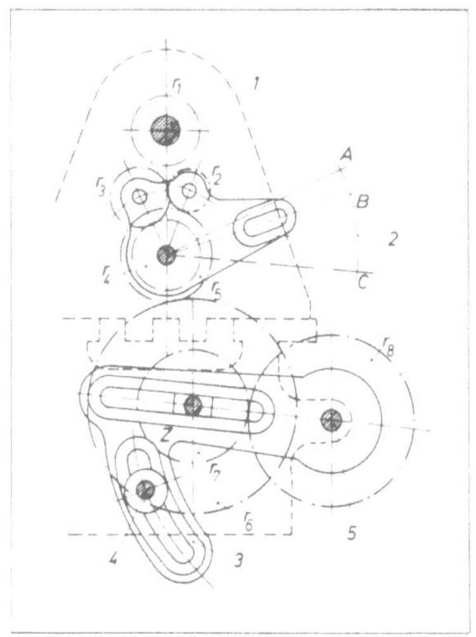

Bild 3-6
Übertragung der Bewegung von der Arbeitsspindel zum Vorschubgetriebe
1 Arbeitsspindel
2 Wendegetriebe
3 Wechselräderschere
4 Klemmschraube
5 Vorschubgetriebe

ausgeführt. In der Bohrung der Arbeitsspindel befindet sich ein genormter, schlanker Innenkegel zur Aufnahme der Körnerspitze[1]).

Die Hauptschnittbewegung wird beim Drehen von der Arbeitsspindel und damit vom Werkstück ausgeführt. Das Werkzeug muß dazu eine *Vorschubbewegung* machen, um eine fortschreitende Spanabnahme zu sichern. Es ist sowohl Längs- als auch Planvorschub möglich. Die Vorschubbewegung wird von der Arbeitsspindel abgenommen, weshalb die Angabe des Vorschubes in mm je Umdrehung der Arbeitsspindel erfolgt. Die Bewegung gelangt über ein Wendegetriebe zum Ändern der Vorschubrichtung und über Wechselräder zum Vorschubgetriebe (Bild 3-6). Vom Vorschubgetriebe wird die Bewegung auf Leit- und Zugspindel übertragen. Die Übersetzung des Wendegetriebes ist meist $i = 1$. Die Vorschubbewegung wird im Schloßkasten entweder von der Leitspindel durch die Schloßmutter oder von der Zugspindel über die Fallschnecke abgenommen. Bei älteren Maschinen werden im Vorschubgetriebe beide Spindeln gleichzeitig, bei neuen wahlweise die eine oder die andere angetrieben. Beim einfachen Längs- oder Plandrehen zweigt die Vorschubbewegung von der Zugspindel ab. Beim Gewindeschneiden wird die Bewegung von der Leitspindel abgenommen.

Die Bewegung für den einfachen Längs- oder Planzug wird von der Zugspindel im Schloßkasten abgenommen. Die Zugspindel, eine Welle mit Nut, treibt ein Ritzel, das über Zahnräder eine Schnecke antreibt. Letztere ist als Fallschnecke ausgebildet und dient als Überlastungssicherung. Das Drehen mit automatischem Vorschub gegen einen Anschlag wird ermöglicht. Die Schnecke treibt schließlich den Längs- und Planvorschub über Zahnräder an. Daneben kann der Längs- und Planvorschub auch durch Handräder betätigt werden. Für selbsttätigen Vorschub müssen Längs- und Planzug gegeneinander verriegelt sein, da immer nur ein selbsttätiger Vorschub eingeschaltet sein darf.

---

[1]) DIN 228 Werkzeugkegel, Morsekegel und metrische Kegelschäfte
DIN 806 Zentrierspitzen 60° (Körnerspitzen).

Der *Vorschub zum Gewindeschneiden* muß in einem bestimmten genauen Verhältnis zur Werkstücksumdrehung erfolgen, der die Steigung des zu schneidenden Gewindes bestimmt. Dieser Vorschub wird mit einer dick bemessenen Gewindespindel, der Leitspindel, erzeugt. Die Bewegung wird im Schloßkasten durch die Schloßmutter abgenommen. Zugspindel und Leitspindel sind gegeneinander verriegelt, um gleichzeitiges Einrücken zu vermeiden. Für das Schneiden verschiedener Gewindesteigungen muß eine große Anzahl von Vorschüben zur Verfügung stehen. Sie werden durch Wechselräder (Bild 3-6) erzeugt (Normwechselrädersatz). Selten noch wird entsprechend der gewünschten Gewindesteigung die Vorschubgeschwindigkeit nur durch Einsetzen entsprechender Wechselräder geregelt.

Leitspindeldrehmaschinen besitzen häufig neben den eigentlichen Wechselrädern ein *Vorschubschaltgetriebe* zum Gewindeschneiden. Durch Schalten kann man alle Vorschübe einstellen, die zur Erzeugung der wichtigsten genormten Gewindesteigungen erforderlich sind (Bild 3-1). Sondergewindesteigungen müssen dann noch durch zusätzliche Wechselräder erzeugt werden. Vielfach wurde aber ganz auf Wechselräder verzichtet und das Vorschubgetriebe entsprechend umfangreicher gestaltet. Vorschubgetriebe für das Gewindeschneiden sind entsprechend den genormten Gewindesteigungen arithmetisch gestuft. Für den Längs- und Planvorschub ist meist in ein geometrisch gestuftes Getriebe erforderlich. Beides ist aber in einem Getriebe vereinigt. Da die lange Räderreihe eines Vorschubgetriebes infolge Ungenauigkeit bei den Zahnradteilungen bei den erzeugten Gewinden Ungenauigkeiten mit sich bringt, ist bei genauen Gewinden die Verwendung von Wechselrädern mit Korrekturrädern zu empfehlen. Das Vorschubschaltgetriebe (Vorschubräderkasten), besteht in der Regel aus einem Grund- und Vervielfachungsgetriebe. Das Grundgetriebe, in der Regel ein Nortongetriebe, besitzt einen Räderkegel mit meist 6 Rädern und ein nachgeschaltetes Vervielfachungsgetriebe. Letzteres wird als Ziehkeil-, Schieberäder- oder Mäandergetriebe ausgeführt. Statt Norton- und Vervielfachungsgetriebe kann auch ein einziges Schieberädergetriebe verwendet werden. Die Größe des Getriebes wird durch die Anzahl der Gewindesteigungen bestimmt, die hergestellt werden sollen. Es werden Vorschubgetriebe für metrische, Whitworth-, Modul-, Diametral-Pitch- und Circular-Pitch-Gewinde, die neben den Vorschüben für die Gewindesteigungen auch solche für die Zugspindel besitzen, gebaut. Damit steht eine große Zahl verschiedener Vorschubgeschwindigkeiten zur Verfügung, die durch einfache Hebelschaltung hergestelllt werden können.

Einwandfreies *Spannen des Werkstückes* (Bild 3-7) auf der Arbeitsspindel und des Werkzeugs auf dem Werkzeugträger ist Voraussetzung für eine gute Dreharbeit. Bei den Spannmöglichkeiten unterscheidet man verschiedene Spannmöglichkeiten: Spannen mit *Futter, Planscheibe, Spannzange, Spreizdorn* und *zwischen Spitzen.* Beim Spannen mit Futter wird das *Dreibackenfutter* (DIN 6350) am häufigsten verwendet und zwar für kurze, runde oder regelmäßig geformte 3-, 6- oder 12-kantige Werkstücke. Das Futter wird mit Gewinde oder Kurzkegel und Bajonettscheibenbefestigung auf der Arbeitsspindel befestigt. Für unrunde Teile finden *Zweibackenfutter,* für runde, 4- und 8-kantige Werkstücke auch noch das *Vierbackenfutter* Anwendung. Man kennt das *Planspiralfutter, Plankurvenfutter* und *Pfeilzahnstangenfutter* (Forkardt), die sich durch große Spannkraft, geringen Verschleiß und genaue Zentrierung der Werkstücke auszeichnen. Zur Verkleinerung der Spannzeit wurden *Schnellspannfutter* mit elektrischer oder hydraulischer Betätigung entwickelt. Zum Spannen großer, unregelmäßiger Werkstücke wird die

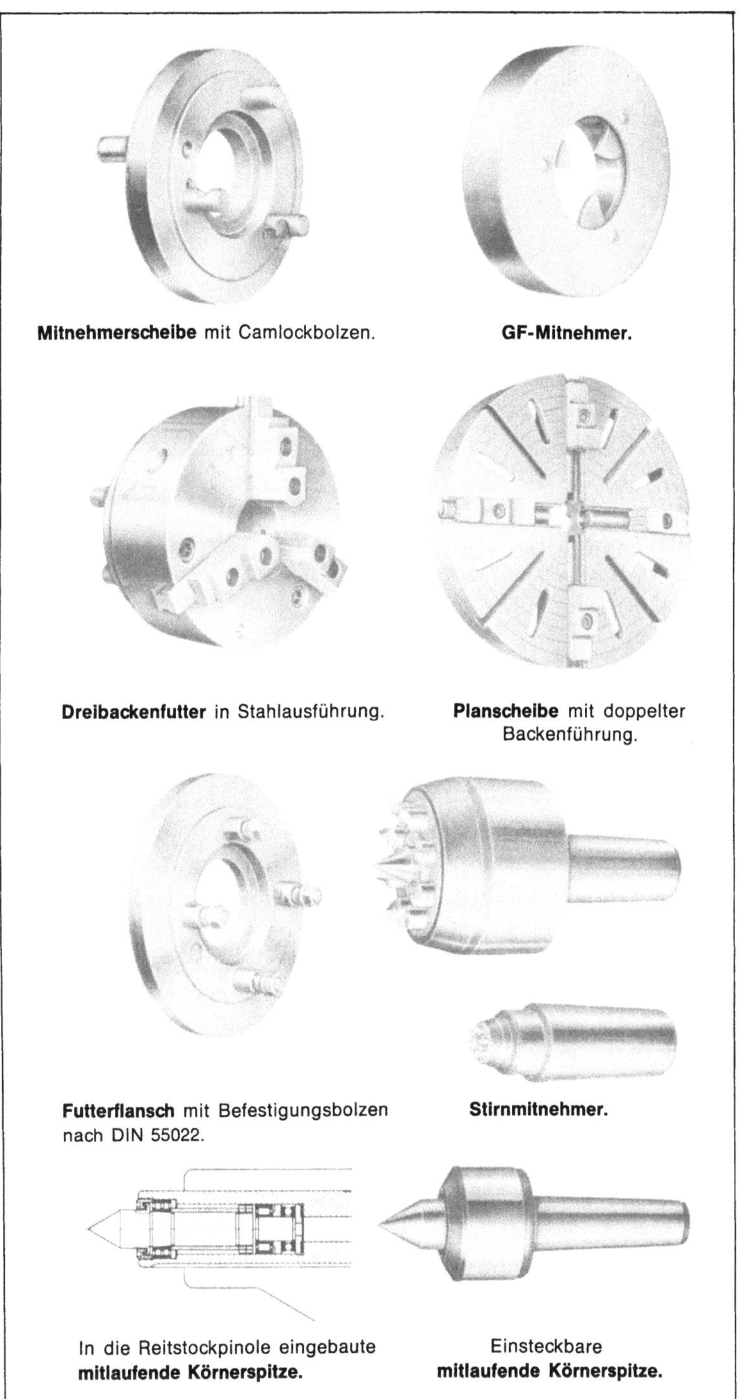

Bild 3-7. Spannmöglichkeiten für Werkstücke

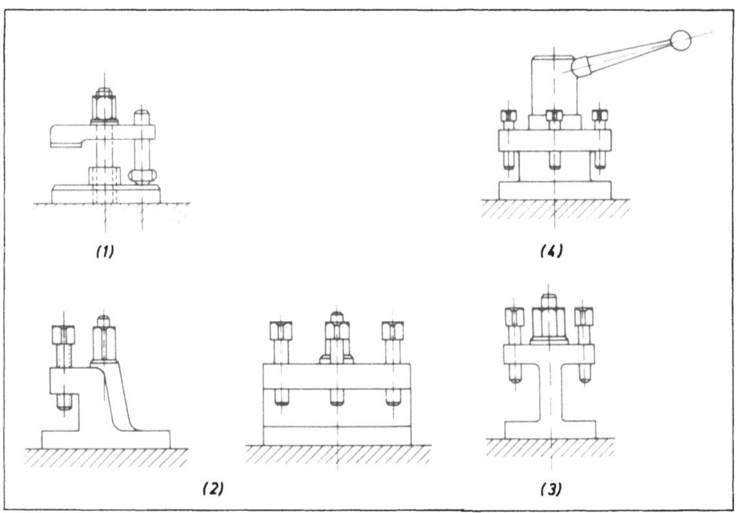

Bild 3-8. Spannmöglichkeiten für Werkzeuge
(1) Spannklaue; (2) Einfachmeißelhalter; (3) Zweifachmeißelhalter; (4) Vierfachmeißelhalter

Planscheibe eingesetzt, bei der 4 Spannbacken unabhängig voneinander verstellbar und herausnehmbar sind. Damit können Werkstücke durch andere Spannmittel auf der Scheibe befestigt werden. Spannen zwischen Spitzen wird bei langen Drehteilen angewandt. Dabei besitzt das Werkstück beidseitig Zentrierbohrungen. Die Spitzen werden in der Bohrung der Arbeitsspindel und in der Reitstockpinole befestigt. Die Drehbewegung der Arbeitsspindel wird durch Mitnehmerscheibe und Drehherz oder Stirnmitnehmer auf das Werkstück übertragen. Bei langen und dünnen Werkstücken erfolgt eine Abstützung durch die Lünette. Bei Körnerspitzen unterscheidet man feststehende und mitlaufende Spitzen. Bei ersteren entsteht bei hohen Drehzahlen viel Reibungswärme, wodurch die Spitzen in der Zentrierbohrung leicht anfressen. Bei schnellaufenden Maschinen werden daher mitlaufende Körnerspitzen bevorzugt. Stangenmaterial und Werkstücke mit Schaft werden rasch und genau in Spannzangen gespannt. Diese dreifach geschlitzten, federnden Hülsen werden in der Kegelbohrung der Arbeitsspindel aufgenommen. Durch das Zusammendrücken der Spannzange wird das Werkstück gespannt. Für die verschiedenen Stangenprofile (rund, vierkant u. a.) wurden entsprechende Spannzangen entwickelt.

Spannen des Werkzeugs auf dem Werkzeugträger oder Meißelhalter, der auf dem Oberschlitten angebracht ist, erfolgt auf verschiedene Weise (Bild 3-1). Bild 3-8 zeigt die häufigsten Spannmöglichkeiten für Werkzeuge, wobei die Schnelligkeit des Werkzeugwechsels bei genauer Werkzeugeinstellung wesentlich ist. Außerdem muß das Werkzeug gut aufliegen, um die Zerspankräfte sicher aufnehmen zu können. Mit Mehrfachmeißelhaltern können bei Werkzeugwechsel mehrere Werkzeuge nacheinander zum Einsatz gebracht werden. Die für den Wechsel benötigte Zeit wird dabei auf ein Minimum herabgesetzt.

Eine Reihe von *Zubehörteilen* ist ebenfalls erwähnenswert. Beim Drehen zwischen Spitzen dient der *Reitstock* als Gegenlager (Bild 3-1). Außer der Körnerspitze können in der Reitstockpinole auch Werkzeuge aufgenommen werden. Der Reitstock ist auf dem

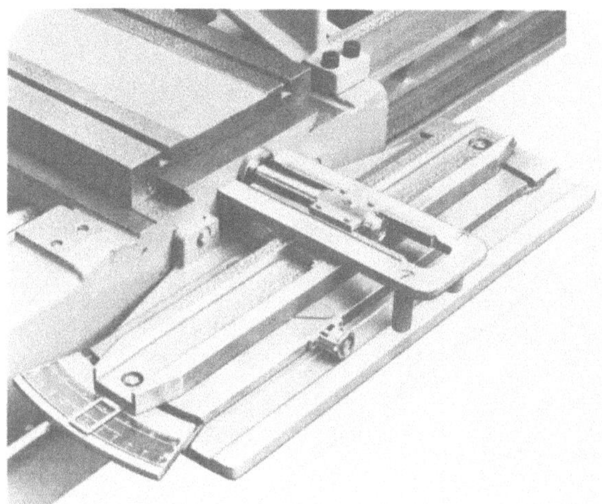

Bild 3-9
Kegellineal zum Drehen mit selbsttätigem Längsvorschub des Bettschlittens

Drehmaschinenbett in Richtung der Führungsbahnen verschiebbar und in beliebiger Lage festzustellen. Die Verstellung erfolgt von Hand, bei manchen Bauformen mit Maschinenkraft. Die Reitstockpinole ist mittels einer Spindel im Reitstock in gleicher Richtung zu bewegen. Festklemmen der Pinole ist möglich. Zum Ausrichten und zum Drehen langer, schlanker Kegel ist der ganze Reitstock durch Stellschrauben in Querrichtung verstellbar. Der *Setzstock (Lünette)* gibt beim Spitzendrehen langer, dünner Wellen eine Unterstützung zwischen Reitstock und Spindelstock, um ein Durchbiegen des Werkstücks unter der Schnittkraft zu vermeiden. Man unterscheidet feststehende und mitlaufende Lünetten. Die feststehende Lünette (Bild 3-1, Pos. 17) kann mit Hilfe einer Brücke an jeder Stelle des Drehmaschinenbettes befestigt werden. Die mitlaufende Lünette wird nahe am Drehmeißel auf dem Bettschlitten angebracht.

Kegeldreh- und Nachformeinrichtungen werden auf Universaldrehmaschinen ebenfalls verwendet. Kurze, steile Kegel werden durch Verdrehen des Oberschlittens und mit Handvorschub erzeugt. Lange, schlanke Kegel können durch Querverstellung des Reitstocks, besser aber durch eine Kegeldreheinrichtung (Bild 3-9) hergestellt werden. Dabei wird der Planschlitten mit einem Kegellineal gekuppelt, wodurch beim Längsvorschub des Werkzeugschlittens eine Querbewegung desselben erzwungen wird. Dadurch entsteht ein Kegel. Man kann bereits von einer einfachen, mechanisch gesteuerten Kopiereinrichtung sprechen. *Kopiereinrichtungen für Drehmaschinen* (Bild 3-10) ermöglichen mit einer Schablone oder einer Meisterwelle (Muster) ein automatisches Nachformen derselben. Dabei wird der Drehmeißel gezwungen, dieselbe Bewegung wie der Taster an der Schablone auszuführen. Die Übertragung der Bewegung vom Taster zum Werkzeug kann hydraulisch, elektrisch oder elektro-hydraulisch erfolgen. Mechanische Übertragung ist kaum mehr gebräuchlich. Maschinen, die nur zum Kopieren eingerichtet sind, Nachform- oder Kopierdrehmaschinen, sind speziell für die Mengenfertigung und zur Herstellung schwieriger Formen entwickelt worden.

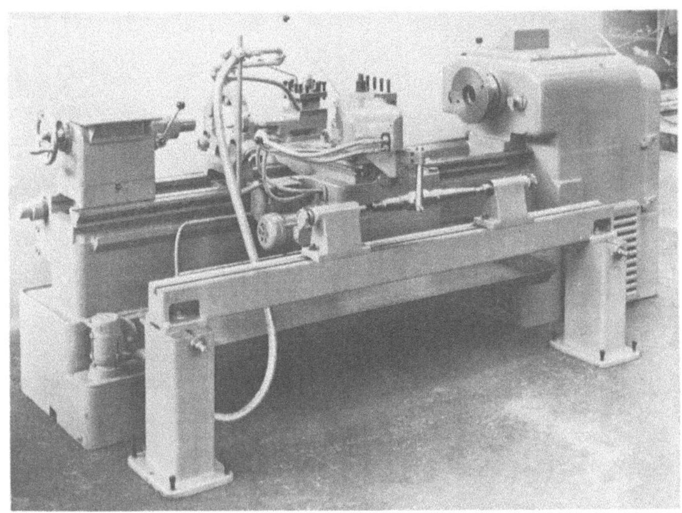

**Bild 3-10
Hydraulische
Kopierdreheinrichtung
für eine
Spitzendrehmaschine**

3.2.3. Kopierdrehmaschinen

Das Herstellen von Zylindern und Kegeln auf Leit- und Zugspindeldrehmaschinen ist mit selbsttätiger mechanischer Steuerung durch Längs- und Planzüge möglich. Drehteile mit Kurvenformen werden mit Handsteuerung und zwangsläufig mit *Formwerkzeugen* hergestellt. Formwerkzeuge sind jedoch teuer und verlieren rasch ihre Form- und Maßgenauigkeit. Abtasten und Übertragen der Form einer *Schablone* unter starker Feder- oder Gewichtsbelastung, bzw. durch Erzeugen der Anpreßkräfte durch Flüssigkeitsdruck oder Druckluft, mit Zusatzeinrichtungen auf Leit- und Zugspindeldrehmaschinen ist eine weitere Möglichkeit. Eine neuzeitliche Entwicklung brachte selbsttätig arbeitende *Kopiereinrichtungen*. Dadurch konnten große Steuerkräfte durch geringe Tastkräfte erzeugt werden. Die Steuerung erfolgte reinhydraulisch oder reinelektrisch oder auch elektrohydraulisch. *Kopierdrehmaschinen* sind als Produktionsmaschinen eine Weiterentwicklung für die Mengenfertigung und ausschließlich für Vordrehen und Kopieren eingerichtet. Das Maschinenbett ist besonders stabil und schwingungssteif. Zum Abführen der anfallenden großen Spänemengen sind die Bettführungen für Kopierschlitten meist senkrecht übereinander oder oben leicht nach hinten geneigt. Maschinen mit zwei Bettebenen tragen auf der waagrechten zusätzliche Werkzeugschlitten, sog. Vorbettschlitten. Auf diesen verschiebt man, hydraulisch angetrieben, Querschlitten zum Vordrehen oder zusätzliche Kopierschlitten. Zur Anpassung an die vielfältigen Bearbeitungsaufgaben hat sich auch bei Kopierdrehmaschinen das Baukastensystem (Bild 3-11) eingeführt. Beim Kauf kann man mit der einfach eingerichteten Maschine beginnen, bei späterem Bedarf erweitern oder auch auf andere Fertigungsaufgaben umstellen.

Kopierdrehautomaten haben vollautomatische Arbeitsweise. Alle Maschineneinstellungen sind programmiert. Für die Programmsteuerung lassen sich verschiedene Wege gehen z.B.: numerische Steuerung mit Lochkarte und Lochstreifen oder Impulsschalter und Nocken. Durch das Programm werden Drehzahlen und Vorschübe, Bewegungen der Werkzeugschlitten, mehrfache Schnittführung der Kopierschlitten, Umschalten der Viel-

Bild 3-11
Kopierdrehmaschine
Heycomat mit Nocken-
steuerung und Schräglage
des Bettes

fachwerkzeughalter, Umschalten auf andere Schablonenformen und die Funktion der Spannzeuge gesteuert. Zur Bedienung kann angelerntes Personal eingesetzt werden. Für das Ein- und Ausspannen lassen sich darüber hinaus automatische Zuführeinrichtungen hinzufügen.

Kopierdreheinrichtungen werden nicht nur als feste Hauptbestandteile für Kopierdrehmaschinen sondern auch *als Zusatzeinrichtungen* von Leit- und Zugspindeldrehmaschinen, Revolverdrehmaschinen und Sondermaschinen hergestellt. Zum nachträglichen Anbau sind verschiedene Typen und Größen bekannt. Es sind in sich geschlossene Einheiten, die aus Behälter für Hydraulıköl, Elektromotor, Pumpe, Rohrnetz mit Verbindungs- und Wartungseinheiten, Schablonenträger und dem eigentlichen Kopierschlitten bestehen. Dieser wird mit einer Zwischenplatte auf dem Planschlitten aufgesetzt. Für Längsdrehen ist er meist hinter der Drehmitte angeordnet. Der Längszug ist wie üblich durch die Zugspindel herbeigeführt. Beim Verbundkopieren besitzt die Maschine je einen Längs- und Plankopierschlitten. Für Unrunddrehen dreht sich beim Abtasten die Meisterwelle (Rundschablone). Der Antrieb erfolgt über eine Teleskopgelenkwelle, die von der Arbeitsspindel angetrieben wird. Die Meisterwelle ist zum Abtasten auf dem Schablonenträger zwischen Spitzen oder in einem Spannzeug gehalten. Der Schablonenträger ist je nach Größe an der Rückseite des Drehmaschinenbettes waagrecht oder stehend angebracht. Weitere Zusatzeinheiten werden für Längs- und Plandrehen, sowie Unrunddrehen hergestellt.

Die *Arbeitsvorgänge beim Kopierdrehen* lassen sich je nach Maschinenart und Ausstattung zusammen mit der Zusatzeinrichtung mehr oder weniger in Bestgestaltung ausführen. Sind die Werkstücke nicht vorgeformt, müssen sie in mehreren Schnitten bis nahe an die endgültige Ausführung vorgedreht werden. Dabei kann der Kopierfühler nacheinander verschiedene Flachschablonen abtasten, die in einem schaltbaren Mehrfachschablonenhalter gespannt sind (Schneidzyklus). Soll die Form durch viele Schnitte aus einem zylindrischen Teil entstehen, wird beim Vordrehen mit Zeilen- oder Stufenschnitten gearbeitet. Hierzu liegt das Kopiergerät an einem Festanschlag und beim Zustellen über den Planschlitten läßt es sich solange Zeile für Zeile drehen, bis der Taster die Schablone berührt. Jetzt beginnt das eigentliche Formdrehen. Der letzte Schnitt, Fertigkopierschnitt, muß als Schlichtspan die Maß- und Formgenauigkeit beenden. Im Kreisprozeß läßt sich der Ablauf des Arbeitsvorganges automatisch gestalten. Nach beendetem Schnitt gehen die Werkzeuge auf den Schlitten (Schiebern), mechanisch oder hydraulisch getrieben, im Eilgang in ihre Ausgangsstellung zurück und beginnen mit der vorgesehenen Schnittiefe für den nächsten Schnitt. Diese Mehrschnittautomatik, mit mehreren Kopierschlitten und zusätzlichen Einstechschlitten ausgeführt, erhöht die Wirtschaftlichkeit der Maschine. Umspannen oder Wenden des Drehteils für eine weitere Arbeitsfolge im Arbeitsplan kann entfallen. Außerdem ist die Kürzung der Vorgabezeit möglich, da sich Haupt- und Nebenzeiten einsparen lassen.

Beim *Unrunddrehen* (Bild 3-33) darf die Hin- und Herbewegung in der Planrichtung keine Maschinenschwingungen aufkommen lassen; dies besonders bei Formen, die während einer Umdrehung des Werkstücks mehrmals angeschnitten werden, sonst kann der Kopierschlitten der abgetasteten Form nicht mehr folgen. Wichtig ist auch die Schneidengeometrie der Drehmeißel. Bei nicht kreisförmigen Werkstücken muß für Außen- und Innendrehen auf eigene Gestaltung für die Span-, Keil- und Freiwinkel besonderer Wert gelegt werden. Der Drehmeißel ist merklich spitzer als üblich auszuführen.

Erzeugung und Steuerung der Drehmeißelbewegung kann verschieden ausgeführt werden. Man muß die Form des Weges, die der Fühler mit geringem Druck an der Schablone abtastet über eine kraftverstärkende Einrichtung auf die Drehmeißel übertragen. Erste Möglichkeit ist der *mechanische Antrieb,* wie er auch bei der Hinterdrehmaschine verwendet wird. Der Zusatzantrieb wird von besonderen Motoren oder auch vom üblichen Rädervorschubgetriebe abgeleitet. Der *mechanisch-hydraulische Antrieb* steuert mechanisch den Längszug über die Zugspindel und den Planzug hydraulisch mit einem Zylinder. Kopiereinrichtungen mit *hydraulischem Antrieb* und *hydraulischer Fühlersteuerung* sind im Aufbau und der Funktion einfach, Längs- und Planzug werden mit je einem eigenen hydraulischen Zylinder erzeugt. Bei *elektrischer Fühlersteuerung* ist der Fühler mit elektrischen Kontakten versehen, die bei geringen Steuerströmen mit einem Relais zusammenarbeiten. Letztere schalten Schütze, elektromagnetische Kupplungen und Elektromotoren. *Elektronisch-hydraulischer Antrieb* wird beim Kopieren als automatischer Meßvorgang eingesetzt. Dieses Nachformverfahren wird auch in Werkzeugmaschinen anderer Fertigungsvorgänge wie Kopierfräsen oder Kopierhobeln angewendet.

3.2.4. Produktionsdrehmaschinen

Viele Fertigungsaufgaben der Dreherei verlangen Maschinen, die anstelle des Arbeitsablaufes der Einzelfertigung Arbeitsvorgänge der Mengenfertigung ausführen können. Sie benötigen Maschinen mit einem geringeren Arbeitsbereich und weniger Drehzahlen als eine Universaldrehmaschine. Man bezeichnet diese Maschine als Produktionsdrehmaschine (Bild 3-12), die sich in ihrem Grundaufbau nur unwesentlich vom Aufbau einer Leit- und Zugspindeldrehmaschine unterscheidet. Gestell, Hauptspindellagerung und Werkzeugschlitten sind jedoch besonders schwingungssteif gestaltet. Dies ist beson-

**Bild 3-12
Drehmaschine
mit einstellbarer
Kröpfung und
1500 mm Spitzenweite**

ders für hohe Spanleistungen, Schnittgeschwindigkeiten und Werkzeugstandzeiten beim
Arbeiten mit Hartmetall und Keramikschneidstoffen erforderlich. Die drehenden
Maschinenteile müssen sorgfältig ausgewuchtet sein. Auf die Möglichkeit des Gewinde-
schneidens mit Wechselrädern und Leitspindel wird verzichtet, wodurch das Vorschubgetriebe vereinfacht ist. Neben Stufenschaltung ist auch stufenlose Vorschubänderung
möglich. Bei eng begrenzten Arbeitsaufgaben kommt man mit ganz wenigen Spindeldrehzahlen und Vorschüben aus. Je nach Fertigungsaufgabe stattet man die Maschinen
mit mehreren Bettschlitten, Werkzeugschiebern, Werkzeugwechslern und Werkzeug
magazinen aus. Es kann mit mehreren Werkzeugen zugleich zerspant werden. Die Steuerung der Maschinen kann manuell, mechanisch oder numerisch erfolgen. Auch bei kleinen,
oft wechselnden Serienfertigungen ist die Maschine dann noch wirtschaftlich. Die Wirtschaftlichkeit wird erhöht durch die Möglichkeit, die Werkzeuge außerhalb der Maschine
mit Einstellgeräten vorab einstellen zu können. Auch die Möglichkeit der Zusammen-
fassung der Werkstücke zu Teilefamilien wird durch diese Maschine gegeben. Das Spannen
der Werkstücke wird vielfach durch kraftbetätigte Spannzeuge vorgenommen, wodurch
die Bedienungsperson entlastet wird. Die Anschaffungskosten der Maschine liegt bei
numerischer Steuerung allerdings ziemlich hoch, umso höher, je universeller die Einsatz-
möglichkeiten sind.

3.2.5. Vielschnittdrehmaschinen

Diese Maschine stellt eine Sonderform und Weiterentwicklung der Produktionsdrehmaschine dar und wird in der Mengenfertigung bei mehrfach abgesetzten Werkstücken
eingesetzt. Dabei unterteilt man die gesamte Arbeitslänge in Teilabschnitte und bearbeitet jeden Teilabschnitt gleichzeitig mit je einem Drehmeißel. Die Teilabschnitte werden
mit kurzem Längsvorschub überdreht; am Ende jeden Teilabschnitts begrenzt ein Ein-

**Bild 3-13
Produktionsdreh-
maschine mit Vierfach-
und Vielfachmeißel-
halter auf dem Bett-
schlitten**

stechmeißel das Arbeitsfeld (Bild 3-13). Die Vielschnittdrehmaschine benötigt wenige
Drehzahlen und Vorschübe. Eine größere Variationsmöglichkeit der Drehzahlen und
Vorschübe wird bei Bedarf durch Wechselräder erreicht. Die Maschine ist für große
Werkstückserien geeignet. Ein Umrüsten ist nur selten erforderlich. Der Aufbau ähnelt
stark dem der Produktionsdrehmaschine.

3.2.6. Revolverdrehmaschinen

Die Revolverdrehmaschine ist eine Zwischenstufe zwischen Drehmaschine und Drehautomat. Sie unterscheidet sich von der Produktionsdrehmaschine dadurch, daß eine Reihe
von Werkzeugen in Arbeitsbereitschaft auf der Maschine eingespannt sind. Mit ihnen
lassen sich Werkstücke, entsprechend einer vorgesehenen Arbeitsfolge, bis zum Ausspannen
des fertigen Teils bearbeiten. Dabei können mit dieser Maschine mehrere Arbeitsverrichtungen überlappt durchgeführt werden. Das Bedienen der Maschine ist relativ einfach,
dagegen benötigt das Einrichten Zeit und Fertigungserfahrung. Der Drehautomat unterscheidet sich von der Revolverdrehmaschine dadurch, daß das Bedienen selbsttätig erfolgt.
Allein das Beschicken der Maschine mit Werkstoff in Stangenform oder mit vorgeformten
Werkstücken von Zeit zu Zeit bleibt als laufende Maschinenbedienung. Das Bedienen
ist noch einfacher und die Einrichtezeiten noch länger. Das bedeutet, daß sich die Revol-
vermaschine für mittlere Stückzahlen, Drehautomaten für große Stückzahlen eignen.

Die Revolverdrehmaschine gehört zu den Futterdrehmaschinen und ähnelt im Aufbau
jedoch einer Spitzendrehmaschine. Antriebsleistung und Anzahl der Antriebsdrehzahlen
ist entsprechend der Vielseitigkeit der durchzuführenden Zerspanaufgaben größer. Dies
verlangt einen besonders kräftigen Aufbau der Maschine und aller Bauteile. Im Unterschied zur Drehmaschine besitzt die Revolverdrehmaschine statt eines Reitstocks einen
Revolverkopf als drehbaren Vielfachwerkzeugträger. Der Werkzeugschlitten kann wie
üblich mit selbsttätigem Vorschub oder auch von Hand mit besonderem Handrad (Hand-
stern) verschoben werden. Die Maschine besitzt einen oder mehrere kleine Querschlitten,
teilweise zur Aufnahme von Abstechmeißeln. Vielfach werden die Querschlitten mit

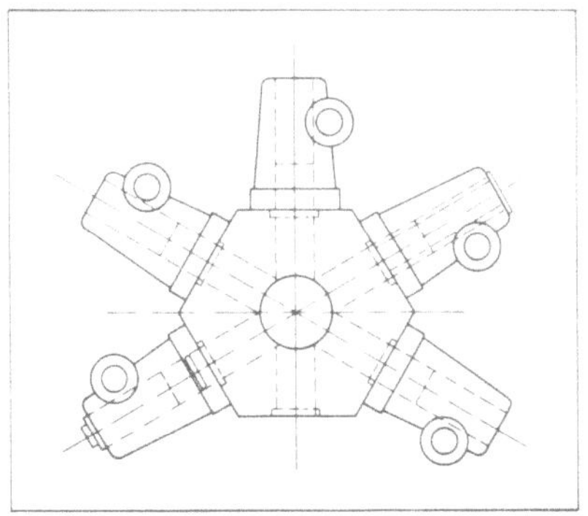

Bild 3-14. Sternrevolver mit sechs Werkzeugaufnahmen

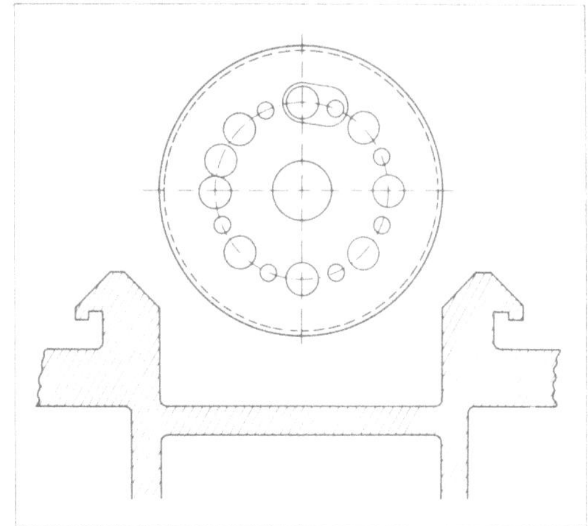

Bild 3-15. Trommelrevolver mit achtzehn Werkzeugaufnahmen

Mehrfachmeißelhaltern oder einem weiteren Revolverkopf ausgerüstet. Der Investitionsaufwand ist höher als bei der Universaldrehmaschine. Größere Stückzahlen ermöglichen jedoch eine wirtschaftliche Fertigung.

Man unterscheidet verschiedene *Revolverkopfarten, Stern- und Trommelrevolver.* Der Sternrevolver besitzt meist 6 Werkzeugaufnahmen am Umfang (Bild 3-14). Die meist liegende Anordnung ermöglicht eine gute, stabile Lagerung durch einen großen Tragring. Da nur 6 radial angeordnete, weitauseinanderstehende Werkzeugaufnahmen vorhanden sind, können auch schwierige Werkzeughalter eingesetzt und sperrige Werkstücke bearbeitet werden. In einigen Fällen wird der Revolverkopf mit geneigter oder senkrecht stehender Achse eingesetzt (einfachere Lagerung). Der Trommelrevolverkopf trägt die Werkzeuge nicht am Umfang, sondern an seiner Planseite. So findet sich Platz für 16 bis 18 Werkzeuge (Bild 3-15). Er besitzt eine waagerecht liegende Achse, die parallel zur Werkstückachse steht. Das oben liegende Werkzeugloch fluchtet mit der Arbeitsspindel. Der Trommelrevolver besitzt verschieden große Bohrungen, zwischen zwei Bohrungen sind ein- oder zweimal herausnehmbare Stege eingebaut. Dadurch ergibt sich ein nierenförmiges Loch, durch das der Drehling hindurchragen kann, wenn der Revolverkopf weit vorgeschoben werden muß. Der Trommelrevolverkopf sitzt ebenso wie der Sternrevolver auf dem Bettschlitten, der Längsbewegungen ausführen kann. Planbewegungen lassen sich beim Sternrevolver nicht und beim Trommelrevolver nur begrenzt durch Drehung der Trommel ausführen.

Entsprechend den Bauformen der Revolverköpfe sind zwei *Grundbauarten der Revolverdrehmaschinen, Sternrevolver-* (Bild 3-21) *und Trommelrevolverdrehmaschinen* (Bild 3-16), zu unterscheiden. Häufig kommt der Sternrevolver auch als *Planrevolver* zum Einsatz. Er ist dann durch eine waagrecht liegende Achse gekennzeichnet, die parallel zur Werkstücksachse und in gleicher Höhe mit ihr liegt. Die Möglichkeit des Planvorschubs neben dem Längsvorschub ist nunmehr gegeben. Der Planrevolver dient meist zum Bearbeiten kleiner Werkstücke. Eine Abart stellt der *vierseitige Planrevolver (Blockrevolver)* dar, der bei

**Bild 3-16
Revolverdrehmaschine
mit Trommelrevolver
und Programmschaltung
für Drehzahlen und
Vorschübe**

Mehrspindelautomaten Verwendung findet. Durch Revolverdrehmaschinen und günstige Gestaltung des Arbeitsplanes können erhebliche Einsparungen an Arbeitszeiten erreicht werden. Die Bedienung der Maschine kann durch Hilfskräfte erfolgen, wobei das Arbeiten der Maschine beim Einstellen vorbestimmt wird. Spannen der Werkstücke und Einschalten der Arbeitsvorgänge nacheinander obliegt dem Bediener. Fällt dieser auch noch weg, so ist die Maschine zum Automaten geworden. Zwischen Revolverdrehmaschinen und Drehautomaten sind die Grenzen jedoch fließend. Bei Revolverdrehmaschinen mit Programmschaltung werden die Arbeitsvorgänge nach Programm geschaltet, das Spannen der Werkstücke erfolgt jedoch von Hand. Da diese Revolverdrehmaschinen damit teilweise automatisiert sind, spricht man auch von Halbautomaten.

3.2.7. Drehautomaten

Automaten unterscheiden sich von Revolverdrehmaschinen wesentlich dadurch, daß der gesamte Arbeitsablauf von der Maschine zwangsläufig durchgeführt wird. Daher müssen sie mit einer Steuerung ausgerüstet sein. Durch Einsatz von Programmsteuerungen werden Revolverdrehmaschinen teilweise automatisiert. Dies erfolgt elektrisch oder elektro-hydraulisch. Dieselben Maschinen werden durch Einbau einer automatischen Werkstückzuführung und -spannung, ebenfalls elektrisch oder elektro-hydraulisch gesteuert zum Vollautomaten. Es sind eine Reihe dieser vollautomatischen Revolverdrehmaschinen und programmgesteuerte Revolverdrehmaschinen neben den klassischen Drehautomaten bekannt. Die klassischen Drehautomaten sind durch Kurven mechanisch gesteuert. Ihre Vorteile sind geringerer Anschaffungspreis, einfacher und leicht überschaubarer Aufbau, wenig anspruchsvoll bezüglich Wartung und Pflege und große Betriebssicherheit. Man unterscheidet mehrere Arten von Steuerungssystemen: *Ein-, Mehr- und Hilfskurvensystem.* Einkurvengesteuerte Automaten, bei denen der gesamte Arbeitsablauf von einer Kurve gesteuert wird, werden nicht mehr gebaut. Bei mehrkurvengesteuerten Automaten erfolgt die Befehlsspeicherung in einer Hauptsteuerwelle, die für alle Verrichtungen jeweils Kurven oder Nocken trägt. Die Hauptsteuerwelle macht für die Fertigstellung eines Werkstückes genau eine Umdrehung. Sämtliche Aufgaben der Maschine, wie Drehzahländerung, Vorschubbewegung, Spannen des Werkstücks und Schaltbewegungen aller Art werden von den Kurven der Hauptsteuerwelle unmittelbar über Hebel ausgelöst und durchgeführt. Bei einem Hilfskurvensystem geschieht dies für alle Nebenbewegungen mittelbar über eine Hilfssteuerwelle. Die Hauptbewegungen werden auch hier unmittelbar von der Hauptsteuerwelle gesteuert. Da die Hilfssteuerwelle schneller als die Hauptsteuerwelle läuft, werden die Schaltzeiten wesentlich herabgesetzt. Ebenso haben *elektrohydraulisch gesteuerte Automaten* beachtliche Verbreitung gefunden.

Neben den Verschiedenheiten in der Steuerungsart unterscheiden sich Automaten noch durch andere Merkmale. Je nach Anzahl der gleichzeitig bearbeiteten Werkstücke oder gleichzeitig im Schnitt befindlichen Werkzeuge kennt man *Ein- und Mehrspindelautomaten* (Bild 3-17 und 3-18). Hinsichtlich der Art des Beschickens trennt man in *Stangen- und Magazinautomaten*. Erstere fertigen von der Stange mit selbsttätigem Stangenvorschub, letztere werden aus dem angebauten Magazin jeweils mit einem Werkstück automatisch beschickt. Bei den meisten Automaten sind die Werkzeuge in Revolverköpfen aufgenommen (Revolverautomaten). Daneben wird für besondere lange Drehteile noch der Langdrehautomat gebaut.

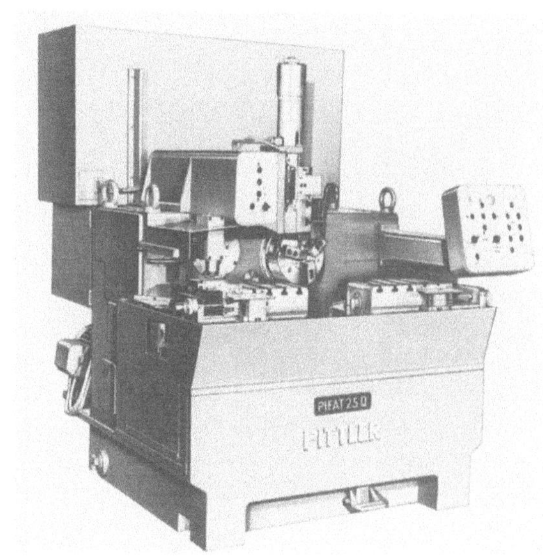

Bild 3-17. Einspindelfutterautomat mit zwei Quer- und Oberschlitten

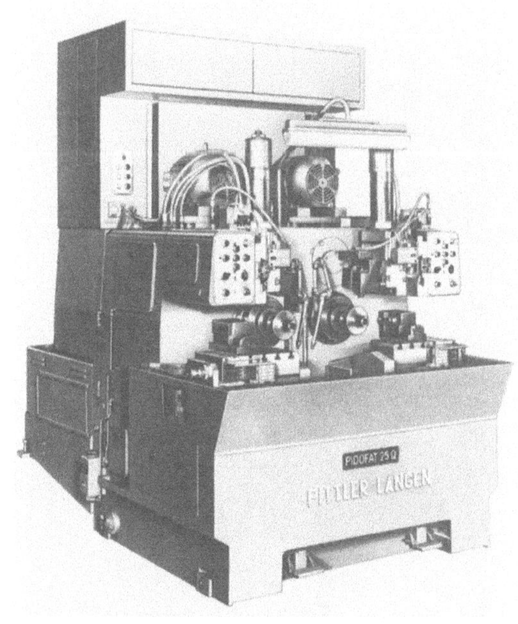

Bild 3-18. Doppelspindelfutterautomat mit zwei Quer- und Oberschlitten

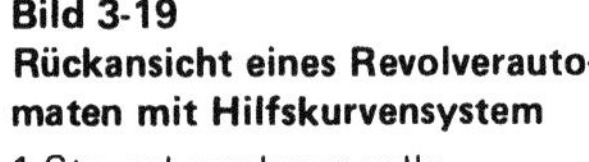

**Bild 3-19
Rückansicht eines Revolverautomaten mit Hilfskurvensystem**

1 Steuerkupplungswelle
  (Hilfssteuerwelle)
2 Antrieb des Revolvers
3 Handgriff für Revolver-
  verriegelung
4 Antrieb der Abnehmerein-
  richtung
5 Eilgang
6 Anschlußkasten
7 Kühlölpumpe
8 Elektrischer Geräteraum
9 Boschöler

**Bild 3-20
Steuerwelle auf der Vorderseite
des Revolverautomaten**

**Bild 3-21
Arbeitsraum eines
Revolverautomaten mit
stehendem Sternrevolver**

Bild 3-22
Achtspindelautomat
für Futter- und
Stangenarbeiten
40 mm Stangendurchlaß

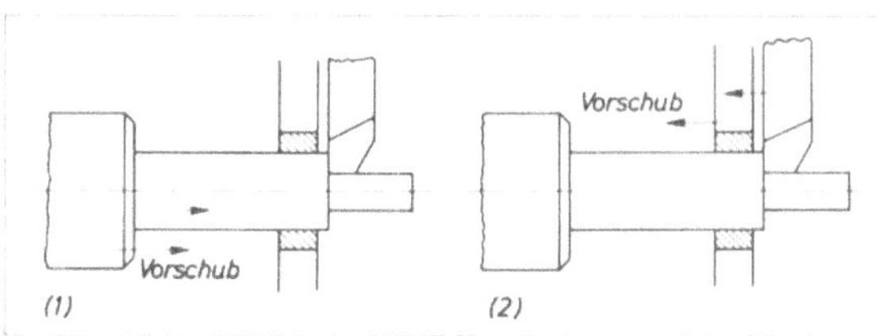

Bild 3-23
Arbeitsweisen von Langrdrehautomaten
(1) Vorschub durch Werkstück
(2) Vorschub durch Werkzeug

Im folgenden sollen noch einige Automatenbauarten betrachtet werden. Man findet unter den *Revolverautomaten,* als erster Gruppe, sowohl Ein- als auch Mehrspindel-automaten mit den genannten Steuerungssystemen. Weite Verbreitung finden Einspindel-revolverdrehautomaten mit Hilfskurvensystem (Hilfssteuerwelle oder Steuerkupplungs-welle). Diese Maschinen werden meist als Stangenautomaten ausgeführt, wobei Zusatz-teile einen Umbau zum Magazinautomaten ermöglichen (Indexautomat) (Bilder 3-19, 3-20 und 3-21). Neben einfachen Dreharbeiten ermöglichen vielfältige Zusatzeinrich-tungen weitere Bearbeitungsarten, wodurch der Automat vielseitige Verwendungsmög-lichkeiten erhält. Eine besondere Art von Automaten stellen die *Formdrehautomaten* zur Herstellung kleiner Teile mit Gewinde (Schrauben usw.) dar. Statt des Revolverkopfs besitzen sie ein Bohr- und Gewindeschneidgerät. *Mehrspindelautomaten,* meist Revolver-automaten, werden als Stangen- und Magazinautomaten (Futterautomaten) mit 4,6 oder 8 gleichzeitig laufenden Arbeitsspindeln hergestellt. Die Spindeln, in einem Kreis angeord-net, werden zentral angetrieben und schalten jeweils nach einem Arbeitstakt um eine Stellung weiter. Bei jeder Schaltung ist demnach ein Werkstück fertig. Der Werkzeugträger mit verschiedenen Werkzeugen, ebenfalls entsprechend der Arbeitsfolge kreisförmig angeordnet, schaltet nicht. Alle Werkzeuge führen beim Arbeiten gleichzeitig einen gleich-großen Vorschub aus (Bild 3-22).

Der *Langdrehautomat* bringt für lange Werkstücke mit kleinem Durchmesser eine zu-sätzliche Stützung beim Drehen, damit sie sich unter der Schnittkraft nicht verbiegen. Die Stütze muß in der Nähe der Werkzeuge liegen (Bild 3-23). Im Fall (1) des Bildes stehen Stütze und Werkzeuge in Längsrichtung fest, der Längsvorschub wird vom Spindel-stock und dem sich drehenden Werkstück ausgeführt. Im Fall (2) (Ottenbacher System)

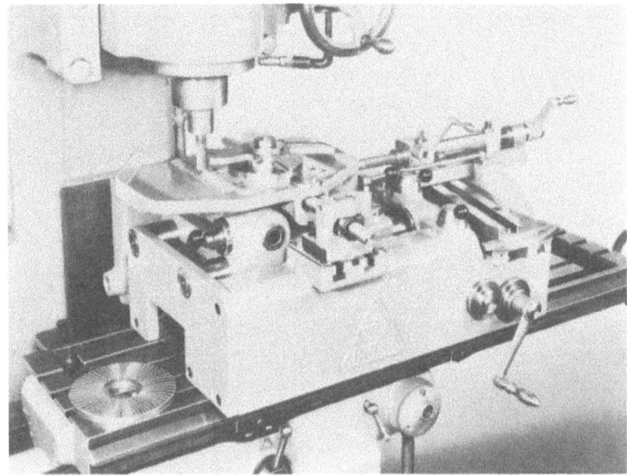

**Bild 3-24
Kurvenfräseinrichtung
zum Fräsen
von Scheibenkurven**

**Bild 3-25
Kurvenprüfeinrichtung**

wird der Längsvorschub vom Werkzeug ausgeführt, wobei die Stütze mitläuft. Die Werkzeuge sind strahlenförmig um das Werkstück angeordnet. Der Langdrehautomat ist ein Einspindelautomat mit Mehrkurvensteuerung.

Die *Kurvenberechnung und Gestaltung der Kurven* für verschiedene Arbeitsaufgaben ist Kernstück des Automateneinrichtens. Die Reihenfolge der Arbeiten, mit der bei Kurvenberechnungen vorgegangen werden muß, sei kurz erläutert:

1. Drehzahl der Arbeitsspindel muß entsprechend dem zu zerspanenden Werkstoff gewählt werden.
2. Günstigste Arbeitsfolge und die dazu erforderlichen Werkzeuge für die Herstellung des Werkstückes müssen festgelegt werden.
3. Arbeitswege für alle Werkzeuge des Automaten werden errechnet.
4. Festlegung der Vorschubgeschwindigkeiten; damit können die für jeden Arbeitsvorschub der Werkzeuge erforderlichen Umdrehungen der Arbeitsspindel, sowie die dafür benötigte Hauptnutzungszeit errechnet werden.

5. Erforderliche Nebenzeiten werden entsprechend der Konstruktion des Automaten bestimmt. Neben- und Hauptnutzungszeit zusammen ergeben die Stückzeit.

6. Arbeitsablauf für jeden Arbeitsgang wird in 100 stel des Kurvenumfanges ermittelt.

7. Kurven für verschiedene Arbeitsabläufe (Revolverkopf, Seitenschlitten und Hilfsbewegungen) werden aufgezeichnet.

Für vereinfachtes Herstellen der Kurven werden *Kurvenanreiß- und Kurvenfräsgeräte* (Bild 3-24) gebaut. Neben Berechnung, Konstruktion und Herstellung der Kurven stellt die sorgfältige Einrichtung des Automaten eine zeitraubende Arbeit dar. Große Stückzahlen sind erforderlich, damit dieses Einrichten wirtschaftlich wird. Besondere Geräte gestatten das Prüfen der Kurven (Bild 3-25).

3.2.8. Karusseldrehmaschinen

Ein- und Zweiständerkarusselldrehmaschinen gehören zu den Futterdrehmaschinen. Kennzeichen ist die stehende Arbeitsspindel mit der waagrecht liegenden Planscheibe. Die Maschine eignet sich besonders zur Bearbeitung sperriger und großer Werkstücke. Auf- und Abspannen wird sehr erleichtert und die Innenbearbeitung großer Zylinder läßt sich gut durchführen. Die Planscheibe dreht sich um einen Mittelzapfen (Königswelle) mit Gleitlagern oder mit nachstellbaren Zylinderrollenlagern. Die Abstützung erfolgt auf einer Gleitbahn mit Weißmetallflächen. Große Maschinen besitzen eine unterteilte Planscheibe, ein äußerer Ring kann bei kleineren Werkstücken stillgelegt werden. Der Antrieb der Scheibe erfolgt über Ritzel und Zahnkranz. Die Werkzeuge sind auf dem Werkzeugschlitten befestigt, der auf dem Querträger beweglich angeordnet ist. Der Querträger ist an einem oder zwei Ständern, meist in der Höhe verstellbar angeordnet. Entsprechend der Ständerzahl unterscheidet man Ein- und Zweiständermaschinen (Bilder 3-26 und 3-27). *Zweiständermaschinen* besitzen meist zwei voneinander unabhängige Werkzeugschlitten. *Einständermaschinen* werden auch mit festem Querträger gebaut. Die Werkzeugschlitten besitzen vom Hauptantrieb abgeleitete Vorschubantriebe. Die

Bild 3-26. Einständerkarusselldrehmaschine bis 150 kN Werkstücksgewicht

Bild 3-27. Zweiständerkarusselldrehmaschine mit Doppelplanscheibe

Bild 3-28.
Plandrehmaschine in Kurzausführung
mit Ständersupport und 1000 mm
Spitzenhöhe

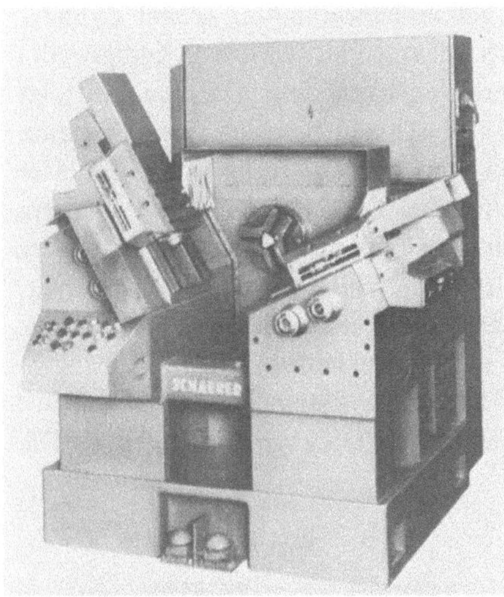

Bild 3-29
Frontdrehmaschine, vollautomatisch

Bild 3-30. Senkrechtdrehmaschine als Automat mit
Sechsfachrevolverkopf und Kopiereinrichtung

Höhenverstellung des Querträgers wird durch besonderen Motor angetrieben. Karusselldrehmaschinen werden auch Drehwerke genannt, die genaues Arbeiten gestatten.

Im Gegensatz zu den Karusselldrehmaschinen haben *Plandrehmaschinen* (Kopfdrehmaschinen) zur Aufnahme großer Werkstücke eine liegende Achse (Bild 3-28 und 3-29).
Die Maschine eignet sich besonders für Planarbeiten und benötigt einen stufenlosen Antrieb über PIV-Getriebe oder Leonard-Antrieb. Auch große Karusselldrehmaschinen
werden häufig zur wirtschaftlicheren Ausnutzung mit stufenlosem Antrieb versehen.
Eine Ähnlichkeit mit Karusselldrehmaschinen besitzen *Senkrechtdrehmaschinen*, die
sich vor allem für Serienfertigung sperriger und schwerer Werkstücke eignen. Maschinen
dieser Gruppe werden auch mit Kopiereinrichtungen versehen (Bild 3-30).

3.2.9. Hinterdrehmaschinen

Die Universalhinterdrehmaschine findet als Unrunddrehmaschine (Bild 3-31, 3-32 und 3-33) ein großes Anwendungsgebiet, sowohl für das Hinterdrehen von Werkzeugen, als auch für sonstige Unrundarbeiten (Herstellen von Polygon- und Mehrkantprofilen). Grund-

Bild 3-31
Unrunddrehmaschine
eine Universaldrehmaschine
mit Unrund-Kopier-Dreh-
einrichtung

Bild 3-32
Unrunddrehmaschine
Hinterdrehschieber wird
durch Hubscheiben bewegt

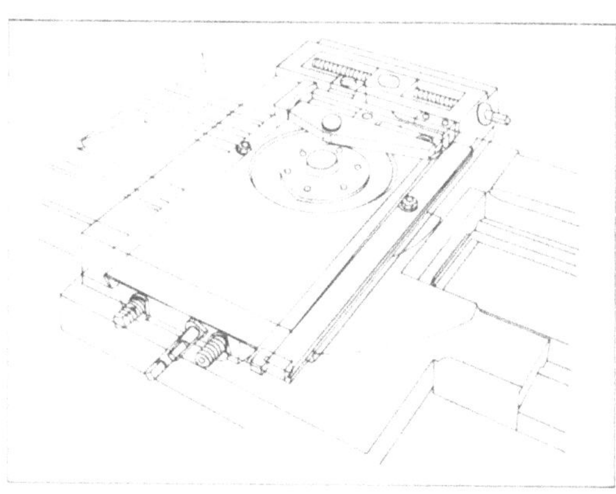

Bild 3-33
Hinterdrehschieber mit stufenloser
Höheneinstellung
für jedes Profil ist eine besondere Hubscheibe erforderlich

aufbau der Hinterdrehmaschine ist der einer Spitzendrehmaschine und ähnelt dem Aufbau der Leit- und Zugspindeldrehmaschine. Die Hinterdreheinrichtung ist zusätzlich eingebaut. Die Unrundbewegung wird mechanisch durch eine Kurve gesteuert. Die Hinterdrehvorrichtung kann ausgeschaltet und mit der Maschine sodann normale Dreharbeiten, einschließlich Gewindeschneiden, ausgeführt werden. Mehrkantdrehen kann auch mit einer Zusatzeinrichtung auf Drehmaschinen oder auf Sondermaschinen erfolgen.

3.3. Fräsmaschinen

3.3.1. Allgemeines

Fräsmaschinen dienen im allgemeinen, ebenso wie Hobelmaschinen, der Bearbeitung ebener Flächen. Es ist eine Frage der Wirtschaftlichkeit, welche Maschine Verwendung findet. Während die Hobelmaschine für lange und schmale Werkstücke günstiger ist, erweist sich die Fräsmaschine bei kurzen, breiten Werkstücken als besser geeignet. Beim Herstellen von Nuten und Schlitzen ohne Auslauf zeigt sich das Fräsen eindeutig überlegen.

Man unterscheidet Fräsmaschinen mit festliegender und solche mit verstellbarer Frässpindel. Fräsmaschinen mit feststehender Spindel eignen sich für kleinere und mittlere, leicht bewegliche Werkstücke. Da der Tisch in der Höhe verschiebbar und auf einer Konsole gelagert ist, spricht man von *Konsolfräsmaschinen*. Dazu gehören Waagrecht- und Senkrechtfräsmaschinen mit waagrechter und senkrechter Spindel; auch die Universalfräsmaschine mit waagrechter Frässpindel zählt zu dieser Gruppe. Die Maschinen werden in Standardausführung oder als Produktionsmaschinen für einen enger begrenzten Anwendungsbereich gebaut. Große, sperrige Werkstücke erfordern Maschinen mit verstellbarer Frässpindel, wobei sich der Tisch nicht in der Höhe, sondern nur in der Vorschubrichtung verstellen läßt. Man spricht von *Plan-* und *Langfräsmaschinen*. Die Frässpindel lagert verstellbar in einem Frässpindelschlitten. Größere Maschinen haben meist mehrere Spindelschlitten, so daß gleichzeitig mehrere Werkzeuge arbeiten können. Bei Fräsmaschinen wird die Hauptschnittbewegung durch das Werkzeug, die Vorschubbewegung überwiegend durch das Werkstück ausgeführt. Getrennte Motoren erzeugen bei Fräsmaschinen beide Bewegungen. Eine Ausnahme stellt die Wälzfräsmaschine dar. Bei ihr darf die Vorschubbewegung keinesfalls von der Frässpindel abgeleitet werden. Findet nur ein Motor Verwendung, muß die Vorschubbewegung unmittelbar an der Motorwelle abzweigen, damit beide Bewegungen unabhängig voneinander regelbar sind. Drehbewegung der Frässpindel und Vorschubbewegung können miteinander laufen. Fräsmaschinentische werden auch mit Programmsteuerungen für automatisches Abwickeln von Arbeitsvorgängen ausgerüstet.

3.3.2. Maschinen mit feststehender Frässpindel

Bild 3-34 zeigt den Aufbau einer *Waagrechtfräsmaschine*. Maschinenständer, Gegenhalter und Konsole sind in ihrer konstruktiven Gestaltung mitbestimmend für die Güte der Maschine. Ihre Starrheit muß ein Aufklaffen von Gegenhalter und Konsole unter der Zerspankraft verhindern. Zur Unterstützung der Steifigkeit kann bei kleineren Maschinen eine Gegenhalterstütze (Schere) angebracht werden. Bei Produktionsfräsmaschinen sind Ständer, Gegenhalter und Konsole so kräftig gestaltet, daß auf die Stütze verzichtet

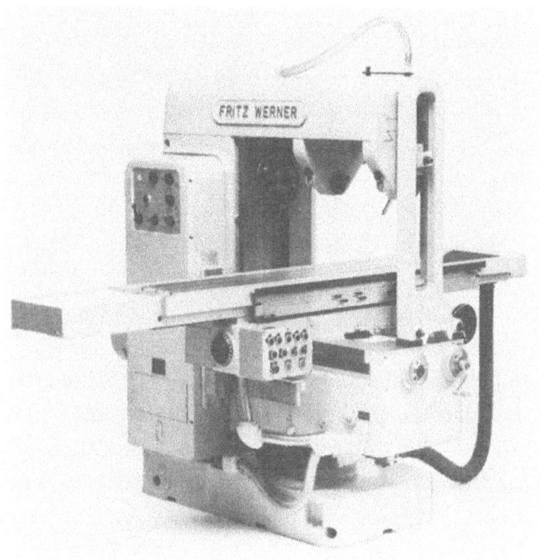

Bild 3-34
Aufbau einer elektrisch gesteuerten,
horizontalen Konsolfräsmaschine
auch in Vertikal- und Universal-
bauart möglich

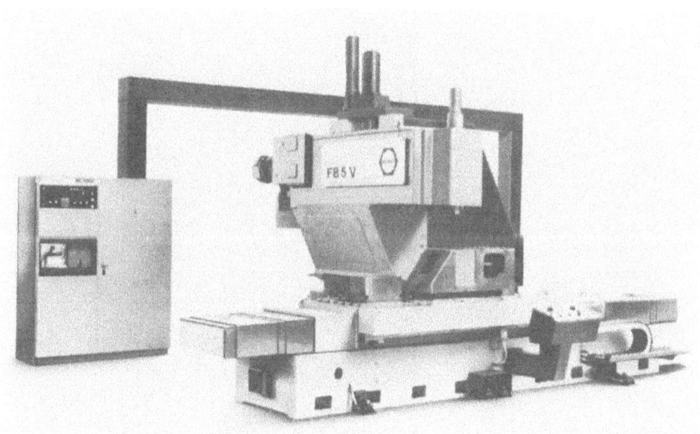

Bild 3-35
Bettfräsmaschine
(vertikal)
mit NC-Steuerung
(Punkt- und
Bahnsteuerung)

werden kann, was für die Zugänglichkeit zur Arbeitsstelle günstiger ist (Bild 3-35). Der Hauptantrieb (Fräserantrieb) geht von einem Elektromotor über ein im Ständer angeordnetes Getriebe zur Frässpindel. Das Getriebe wird meist als Schieberädergetriebe ausgebildet. Damit für verschiedene Fräsarbeiten und Fräserarten die richtigen Schnittgeschwindigkeiten zur Verfügung stehen, besitzen Hauptantriebe mindestens zwölf geometrisch gestufte Drehzahlen ($q = 1{,}26$ und $1{,}41$) mit einem Drehzahlbereich um $B = 50$. Die kräftig gestaltete Frässpindel muß gegen Durchbiegen sicher sein; auf der Frässpindel sind deshalb nur ein oder zwei Zahnräder angeordnet, um eine Übertragung von Schwingungen zu vermeiden. Die Lagerung der Spindel erfolgt mit Wälzlagern. Es können axiale und radiale Kräfte aufgenommen werden.

Der Vorschubantrieb wird entweder von der Motorwelle des Hauptantriebsmotors abgenommen oder er besitzt einen eigenen Antriebsmotor. Im zweiten Fall sitzen Motor und Vorschubgetriebe in der Konsole, die auch den Tisch trägt. Wird der Vorschub vom Motor des Hauptantriebes abgenommen, muß die Bewegung vom Ständer zur Konsole übertragen werden. Dies erfolgt, da die Konsole in der Höhe verstellbar ist, über Kugelgelenk und Teleskopwelle. Das Vorschubgetriebe ist vielfach ein Stufenrädergetriebe für acht bis zwölf Arbeitsvorschübe mit einem Eilgang bei geometrischer Stufung. Größere Maschinen besitzen ein Getriebe zum maschinellen Verstellen der Konsole und Querstellen des Tisches. Die Drehbewegung des Getriebes überträgt Gewindespindel und Mutter in die Längsbewegung des Tisches. Bei *Handhebelfräsmaschinen* wird die Vorschubbewegung von Hand über Hebel, Zahnrad und Zahnstange ausgeführt. Bei Maschinen, die neben Gegenlauf- auch Gleichlauffräsen ermöglichen, ist eine Änderung der Tischspindel erforderlich. Die Kräftezerlegung beim Gleichlauffräsen zeigt, daß die Vorschubkraft das Werkstück unter den Fräser ziehen will. Läuft die Antriebsspindel nicht spielfrei in der Spindelmutter, so besteht Gefahr, daß Fräserzähne ausbrechen. Spielfreier Lauf kann auf verschiedene Weise erzeugt werden:

> Eine Spindel und zwei Muttern;
> zwei Spindeln und zwei Muttern (verspannt);
> zwei Spindeln und eine gemeinsame Mutter;
> ein hydraulisches Getriebe.

Die Vorschubbewegung ist auch mit Programmsteuerung durchführbar. Mit Hilfe von Schaltnocken oder Tischanschlägen kann auf andere Vorschubgeschwindigkeit oder Bewegungsrichtung umgeschaltet werden. Anschläge sind nach Bedarf am Tisch, am Querschieber oder an der Konsole angebracht. Die Steuerung der Bewegungen gestaltet man elektro-hydraulisch oder rein elektrisch. Manche Maschinen besitzen noch Absenkvorrichtungen, die bei Eilgang die Konsole automatisch senken, um Beschädigungen des Werkstücks durch den Fräser zu vermeiden.

Zu Arbeiten mit Schaftfräsern dient die *Senkrechtfräsmschine* (Bild 3-36). Werkezuge werden von der senkrecht gelagerten Spindel aufgenommen. Im

Bild 3-36. Senkrechtfräsmaschine mit 12 Drehzahlen und 18 Vorschüben

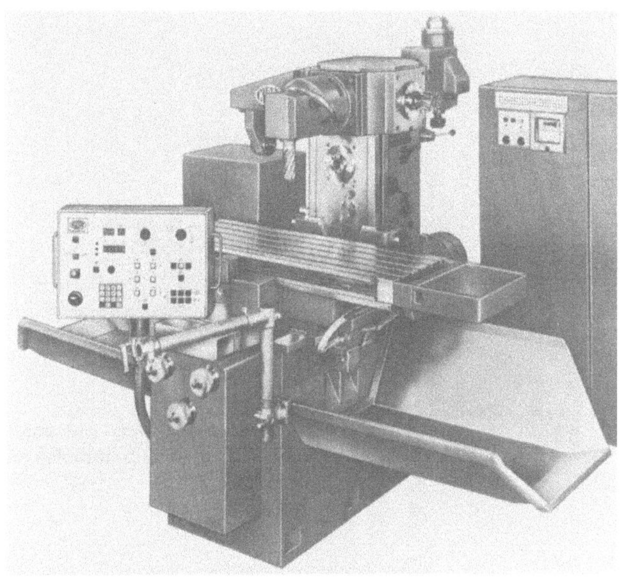

Bild 3-37
NC-gesteuerte Bettfräs-
maschine mit Vierfach-
Antriebseinheit

übrigen entspricht der Aufbau dem
der Waagrechtfräsmaschine. Der
Fräskopf ist an der Maschine angeschraubt. Der Antrieb der senkrecht stehenden Frasspindel erfolgt
über Kegelräder. Die Spindel lagert
im Wälzlager. Bild 3-37 zeigt eine
numerisch gesteuerte Bettfräsmaschine mit vier Antriebseinheiten
(senkrecht und waagrecht). Die
Universalfräsmaschine (Bild 3-38)
unterscheidet sich von der Waagrechtfräsmaschine dadurch, daß der
Tisch drehbar gelagert und der
Drehzahlbereich größer ist. So kann
man Wendel- und Zahnradfräsen
mit Hilfe eines Universalteilkopfes
ermöglichen. Der Antrieb des
Tisches erfolgt von der Tischspindel
über aufsteckbare Wechselräder. Der
Universalteilkopf ermöglicht es, das
Werkstück um Teile einer vollen Umdrehung weiterzuschalten. Neben

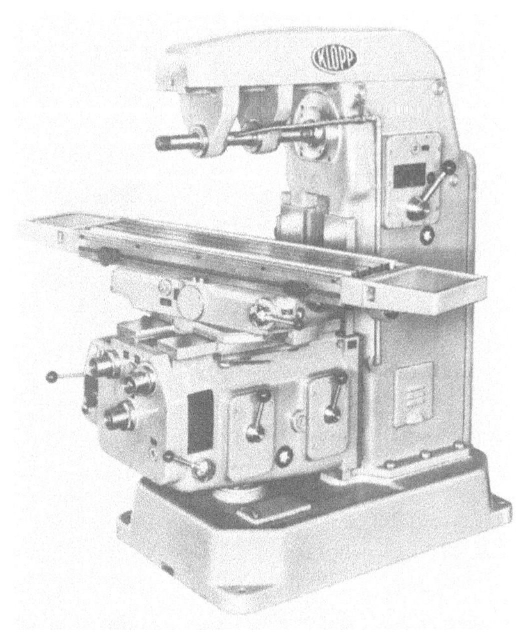

Bild 3-38. Universalfräsmaschine mit 6 Drehzahlen und
18 Vorschüben schwenkbarem Tisch

Bild 3-39
Universalwerkzeugfräs- und -bohr-
maschine mit je 18 Drehzahlen und
Vorschüben

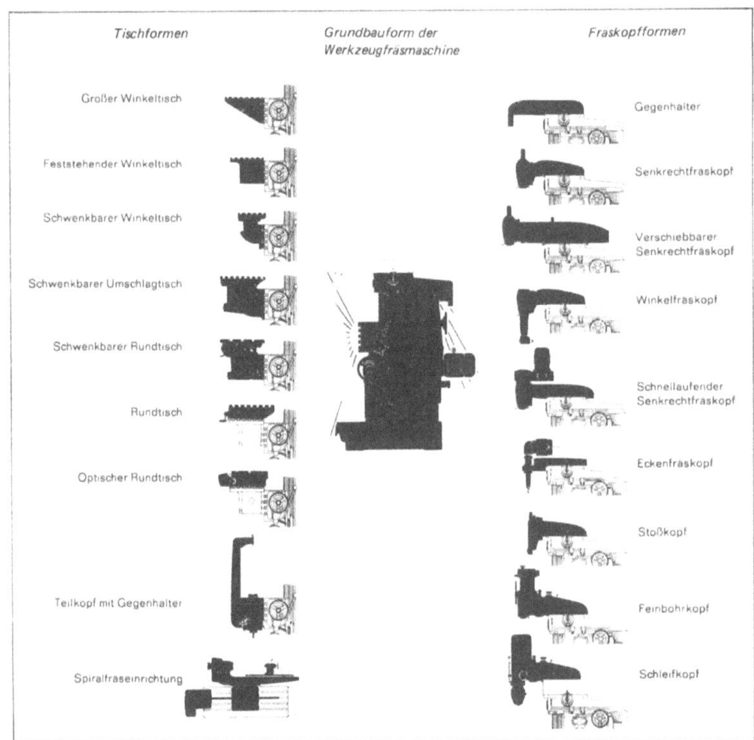

Bild 3-40. Bauelemente der Maschine in Bild 3-39

Bild 3-41.
Universalwerkzeug-
fräsmaschine mit
Schwenk- und Drehtisch

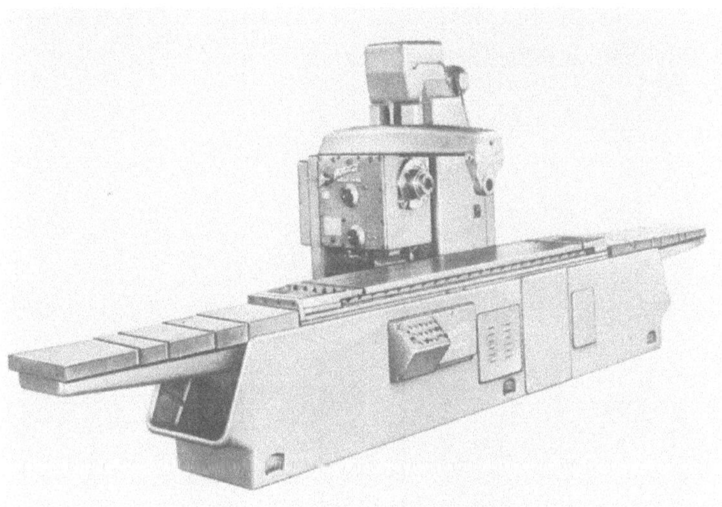

Bild 3-42. Einspindel-Langfräsmaschine im Baukastensystem mit liegender Fräserachse

dem Universalteilkopf, bei dem mittels Lochscheibe und Wechselrädern geteilt wird, benutzt man für genaue Arbeiten den optischen Teilkopf. Das Teilen geschieht hier mit Skala und optischer Ablesung.

Eine Sonderform der Universalfräsmaschine ist die *Werkzeugfräsmaschine* (Bild 3-39, 3-40 und 3-41), die weit größere Anpassung der Maschine an die Arbeit gestattet. Es wird dies durch zusätzliche Aufspann- und Teilvorrichtungen, sowie durch einen schwenkbaren Tisch ermöglicht. Außerdem ist die Maschine mit verschiedenartigen schwenkbaren Werkzeugköpfen (Senkrechtfräskopf, Bohrkopf, Stoß- und Schleifgerät usw.) ausgerüstet.

Bei der *Langfräsmaschine,* den Langhobelmaschinen gleichend, läßt sich der Tisch in der Höhe nicht verstellen, wodurch er stabile Auflage und gute Führung erhält. So lassen sich lange und schwere Werkstücke bearbeiten. Langfräsmaschinen werden in einfacher Form oder in Portalbauart hergestellt. Bei der einfachen Form sind Maschinen mit einem oder zwei waagrechten Fräsachsen gebräuchlich (Bild 3-42). Daneben kommen einfache

Bild 3-43
Einfache, senkrechte Langfräs-
maschine mit elektrohydrau-
lischer Steuerung

Bild 3-44
Zweiständerlangfräsmaschine
mit zwei Werkzeugschlitten
(Portalbauart)

Langfräsmaschinen in senkrechter Form vor (Bild 3-43). *Portalmaschinen* (Bild 3-44) besitzen einen oder zwei Werkzeugschlitten. Eine besondere Form stellt die *Einständer-langfräsmaschine* dar. Zum Unterschied zur Portalmaschine besitzt sie nur einen Ständer mit Ausleger und einen Werkzeugschlitten. Häufig sind die Maschinen nach dem Bau-kastensystem zusammengestellt, wodurch verschiedenartige Formen möglich sind. Die Werkstückschlitten haben einen eigenen Antriebsmotor mit Getriebe. Eine besondere Bauart stellen die Kopierfräsmaschinen dar (Bild 3-45 und 3-46).

Bild 3-45
Großkopierfräsmaschine
mit NC-Bahnsteuerung

Bild 3-46
Doppelkopierfräsmaschine
mit NC-Bahnsteuerung
(Portalbauart)

Graviermaschinen sind Formfräsmaschinen und werden zum Kopieren von Schablonen eingesetzt. Mit einem Fahrstift werden Form- oder Schriftschablonen abgetastet und die Bewegungen mit einem Pantographen auf den Gravierkopf übertragen. Mit diesem Pantographen kann das Bild der Schablone verkleinert werden. Es gibt Ausführungen für zweidimensionales und dreidimensionales Gravieren. Graviermaschinen lassen sich auch als Formfräsmaschinen mit mechanischer Steuerung für kleinere und mittlere Kopierfräsarbeiten im Werkzeug- und Formenbau verwenden. Bei der Ständermaschine sitzt ein fester oder beweglicher Arbeitstisch auf dem Maschinenständer (Säule), der auch den schwenkbaren Schablonentisch trägt. Der Pantograph mit Gravierspindel hängt am Maschinenständer. Der Antrieb der Gravierspindel erfolgt über Gelenkseiltrieb mit Elektromotor. Kleinere Ausführungen baut man als Tischgraviermaschinen (Bild 3-47). In der Gravierspindel werden die Gravierwerkzeuge (Gravierfräser, Elektrosigniergerät mit Wolfram- oder Hartmetallstift, Ätzstift und Gravierdiamanten) befestigt. Die Werkzeuge müssen entsprechend der gewünschten Fräsform gestaltet sein. Besondere Spannvorrichtungen dienen für arbeitsgerechte Lage der Werkstücke. Graviermaschinen werden auch als optisch gesteuerte Maschinen gebaut, die mit einem Lichtstrahl eine Zeichnung abtasten.

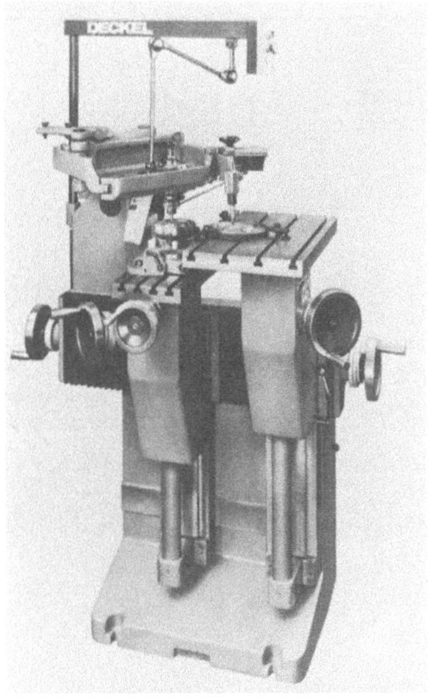

Bild 3-47
Universal-Gravier- und Kopierfräsmaschine

3.4. Bohrmaschinen

Von den vielen Bauarten stellen die größte Gruppe die Senkrechtbohrmaschinen. Als Ein- oder Mehrspindelbohrmaschinen erlangten sie weite Verbreitung. Das Zusammenstellen von Einständermaschinen zu Reihenbohrmaschinen mit gemeinsamem Tisch ist beliebt. Gebräuchliche Bauformen sind die Säulen- und die Ständerbohrmaschinen. Säulen- und Ständerbohrmaschinen, sowie Auslegerbohrmaschinen haben eine senkrechte Spindelachse. Neben Senkrechtbohrmaschinen werden Waagrechtbohr- und Fräswerke zum Bearbeiten großer Werkstücke gebaut. Weiter wurden Genaubohrmaschinen entwickelt, die als Lehrenbohrmaschinen bekannt sind.

3.4.1. Senkrechtbohrmaschinen

Die drei verschiedenen Bauarten, *Tisch-, Säulen- und Ständerbohrmaschine,* werden je nach Größe eingesetzt. Für kleine Bohrerdurchmesser eignet sich die Tischbohrmaschine (bis 10 mm Durchmesser) und für große Bohrerdurchmesser die Ständerbohrmaschine (über 30 mm Durchmesser). Die angegebenen Grenzen sind fließend. Die Tischbohrmaschine (Bild 3-48 mit Gewindeschneideinrichtung) hat als Unterbau einen Tisch. Der Antrieb erfolgt über Riemen und die Vorschubbewegung der Spindel von Hand. Den Abstand Bohrfutter-Maschinentisch paßt man der Werkstückshöhe an, wobei das Maschinenoberteil auf der Gestellsäule höher oder tiefer festgeklemmt wird. Bei der Säulenbohrmaschine (Bild 3-49) ist das Gestell als Säule gestaltet. Es besitzt dieselbe Grundbauart wie bei der Tischbohrmaschine, nur ist die röhrenförmige Säule länger gestaltet. Die Maschine wird auf dem Boden aufgestellt. Das Oberteil ist fest auf der Säule,

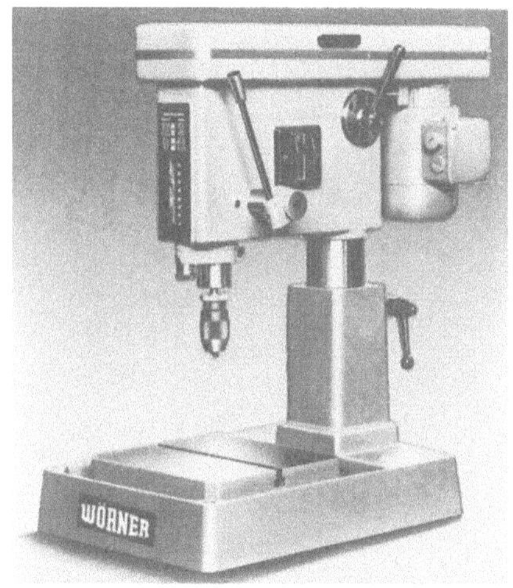

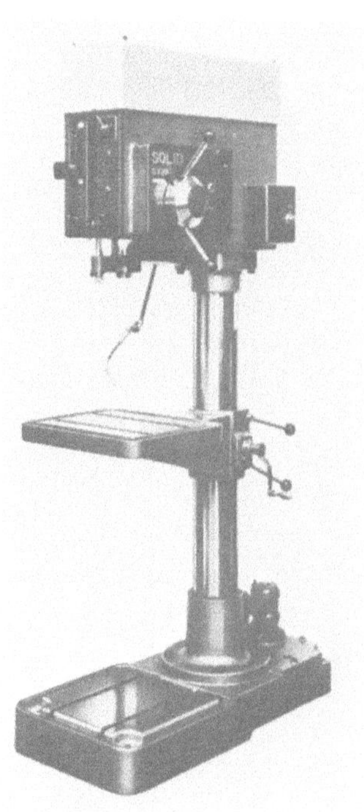

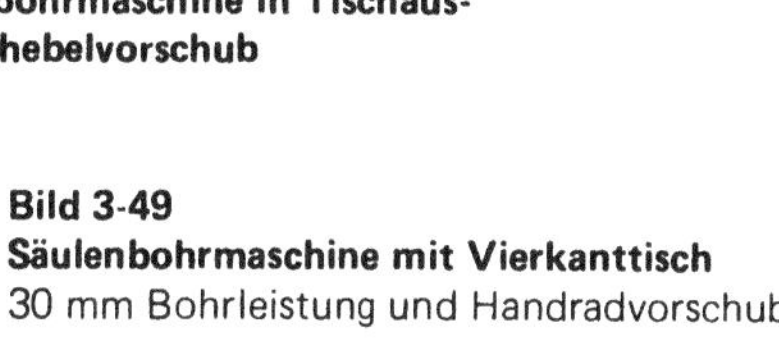

**Bild 3-48. Säulenbohrmaschine in Tischaus-
führung und Handhebelvorschub**

**Bild 3-49
Säulenbohrmaschine mit Vierkanttisch**
30 mm Bohrleistung und Handradvorschub

und der Arbeitstisch ist an der Säule in der Höhe verstellbar. Der Hauptantrieb erfolgt über Riemen- oder Reibradgetriebe, bei Bedarf auch über ein stufenloses Getriebe. Der Spindelvorschub der Säulenbohrmaschine kann von Hand oder selbsttätig erfolgen. Bei Selbstgang übertragen Zahnräder, Schnecke und Zahnstange mit Ritzel die Vorschubbewegung von der Bohrspindel zur Pinole. Bei größeren Antriebsleistungen (größere Bohrerdurchmesser) genügt die Biegesteifigkeit der Röhrensäule nicht mehr; man verwendet ein stabiles Kastengestell. Bei der *Ständerbohrmaschine* (Bild 3-50) lagert die Bohrspindel in einem Schlitten. Dabei sind Arbeitstisch und Bohrschlitten in der Höhe verstellbar. Der Antriebsmotor wird am Bohrschlitten befestigt.

Die in der Massenfertigung verwendete *Reihenbohrmaschine* besteht aus mehreren, nebeneinander angeordneten einspindligen Senkrechtbohrmaschinen mit gemeinsamem Gestell und Tisch. Jede Bohrspindel kann ein anderes Werkzeug aufnehmen und wird getrennt angetrieben. Alle Spindeln können die Vorschubbewegung gemeinsam ausführen. Dadurch ist es möglich, an einem Werkstück nacheinander verschiedene Arbeitsgänge auszuführen, wobei das Werkstück von Spindel zu Spindel im Takt, meist in Bohrvorrichtungen gespannt, weitergegeben wird (Bild 3-51 und 3-52). *Mehrspindlige Bohrmaschinen* (stehende oder liegende Bauart) können viele Bohrungen gleichzeitig bearbeiten. Antrieb der einzelnen Bohrspindel erfolgt zentral über Gelenkwellen, wobei der Abstand der Bohrspindeln untereinander einstellbar ist (Bild 3-53). Eine besondere Form der Mehrspindelbohrmaschinen stellt die *Revolverkopfbohrmaschine* dar, bei der nur ein Bohrer nach dem andern zum Einsatz kommen kann (Bild 3-54).

**Bild 3-50
Ständerbohrmaschine
als
Tieflochbohrmaschine**

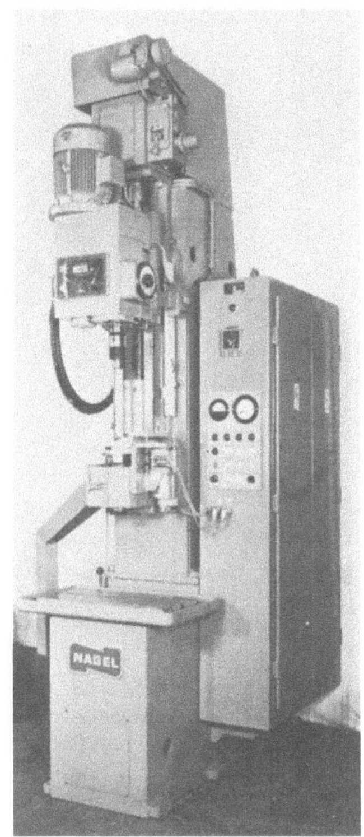

**Bild 3-51
Reihenbohrmaschine**
(Ständerbauart) **mit zwei
Spindeln für Tiefloch-
bohrungen**

Bild 3-52. Reihenbohrmaschine
(Säulen- und Tischbauart)

**Bild 3-53. Hydraulische Gelenkspindel und
Gewindebohrmaschine mit zwei unabhängi-
gen Spindelgruppen, 28 Spindelantrieben
und 18 Drehzahlen**

Bild 3-54
Revolverkopfbohrmaschine mit NC-Steuerung

Bild 3-55
Auslegerbohrmaschine
(Radialbohrmaschine)
mit Universaltisch

Die *Auslegerbohrmaschine* besitzt weitgehende Verstellmöglichkeit der Bohrspindel, ermöglicht das Bearbeiten sperriger Werkstücke, und arbeitet mit kleinen Nebenzeiten. Das Werkstück wird festgespannt und das Werkzeug von Bohrstelle zu Bohrstelle bewegt (Bild 3-55). Auslegerbohrmaschinen werden überwiegend als Rundsäulenbohrmaschinen gebaut. Die Säule trägt den Ausleger mit dem Werkzeugschlitten. Sie besteht aus einem feststehenden Innenrohr, auf dem ein drehbares Mantelrohr sitzt. Schwenkbewegungen führt das Mantelrohr aus, an dem der Ausleger befestigt ist. Auf dem Ausleger gleitet der Werkzeugschlitten hin und her. Je weiter er von der Säule entfernt ist, desto mehr leidet die Starrheit der Maschine (Aufklaffen). Manche Bauarten gestatten, den Ausleger in der Höhe zu verstellen und den Werkzeugschlitten nach der Seite zu schwenken. Es darf dann aber nur mit kleiner Vorschubkraft gearbeitet werden. Der Antriebsmotor der Bohrspindel wird meist auf dem Werkzeugschlitten angebracht und dadurch der Antrieb vereinfacht.

3.4.2. Waagrecht-Bohr- und Fräswerke

Mit diesen Maschinen können verschiedenartige Bohrarbeiten an großen Werkstücken ausgeführt werden, auch Fräs-, Plan- und Ausdreharbeiten, sowie Reiben und Gewindeschneiden sind möglich. Die Befestigung der Werkstücke erfolgt auf einem dreh- und verschiebbaren Tisch, der mit Ausnahme der Höhenverstellung der Bohrspindel alle Zustellbewegungen ausführt, daher auch der Name Tischbohrwerk (Bild 3-56 und 3-57).

Bild 3-56
Einständerkoordinatenbohrmaschine mit längs- und querverschieblichem Tisch

Bild 3-57
Portal-Koordinaten-Bohrwerk
Genauigkeit H3 bei
200 mm Durchmesser

Als zweite Möglichkeit kann man das Werkstück auf einer feststehenden Platte neben dem Bohrwerk aufbauen. Alle Zustellbewegungen müssen nun von der Bohrspindel ausgeführt werden. Das Werkstück läßt sich in einer Aufspannung nur von einer Seite bearbeiten. Man nennt diese Bauart *Plattenbohrwerk* (Bild 3-58). Bohrwerke sind mit einer großen Zahl von Spindeldrehzahlen und Vorschüben versehen, um die vielfältigen Zerspanaufgaben ausführen zu können. Erwähnt seien bei den Waagrechtbohrmaschinen auch noch die Bohreinheiten.

3.4.3. Genaubohrmaschinen (Lehrenbohrmaschinen)

Aufgabengebiet der Lehrenbohrmaschine ist das Erzeugen genauer, zylindrischer Bohrungen mit nach Koordinatenmaßen angegebenen Mittenabständen. Starre Bauweise und einwandfreie Spindellagerung gewährleisten ruhigen Lauf. Zum Zerspanen werden optimale Schnittgeschwindigkeiten und Vorschübe benötigt. Die Herstellung von Lochabständen erfordert seitliches Verschieben des Tisches nach Koordinaten. Auch der Bohrkopf kann seitlich verschiebbar und der Tisch feststehend sein; ebenso lassen sich beide Möglichkeiten vereinigen. Seitliche Verschiebemöglichkeiten in zwei Richtungen erfordern zusätzliche Meßeinrichtungen. Die Steigung der Gewindespindel als Meßnormal genügt nicht, da sie Fehler aufweist, die kein befriedigendes Ergebnis zulassen. Unmittelbare Messung der seitlichen Bewegung durch Endmaße liefert zwar genaue Ergebnisse, jedoch

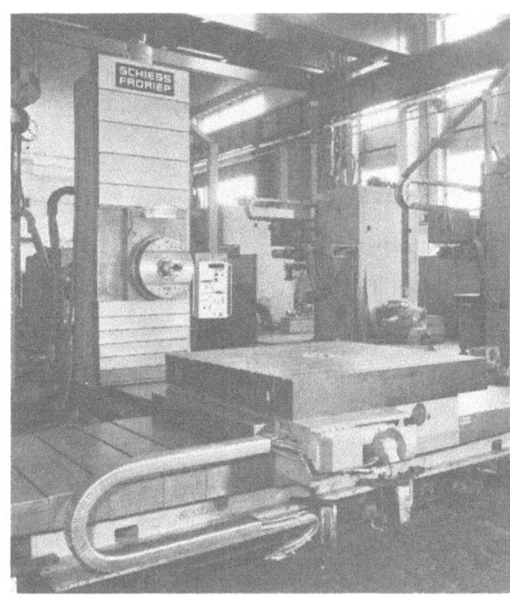

Bild 3-58. Einständerwaagrecht-Tischbohr- und -Fräswerk mit längs- und querverschiebbarem Tisch

Bild 3-59. NC-gesteuerte Lehrenbohrwerk in zwei Achsen mit Digitalanzeige
Genauigkeit in allen Tischstellungen 0,003 mm

Bild 3-60
NC-gesteuertes, vertikales Lehren-
bohrwerk im Baukastensystem
als Bearbeitungszentrum ausgeführt
50 Werkzeugaufnahmen, Punkt-
und Bahnsteuerung, Werkzeugwechsel wahlweise voll- oder halb-
automatisch, Spindeldrehzahlen
15 bis 1500 min^{-1}, Vorschübe 2,5
bis 800 mm/min

auf umständliche Weise. Für Lehrenbohrmaschinen verwendet man daher die optische Messung. Grobverstellung des Tisches erfolgt mit Hilfe einer außenliegenden Millimeterskala, Feinverstellung durch einen verdeckt liegenden, zylindrischen Maßstab. Auf diesem ist eine Schraubenlinie mit bestimmter Steigung eingeritzt. Mit Hilfe eines Nonius kann die Genauigkeit von 0,001 mm abgelesen werden. Die Beobachtung der Meßtrommel erfolgt optisch. Die Genauigkeit der Ablesung und Einstellung der Maschine hängt von der Herstellgenauigkeit des Maßstabes ab. Es werden Lehrenbohrmaschinen in Einständer- und Portalbauart (Bild 3-59 und 3-60) hergestellt.

3.5. Hobel-, Stoß- und Räummaschinen

3.5.1. Allgemeines

Die Arbeitsverfahren Hobeln, Stoßen und Räumen haben geradlinige Schnittbewegungen. Beim Hobeln führt der Aufspanntisch mit dem Werkstück die Schnittbewegung aus, das Werkzeug wird nur für Vorschub und Zustellung bewegt. Vollzieht das Werkzeug die Schnittbewegung, während der Aufspanntisch mit dem Werkstück stillsteht, nennt man den Arbeitsvorgang Stoßen. Üblich ist, daß das Werkzeug die Zustellbewegung und der Tisch den Vorschub ausübt. Bei einzelnen Arbeiten können diese Verrichtungen auch wechselweise ablaufen. Die entsprechenden Werkzeugmaschinen ab einem Arbeitshub von etwa 800 mm werden als *Langhobelmaschinen* und darunter als *Kurzhobelmaschinen* bezeichnet.

Kurzhobler mit Kurbelschwingenantrieb nennt man auch Waagrechtstoßmaschinen (Shaping, Schnellhobler, Querhobler). Senkrechtstoßmaschinen haben senkrechte oder geneigte Schnittführung. Der mechanische Antrieb ist meist ein Kurbeltrieb. Auch der hydraulische Antrieb ist für beide Maschinenarten gebräuchlich. Blechkantenhobelmaschinen arbeiten mit ruhendem Werkstück und einem Werkzeug, das Schnitt- und Vorschubbewegung ausführt. Alle diese Maschinen arbeiten mit Rückvorschub während des Rücklaufhubes oder Rückganges. Langhobelmaschinen haben als mechanische Antriebselemente Zahnrad und Zahnstange, Schraubenspindel und Mutter, seltener Schnecke mit Schneckenzahnstange. Immer häufiger werden Lang- und Kurzhobelmaschinen mit hydraulischem Kolbenhubmotor (Hydraulikzylinder) angetrieben. *Stempelhobler* führen kurz vor dem Rückgang eine Bogenbewegung aus. Damit ist es möglich, Schneidstempel für Schnitt- und Stanzwerkzeuge und deren Einspannzapfen aus einem Stück zu fertigen. *Kegelradhobelmaschinen* haben zwei Stößel, die nebeneinander angeordnet wechselweise die nach Kegelmantellinien verlaufenden Zahnflanken an Geradzahnkegelrädern bearbeiten. Für die Wälzform der Zahnflanken sind gesonderte Bewegungen von Werkzeugkopf und Werkstück auszuführen.

Werkzeuge für Hobelmaschinen sind den Drehmeißeln sehr ähnlich. Beim Vorlauf wird der Span am Werkstück abgehoben. Mit diesen Werkzeugen (Form nach DIN 4951 und folgende) lassen sich ebene und in der Vorschubrichtung gekrümmte Flächen, an waagrechten, geneigten und senkrechten Ebenen, herstellen. Mit Formmeißeln erzeugt man Nuten, erhabene und vertiefte Umrißebenen. Mit Zusatzeinrichtungen können, wenn Rücklaufgeschwindigkeit gleich der Vorlaufgeschwindigkeit ist ($q = V_{mR}/V_{mA} = 1$), mit einer Wendevorrichtung für Hobelmeißel auch der Rückgang zum Spanabhobeln ausgenutzt werden. Der Vorteil der Hobelmaschinen gegenüber Maschinen anderer Arbeitsverfahren für gleiche Formgebung besteht in den billigen Werkzeugen, kurzen Einrichtungszeiten und bei langen, schmalen Werkstücken kurzen Maschinenzeiten.

Räumen ist ein geradliniger in einer Richtung ablaufender Zerspanvorgang mit formgebundenen Werkzeugen, der Räumnadel und dem Räumdorn. Die Räumnadel ist gekennzeichnet durch eine Anzahl hintereinander gestaffelter, von Zahn zu Zahn formvergrößernder Schneidzähne. Jeder Schneidzahn kommt nur einmal in Eingriff. Mit Zusatzeinrichtungen ist auch eine schneidende Drallbewegung möglich. Räumnadeln werden für große Spanleistungen in der Schneidrichtung gezogen, Räumdorne für geringe Zerspanung geschoben. *Räummaschinen* baut man für senkrechten und waagrechten Schneidvorgang mit mechanischem und hydraulischem Antrieb. Trotz einfacher Bauweise und einfachem Spanungsvorgang für schwierige Innen- und Außenformen sind für die Räumwerkzeuge hohe Herstellungskosten zu verzeichnen. Sie bestehen aus hochwertigen, zähen Schnellschnittstählen, vielfach mit Schneidzähnen aus Hartmetall. Demgegenüber besitzt das Verfahren einige Vorteile wie kurze Fertigungszeiten, hohe Form- und Maßgenauigkeit und große Oberflächengüte.

3.5.2. Stoßmaschinen

Die *Waagrecht-Stoßmaschine* eignet sich wegen der kurzen Rüst- und Aufspannzeiten für kleinere Werkstücke und in der Einzelfertigung. In einem Kastenständer ist der Hauptantrieb eingebaut. Der Stößelschlitten mit dem Werkzeugträger gleitet in einer Führung auf dem Ständer. Vor dem Gestell befindet sich der in der Höhe und nach der Seite verschiebbare Tisch (Bild 3-61). Der Stößelschlitten kann mechanisch oder hydraulisch hin- und herbewegt werden. Getriebetechnisch ist eine Drehbewegung in eine hin- und hergehende Bewegung umzuformen, wofür bei langem Hub Zahnrad und Zahnstange geeignet ist. Neben dem sehr gebräuchlichen Kurbelgetriebe als Antrieb findet man auch

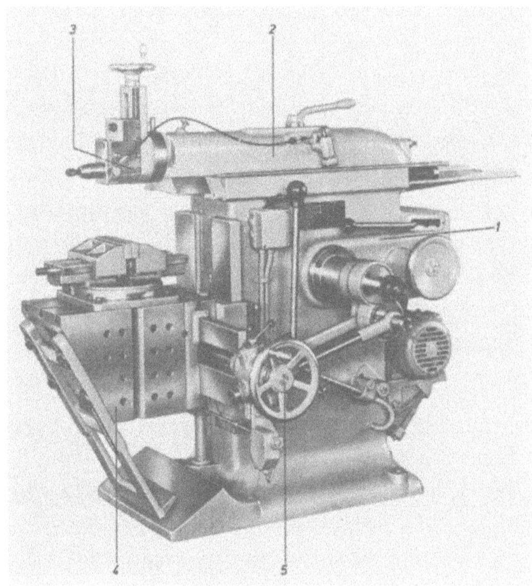

Bild 3-61
Vollhydraulisch angetriebener Schnell-
hobler mit gleichbleibender Vorschubge-
schwindigkeit
1 Kastenständer
2 Stößelschlitten
3 Werkzeugträger
4 Tisch
5 seitlicher Tischvorschub

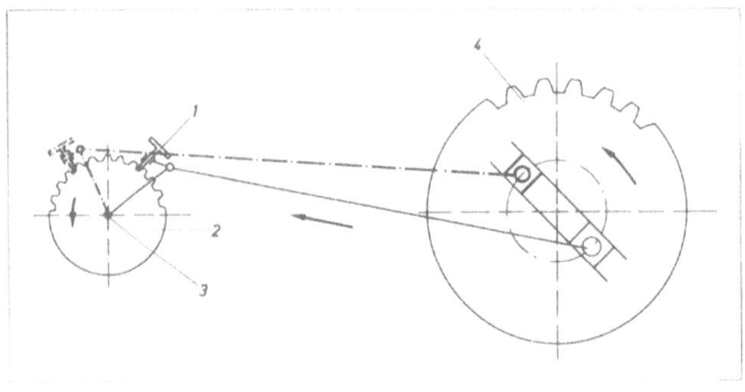

Bild 3-62
Klinkenschaltwerk für
seitlichen Vorschub
des Werkzeugtisches
1 Sperrklinke
2 Sperrad
3 Tischspindel
4 Hubscheibe

den hydraulisch angetriebenen Stößelschlitten. Beim Kurbelgetriebe läßt sich die Drehzahl der Kurbelschwinge durch ein Zusatzgetriebe verstellen, dadurch wird die Geschwindigkeit des Stößelschlittens verändert. Beim hydraulisch getriebenen Schlitten wird dies
durch Regeln der Fördermenge erreicht. Den seitlichen Vorschub führt der Werkstückstisch aus, der während des Stößelrücklaufes ruckartig und selbsttätig erfolgt. Die Sperrklinke vermittelt dem Sperrad, das auf der Vorschubspindel sitzt, eine Teildrehung. Die
Bewegung der Sperrklinke erfolgt über eine Stange, die außermittig auf einer Einstellscheibe liegt. Das Maß der Außermittigkeit bestimmt die Größe des Vorschubs. Ein Antriebsrad nimmt die Bewegung der Einstellscheibe vom Hauptantrieb ab (Bild 3-62).

Die *Senkrechtstoßmaschinen* (Bild 3-63) dienen zum Stoßen von Nuten und ähnlichen
Arbeiten. Ein einfacher Kurbeltrieb (Exzenter) erzeugt bei kleinen Hublängen die Schnittbewegung. Die umlaufende Kurbelschleife, der Zahnstangen- oder der hydraulische Antrieb
dienen seltener als Antrieb. Diese kommen mehr bei mittleren und größeren Maschinen
vor, werden aber weitgehend von der Räummaschine verdrängt.

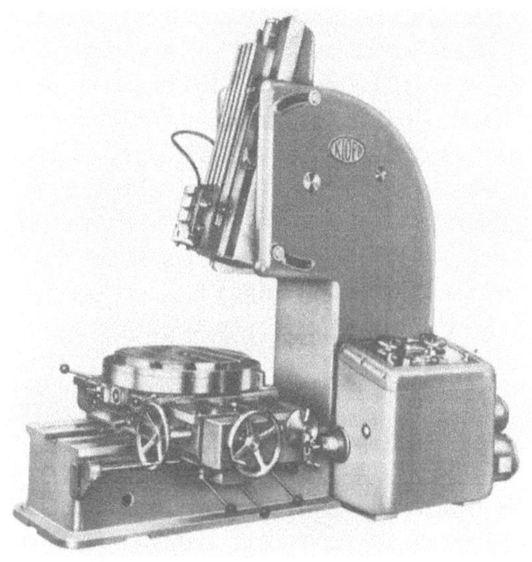

Bild 3-63
Hydraulische
Senkrechtstoßmaschine,
Stößelhub 700 mm
(bei kleinerem
Hub mechanischer Antrieb)

3.5.3. Hobelmaschinen

Auf der *Langhobelmaschine* zerspant man vorwiegend lange Werkstücke (über 500 mm Länge). Auch ist sie für kleinere Werkstücke, wenn mehrere hintereinander Platz finden, geeignet. Hobelmaschinen werden als Ein- und Zweiständermaschinen, sogenannte Portalbauart, gebaut. Bei Zweiständermaschinen muß das Werkstück zwischen beiden Ständern Platz finden. Auf Einständermaschinen können sperrige Werkstücke bearbeitet werden. Langhobelmaschinen haben ebenfalls Zusatzeinrichtungen zur Erweiterung ihres Einsatzbereiches (Nachformeinrichtungen, Fräs- und Schleifschlitten) (Bild 3-64).

Bild 3-64. Hochleistungs-Einständerhobelmaschine, Hobellänge bis 5800 mm

Die Gestaltung von Bett und Ständer richtet sich nach der Beanspruchung durch die Schnittkräfte. Der Tisch, zur Aufnahme der Werkstücke mit T-Nuten versehen, muß biegesteif sein und gleitet auf Flach- und V-Bahnführungen. Die Führungsbahnen, die auch Seitenkräfte aufnehmen müssen, werden drucköglgeschmiert, so daß die ganze Laufbahn mit Öl bespült wird. Querrippen versteifen das Bett, das doppelte Tischlänge besitzt. Der Tisch darf an den Enden nicht überragen. In der Mitte des Bettes liegt, gegen Späne geschützt, das Triebwerk. Der Ständer muß die gesamte Schnittkraft aufnehmen und genügend biegesteif sein. Besonders bei Einständermaschinen muß die Biegesteifigkeit ein Aufklaffen verhindern. Bei Zweiständermaschinen verbindet ein kräftiges Querhaupt die beiden Ständer miteinander. Während des Arbeitens verklemmt man Ausleger und Querhaupt mit den Ständern. Auf dem Ausleger bzw. Querhaupt sind die Werkzeugträger verschiebbar angeordnet. Beim Einstellen des Meißels auf richtige Höhenlage erfolgt Grobeinstellung durch den Ausleger und Feineinstellung durch die Spindel des Werkzeugträgers.

Der Hauptantrieb und der Vorschub, die hin- und hergehende Bewegung des Tisches, entsteht durch Zahnstange und Zahnrad oder hydraulisch. Bei Antrieb durch Zahnstange und Zahnrad mindert ein Stufenrädergetriebe die Drehzahl des Motors. Jede Umkehr des Tisches verlangt zuerst eine Verzögerung der Bewegung und nach dem Stillstand wieder eine Beschleunigung des Tisches. Die dazu benötigte Zeit ist Verlustzeit. Der Leonardantrieb bietet hier neben stufenloser Drehzahlregelung ein Minimum an Umkehrzeit. Bei kleineren Maschinen (bis etwa 5 m Hobellänge) treibt häufig statt des Leonardantriebs ein einfacher Elektromotor mit Stufenrädergetriebe an. Die Bewegungsumkehr erfolgt dabei durch das Getriebe. Beim hydraulischen Antrieb, auch bei größten Maschinen, wird der Tisch unmittelbar durch den Kolben bewegt. Die Geschwindigkeit regelt eine Verstellpumpe stufenlos. Die Bewegungsumkehr erfolgt hydraulisch durch einen Steuerschieber. Für den seitlichen Vorschub auf dem Ausleger wird ein besonderer Vorschubmotor mit Getriebe erforderlich. Nocken schalten beim Rücklauf des Tisches den Motor ein und dieser verschiebt den Werkzeugträger um die Vorschubgröße (bis etwa 15 mm je Hub maximal). Da auch die Höhenverstellung des Auslegers und Querhaupts sowie Schwenkbewegungen des Auslegers durch Maschinenkraft erfolgen, werden mehrere Antriebsmotoren und Getriebe nötig.

3.5.4. Räummaschinen

Sie löst mehr und mehr die Senkrechtstoßmaschine ab. Ihr Einsatzgebiet ist die Herstellung vielgestaltiger Durchbrüche und sie wird als Waagrecht- und Senkrechträummaschine (Bilder 3-65 bis 3-68) gebaut; die *Waagrechträummaschine* meist zum Innenräumen. Einfache Bauweise und niederer Anschaffungspreis sind Vorteile, großer Platzbedarf und hohe Werkzeugkosten hingegen nachteilig. *Senkrechträummaschinen* sind für Innen- und Außenräumen und für den Einsatz mehrerer Räumwerkzeuge geeignet. Die Räumwerkzeuge werden vorwiegend durch vorgebohrte Löcher gezogen. Bei *Räumpressen* (Bild 3-69) wird die Räumnadel durch das Werkstück gedrückt. Beim Drallräumen muß Werkzeug oder Werkstück eine zusätzliche Drehbewegung ausführen. Eine Sonderform stellen die *Keilnutenziehmaschinen* dar, deren Werkzeug nur eine Schneide besitzt, das nach jedem Hub zugestellt wird. Ein Schlitten faßt das Räumwerkzeug, führt die Schnittbewegung aus und zieht oder drückt das Werkzeug durch das Werkstück. Der Antrieb des

Bild 3-65
Hydraulische
Waagrechträummaschine
mit Schlepplager

Bild 3-66
Waagrechte
Kettenräummaschine

Schlittens erfolgt vorwiegend hydraulisch, in seltenen Fällen durch Zahnstange und Zahnrad. Der Vorschub kann dabei stufenlos von 1 bis 30 m/min und der Rücklauf von 10 bis 30 m/min geregelt werden. Da Räummaschinen keine Vorschubbewegungen brauchen, wird der Bau der Maschine vereinfacht. Senkrechträummaschinen werden hauptsächlich infolge ihrer hohen Ausbringung in der Serien- und Massenfertigung verwendet.

3.5.5. Formen- und Stempelhobler

Für das Herausarbeiten von Formen (Schnittstempeln) in einer Aufspannung aus dem vollen Werkstoff verwendet man den Stempelhobler (Bild 3-70). Den Übergangsradius der geraden Seitenflächen des herzustellenden Stempels zur Stempelplatte erzeugt der Hobelmeißel durch Einschwenken aus der senkrechten in die waagrechte Stellung am Ende jedes Arbeitshubes. Diese Bewegung erreichen Trommelkurven, die Längsbewegung des Tisches erzeugen Sperrad und Sperrklinke. Das Werkstück wird durch eine Teilvorrichtung aufgenommen und gedreht. Zur genaueren Einstellung erhalten diese Maschinen zusätzlich eine Optik eingebaut.

Bild 3-67. Hydraulische Senkrechträummaschine, vollautomatisch zum Innenräumen

Bild 3-68. Hydraulische Senkrechträummaschine zum Außenräumen

Bild 3-69. Einständerpresse in Zwillingsbauart mit Zusatzeinrichtung zum Arbeiten als Räumpresse

Bild 3-70. Formen- und Stempelhobelmaschine mit aufgesetztem Teilapparat und optischer Meßeinrichtung

3.6. Feinbearbeitungsmaschinen

Feinbearbeitungsmaschinen dienen der Bearbeitung von Werkstücken mit hoher Oberflächengüte und großer Maßgenauigkeit. Bei allen Werkzeugmaschinenarten (wie Dreh-, Fräs-, Bohrmaschinen usw.) werden Maschinen gebaut, die auf Grund ihrer besonderen Konstruktion und der verwendeten Werkzeuge zur Feinbearbeitung geeignet sind. So werden z.B. *Feindrehmaschinen* (Bild 3-71) gebaut, die besonders erschütterungsfrei arbeiten und sich zum Diamantdrehen eignen. Mit ihnen lassen sich Rauhtiefen von günstigstenfalls 0,1 μm erreichen. Die Maschine ist vom Antriebsmotor getrennt und über Flachriemen angetrieben. Die Aufstellung muß sorgfältig ausgewuchtet und schwingungsfrei erfolgen. Die Lagerung wird mit geringstem Spiel gestaltet. Bei den übrigen Werkzeugmaschinen findet man in ähnlicher Weise wie bei Drehmaschinen ebenfalls Feinbearbeitungsmaschinen. Außerdem kommen alle *Schleifmaschinen*, sowie *Läpp- und Honmaschinen* in die Gruppe der Feinbearbeitungsmaschinen. Der Begriff Feinstbearbeitung ist heute weniger gebräuchlich, da eine scharfe Grenze zwischen Fein- und Feinstbearbeitung nicht zu ziehen ist. Läppmaschinen werden für Rund- und Flachläppen, Honmaschinen zur Feinbearbeitung von Bohrungen eingesetzt.

Bild 3-71. Feindrehmaschine
1 Maschinenständer
2 Führungsbahn
3 Werkzeugschlitten
4 Reitstock
5 Spindelstock
6 Oberschlitten
7 Werkzeugspanner
8 Antrieb

3.6.1. Schleifmaschinen

Man unterscheidet *Rundschleifmaschinen* für runde Werkstücke und *Flachschleifmaschinen* zum Schleifen ebener Flächen. Daneben haben *Werkzeugschleifmaschinen* als Sondergruppe ein großes Anwendungsgebiet. Die Rundschleifmaschinen können *Außen-* wie auch *Innenrundschleifmaschinen* sein. Maschinen, die für beide Verfahren einsetzbar sind, nennt man *Universalschleifmaschinen.* Zu den Rundschleifmaschinen zählen auch als einfachste Vertreter die *Schleifböcke.* Eine Sonderstellung nehmen die *spitzenlosen Schleifmaschinen* ein, auf denen das Werkstück nicht zwischen Spitzen gespannt wird. Bei Flachschleifmaschinen, wie auch bei den Werkzeugschleifmaschinen, sind entsprechend den vielgestaltigen Fertigungsaufgaben zahlreiche Bauarten vorhanden.

Für gewöhnliche Schleifarbeiten hat die einfache *Zweifachschleifmaschine* (Schleifbock) als einfachster Vertreter der *Rundschleifmaschine* große Bedeutung. Ein Gestell trägt

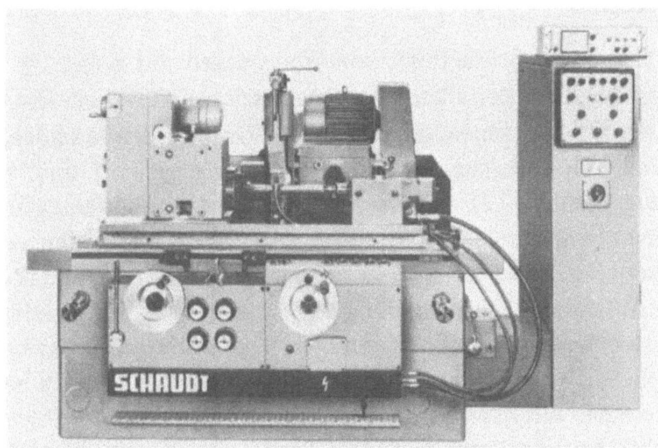

Bild 3-72
Universal-
Außenrundschleifmaschine

den E-Motor mit zwei Wellenenden, auf denen je eine Schleifscheibe sitzt. Für Werkstücke ist ein kleiner Auflagetisch vorgesehen. Das Werkstück wird sowohl von Hand gehalten als auch alle Vorschub- und Zustellbewegungen auf diese Weise ausgeführt. Bei Rundschleifmaschinen handelt es sich meist um *Produktionsschleifmaschinen,* die zum *Außen- oder Innenrundschleifen oder als Universalrundschleifmaschine* für beide Verfahren eingerichtet sind. Den Aufbau der Maschine bestimmen die auszuführenden Schleifverfahren. Beim Längsschleifen erfolgt die Schnittbewegung durch die Schleifscheibe. Das Werkstück macht zwei Vorschubbewegungen, den Rundvorschub (Zustellbewegung) und den Längsvorschub. Außerdem ist die Schleifscheibe, radial zum Werkstück, in Zustellrichtung beweglich. Beim Einstechen und Formschleifen ist kein Längsvorschub notwendig.

Die Bewegungen bei diesen Verfahren bestimmen den Aufbau der Maschine. Auf einem starren, schweren gut verrippten Bett ruhen Schleifspindelkasten, Werkstückspindelkasten und Reitstock (Bild 3-72). Die beiden Letzteren befinden sich auf einem Tisch, der auf Führungsbahnen des Bettes hin- und hergleitet. Durch die Tischbewegung, die hydraulisch erfolgt, wird der Längsvorschub erzeugt. Durch den hydraulischen Vorschub ist stufenlose Regelbarkeit der Geschwindigkeit in weiten Grenzen möglich. Der Rundvorschub des Werkstücks erfolgt durch den Werkstückspindelstock. Der Antrieb des Spindelstockgetriebes wird durch einen eigenen Antriebsmotor erzeugt. Das Getriebe ist entweder als Stufengetriebe (6 bis 9 Drehzahlen) oder als stufenloses, mechanisches Getriebe ausgeführt. Vielfach wird stufenlose Drehzahlregelung auch auf elektrischem Wege erreicht. Die Güte der Werkstücksoberfläche hängt vom ruhigen Lauf der Maschine ab, weshalb der Antrieb meist durch Riemen erfolgt. Im Werkstückspindelstock wird das Werkstück mit Futter, Spannzange oder zwischen Spitzen gespannt. Für längere Werkstücke kommt nur Spannen zwischen Spitzen in Betracht, da sonst die erforderliche Sauberkeit und Maßhaltigkeit der Oberfläche nicht erreicht würde. Werkstückspindelkasten und Reitstock oder der Schleifspindelkasten sind oft schwenkbar angeordnet, um auch Kegelschleifen zu ermöglichen.

Bei Innenrundschleifmaschinen (Bild 3-73 und 3-74) arbeitet man mit fliegend eingespanntem Werkzeug ohne Reitstock. Universalrundschleifmaschinen besitzen einen um 180° schwenkbaren Schleifspindelkasten, dessen eines Ende eine Schleifscheibe zum Außenrundschleifen und dessen anderes eine solche zum Innenrundschleifen trägt. Wei-

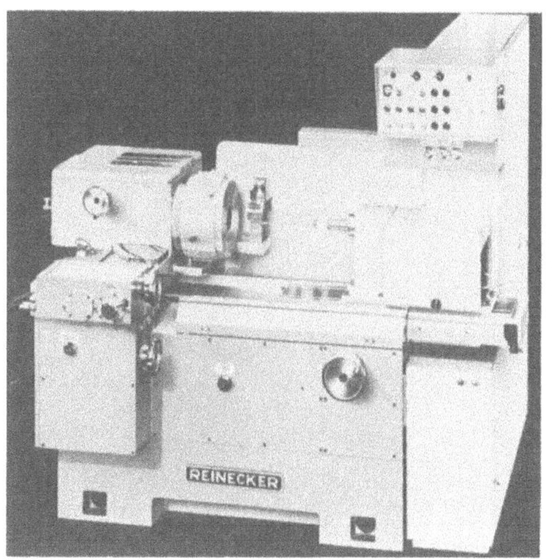

Bild 3-73. Halbautomatische Innenschleifmaschine

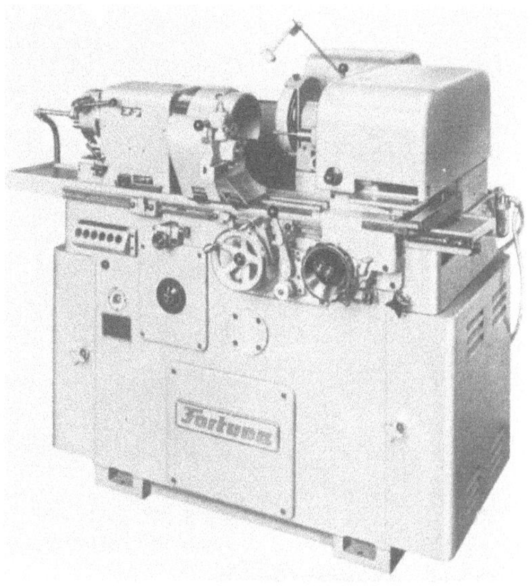

Bild 3-74. Innenrundschleifmaschine mit je einem getrennten Schleifspindelkasten für Innenrund- und Planschleifen

Bild 3-75 Spitzenlose Rundschleifmaschine

tere Möglichkeiten der Anordnung sind Außenrund- und Planschleifspindelstock. Der Schleifspindelkasten trägt die Schleifspindel mit der Schleifscheibe, deren Antrieb über Riemen erfolgt. Die gehärtete und geläppte Spindel läuft in Gleit- oder Sonderwälzlagern mit sehr geringem Spiel. Die Zustellbewegung der Schleifscheibe hängt von der Tischbewegung ab. Der Schleifspindelkasten sitzt auf einem Schlitten, dessen Zustellbewegung beim Umsteuern des Tisches durch Hebel und Schaltklinke erfolgt. Bei Hochleistungsmaschinen erhält dieser Schlitten zusätzlich einen Eilgang, um die Scheibe rasch vom

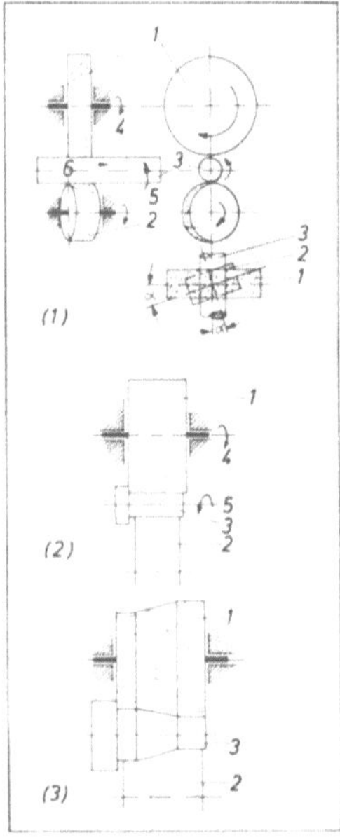

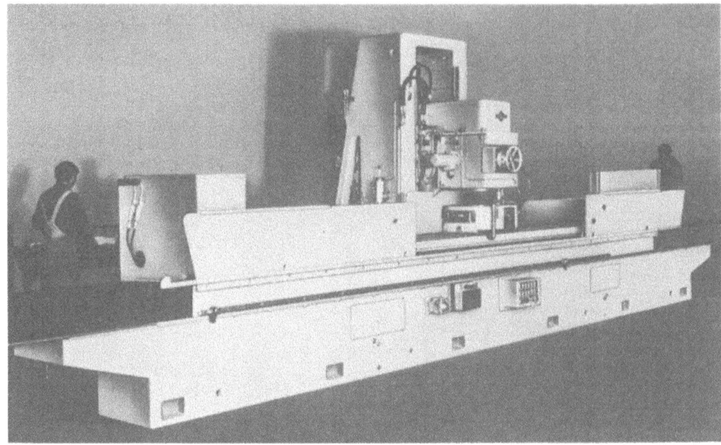

Bild 3-77. Senkrecht-Langtischflachschleifmaschine
hydraulisch betätigter Arbeitstisch und Segmentschleifrad

Bild 3-76. Arbeitsweisen beim Spitzenlosen Rundschleifen
Das Werkstück liegt meist bis zum halben Schleifdurchmesser über der Mittenlage der beiden Scheiben.
(1) Spitzenloses Schleifen im Durchgangsverfahren
    1 Schleifscheibe; 2 Führungsscheibe; 3 Werkstück; 4 Schnittbewegung der Schleifscheibe;
    5 drehende Vorschubbewegung des Werkstücks; 6 geradlinige Vorschubbewegung des Werkstücks;
    α Neigungswinkel der Führungsscheibe ($4°$ vorschleifen, $2,5°$ fertigschleifen)
(2) Spitzenloses Schleifen im Einstechverfahren
    1 Schleifscheibe; 2 Führungsscheibe; 3 Werkstück; 4 Schnittbewegung der Scheibe; 5 drehende
    Vorschubbewegung; Neigungswinkel $\alpha = 0,5°$
(3) Spitzenloses Kopierschleifen im Einstechverfahren
    1 Schleifscheibe; 2 Führungsscheibe

Werkstück wegbewegen bzw. bis auf wenige Millimeter wieder zustellen zu können. Schleifmaschinen haben darüber hinaus noch angebaute Abdrehvorrichtungen, Kühlmitteleinrichtungen und Setzstöcke zur Unterstützung der Werkstücke.

Das Werkstück liegt bei der *spitzenlosen Rundschleifmaschine* (Bild 3-75) nicht zwischen Spitzen, sondern frei auf einer Führungsleiste. Neben der eigentlichen Schleifscheibe befindet sich noch eine zweite Scheibe, die Regelscheibe. Zwischen beiden Scheiben dreht sich das Werkstück. Die Werkstücke (einfache zylindrische Stifte, Spindeln oder Stangen) liegen ganz oder teilweise mit ihrer Länge auf, wodurch große Spanabnahme möglich ist. Die Schleifscheibe dreht sich mit üblichen Umfangsgeschwindigkeiten und überträgt die Drehbewegung dem Werkstück. Die Regelscheibe läuft entgegengesetzt zur Schleifrichtung mit kleineren Umfangsgeschwindigkeiten (0,2 bis 1,5 m/s). Dadurch wird das Werkstück gebremst, wodurch die Spanabnahme im Gleichlaufschleifen erfolgt. Der Vorschub des Werkstücks wird durch Schrägstellen der Regelscheibe um 1 bis $4°$ erzeugt. Je größer die Neigung der Regelscheibe, desto größer wird die Vorschubgeschwindigkeit beim Durchlaufschleifen. Die Zustellbewegung erfolgt ebenfalls durch die Regelscheibe.

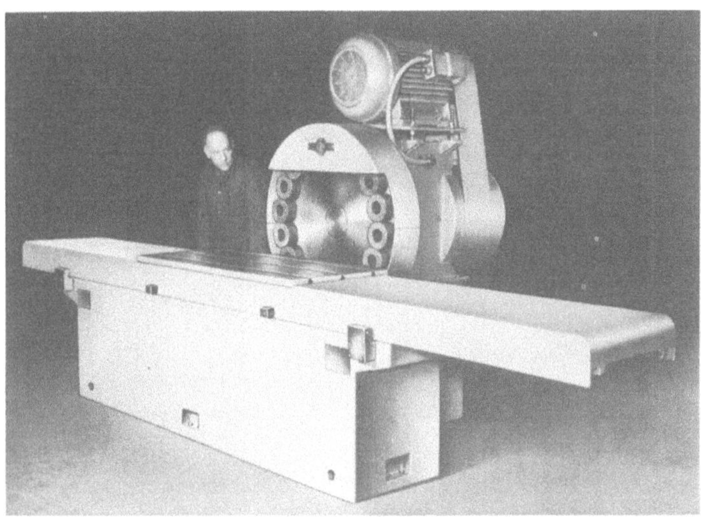

Bild 3-78. Waagrecht-Langtischschleifmaschine mit Segmentschleifrad und hydraulischem Tischantrieb

Spitzenloses Formschleifen erfolgt nur mit Zustellbewegung der Regelscheibe im Einstechschleifen. Die Schleifscheibe muß mit einer Abziehvorrichtung geformt werden. Ein Abziehdiamant wird von einem Taster über eine Schablone gesteuert. Bei der Mengenfertigung werden die Teile selbsttätig mit Zuführeinrichtungen in den Arbeitsraum zwischen Schleif- und Regelscheibe gebracht. Auswerfeinrichtung und Transportvorrichtung führen das fertige Werkstück ab. Auch spitzenloses Innenschleifen ist auf einer Innenschleifmaschine möglich.

Flachschleifmaschinen kommen *mit waagrecht liegender* oder *senkrecht stehender Schleifspindel* zum Einsatz. Bei waagrechter Schleifspindel wird mit dem Umfang der Schleifscheibe und bei senkrechter mit der Stirnseite der Scheibe zerspant (Bilder 3-77, 3-78 und 3-79). Der Antrieb der Schleifspindel erfolgt wie bei der Rundschleifmaschine über Schleifspindelkasten durch Elektromotor. Der Schleifspindelkasten ist in der Höhe verstellbar (Zustellbewegung). Die Lagerung der Welle erfolgt durch Radialgleitlager mit kleinem Spiel und durch Längskugellager. Das Werkstück wird auf dem Tisch meist mit Magnetspannplatte fest aufgespannt. Der Vorschub erfolgt durch den Tisch, bei dem zwei Bauarten gebräuchlich sind, der *Tisch mit hin- und hergehendem Vorschub* (Bilder 3-76, 3-78 und 3-79) und der *Rundtisch mit Rundvorschub* (Bild 3-80). Weitere Beispiele für Flachschleifmaschinen zeigen die Bilder 3-81, 3-82 und 3-83. Eine besondere Form sind die *Planschleifmaschinen* (Bild 3-78 und 3-80) mit waagrecht liegender Schleifspindel. Die Schleifscheibenstirnfläche steht seitlich vom Tisch, der sich hin- und herbewegt. Statt Schleifscheiben verwendet man auch Schleifräder, die mit kreisförmigen Schleifscheibensegmenten bestückt sind. Schließlich sei noch eine Flachschleifmaschine für Profilschleifen, eingerichtet mit Profileinrollgerät, erwähnt.

Bild 3-79
Doppelsenkrechtflachschleifmaschine
Werkstückvorschub durch Transport-
band

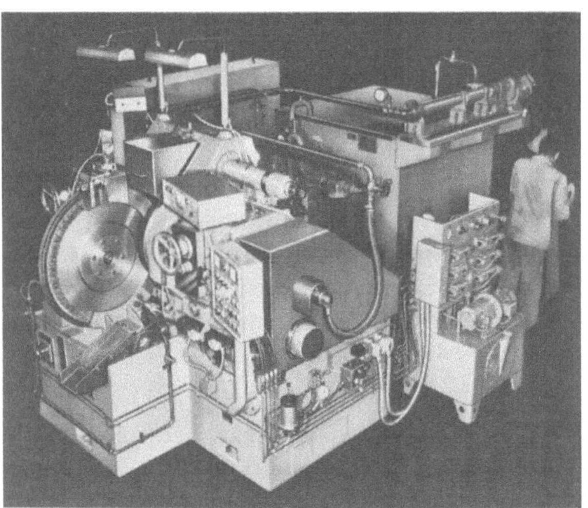

Bild 3-80
Rundtischdoppelflachschleif-
maschine mit waagrechter Tisch-
achse und Schleifspindel
(auch mit senkrechten Achsen und
als Einscheibenmaschine gebaut)

Bild 3-81
Universal-Schleifmaschine mit
senkrechter Schleifspindel
(eingeschwenkt); rechts eine ein-
schwenkbare Innenschleifspindel

Bild 3-82
Maschine nach
Bild 3-81
mit horizontaler
Schleifspindel

Bild 3-83
Führungsbahnschleif-
maschine mit beweg-
lichem Querbalken

Werkzeugschleifmaschinen sind in verschiedenen Bauformen bekannt. Zum Scharfschleifen von Drehmeißeln benützt man *Zweifach- oder Vierfachhartmetallmeißelschleif-
maschinen* (Bild 3-84 und 3-85). Zum Schleifen von Spiralbohrern werden *Spiralbohrer-
schleifmaschinen* (Bild 3-86) eingesetzt, bei denen der Bohrer in einer Aufspannung
fertiggeschliffen wird. Fräser, Reibahlen usw. benötigen zum Scharfschleifen eine *Univer-
salwerkzeugschleifmaschine* (Bild 3-87 und 3-88). Das Werkstück muß in verschiedene
Stellungen zum Werkzeug gebracht werden. Deshalb ist das Tischoberteil schwenkbar

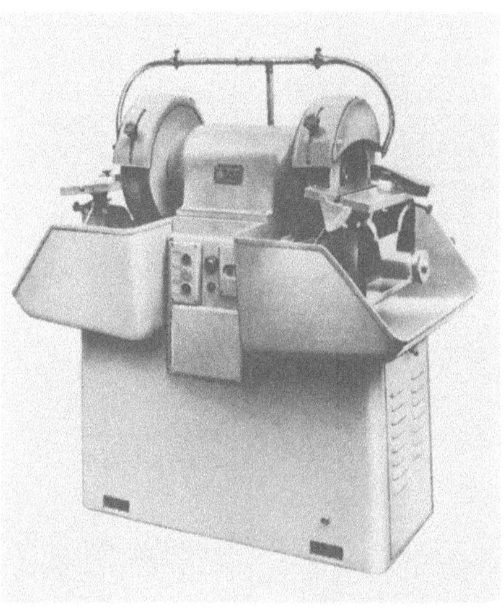

**Bild 3-84. Doppelseitige Hartmetall-Stähle-
schleif- und Läppmaschine**

**Bild 3-85. Vierfachhartmetall-Stähleschleif-
maschine**

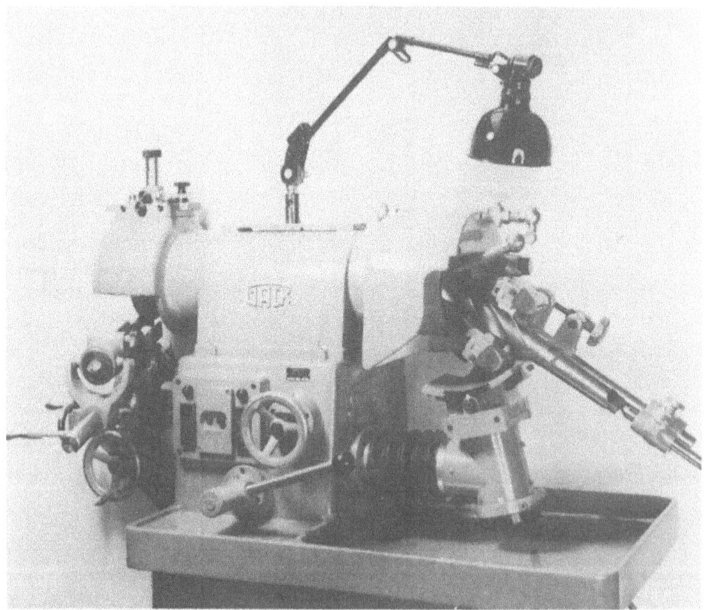

Bild 3-86. Spiralbohrerschleifmaschine
(Fertigschliff des Bohrers in einer Aufspannung)

Bild 3-87. Werkzeugschleifmaschine mit Handtischvorschub
(auch hydraulischer Vorschub möglich)

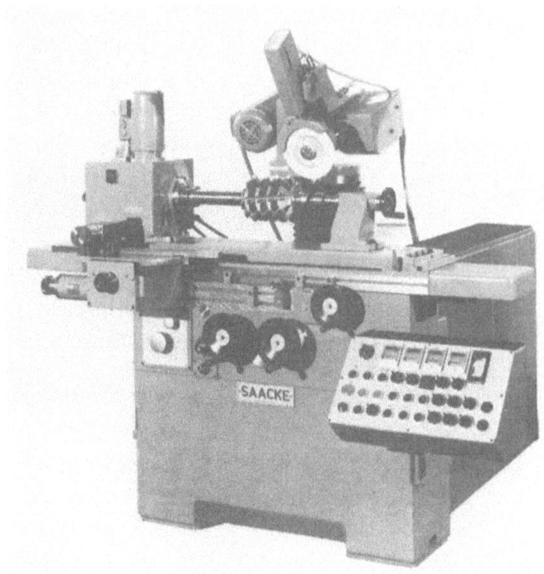

Bild 3-88. Universal-Werkzeugschleifmaschine zum Schärfen der verschiedenartigsten Fräser

und der darauf befindliche Teilkopf ebenfalls waagrecht und senkrecht beweglich. Geschliffene Werkzeugschneiden können durch nachfolgendes Wetzen mit Feinschleifscheiben (Wetzscheiben) beachtlich verbessert werden. *Wetzmaschinen* haben gleiche Einstellmöglichkeiten wie Schleifmaschinen. Die Wetzscheibe führt nur eine gringe glättende Werkstoffabnahme aus.
Dies ist nötig, um keine Aufbauschneide entstehen zu lassen. Gewetzt werden meist Mantel- und Brustflächen von Reibahlen. Zum Schluß seien noch *Profilschleifmaschinen* (Bild 3-89) erwähnt, die nach einer Zeichnung optisch gesteuert werden.

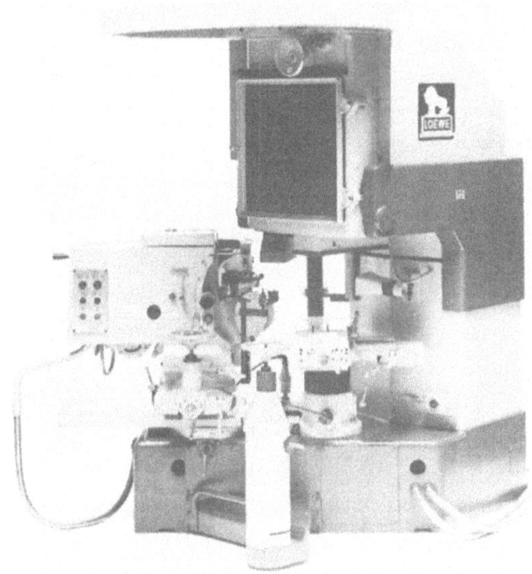

Bild 3-89
Optische Profilschleifmaschine mit 50-facher Vergrößerung in der Optik
größte Abweichung 0,002 mm

3.6.2. Läpp- und Honmaschinen

Läppmaschinen besitzen zwei parallele Gußscheiben, deren Oberfläche geschliffen und poliert ist (Bild 3-90). Zwischen beiden Scheiben werden Werkstücke unter Zusatz eines Läppmittels (ungebundenes Schleifmittel wie Chromoxid) mit Fett, Öl oder Petroleum, in einem Käfig aufgenommen, geläppt. Die Achsen beider Scheiben sind seitlich gegeneinander versetzt. Ein Motor treibt beide Scheiben an und zwar je nach Fertigungsaufgabe in gleicher oder entgegengesetzter Richtung. Bei beiden Scheiben muß also Drehzahl und Drehrichtung unabhängig voneinander verstellbar sein. Die obere Scheibe ist pendelnd gelagert, damit sie sich besser den Werkstücken anpassen kann. Der Antrieb erfolgt über Schnecken- und Riementrieb, um ruhigen Lauf der Scheiben zu gewährleisten. Beide Läppscheiben besitzen in der Regel nur eine oder zwei Drehzahlen.

Läppmaschinen baut man mit *ausschwenkbarer Oberscheibe* und in *Portalbauart ohne Ausschwenkmöglichkeit.* Im ersteren Fall ist die Zugänglichkeit zu den Werkstücken größer. Bei größeren Maschinen bewegt sich der Käfig für die Werkstücke außermittig kreisend, wodurch sich die Werkstücke gleichmäßig bearbeiten lassen. Einfachere Maschinen haben nur Antrieb für eine Scheibe und die zweite Scheibe läuft lose mit. Manche Maschinen besitzen überhaupt nur eine bewegliche Scheibe und die zweite ist starr (Bild 3-91). Die obere Scheibe liegt mit dem Eigengewicht auf den Werkstücken. Zur Erhöhung der Anpressung wird, vielfach hydraulisch, eine Preßkraft auf die Oberscheibe ausgeübt. Die hydraulische *Innenläppmaschine in Senkrechtausführung* (Bild 3-92) dient zum Läppen von Bohrungen. Auch Maschinen zum Außen- und Innenrundläppen werden gebaut.

Honen ist ein Ziehschleifen mit Honsteinen (gebundene Schleifmittel als Schleifwerkzeug). Die *Honmaschine* führt außer der Drehbewegung des Honwerkzeuges auch eine Auf- und Abbewegung für das Werkstück aus. Das Werkstück wird auf der Maschine schwimmend aufgenommen und kann sich nur in der Aufspannebene verschieben, um ein Selbstzentrieren zu ermöglichen. Hubbewegungen sind am Ende des Hubs automatisch umsteuerbar. Die Hublänge ist in weiten Grenzen verstellbar. Kurze Hübe werden meist mechanisch, längere hydraulisch erzeugt. Hub- und Drehbewegungen sind gekoppelt. Bei kleineren Maschinen wird die Hubbewegung von Hand ausgeführt (Bild 3-93). Die Größe der Anpreßkraft der Honsteine ist einstellbar. Meßeinrichtungen und Meßsteuerungen verwendet man zur Automatisierung der Maschinen. Honmaschinen werden als *Senkrecht-, Waagrecht- und Mehrfachhonmaschinen* gebaut (Bild 3-94). Auf *Außenhonmaschinen* läßt sich ein Außenhonen an zylindrischen Teilen ausführen. Die Honahlen sind hohl und werden über das Teil geschoben. Dies erlaubt nur einen kleinen Arbeitsbereich.

Eine besondere Arbeitsweise des Außenhones ist das *Kurzhonen* (Bild 3-95 und 3-96) auf der Kurzhonmaschine (Feinhonen, Superfinish, Mikrofinish und Schwingschleifen). Die Honsteine umfassen das zylindrische Werkstück nur noch mit einem Umfassungswinkel von ca. $60°$. Axial oszillierende, feinste Schleifkörper des Feinhonsteines erzeugen eine mikroskopisch kleine Zerspanung. Die Steinlänge muß auf die Länge der Honfläche abgestimmt sein. Neben glatten, zylindrischen und an beiden Enden gehaltenen Teilen kann man auch abgesetzte Teile honen. Spitzenlos, freigespannte Werkstücke kann man horizontal mit Hilfe von Stützrollen bearbeiten.

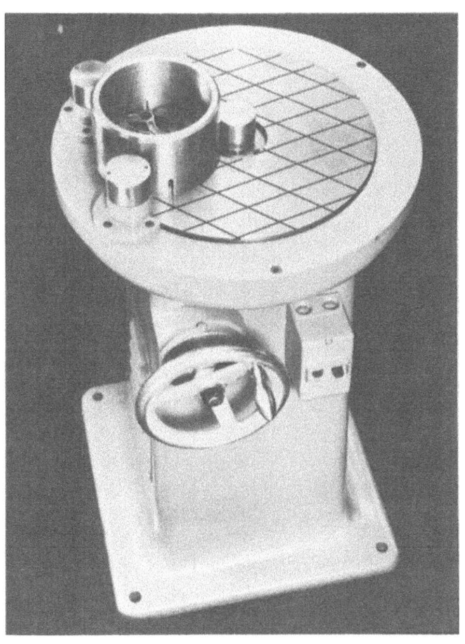

Bild 3-90. Einscheibenläppmaschine mit Vielfachläppvorrichtung

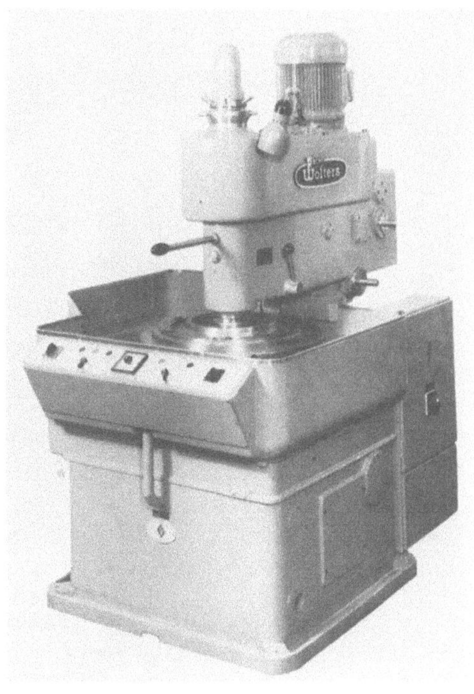

Bild 3-91. Zweischeibenläppmaschine
700 mm Läppscheibendurchmesser, Drehzahlen
73 min^{-1} oben, 30/62 min^{-1} unten

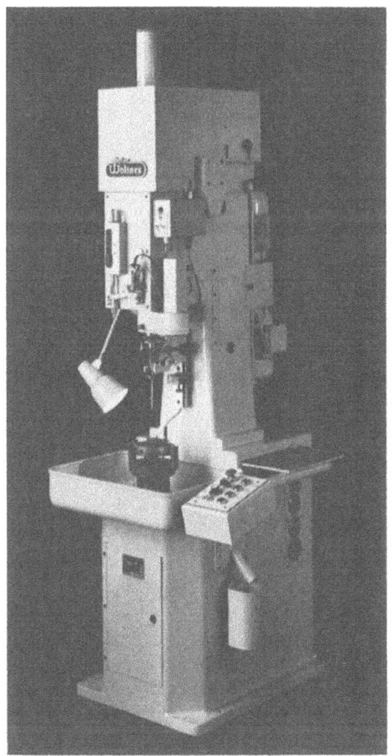

Bild 3-92. Hydraulische Innenläppmaschine
225 Hübe/min,
Drehzahlen 160–400 min^{-1}

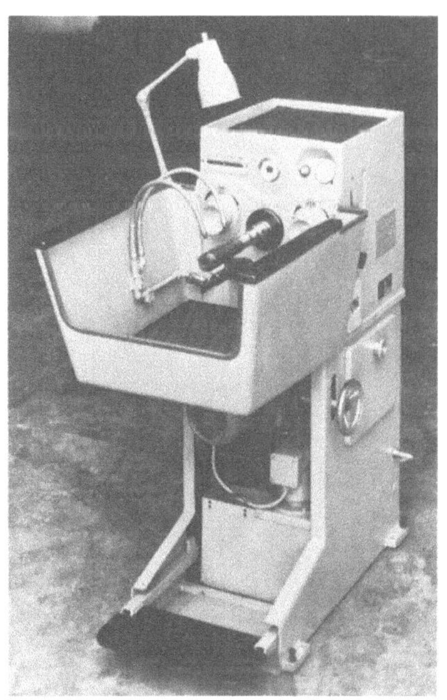

Bild 3-93. Horizontale Handhonmaschine

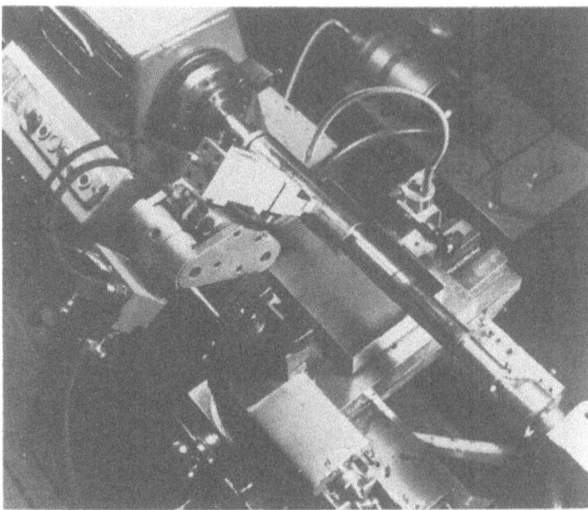

Bild 3-95
Pneumatische Honeinheit (Superfinish) **mit Schwinghub**

**Bild 3-94. Vertikalhonmaschine mit
Festtisch und zwei Handeinlegevorrich-
tungen**

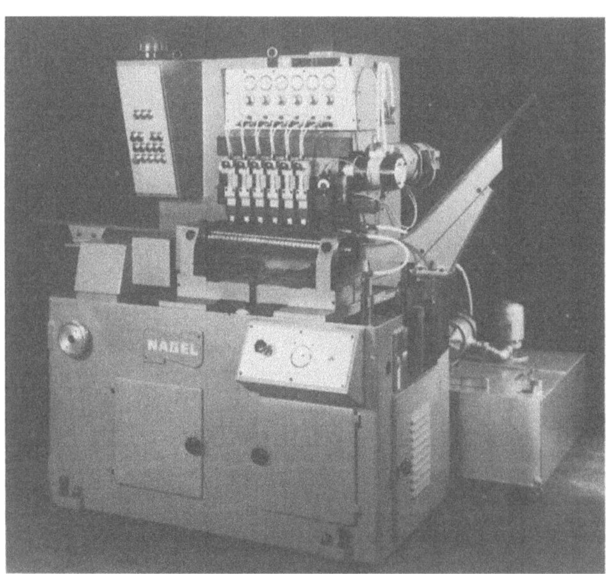

Bild 3-96
**Spitzenlose
Superfinishdurchlaufmaschine**

Kurzhonmaschinen sind, je nach Fertigungsstück und Wirtschaftlichkeit, Honeinheiten und Kurzhonmaschinen. *Honeinheiten* als Zusatzeinrichtungen zum Spannen auf Querschlitten von Dreh- und Rundschleifmaschinen erreichen eine Oberflächengüte von unter 1 μm und für den Rundlauf bei 3 μm. *Kurzhubhonmaschinen* verrichten den Arbeitsablauf weitgehend automatisiert. Nach dem Spannen des Werkstücks senkt sich die Honeinheit automatisch und der Arbeitsdruck stellt sich ein. Anfänglich wird mit geringer Drehzahl gearbeitet, bei steigender Drehzahl glänzt die Werkstücksoberfläche je höher diese Drehzahl ist. Die seitlichen Schwingungen liegen bei 2000 je Minute. Nach Beendigung des Honvorganges setzt sich die Maschine still. Es gibt Maschinen für Durchlauf- und Einstecharbeiten, sowie in Sonderausführungen mit Meß- und Transporteinrichtung für die Kurbelwellenfertigung.

Die Planparallelschleif- und Läppmaschine ist eine Sonderschleifmaschine, um Meßflächen an Rachenlehren sehr genau planparallel zu schleifen und zu läppen. Auch in der Mengenfertigung, z.B. für planparallele Gleitführungen an Nähmaschinen, Meßflächen an Schieblehren und Mikrometerschrauben und sonstige Feinteile dient die Maschine zur Verfeinerung der Oberflächenrauhigkeiten durch Feinschleifen und anschließendem Läppen (Rauhigkeit bei 0,3 μm). Sie ist meist für das Eintauchschleifverfahren eingerichtet, wobei sich der Werkstückschlitten in einer Gleitführung auf dem Maschinenständer geradlinig hin- und herbewegt. Der Schleifschlitten ist senkrecht quer zu ihm angeordnet. Die Schleifspindel ist in Wälzlagern gelagert, die radial spielfrei einstellbar sind und sich axial selbst spielfrei halten. Mit Hilfe einer Meßkopiereinrichtung wird bei Serienfertigung stets das gleiche Maß erhalten und durch Anschlagen des Tastbolzens gegen Anschlagböcke auf dem Schleifschlitten durch Lichtsignale eine laufende Meßanzeige während des Schleifens gegeben. Zur Verminderung der Schleifzeit steuert man die Hubzahl des Werkzeugschlittens und die Schleif- und Läppdrehzahlen stufenlos. Das Innenschleifen erfolgt mit dem seitlichen, schmalen Rand der Lehrenschleifscheibe und das Außenschleifen mit Topfschleifscheiben (DIN 69 149).

3.7. Säge- und Feilmaschinen

3.7.1. Bügelsägemaschinen

Die Maschine (Bild 3-97) zerspant mit einem Sägeblatt, das in einem Bügel eingespannt ist. Dieser wird durch einen Kurbeltrieb oder durch einen hydraulischen Antrieb mit Kolben und Zylinder hin- und herbewegt. Die Hublänge muß einstellbar sein, und die Hubzahl kann bei hydraulischem Antrieb stufenlos durch Regelung der Fördermenge verändert werden. Die Sägemaschine arbeitet ziehend, das heißt beim Zurückziehen des Bügels ist das Sägeblatt im Eingriff. Beim Vorlauf des Bügels wird das Sägeblatt mechanisch durch einen Exzenter angehoben. Den Vorschub des Sägeblattes bestimmt die Vorschubkraft, erzeugt durch das Bügelgewicht, das sich durch Zusatzgewicht vergrößern läßt. Bei manchen Maschinen erfolgt das Heben und Senken des Bügels hydraulisch. Die hydraulisch wirkende Vorschubkraft erreicht größtmögliche Schonung des Sägeblatts. Für die Automatisierung werden Bügelsägemaschinen mit automatisch wirkendem Stangenvorschub versehen.

Bild 3-97
Hochleistungsbügelsägemaschine mit
verstellbarem Hub, Kurbeltrieb,
Schnellspannschraubstock und Kühl-
mitteleinrichtung

3.7.2. Kreissägemaschinen

Die Kreissägemaschine arbeitet mit kreisrunden Sägeblättern, die sehr schmale Scheiben-Fräser darstellen. Die Zähne der Sägeblätter sind aus Schnellschnittstahl oder Hartmetall hergestellt und arbeiten leistungsfähiger als flache Sägeblätter. Die Kreissägemaschine weist nur 4 bis 6 Antriebsdrehzahlen auf und arbeitet mit 10 bis 30 m/min Umfangsgeschwindigkeit. Der Antrieb erfolgt durch Elektromotor über Zahnradschaltgetriebe. Das ganze Antriebsaggregat ist auf einem Schlitten aufgebaut, der hydraulisch zugestellt wird. Die Zustellhydraulik übt auch die Vorschubkraft aus. Die Zustellbewegung erfolgt von der Seite, von oben oder auch von unten. Kreissägemaschinen werden häufig mit Stangenvorschub ausgerüstet. Werkstückvorschub, Zustell- und Spannbewegung kann man auch automatisch ablaufend steuern. Eine Sonderform der Kreissägemaschine ist die *Gehrung-Sägemaschine,* mit der Werkstücke unter jedem Winkel abgetrennt werden können. Auch *Doppel-Gehrung-Sägemaschinen,* die mit zwei Sägeblättern arbeiten, kommen zum Einsatz. Bilder 3-98 und 3-99 zeigen verschiedene Arten von Kreissägemaschinen. *Trennschleifmaschinen* gehören nach Bauart und Zweck auch zu dieser Gruppe. Sie arbeiten mit wesentlich größeren Drehzahlen (Bild 3-100).

3.7.3. Feil- und Sägemaschinen

Diese Maschinen werden in der Werkzeugmacherei zur Herstellung von Schneid- und Führungsplatten verwendet. Eine Feile oder ein Sägeblatt wird senkrecht eingespannt und auf- und abbewegt. Der Vorschub erfolgt durch Andrücken des Werkstückes von Hand (Bild 3-101). In der Bauart ähnlich sind Metallbandsägemaschinen in waagrechter oder senkrechter Bauart. Auf zwei oder drei Laufrollen läuft ein endloses Bandsägeblatt (Bild 3-102). Für das Aussägen von Durchbrüchen und in sich geschlossenen Formen muß das Sägeblatt getrennt in ein Bohrloch eingeführt und dann durch Löten wieder geschlossen werden. Zum Schließen wird ein an der Maschine befindlicher Löt- und Schweiß-

Bild 3-98
Hochleistungskaltkreissägeautomat

Bild 3-99
Hydraulische Kaltkreissäge
mit liegender Kreissäge
Sägekopf in 3 Ebenen
verschiebbar, Werkstücks-
tisch drehbar und längs-
verschieblich

Bild 3-100
Pendeltrennschleif-
maschine in
Tischausführung mit
Sicherheitsschutzhaube

Bild 3-102. Automatische Stahlbandsägemaschine auf zwei Rollen für gerade und Gehrungsschnitte

Bild 3-101. Genauigkeitsfeil- und Sägemaschine zum Bearbeiten von ungehärteten Stählen und mit Diamantwerkzeug für harte Werkstoffe

apparat benutzt. Der Antrieb des Sägeblattes erfolgt über die untere Scheibe mit verschiedenen Drehzahlen. Bandgeschwindigkeiten und damit Schnittgeschwindigkeiten liegen bei 10 bis 50 m/s. Die zweite (obere) Scheibe läuft auf einem Pendelkugellager, um Gleichlauf zu erhalten.

3.8. Sondermaschinen

3.8.1. Übersicht

Diese Maschinengruppe ist an keine der üblichen Maschinenarten gebunden. Man teilt ihr alle Maschinen zu, mit denen die einfachen Grundarbeitsverfahren für die industrielle Fertigung erweitert und wirtschaftlicher ausgeführt werden können. Man unterscheidet:

Maschinen der Gewindeherstellung;

Maschinen der Zahnradherstellung;

Maschinen, die nach Bedarf aus Baueinheiten (Baukastensystem) zusammengestellt werden;

Schalttischmaschinen für die Taktfertigung;

Transfermaschinen (Transferstraßen);

Bearbeitungszentren;

Maschinen vieler neuzeitlicher Fertigungsverfahren.

3.8.2. Maschinen zur Gewindeherstellung

Auf den verschiedenen Drehmaschinen können Gewinde mit Meißel, Schneideisen, Gewindesträhler oder Gewindeschneidkopf hergestellt werden. Ebenso ist Walzen und Rollen des Gewindes oder Gewindewirbeln mit dem Langgewindewirbelgerät üblich. Auch auf Revolverdrehmaschinen und Drehautomaten werden Gewindearbeiten ausgeführt. Dabei unterscheiden sich die Herstellungsarten bei diesen Maschinen lediglich in

der Steuerung des Vorschubs durch Gewindespindel, Leitapparat oder Kurve. Für die Mengenfertigung stehen Sondermaschinen in vielseitigen Ausführungsarten zur Verfügung. Innengewinde können auf Drehmaschinen oder Sondermaschinen, wie Mutterschneidmaschinen, gefertigt werden. Werkzeuge sind dabei Gewindebohrer, Drehmeißel, Gewindesträhler und Schneidköpfe. Gewinde werden auch auf Gewindefräsmaschinen gefräst und schließlich noch auf Gewindeschleifmaschinen geschliffen.

Bild 3-103. Gewindeschneidmaschine ausgerüstet mit Strählerkopf und Schaltkopfautomatik

Die *Gewindeschneidmaschinen* setzt man als Einzweckmaschinen in der Massenfertigung ein. Der selbstöffnende Gewindeschneidkopf wird als Werkzeugträger durch das Hauptgetriebe mit mehreren Drehzahlen angetrieben. Statt des Schneidkopfes kann man den Gewinderollkopf oder Gewindeschälkopf (Wirbelkopf) anbringen. Man erhält dann die *Gewinderoll-, Wirbel- oder Schälmaschine* (Bild 3-103 und 3-104). Das Werkstück wird auf einem Schlitten befestigt, der die Vorschubbewegung ausführt. Diese wird von der Hauptspindel über Wechsel-

Bild 3-104. Ausschnitt aus einer Gewinderollmaschine (Arbeitsraum)

Bild 3-105. Langgewindefräsmaschine für Gewinde, Keilwellen und zum Wälzen mit Kurzgewindefräseinrichtung

räder abgeleitet. Für automatischen Betrieb werden die Maschinen mit hydraulischen Steuer- und Magazineinrichtungen versehen.

Die *Gewindebohrmaschine* für das Gewindeschneiden mit Gewindebohrer erfordert Rechtslauf der Bohrspindel zum Arbeitsvorschub und schnelleren Linkslauf zum Rücklauf der Bohrspindel. Umsteuerung für Vor- und Rücklauf erfolgt elektrisch durch Drehrichtungswechsel des Motors. Ausgelöst wird dieser durch eine Nockensteuerung. Genauigkeit des Vorschubs verlangt eine geeignete Einrichtung wie Leitspindel oder Leitgewinde zum Umsteuern (Bild 3-48).

Bei *Gewindefräsmaschinen* unterscheidet man entsprechend den Arbeitsverfahren Langgewinde- und Kurzgewindefräsmaschinen. Bei *Langgewindefräsmaschinen* sitzt der scheibenförmige Gewindefräser auf einem Frässpindelkopf, der auf dem Längsschlitten aufgebaut ist. Drehbewegung des Fräsers, Längsvorschub des Schlittens und Rundvorschub des Werkstücks sind voneinander abhängig, um die Genauigkeit des Gewindes zu gewährleisten. Alle drei Bewegungen werden daher von einem Motor abgeleitet. Vorschubbewegung des Frässchlittens wird über eine Gewindespindel gesteuert (Bild 3-105). Beim Fräsen steht die Fräserachse senkrecht zur Gewindesteigung, muß also am Frässpindelkopf schwenkbar sein. Die *Kurzgewindefräsmaschine* besitzt neben der Schnittbewegung des Fräsers drei Vorschubbewegungen. Der Rundvorschub wird vom Werkstück ausgeführt, wobei nach etwa 7/6 Umdrehungen des Werkstücks das Gewinde fertig geschnitten ist. Während des ersten Sechstels der Werkstücksumdrehung führt der Fräser eine Zustellbewegung auf volle Gewindetiefe aus. 6/6 der Drehbewegung werden dann mit voller Tiefe geschnitten, wobei der Fräser während dieser ganzen Werkstücksdrehung eine axiale Vorschubbewegung in der Größe der Gewindesteigung macht. Alle Bewegungen werden wegen der Genauigkeit von einem einzigen Motor abgenommen. Fräserachse und Werk-

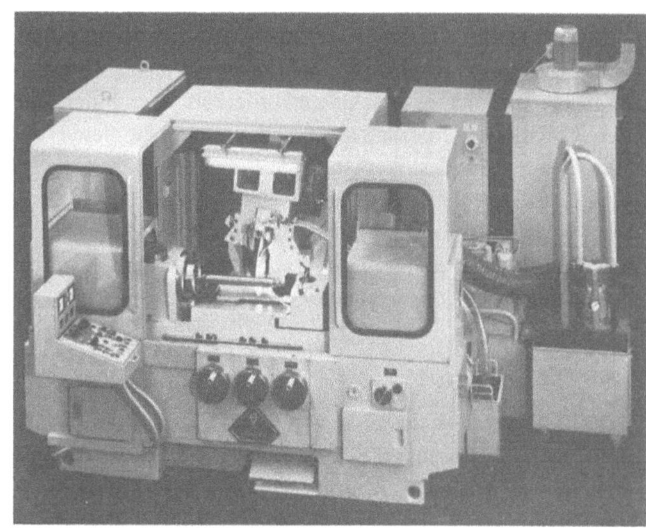

Bild 3-106
Schnecken- und
Gewindeschleifmaschine

stücksachse stehen parallel, da sich sonst Ungenauigkeiten bei größeren Steigungen infolge des Steigungswinkels ergeben. Kurzgewindefräsen ist ungenauer als Langewindefräsen. Da es andererseits zeitsparender ist, wird es in der Massenfertigung verwendet. Die *Universalgewindefräsmaschine* hat meist auch Zusatzeinrichtungen zum Kurzgewindefräsen.

Gewinde in gehärtetem Werkstoff können durch Schleifen auf der *Gewindeschleifmaschine* (Bild 3-106) hergestellt werden. Die Leitspindeldrehmaschine ermöglicht mit Hilfe eines Zusatzgerätes ebenfalls das Schleifen eines Gewindes. Häufiger Einsatz des Gewindeschleifens verlangt die Verwendung von Gewindeschleifmaschinen. Es gibt drei Verfahren des Gewindeschleifens:

Längsschleifen mit Einprofilscheibe;

Längsschleifen mit Mehrprofilscheibe (Bild 3-107);

Einstechschleifen.

Das Formgeben und Schärfen einprofiliger Scheiben geschieht mit Diamanten, die in einer Abziehvorrichtung gespannt werden und die Form nachfahren. Mehrprofilige Scheiben erhalten ihre Form durch Profilrollen, die in Einrollvorrichtungen laufen. Das

Bild 3-107
Gewindeschleifen einer mehrgängigen Schnecke
mit Mehrprofilscheiben auf einer Gewinde- und
Schneckenschleifmaschine

Einrollen erfolgt unter starkem Druck bei niedriger Drehzahl und großer Kühlmittelzufuhr zum Fortspülen der Schleifscheibenkörner. Entsprechend den Verfahren des Gewindeschleifens gestaltet sich der Maschinenaufbau. Für das Längsschleifen ist eine größere Baulänge und Längsvorschub erforderlich. Maschinen zum Einstechschleifen benötigen nur Radialvorschub. Häufig sind Maschinen für beide Verfahren eingerichtet. Bei allen Maschinen wird das Werkstück auf einem Tisch eingespannt, der schwenkbar ist zur Einstellung der verschiedenen Steigungswinkel. Hier bewährt sich das Mackensenlager. Der Längsvorschub erfolgt mit der Schleifscheibe, die durch eine Gewindespindel gesteuert wird. Für die Herstellung von Gewindebohrern gestattet die Maschine Hinterschliffbewegungen, die vom Werkstück durchgeführt und durch Kurven gesteuert werden.

3.8.3. Verzahnmaschinen

Das Herstellen verschiedener Arten von Zahnrädern mit unterschiedlichen Genauigkeiten stellt eine Sonderaufgabe der Fertigungstechnik dar. Zahnräder, die mit Fertigungsverfahren der spanlosen Formgebung hergestellt wurden, dienen der Bewegungsübertragung im Grobmaschinenbau oder als Rohteile für spanende Fertigbearbeitung. Häufig dienen spanlose Arbeitsverfahren zum Verbessern der Oberfläche, wie z.B. bei Zahnradrollmaschinen. Dabei wird mit einem (Bild 3-108) oder zwei Rollrädern (Bild 3-109) gearbeitet. Es lassen sich jedoch auch mit großer Genauigkeit ohne notwendige Nacharbeit Verzahnungen durch spanlose Umformtechnik aus Metallen sintern oder aus Kunststoff spritzen. Höchste Ansprüche in der Zahnradfertigung erfüllen die spanenden Fertigungsverfahren. Herausarbeiten der Zahnlücken mit Formwerkzeugen im Teilverfahren erzeugt jedoch nur eine mindere Zahnradqualität. Die so gefertigten Verzahnungen zeigen im Betriebszustand kein Wälzen oder Rollen an den Zahnflanken. Da sich die Flankenform mit der Zähnezahl ändert, würde für jede Zähnzahl eines Zahnrades ein eigenes Formwerkzeug benötigt. Um Räder mit mehreren Zähnezahlen fräsen zu können, verwendet man auf Kosten der Formgenauigkeit Werkzeugsätze für jeden Modul. Jeder Fräser ist dann für verschiedene Zähnezahlen da. Bei Zahnrädern bis Modul 9 können die verschiedenen Zähnezahlen mit einem achtteiligen Satz, über Modul 9 mit einem fünfzehnteiligen Satz hergestellt werden. Man nennt daher diese Formfräser auch Modulfräser.

Einwandfreie Verzahnungen erzeugt man nur im Wälzverfahren, das die Funktionsvorgänge des Zahneingriffes bei der Herstellung vorweg ausführt. Bei spanender Verzahnung kommen verschiedene Grundarbeitsverfahren zur Anwendung mit folgenden Maschinen:

> Fräsmaschinen, Stoß-, Hobel-, Schabe-, Schleif-, Läpp-, Entgratmaschinen jeweils in Spezialausführung für die Zahnradherstellung.

Viele dieser Maschinen lassen sich für übliche Zahnradformen und Verzahnungsarten wechselweise verwenden. Manche werden nur für ein Verzahnungssystem gebaut. So haben Verzahnmaschinen für bogenverzahnte Kegelräder verschiedener Systeme einen eigenen Aufbau und eigene Werkzeuge.

Zunächst ist die *Universalzahnradfräsmaschine* zu erwähnen. In einem Teilkopf gespannt wird das Werkstück von Zahnlücke zu Zahnlücke weiterbewegt. Als Werkzeug dient der Modulfräser in Scheiben- oder Schaftform. *Wälzfräsmaschinen* arbeiten nach dem Prinzip

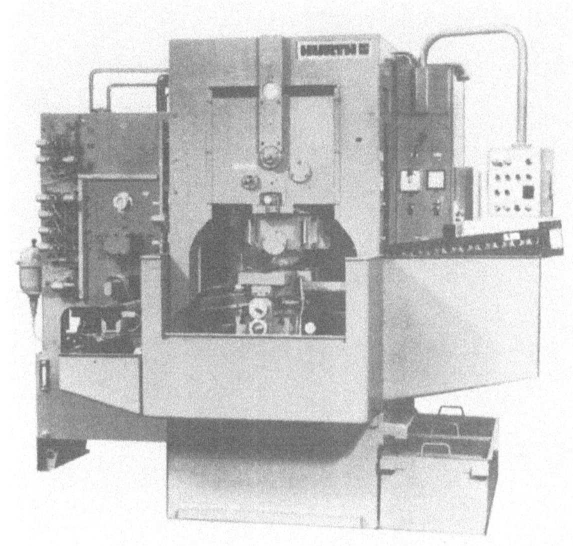

**Bild 3-108
Zahnradrollmaschine
Monorollverfahren**

**Bild 3-109
Zahnradrollmaschine mit zwei
Rollrädern**
(1) Gesamtansicht

(2) Rollräderpaar
in Arbeits-
stellung

Bild 3-110.
Universal-Hochleistungs-
wälzfräsmaschine
größter Werkstückdurchmesser
1500 mm
1 Getriebekasten
  mit PIV-Antrieb
2 Ständer
3 Gegenständer
4 Universalfräskopf

Bild 3-100. Pendeltrennschleifmaschine in Tischausführung mit Sicherheitsschutzhaube

eines Schneckengetriebes. Das Werkzeug stellt die Schnecke, das Werkstück das Schneckenrad dar. Stirnverzahnung entsteht dabei durch den Axialvorschub des Werkzeugs. Die Wälzbewegung wird vom Werkstück ausgeführt. Wesentlich ist, daß Drehbewegung des Wälzfräsers und Teilbewegung des Werkstücks (Wälzbewegung) spielfrei aufeinander abgestimmt sind. Die Teilbewegung erfolgt durch ein Teilgetriebe, ein nachstellbares Schneckengetriebe, dessen Antrieb von der Fräserwelle abgenommen wird. Wälzfräsmaschinen werden mit stehender oder liegender Werkstücksachse gebaut. Der Wälzfräser, dessen Zähne in Wendelform angeordnet sind, muß um den Steigungswinkel der Wendel schräg gestellt werden können. Der Frässpindelkopf mit Antrieb ist daher drehbar angeordnet (Bilder 3-110, 3-111 und 3-112).

Auf der *Zahnradstoßmaschine*, in der Ausführung als normale Senkrechtstoßmaschine, ist die einfachste Möglichkeit das Stoßen der Zahnlücken mit dem Formmeißel im Teilverfahren. Da dieses Verfahren nicht genau und nicht besonders wirtschaftlich ist, kommt nur Wälzstoßen in Betracht. Als Werkzeug wird ein Schneidrad benützt und der Werkzeugträger bewegt sich auf und ab. Mit *Wälzstoßmaschinen* können Außenverzahnungen, bei größerem Durchmesser auch Innenverzahnungen hergestellt werden. Man kann geradverzahnte und schrägverzahnte Zahnräder jeweils mit gerad- oder schrägverzahnten Schneidrädern herstellen. Bei schrägverzahnten Rädern muß das Schneidrad eine Zusatzdrehbewegung zur Wälzbewegung ausführen (Bild 3-113 und 3-114). Die Wälzbewegung besteht in einer Drehbewegung von Werkzeug und Werkstück, die durch Wechselräder miteinander gekoppelt sind. Die Zusatzbewegung wird durch eine wendelfömige Stößelführung kurvengesteuert. Beim Rückgang des Schneidrades verschiebt eine Kurve den Werkstückstisch mit dem Werkstück seitlich und bringt das Werkzeug außer Eingriff.

Die *Wälzhobelmaschine* arbeitet mit einem zahnstangenförmigen Hobelkamm als Werkzeug (Bild 3-115). Hobelkamm und Werkzeug werden gegeneinander abgewälzt, dabei führt das Werkstück während der seitlichen Verschiebung des Tisches eine Drehbewegung aus. Der Hobelkamm besitzt in der Regel weniger Zähne als das zu schneidende Zahnrad.

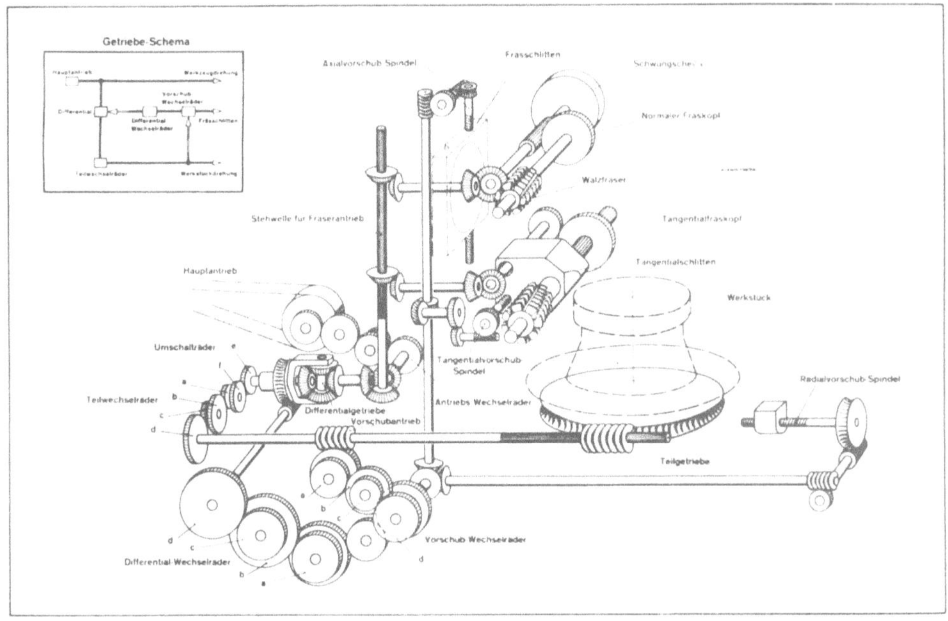

Bild 3-111. Kinematik einer Wälzfräsmaschine

Bild 3-112
Spezialmaschine Shobber
zum gleichzeitigen
Wälzfräsen und Wälzstoßen

Der Wälzvorgang muß von Zeit zu Zeit unterbrochen, der Tisch zurückgeholt und das Werkstück um einige Zähne weitergeschaltet werden. Der Wälzvorgang geht sodann weiter. Die verschiedenen Bewegungen der Maschine sind miteinander gekoppelt. Um schrägverzahnte Zahnräder herzustellen, wird der Kopf mit dem Hobelkamm schräggestellt. Bei der Rückbewegung des Stößels ist der Hobelkamm außer Eingriff.

Bild 3-113
Zahnradwälzstoßmaschine für
maximalen Teilkreisdurchmesser
1250 mm

Bild 3-114
Zahnradwälzstoßmaschine für
Pfeilverzahnung
Werkstückdurchmesser
50–2000 mm

Bild 3-115.
Zahnradhobelmaschine
(mit anderem Tisch auch als
Zahnstangenhobelmaschine
einsetzbar), größter Teilkreisdurchmesser 1350 mm

**Bild 3-116. Zahnradwälzschleifmaschine
mit liegender Werkstückachse**
Scheiben arbeiten in 0° Stellung

**Bild 3-117. Zahnradwälzschleifmaschine mit stehender
Werkstückachse**
Scheiben arbeiten in 15° bzw. 20° Stellung

Auch *Zahnradschleifmaschinen* arbeiten nach dem Wälzverfahren. Die Form der Zahnlücke kann auf zweierlei Weise erzeugt werden. Einmal schleifen zwei Tellerscheiben
mit ihren Seitenflächen durch Hin- und Hergang die beiden Evolventen einer Zahnlücke.
Dabei werden die Schleifscheiben zueinander schräggestellt. Zum anderen können die
zwei Tellerscheiben durch eine Profilscheibe mit Zahnstangenprofil ersetzt werden. Die
zwei Tellerscheiben stellten zusammen ebenfalls ein Zahnstangenprofil dar. Bei 0° Neigung
der Scheiben können die Zahnflanken zweier auseinanderliegender Zähne geschliffen
werden (Bild 3-116 und 3-117). Entsprechend sind die Wälzschleifmaschinen gebaut.
Bei beiden Maschinenarten bewegt sich der Werkzeugschlitten durch ein Kurbelgetriebe
hin und her. Nach Fertigschleifen einer Zahnlücke schaltet die Maschine zur nächsten
Zahnlücke weiter. Der Schleifschlitten kann zur Herstellung schrägverzahnter Zahnräder geschwenkt werden. Der Unterschied bei Verwendung verschiedener Scheiben
liegt in der Aufnahmeeinrichtung für die Scheiben, welche entweder zueinander geneigt
oder parallel eingespannt sind. Bei anderen Schleifverfahren wird eine schraubenförmige
Schleifscheibe verwendet, wozu eine besondere Maschine erforderlich ist.

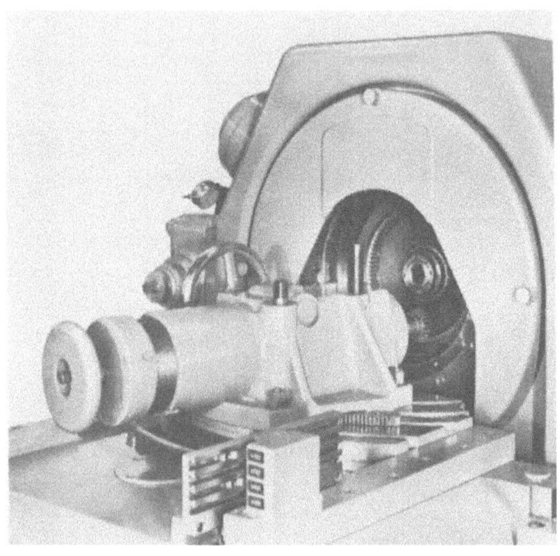

Bild 3-119. Zahnradinnenschabmaschine

Bild 3-118. Zahnradtauchschabmaschine
(Arbeitsraum)

Bei ungehärteten Zahnrädern kann die
Feinbearbeitung durch Schaben erfolgen, dieses Verfahren wird auf
Wälzschabmaschinen (Bild 3-118 und
3-119) durchgeführt. Das Schabrad
gleicht dem Schneidrad beim Wälzstoßen; es treibt das Werkstück an,
wodurch sich ein Teilgetriebe erübrigt.
Der Tischvorschub ergibt den Vorschub parallel zur Werkstücksachse.
Beim Tauch-Einstechschaben führt das
Werkstück oder Werkzeug eine radiale
Vorschubbewegung aus. Beim Innen-
schaben ist ebenfalls Parallel- oder
Einstechschaben gebräuchlich.

Für die Herstellung verschiedener
Arten von Kegelrädern sind eine
Reihe von *Verzahnmaschinen zur
Kegelradherstellung* mit verschiedenen
Verfahren gebräuchlich. Die ein-

**Bild 3-120. Kegelradwälzfräsmaschine mit zwei
Messerköpfen für geradverzahnte Kegelräder**

fachste, aber ungenaueste, Herstellungsart von geradverzahnten Kegelrädern erfolgt mittels Formfräsern auf der *Universalfräsmaschine* (Vorfräsen). Ein weiteres Formverfahren ist das Kopieren der Evolvente nach einer Schablone auf der *Kopierhobelmaschine.* Die Übertragung auf den Stoßmeißel (Formmeißel) erfolgt mechanisch über ein Gestänge. Auch dieses Verfahren ist nicht besonders wirtschaftlich, wird aber bei Großmaschinen angewandt. Am häufigsten findet man *Wälzfräsmaschinen mit Messerköpfen* (Bild 3-120). Wie beim Zahnradschleifen wird eine Zahnlücke von zwei Messerköpfen erzeugt. Die Achsen der Messerköpfe sind geneigt, so daß die Messer zusammen die Form einer Zahnstange darstellen. Die Messer werden bei beiden Messerköpfen auf Lücke angeordnet. Die Bewegungen der Maschine erfolgen wie bei Wälzfräsmaschinen, zur Drehbewegung der Messerköpfe kommt die Wälzbewegung des Zahnrades und die Vorschubbewegung der Fräser in Richtung der Zahntiefe, sowie entlang der Zahnflanke hinzu. Nach Fräsen einer Zahnlücke führt das Zahnrad eine Teilbewegung aus.

Kegelradhobelmaschinen erteilen die Hauptbewegung durch einen Kurbeltrieb an zwei gegenläufige Hobelmeißel. Während der eine Meißel vorgeht, läuft der andere zurück. Werkzeug und Werkstück führen gleichzeitig die Wälzbewegung durch, nach deren Beendigung beide in die Ausgangsstellung zurücklaufen. Sodann bewegt sich das Werkstück um einen Zahn weiter. Die Hobelmeißel sind von Anfang an auf volle Zahntiefe gestellt. Beim Anschnitt schneiden beide Hobelmeißel nacheinander an. Die Maschinen gestatten auch, Zähne ohne Wälzbewegung zunächst vor- und später mit Wälzbewegung fertigzuhobeln. Bei schrägverzahnten Rädern ist die Bewegungsrichtung der Hobelmeißel nicht auf Mitte Werkstück gerichtet, sondern geht an der Mitte vorbei und tangiert in der Verlängerung einen Kreis um den Mittelpunkt.

Bogenverzahnte Kegelräder werden zur Übertragung großer Kräfte in Getrieben von Fahrzeugen und Arbeitsmaschinen benötigt. Ihre Eingriffsdauer ist größer als die geradverzahnter Räder, da mehrere Zähne im Eingriff sind. Das Zahnspiel wird vermindert und die Laufruhe ist größer. Die Verwendung ist vielseitig, auch als Kleinzahnräder im Feinwerkbau. Es gibt eine Vielzahl von Verzahnungssystemen. Jedes System hat eine besondere Zahnformerzeugung mit eigener Maschinen- und Werkzeugausführung. Am bekanntesten sind *Maschinen zur Herstellung der Palloid-Bogenverzahnung* (von griech. pallein = schwingen). Die Maschine (Bild 3-121) besitzt ein Maschinengehäuse mit Stützbrücke; Frässpindelstock und Maschinenbett bilden eine schwingungsfreie Einheit. Das Gehäuse enthält den Antrieb für die Planscheibe und ein stufenlos schaltbares Getriebe. Es ist zweckmäßig, die Schnittgeschwindigkeit des Fräsens konstant zu halten. Die Zahnerzeugung geht vom großen Außendurchmesser des sich drehenden Werkstückes in einem Zug nach innen, dabei fräst das Werkzeug ohne Schaltpause und jeder Zahn ist in gleichem Erzeugungszustand. Das Werkzeug ist ein Kegelschneckenfräser mit leicht nach innen gekrümmter Mantellinie, dessen Fräszähne geradlinige Zahnflanken nach dem Zahnstangenprofil haben. Dadurch entstehen Werkstückszähne mit evolventenförmigen Zahnlängsbogen und einem Zahnprofil in Evolventenform. Am äußeren und inneren Zahnkranzdurchmesser besitzen sie gleiche Dicke und Höhe. Während der Zahnentstehung schwenkt der Wälzfräser kreisbogenförmig und verschraubt sich mit dem Werkstück (Wälzschraubfräsverfahren). Neben Bogenverzahnungen für Radpaare mit sich schneidenden Achsen lassen sich auch solche für sich kreuzende Achsen, sog. Hypoidkegelräder, anfertigen. Kleinkegelräder mit Bogenverzahnung werden auf Maschinen

Bild 3-121
Tellerradwälzfräsmaschine
für Palloid-Spiralkegelräder

Bild 3-122
Kegelradläppmaschine für
bogenverzahnte Kegelräder
bis 630 mm Ø

in Tischausführung gefertigt. Sie sind leichter zugänglich und haben geringeres Gewicht. Zum Schneiden der Zähne verwendet man einen Messerkopf mit einer auf einer archimedischen Spirale angeordneten Messern. Zur Verbesserung der Zahnflankenform und der Oberflächengüte verwendet man zu den Verzahnungssystemen *passende Schleif-, Läpp- und Einlaufmaschinen* (Bild 3-122).

Eine andere Bogenverzahnung ist die *Gleason-Verzahnung,* die auch unter anderen herstellereigenen Bezeichnungen bekannt ist. Diese Bezeichnungen werden entweder gemeinsam für Ritzel und Tellerrad oder je einzeln für eines von beiden angewendet. Der Zahn wird mit einem Messerkopf ausgeschnitten, der gerade, einseitig oder wechselseitig arbeitende Schneidzähne in kreisförmiger Anordnung besitzt. Es gibt auch Messerköpfe mit

**Bild 3-123
Kegelradwälzfräsmaschine
mit Messerkopf für
Zyklopalloidverzahnung**

Spreizmessern und solche mit größer werdenden, gestaffelten Schneidzähnen, die man
als Räummesser bezeichnet. Die Maschine hat einen starren Maschinenkörper, der Werkzeugschlitten ist jedoch senkrecht verschiebbar. Der Fräskopf sitzt auf dem Drehteil des
Werkzeugschlittens und kann geneigt und radial eingestellt werden. Der Werkstückträger steht entsprechend dem Teilkegelwinkel des zu schneidenden Kegelrades schräg.
Wälzgeschwindigkeit, Fräserdrehzahl, Wälzwege und Wälzübersetzung der Teilung werden
durch Wechselräder eingestellt. Die Maschinen arbeiten in der Regel automatisch (Bild
3-123). Die Zähne entstehen durch Aufwärtsfräsen des Fräskopfes. Der Messerkopf
schneidet dabei in das Kegelradrohteil eine Kreislinie als Zahnlängsbogen. Für die so
entstehende Kreisspirale ist der Spiralwinkel kennzeichnend. Nach Fertigstellung eines
Zahns gehen Fräskopf und Radkörper in die Ausgangsstellung zurück und der Radkörper
wird um einen Zahn weitergeschaltet.

Für die wirtschaftliche Mengenherstellung hat man besondere *Schruppmaschinen*, um die
Radkörper vorzuarbeiten. Zur Nacharbeit benützt man *Schleifmachinen mit Topfscheiben
und Läppmaschinen.* Letztere dienen auch zur Laufprüfung. Weitere Verfahren zur Herstellung von Bogen- und Spiralverzahnungen, die den bisher behandelten ähnlich sind,
stellen die *Oerlikon-Eloid-Verzahnung,* das *Fiat-Mammano-Verfahren* u.a. dar.

3.8.4. Baueinheiten und Sondermaschinen der Automatisierung

In der neuzeitlichen Mengenfertigung finden Baueinheiten von Werkzeugmaschinen, die
zu Sondermaschinen zusammengesetzt werden, große Verwendung. Der Grundgedanke
ist dabei, die Bauelemente verschiedener Werkzeugmaschinen der Grundarbeitsverfahren
so zu vereinheitlichen und in Typen zusammenzufassen, daß man nach Bedarf Sondermaschinen in verschiedenster Weise zusammensetzen kann (Bild 3-124). Dazu gehören
auch die vielen Möglichkeiten, die aus der Antriebstechnik kommen. Man erhält so Maschinen für einen Fertigungsvorgang, deren Einzelelemente nach Auslauf der Serie für einen
anderen Fertigungsvorgang anderweitig Verwendung finden können. Sonderwerkzeug-

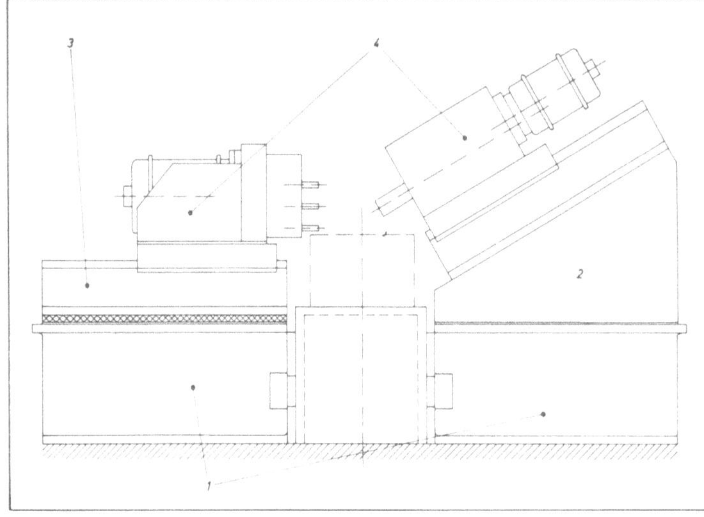

Bild 3-124
Grundaufbau einer
Werkzeugmaschine
aus Baueinheiten
1 Unterteil
2 Paßteil
3 Schlitteneinheit
4 Vorschubeinheit mit
  Antrieb und Werk-
  zeugen

maschinen aus typisierten Baukasteneinheiten helfen, hohe Investitions- und Betriebskosten einzusparen. Möglichkeiten der Zusammenstellung von Baukasteneinheiten sind:

Unterbau (Ständer, Sockel, Tische);

Getriebeeinheiten (Schalt-, Wechsel-, Schnecken-, Riementriebe);

Bewegungseinheiten (Tischeinheiten für Längs- und Drehbewegungen);

Bearbeitungseinheiten (Drehen, Bohren, Fräsen, Schleifen, Gewindeschneiden u.a.);

Vorschubeinheiten (Arbeits-, Schleich-, Eilgang);

elektrische, hydraulische und pneumatische Antriebe;

Steuerungen, Schaltpulte und Schaltschränke.

Man stellt damit Sondermaschinen als *Zwei-, Drei- und Mehrwegemaschinen,* sowie
ganze *Transferstraßen* (Bild 3-125 bis 3-131) zusammen. Zusätzliche Verkettungsein-
richtungen zum Messen und Prüfen und besonders zum Werkstücktransport von Maschine
zu Maschine, vervollkommnen neuzeitliche Fertigungsanlagen. *Rundtisch- und Trommel-
maschinen* mit senkrecht stehender und waagrecht liegender Sternachse haben den Vorteil der Platzersparnis, wobei außerdem die Werkstücke nach Fertigstellung zum Aus-
gangspunkt der Fertigung zurückgelangen.

Eine Neuentwicklung der Automatisierung ist das *Bearbeitungszentrum* (Bild 3-132 bis
3-135). Maschine und Steuerung werden zu einer Einheit zusammengebracht. Dabei
arbeiten verschiedenartige Werkzeugmaschinen als eine vielseitig arbeitende Einheit
zusammen und werden numerisch gesteuert. Das Bearbeiten eines Werkstücks erfolgt
in einer Aufspannung. Die Bildung von Teilefamilien zur Herstellung auf Bearbeitungszentren begünstigen die Entwicklung derselben.

Bild 3-125
Hydraulische Vorschubeinheit als Fräseinheit

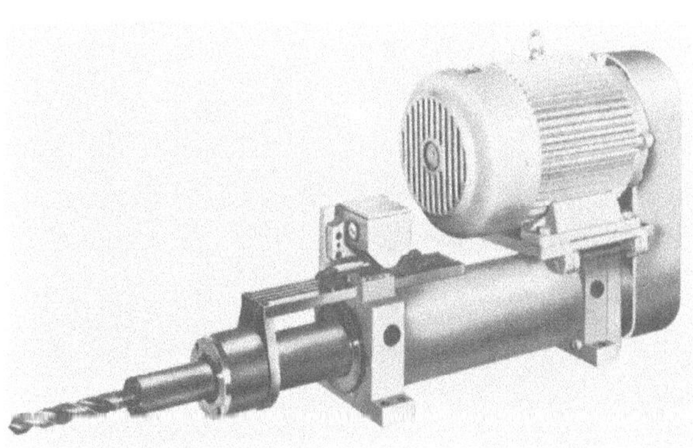

Bild 3-126
Hydraulische Vorschubeinheit als Bohreinheit

Bild 3-127. Schalttrommelmaschine im Baukastensystem

Bild 3-128.
Schalttischmaschine
mit
7 Arbeitseinheiten

Bild 3-129.
Zweiwege-Hubbalkenmaschine

Bild 3-130.
Vierwege-
Schiebetischmaschine

Bild 3-131
Teilansicht einer Transferstraße zur Anfertigung von Getriebegehäusen
Gesamtantriebsleistung 230 KW,
Ausstoß ca. 20 Einheiten je Stunde

Bild 3-132
NC-gesteuertes Bearbeitungszentrum mit zwei Rundmagazinen

Bild 3-133
NC-gesteuertes Bearbei-
tungszentrum mit
Kettenmagazin

Bild 3-134
NC-gesteuertes Bearbeitungszentrum mit mitfahrendem
Scheibenmagazin für
24 Werkzeuge

Bild 3-135
NC-gesteuertes
Schwenktrommel-
zentrum

3.8.5. Schneidenlose Abtrageverfahren

Beim elektroerosiven Bearbeitungsverfahren (Funkenerodieren) auf *Elektro-Erosions-Maschinen* dient eine Elektrode als Werkzeug zur Metallabtragung von Werkstücken. Die Abtragung erfolgt durch elektrische Entladungsvorgänge zwischen Werkzeug (negative Elektrode) und Werkstück (positive Elektrode). Der eigentliche Arbeitsvorgang, der Funkenüberschlag, erfolgt in einer elektrisch nicht leitenden Flüssigkeit, dem Dielektrikum (z.B. Petroleum). Werkzeug und Werkstück werden in diese Flüssigkeit eingetaucht. Dies bringt verschiedene Vorteile, es engt den Funkenkanal ein, erhöht den Wirkungsgrad der Abtragung, ergibt gleichzeitig Kühlung und spült abgetragene Werkstoffteile fort (Bild 3-136 und 3-137).

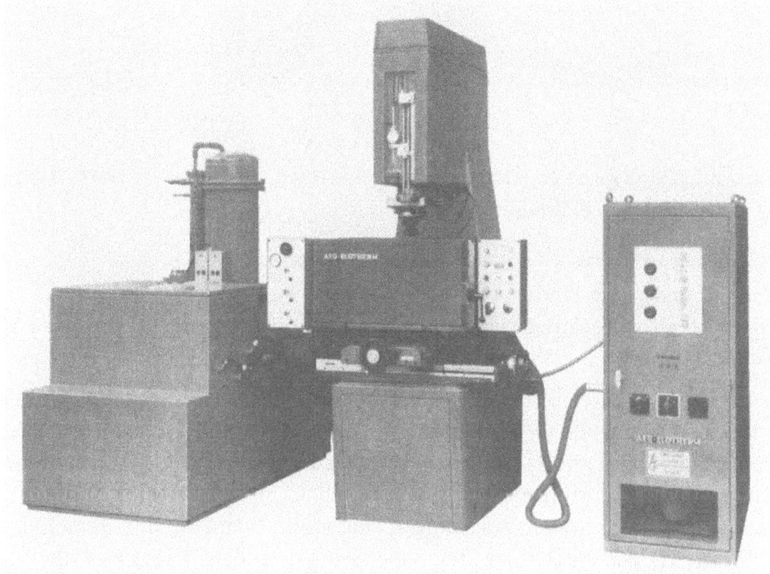

Bild 3-136. Elektroerosionsmaschine mit 30 bis 120 A Arbeitsströmen
Behälter 750 × 545 mm, max. Flüssigkeitshöhe 330 mm, links Kieselgurfilteranlage mit 1,5 bis 3 m^2 Filterfläche, rechts Impulsgenerator

Für das Elektroerodieren eignen sich nur elektrisch leitende Stoffe. Das Werkzeug wird aus Elektrodenwerkstoffen wie Wolfram, Kupfer, Hartmetall oder Graphit hergestellt. Das *Funkenverfahren* hat sich für genaue Maß- und Formbearbeitungen gegenüber dem *Lichtbogenverfahren* entscheidend durchgesetzt. Die Entladung geschieht in kurzer Zeit, wobei jeder vom Werkzeug auf das Werkstück überspringende Funke ein Metallteilchen abträgt und eine Vertiefung entsteht. Die Abtragsleistung hängt von der Erzeugung der Funkenzahl je Zeiteinheit ab. Mit hoher Funkenzahl und geringer Funkenenergie erhält man hohe Oberflächengüten. Entsprechende Impulsgeneratoren und die Gestaltung der Maschinen erlauben einen großen Anwendungsbereich, z.B. im Werkzeugbau zur

Bild 3-137
Elektroerosionsanlage
in Kompaktbauweise

Bearbeitung von zähharten, nicht gehärteten oder gehärteten Stählen oder Hartmetallen. Folgende Werkstücke könen so bearbeitet werden:

Durchbrucharbeiten an Schnitt-, Stanz- und Ziehwerkzeugen;

kleinste Gravuren und größte Arbeiten an Stanzwerkzeugen und Druckgußformen;

große Raumformbearbeitungen an Schmiedegesenken und Formwerkzeugen in der Metall- und Kunststoffgießerei.

Die Werkzeugelektroden besitzen entsprechende Flächen- oder Raumformen und stellen die Endform des Werkstücks dar. Vorarbeiten werden auf Kopierfräsmaschinen ausgeführt und die Feinarbeit erfolgt mit Raumformelektroden durch elektroelosives Tuschieren. Auch bei diesem Verfahren kennt man für den Arbeitsablauf Schrupp- und Schlichtgänge, die mit entsprechenden Elektrodenabmessungen ausgeführt werden. Bei Verwendung von Elektrodensätzen für die Aufteilung des Arbeitsvorganges läßt sich viel Arbeitszeit einsparen. In der Mengenfertigung setzt sich das Funkenerosionsverfahren wegen seiner universalen Anwendbarkeit immer mehr durch. Drahterodiermaschinen dienen zum Ausschneiden von Innen- und Außenformen besonders gehärteter Werkstücke, arbeiten ähnlich einer Bandsägemaschine und sind numerisch gesteuert.

Im Maschinenständer mit dem Arbeitskopf (Erosionskopf) der Elektroerosionsmaschinen sind Funkengenerator und Pumpenaggregat für den Umlauf des Dielektrikums enthalten. Beide können auch neben der Maschine gesondert aufgestellt sein. Der Arbeitskopf ist in senkrechter oder waagrechter Richtung beweglich angeordnet, der Vorschub geschieht dabei hydraulisch oder elektromechanisch. Die Elektrodenhalter sind als Spindel ausgeführt und ermöglichen ein Arbeiten mit drehender Elektrode (10 bis 100 min^{-1}). Der Arbeitstisch hat Längs- und Querbewegung mit Feineinstellung, wobei Teiltische und Rundtische verwendet werden können. Für schwere Werkstücke sind Ausführungen mit feststehendem Arbeitstisch und versenkbarem Dielektrikumbehälter besser geeignet. Durch den Arbeitskopf erfolgt die Verstellung der Elektroden nach Koordinaten. Der Dielektrikumbehälter läßt sich meist vom Tisch entfernen, wodurch Aufspannen, Einrichten und Messen leichter erfolgen kann. Die Einstellbewegungen lassen sich mit Endmaßen und Einstelloptik prüfen. Die Verwendung des Baukastensystems ist auch für diese Maschine üblich. Die Bedienung der Maschinen verlangt große Sorgfalt und Erfahrung bezüglich der Einstellgrößen, Vorschub, Strom und Spannung.

Beim Elysier-Verfahren geschieht das Werkstoffabtragen durch einen elektrolytischen Auflösungsvorgang. Das Werkstück ist dabei die positive Elektrode (Anode). Der Werkstoff des Werkstückes bestimmt den Elektrolyten (für die Bearbeitung von Stahl Kochsalzlösung; für Aluminium, Messing und rostfreie Stähle Nitratlösung). Die negative Elektrode (Kathode) ist mit dem Minuspol einer Gleichspannungsquelle von ungefähr 15 V verbunden. Durch den Elektrolyt fließt vom Werkstück zur Kathode Strom, wodurch der Werkstoff aufgelöst und abgetragen wird. Nach dem Faradayschen Gesetz ist das aufgelöste Werkstoffvolumen verhältnisgleich zu Stromstärke und Zeit, jedoch umgekehrt verhältnisgleich zur Entfernung. Dieses Verfahren wird zur Verbesserung der Oberflächengüte beim Entgraten, Senken und Bohren angewendet, soweit andere Verfahren nicht anwendbar sind. Eine besondere Bearbeitungsart ist das Schleifen von Hartmetallwerkstücken und das elektrolytische Polieren (Polier-Elysieren). Dadurch sind Rauhtiefen von 0,1 μm erreichbar.

Beim *Elysier-Entgraten* werden Gratstellen durch Formelektroden bearbeitet. Dabei kann mit oder ohne Vorschub oder mit drehender Elektrode gearbeitet werden. Nicht zu bearbeitende Stellen werden abgedeckt oder entsprechendes Isolieren der Werkzeugelektrode ist nötig. Formdurchbrüche und Vertiefungen werden durch *Elysier-Bohren* hergestellt. Die Formelektrode als Werkzeug trägt nur in der Vorschubrichtung Werkstoff ab. *Elysier-Senken* ist ein Arbeitsvorgang für Vertiefungen.

Diese Verfahren des elektrolytischen Polierens werden durch besondere Bearbeitungsmaschinen *(Polier-Elysier-Maschinen),* ähnlich den Funkenerosionsmaschinen ausgeführt. Der Maschinenständer trägt den verschiebbaren Arbeitskopf mit der Werkzeugelektrode. Das Werkstück befindet sich im Elektrolytbehälter auf einem längs- und querbeweglichen Arbeitstisch. Neben der Maschine wird ein Sammelbehälter für den Elektrolyt mit Pumpenaggregat und Gleichspannungsgenerator aufgestellt. Die Bearbeitungszeiten betragen nur kurze Zeiten (wenige Minuten).

Elektrolytisches Schleifen (Elysieren) ist eine Feinbearbeitung ähnlich dem Polierelysieren. Das Werkzeug ist eine elektrisch leitende und sich drehende Bearbeitungsscheibe als negative Elektrode. Diese Scheibe kommt mit dem Werkstück (positive Elektrode) in unmittelbare Berührung. Die Elektrolytflüssigkeit wird durch eine Düse in die Kontaktzone, eine sich auf der Scheibe bildende halbleitende Schicht, zugeführt. Bearbeitungsscheiben finden mit oder ohne Diamantkörner Verwendung. Erstere sind für das Schleifen von Hartemetallwerkzeugen, letztere für den Formschliff besser geeignet. Die Diamantkörner erzeugen einen Kontaktabstand zwischen Elektrode und Werkstück. Durch das Abtragen von Werkstoffteilchen entsteht trotzdem eine halbleitende Schicht. Die Kontaktfläche muß möglichst groß sein, um ausreichende Werkstoffabtragung zu erhalten. Dieses Verfahren wird mit *Elysieranlagen,* bestehend aus Bearbeitungsmaschine mit Elektrolytbehälter und Generator, ausgeführt. Der Maschinenständer trägt den Spindelkopf mit der Bearbeitungsscheibe, ähnlich wie bei der Zweifachschleifmaschine. Der Werkstücksträger ist eine auf dem Maschinentisch befestigte schwenk- und drehbare Spannvorrichtung. Der hydraulisch angetriebene Tisch kann stufenlos gesteuerte Arbeitsbewegungen ausführen. Mit Sondereinrichtungen läßt sich der Anwendungsbereich erweitern.

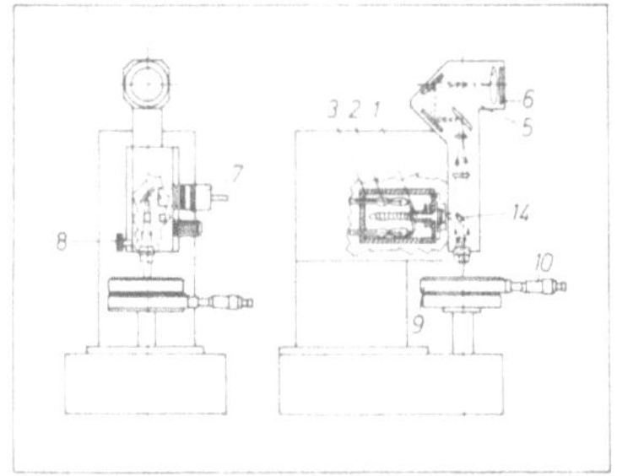

Bild 3-138. Aufbau einer Laser-Bearbeitungseinheit
1 Rubinmonokristall; 2 Xenor-Erregerblitzlampe als
Lichtquelle; 3 Laserkopf, Reflektor; 4 Umlenkprisma;
5 Episkop mit 6 Mattscheibe zum Beobachten des
Arbeitsvorganges mit einstellbarer Vergrößerung;
7 Lampe; 8 Einstellknopf zum Fokussieren;
9 Objekttisch; 10 Mikrometer-Einstellschraube für
Tischbewegung

Die Vorteile dieses Verfahrens bestehen in der gleichbleibenden Abtragsleistung ohne Abstumpfung der Werkzeuge, der Vermeidung von Schleifrissen durch Wärmespannungen (kalte Werkstoffabtragung), Vermeidung von Schleifriefen u. a.

Die Werkstoffbearbeitung mit *Laser-Energie* (Bild 3-138) ist ein neuzeitliches Verfahren zum Stofftrennen, Stoffverbinden und Messen unter Anwendung des Laserlichtstrahls. Bestimmte Stoffe (Kristalle, Gase) senden unter bestimmten Bedingungen einfarbiges (monochromatisches), paralleles (kohärentes) Licht aus. Die Lichtstrahlen werden gebündelt und erzeugen durch konzentriertes, punktförmiges Auftreffen auf Werkstoffe große Wärmemengen, die ein Abtragen (Trennen) oder Verschweißen von Werkstoff ermöglichen. Die Energiedichte läßt Temperaturen entstehen, die in der Höhe nur noch von den Temperaturen der Atomenergieumwandlung übertroffen werden. Der Name „Laser" bedeutet: *L*ight *A*mplification by *S*timulated *E*mission of *R*adiation (Lichtverstärkung durch induzierte Aussendung von Strahlung).

Laser-Bearbeitungsmaschinen verwendet man bevorzugt für das Bearbeiten von Werkstoffen, die mit herkömmlichen Arbeitsverfahren und Werkzeugen nicht mehr verformbar sind (z. B. harte und feuerfeste Metalle für die Raumfahrt, metallische und nichtmetallische Sinterwerkstoffe, sowie keramische Werkstoffe und Edelsteine). Mit diesem Verfahren lassen sich sehr kleine Löcher (0,05 mm Durchmesser) in Stahlplatten bis zu 1,5 mm Dicke in 200 μs Bearbeitungszeit, herstellen. Trennen und Verbinden (Schweißen) von Werkstücken, Maßveränderungen durch Abtragen und Aufschmelzen sind ebenfalls möglich. So kann z. B. ein 6 mm dickes Stahlblech mit einer Schnittbreite von 0,5 mm gerade oder kurvenförmig mit Schneidgeschwindigkeiten bis 1000 mm/min getrennt werden. Messen mit höchster Genauigkeit (z. B. Meßlängen von 5000 mm mit Abweichungen von ± 2,794 μm und bei 500 mm von ± 0,508 μm) ist mit diesem Verfahren ebenfalls möglich. Allerdings müssen Sonderausführungen der Maschinen mit Interferometer, elektronischen Zähl- und Anzeigegeräten verwendet werden.

Lasereinheiten können an das Stromversorgungsnetz angeschlossen werden. Der transistorengeregelte Elektronikteil sorgt für die Ausgangsleistung, die mit einstellbaren, kontinuierlichen Impulsfolgen oder mit Einzelimpulsen benutzt werden kann. Man arbeitet mit Festkörper- und Gaslaser als Strahlungsquellen. Beim ersteren bevorzugt man einen Rubinmonokristall, wegen seiner Härte für hohe Leistungen geeignet, beim letzteren ein Gasgemisch (8 % CO_2, 17 % N_2 und 75 % He). Der Bearbeitungsvorgang wird mit einem Mikroskop von 100 facher Vergrößerung beobachtet. Für große Leistungen ist Kühlung erforderlich.

Die *Laserbearbeitungseinheit* (Bild 3-138), kurz ein „Laser" genannt, setzt sich aus dem Impulslaserkopf, Optiksystem, Werkstückstisch, Steuerteil mit Steuer- und Regeleinrichtung und dem Netzschrank mit Energiespeicher zusammen. Im Laserkopf (Reflektor) dient als Lichtquelle für die Entstehung des Laserstrahles eine Xenon-Blitzlampe, die einen Rubinkristall umschließt. Der in diesem Kristall sich entwickelnde, rundgebündelte und parallele Lichtstrahl verläßt diesen intermittierend mit einer Wellenlänge von etwa 0,694 μm. Er wird mittels Prismen gelenkt und von dem Linsensystem nochmals gebündelt und auf das Werkstück konzentriert. Der Einflußbereich des so entstehenden Laserstrahles ist abhängig vom zu bearbeitenden Werkstoff und der ausgesendeten Energie. Er kann zwischen 0,001 und 0,5 mm liegen und die Energie zwischen 1 und 4 Joule. Das Werkstück auf dem Kreuztisch ist in zwei Ebenen verstellbar. Diese Verstellung und den Arbeitsablauf an der Auftreffstelle beobachtet man mit einem Okular. Das Fokussieren der Sammellinsen geschieht mittels Höhenverstellung. Laser-Bearbeitungseinheiten werden meist von 1 bis 20 Joule, in Sonderfällen bis 1000 Joule Ausgangsenergie gebaut. Die Größe der Rubinkristalle liegen von 4 bis 9 mm Durchmesser und einer Länge bis 76 mm; die dabei verwendeten Impulsfrequenzen zwischen 25 und 50 Hz.

Anhang

Geschichtliche Entwicklung der Werkzeugmaschine

Man hält es in unserer Zeit für selbstverständlich, Gebrauchs- und Verbrauchsgüter in großen Mengen herzustellen. Allgemein besteht die Meinung, daß die Verwirklichung von Erfinderideen den Konsumwünschen unserer Zivilisation und der Erhaltung unseres Wohlstandes zur Verfügung stehen muß. Nur ein Bruchteil der Menschen weiß, daß alle benötigten Güter vorab in irgend einer Weise, mittelbar oder unmittelbar, durch den Einsatz von Werkzeugen und Werkzeugmaschinen hergestellt werden müssen. Ohne Werkzeugmaschinen wäre alles so einfach gearbeitet und gestaltet geblieben, wie es zu Zeiten unserer Vorfahren war.

Es ist eine lange Entwicklungszeit gewesen vom Arbeiten des Urmenschen mit bloßer Hand über die ersten in seine Hand passenden Gegenstände, bis zu dem was wir heute „Werkzeuge" nennen.

Waren es anfänglich in der freien Natur gefundene Dinge, die dem Zweck entsprechend gestaltet und verbessert wurden, so folgten nach langer Zeit erst zusammengesetzte Geräte als Vorläufer von Maschinen. Wenn auch die Nutzung der sogenannten einfachen Maschinen Hebel, Rolle, Keil und schiefe Ebene nicht ausbleiben konnte, so war es schon erfinderischem Geist überlassen, zusammengesetzte Arbeitsmaschinen auszudenken und zu bauen.

Forschungsergebnisse berichten von frühzeitiger Anwendung der gleitenden Bewegung, aber immerhin noch von einem großen Zeitabschnitt bis zur rollenden Bewegung, zum Beispiel mit Walzen. Es soll von da ab noch etwa 50 000 Jahre gedauert haben, bis der Mensch das einfache Scheibenrad erfunden hat. War dieses Rad eine aus Gesteinplatten geschlagene oder eine aus Baumstämmen geschnittene Scheibe? Wann soll es gewesen sein, daß jemand ein mit Bindemittel gemischten Stoff, oder einen mit passendem Gewächs gebastelten Reifen zum Speichenrad formte?

Zum Herstellen einer zusammengesetzten Maschine gehörte neben dem Zusammenbinden von Teilen auch das Geschick, ein Loch in einen harten Gegenstand zu machen, mit Wetzen und Schleifen Trennwerkzeuge zu schärfen und eine Art von Nagel zu schnitzen. Ein weiterer Schritt war es hin- und hergehende und drehende Bewegungen von Werkzeugen in Gestellen zu führen und zu lagern. Als man noch lernte, die Schwerkraft und andere Naturkräfte für das Formen und Verbinden zu verwenden, wie es z.B. beim Schmieden und Stauchen notwendig ist, und als es gelang, aus Erzen Metalle zu erschmelzen, ging die Entwicklung verschiedener Arbeitsmaschinen schneller voran. Insbesondere die Werkzeugmaschine beeinflußte und förderte dabei die gesamte Entwicklung der Maschinen-, Geräte- und Werkzeugtechnik. Alle Technologien unserer Kultur sind bis in die heutige Zeit von der Werkzeugmaschine abhängig.

Betrachtet man die Entwicklung der Arbeitstechnik im europäischen sowie im südlich und südöstlich an das Mittelmeer angrenzenden Kulturraum, so lassen sich folgende geschichtlichen Stufen erkennen:

180 000 bis 120 000 v. Chr. (ältere Altsteinzeit, letzte Eiszeit) lebte der prähistorische Mensch, (homo primigenium). Er ist der *erste Werkzeugmacher* mit bewußt geformten Steinwerkzeugen. (Nachweis aus Funden um 1856 in der Gegend von Düsseldorf).

120 000 bis 10 000 v. Chr. (jüngere Altsteinzeit) entwickelte sich der mit Verstand begabte, der denkende Mensch (homo sapiens). Es fertigte bessere Steinwerkzeuge sowie Werkzeuge aus organischen Stoffen wie Knochen und Holz.

10 000 bis 3 000 v. Chr. (mittlere Steinzeit) entwickelt sich der homo sapiens, zum Menschen der Jetztzeit (homo sapiens recens). Er bohrt

Löcher in die Steinwerkzeuge (Bild A-1) und baut einfache zusammengesetzte Geräten und Maschinen.

Bild A-1: Urform der Bohrbank nach einem alten ägyptischen Fund. Der Bohrer ist in den Holzschaft eingesetzt, der Holzschaft selbst wird durch den Fiedelbogen in Drehung versetzt (Deutsches Museum, München).

3 000 bis 1 800 v. Chr. (Jungsteinzeit). Der Mensch verbessert seine Steinwerkzeuge und Geräte. Ackerbau und städtische Lebensformen setzen ein.

4 000 v. Chr. In Mesopotamien, in den Flußgebieten um Euphrat und Tigris (Babylon) und in Ägypten (Bau der Pyramiden) werden in Schmelztiegeln auf Holzkohlenfeuer Gold, Silber und Kupfer verarbeitet sowie durch Kaltschmieden umgeformt und veredelt (Bild A-2). In den gemäßigten Zonen entwickeln sich neue Hochkulturen.

Bild A-2. Schmiedewerkstatt, Vasenbild aus Orvieto, Sammlung Bourgignon, Neapel (nach *Blümner* ,,Technologie und Terminologie der Gewerbe und Künste bei Griechen und Römern'', Bd. 4, S. 364) (Deutsches Museum, München).

2 800 bis 1 100 v. Chr. Die Bronzezeit dehnt sich auf die Völker um das Mittelmeer und des nahen Ostens aus.

1 000 bis 500 v. Chr. die Eisenzeit oder Hallstattzeit (benannt nach den Gräberfunden um Hallstatt im Salzkammergut). Es gibt Eisenschmelzereien von Anatolien bis Griechenland.

30 v. Chr. bis 350 n. Chr. Anwendung der Muskelkraft im Tretrad und am Göpel und des Wasserrades. Ausdehnung der mechanischen Maschine besonders im römischen Reich, z.B. für Fallhämmer und Töpfermaschinen.

Benutzten schon die alten Ägypter den Fiedelbogen für Drehbewegungen zum Bohren und Drechseln, so entwickelte sich der Tretantrieb mit Wippe und Kurbel für fortlaufende Drehbewegung in der Zeit vor und über die Zeit der Antike hinaus. Die anfänglich hierzu benutzte Arbeitsbank verbesserte man zur Drehbank. In irgendeiner für handwerkliche Tätigkeiten und Manufakturarbeiten passenden Form, war sie die Mehrzweckmaschine für die Güterherstellung. Aus überlieferten Aufzeichnungen aller Kulturbereiche kann man erkennen, daß die Zeitabschnitte zwischen dem Entstehen neuer Werkzeugmaschinen kürzer wurden. Dazu gehören auch Umformmaschinen wie Hammer- und Fallwerke, angetrieben durch Wasserräder mit Triebstockverzahnungen, Kammrädern und Seiltrieben. Sie erleichterten und verbesserten die reine Handarbeit, förderten die Herstellung von Gerbrauchsartikeln, Kunstgegenständen, Waffen und das Bauwesen.

Es kann heute nicht genau angegeben werden, wann und wo alle die sich bis ins Mittelalter hinein entwickelten Arbeitsmaschinen der Fertigungstechniken erstmals angewendet wurden. Denn durch Eroberungszüge, Völkerwanderungen, Entdeckungsfahrten und Handelsbeziehungen kam ein gewisser Erfahrungsaustausch in Gang.

Um 1500, beim Übergang in die Neuzeit, zeigt *Leonardo da Vinci* in seinen zahlreichen Skizzen Gedankengänge für Neuentwicklungen von Werkzeugmaschinen (Bild A-3). Die zu seiner Zeit bekannten vielartigen Maschinen bedurften einer Weiterentwicklung. Schon 1320 baute man die ersten Pulvergewehre und Pulvergeschütze und wurden die ersten Brillen und 1450 die erste Buchdruckmaschine

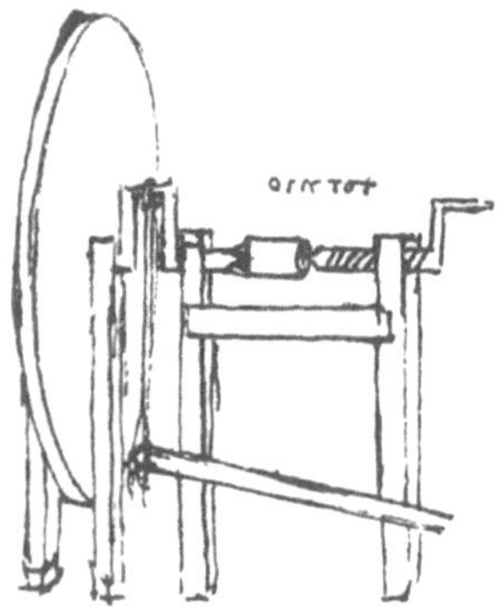

Bild A-3. Drehbank mit Schwungscheibe nach *Leonardo da Vinci.* Bemerkenswert ist, daß hier schon die umlaufende Bewegung ins Auge gefaßt wurde, gegenüber der üblichen hin- und hergehenden Bewegung. Das Werkstück wird links in mehreren Spitzen, rechts an einer Spitze gelagert, die zur Verstellung als Schraube ausgebildet ist (Deutsches Museum, München).

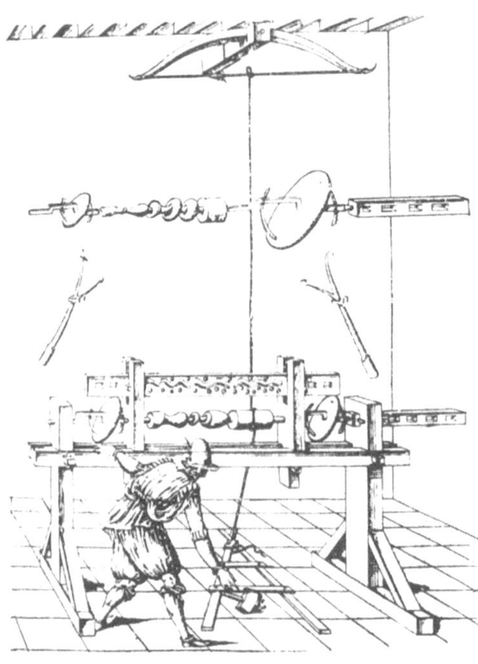

Bild A-5. Drehbank mit Wippenantrieb zum Ovaldrehen nach Schablone von *Besson* um 1565 (aus Feldhaus-Archiv, Heidelberg).

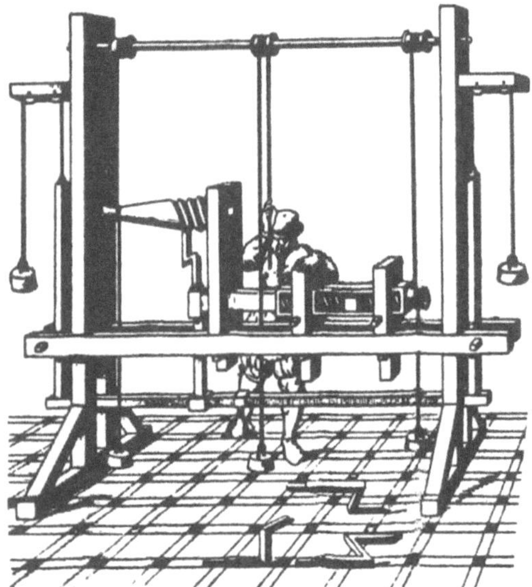

Bild A-4. Schraubendrehbank nach *Besson* um 1560. Für das Schraubenschneiden wird hier bereits eine Leitspindel verwendet, die, gleich dem Werkstück, von der oberen Welle mittels Seil bewegt wird. Der Vorschub des Stahles erfolgt mechanisch von der Leitspindel aus. Anpressen des Stahles mit Hilfe von Gewichten. Zurücknehmen durch den rechten Fuß (Deutsches Museum, München).

entwickelt. Da Vincis Aufzeichnungen und die anderer Zeichner zeigen Maschinenkörper, Maschinenelemente, Bedienteile, Antriebe und Getriebe, die sich bis in unsere Zeit erhalten haben. Die Verwendung von Kurbeln, Gewindespindeln, Kurven, Verzahnungen und sogar Nachformeinrichtungen sind deutlich zu erkennen (Bild A-4 und A-5).

1550 bringt *Georg Agricola* in seinem Buch „De re matallica" eine Vielzahl von Darstellungen des Maschinenbaues für den Bergbau bis hin zur Metallverarbeitung.

Bemerkenswert sind in den damaligen Aufzeichnungen die gezeigten Arbeitsstellungen des arbeitenden Menschen, die Arbeitsräume und die Arbeitsplatzgestaltung. Die Ziele unserer heutigen „Ergonomie" würden wohl damals, wegen der geringen Möglichkeit von Antriebsenergie, nicht verstanden worden sein (Bild A-6).

Bild A-6. Drahtziehen mit dem Schockenzug. Der Zieher (Schocker) faßt nach jeder Wellenumdrehung den Draht mit der Zange. Er schaukelt dabei in einer Grube. Den Zug besorgt die Drehung der Kurbelwelle (Deutsches Museum, München).

1763 begann **James Watt,** Instrumentenmacher der Universität Glasgow, die von **Newcomen** entwickelte Dampfmaschine zu verbessern. Es gelang ihm zur wirtschaftlicheren Dampfausnutzung und zur Brennstoffeinsparung den Kondensator zu entwickeln und die Kolbenbewegung in eine volle Drehbewegung zu verwandeln. Die Dampfmaschine wurde zum Antrieb für ortsfeste und bewegliche Maschinen.

Man spricht von der *industriellen Revolution* und dem Beginn des klassischen Maschinenbaues.

Richtunggebend waren bis über die Mitte des 19. Jahrhunderts hinaus die Konstruktionen aus England. Fast alle brauchbaren Maschinen kamen von dort. Bessere Werkstoffe und neue Arbeitsverfahren erlaubten bessere Maschinen und Werkzeuge anzufertigen.

Das Walzblech verdrängte das Hammerblech, Guß- und Schmiedeteile und Teile der spanenden Formgebung wurden immer genauer. Zahlreiche Maschinenbauer aus jener Zeit sind als Konstrukteure, Erfinder und Gründer von Fabriken berühmt geworden.

1765 baute *Smeaton* ein Zylinderbohrwerk mit Zahnradübersetzung zwischen Wasserrad und Bohrer. Bislang trieb man den Bohrer direkt durch ein Wasserrad oder durch Pferde an einem Göpel an. Ursprünglich zum Bohren von Geschützrohren verwendet, lernte man nun Zylinder für Pumpen und Dampfmaschinen herzustellen.

1775 konstruierte *Wilkinson* eine Bohrmaschine mit Führung und selbsttätigem Vorschub für das Werkzeug. Er verwendete dazu den

Bild A-7. Große Spindelpresse für die Münzprägung (nach *Diderot* und *d'Alembert*) (Deutsches Museum, München).

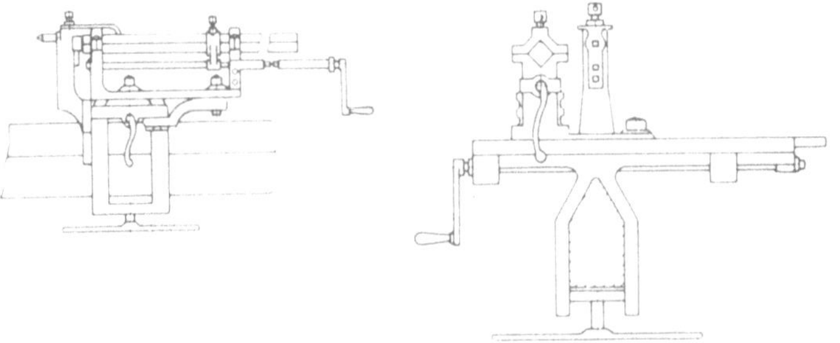

Bild A-8
Supportausführung von *Maudslay,* erste Ausführung 1794. Reitstock und Support sind zusammengebaut (Deutsches Museum, München).

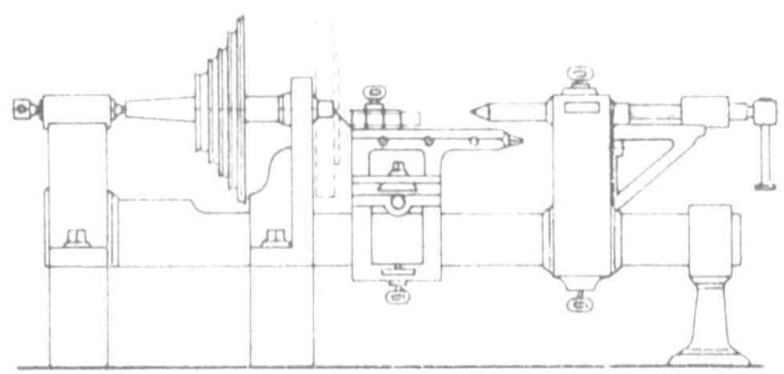

Bild A-9
Supportausführung von *Maudslay,* verbesserte Ausführung. Reitstock getrennt, kennzeichnend für *Maudslay* das dreieckige Bettprisma (Deutsches Museum, München).

Schnecken- und Zahnstangentrieb. Es war eine der ersten Metallbearbeitungsmaschinen im heutigen Sinn.

1780, nachdem *James Watt* den Geschäftsmann *Boulton* als Geldgeber zur Verwirklichung seiner Ideen gefunden hatte, gründeten beide die berühmt gewordene Firma "Soho Foundry" bei Birmingham. Zunächst bauten sie Werkzeugmaschinen aller Art nach ihren Vorstellungen, um mit diesen die Einzelteile der "Wattschen Dampfmaschine" anzufertigen.

1794 baute *Maudslay* erstmals eine Drehmaschine in Supportausführung ganz aus Stahl. (Bild A-8 und A-9). *Pohlholm* in Schweden soll bereits früher die Idee verwirklicht haben, den Werkzeughalter mittels einer Schraube allmählich am sich drehenden Werkstück entlang zu schieben. Maudslay benutzte für das Herstellen von Gewinden auf Drehbänken, statt des Austausches entsprechender Leitspindeln, Zahnräder als Wechselräder. Seine bekanntesten Mitarbeiter waren:

Whitworth, der die schnelle Rücklaufbewegung für die Stoßmaschine erfand und sich mit der Herstellung und Normung der Gewinde befaßte.

Nasmyth, verbesserte die Stoßmaschine. Er setzte sich besonders für die Entwicklung und

Verwendung der technischen Zeichnung als Verständigungsmittel im Maschinenbau ein.
Roberts, verbesserte die Riemenscheibe zur Stufenscheibe und entwickelte das Vorgelege für die Drehbank.

1795 baute *Brahma* in England nach dem von dem französischen Mathematiker und Philosophen *Pascal* um 1663 beschriebenen Prinzip die erste, wirtschaftlich nutzbare, hydraulische Presse. Erst 1860 setzte *Harwell* in Österreich diese Wasserdruckpresse als Ersatz für den Dampfantrieb in eine Schmiedepresse ein.

In Deutschland wurden bis zur Mitte des 19. Jahrhunderts nur wenige Werkzeugmaschinen gebaut. Aber bereits um 1860 standen die deutschen Hersteller im Wettstreit mit englischen und nordamerikanischen Unternehmen. Es wurde experimentiert und verbessert und die Gesamtentwicklung des Maschinenbaues vorangetrieben. Die große *Gründerzeit der Technik* hatte begonnen.

1810 beschaffte sich *Friedrich Koenig*, Würzburg, aus England für die Herstellung von Schnelldruckpressen eine Leitspindeldrehbank mit Holzbett und Bettführungen aus Gußleisten. Sie waren die einzige ihrer Art in Deutschland. Das Modell der Maschine ist im Deutschen Museum aufgestellt.

1812 gelang es *Friedrich Krupp* in Essen, den Tiegelgußstahl herzustellen. Es war ein Werkzeugstahl mit besonderer Härteeigenschaft, geeignet für große Flächendrücke, und fand deshalb besonders für Werkzeuge der Umformtechnik als auch für schneidende Werkzeuge Verwendung. Er behielt seine führende Stellung, bis um 1890 der legierte Werkzeugstahl, der Schnellschnittstahl in den Handel kam. Sein Sohn Alfred Krupp konstruierte für das eigene Unternehmen Walzenschleifmaschinen zur Bearbeitung von gehärteten und auf Hochglanz zu polierenden Gußstahlwalzen für Maschinen zum Walzen, Strecken und Glätten der Metallerzeugnisse.

1814 stellt *W. Fred. Klingelnberg* in Remscheid Werkzeuge für alle Industrie- und Handwerkszweige her. Er entwickelt seinen Betrieb zur nahmhaften Spezialfirma für Kegelräder mit Bogenverzahnungen.

1818 baute *Eli Whitney,* USA, eine Waagrechtfräsmaschine mit einem Maschinenkörper aus Holz. Sie hatte schon Bauteile und Formen, die heute noch an diesen Maschinen zufinden sind. In seiner Waffen- und Munitionsfabrik, schaltete er, wo er nur konnte, Handarbeiten aus und verwendete selbsttätige Vorrichtungen. Man bezeichnet ihn als den Schöpfer des Austauschbaues.

1831 konstruierte *James Fox* in England die Drehbank mit veränderlicher Drehzahl, Zugspindel und Zahnstangentrieb.

1839 stellte *Louis Schuler* in Göppingen in seiner mechanischen Werkstatt Blecherzeugnisse her, wobei er immer wiederkehrende Handarbeiten durch mechanische Vorrichtungen ausschaltete. Später stellte er seinen Betrieb auf die Herstellung von Blechbearbeitungsmaschinen um.

1846 wurde der wissenschaftliche Verein „Die Hütte" durch Professoren, Absolventen und Studierende des Maschinenbaues an der Technischen Hochschule Berlin gegründet. Bekannt geblieben ist er durch die Herausgabe des Ingenieur-Taschenbuches gleichen Namens, das noch heute besteht.

1856 gründete *Joh. Gg. Weisser* in St. Georgen im Schwarzwald mit seinem Sohn Andreas neben seiner schon im Beginn des 19. Jahrhunderts bestehende Postschmiede einen Betrieb zur Herstellung von Maschinen und Werk-

zeugen für die Uhrenindustrie. Um 1900 spezialisierte man sich auf die Fabrikation von Drehmaschinen.

1856 wurde der „Verein Deutscher Ingenieure" zur Förderung der Ingenieurwissenschaften und zur Lösung anstehender technischer Probleme gegründet. Er besteht noch heute und unter der Bezeichnung VDI bekannt.

1862 machte sich *Johann Zimmerman* in Chemnitz, dem damaligen Mittelpunkt des deutschen Maschinenbaues, durch den Bau von Hobelmaschinen, Stirnräderstoß- und Fräsmaschinen bekannt. Er erhielt als erster deutscher Maschinenbauer für seine Erzeugnisse auf der Weltausstellung in London eine Goldmedaille. Sein Konkurrent war *Eduard Reinekker,* ebenfalls in Chemnitz ansässig.

1866 gründete *Ernst Schiess* in Düsseldorf eines der ersten führenden Unternehmen im Schwerwerkzeugmaschinenbau.

1867 verbesserte *August Otto* in Deutz mit Eugen Langen die von *Etienne Lenoir,* Frankreich, um 1860 patentierte Gasmaschine zu seinem berühten „Otto-Motor". Ab 1876 konnte man den Motor in Serie gefertigt kaufen.

1868, *Wilhelm Uhland* in Chemnitz, Direktor einer Ingenieurschule, gründete die Zeitschrift „Der practische Maschinen-Constructeur". Wegen ihrer Informationsfülle galt sie als führende Fachliteratur. Sie lebt heute weiter in der Zeitschrift „Werkstatt und Betrieb" im Verlag Carl Hanser, München.

1869 begann *Ludig Loewe* in Berlin mit dem Bau seiner Präzisionswerkzeugmaschinen. Sie wurden richtunggebend im deutschen Werkzeugmaschinenbau. Seine Dreh- und Fräsmaschinen, optischen Profil- und Werkzeugschleifmaschinen waren bei den Werkzeugmachern sehr begehrt. Bekannt sind auch die Werkzeuge und Normteile des Maschinen- und Apparatebaues.

1877 erkannte *Werner Siemens*, Berlin, daß sich seine um 1866 erfundene Dynamomaschine zur Erzeugung elektrischen Stromes auch als elektrische Kraftübertragungsmaschine eignet.

1883 entwickelt *de Laval* in Schweden eine brauchbare Dampfturbine. Der Engländer *Parson* hatte den gleichen Weg beschritten. Ihre Ideen gingen auf *Branca* in Italien zurück, der schon um 1629 ein Schaufelrad durch einen ausströmenden Strahl gespannten Wasserdampfes antrieb.

1883 bauten *Gottlieb Daimler* und *Wilhelm Maybach* in Cannstatt und von diesen unabhängig *Karl Benz* in Mannheim den leichten, schnellaufenden Benzinmotor nach dem Otto-Prinzip.

1891, Gründung des Vereins Deutscher Werkzeugmaschinenfabriken e. V. – VDW. Er stellte sich die Aufgabe, Güte, Arbeitsgenauigkeit und Leistungsfähigkeit zu verbessern, und Anerkennung für deutsche Werkzeugmaschinen zu erringen.

1892 begann *Wilhelm von Pittler* in Leipzig mit dem Bau seiner Revolverdrehbänke mit horizontal gelagerter Revolverachse. Die von ihm 1889 gegründete Werkzeugmaschinenfabrik ist heute eine Aktiengesellschaft in Langen bei Frankfurt/M.

1893 erfand und baute *Rudolf Diesel* bei der Augsburger Maschinenfabrik, der heutigen MAN, seinen ersten mit Rohöl betriebenen Motor. 1897 wurde der Motor mit Lufteinblasung fertigungsreif.

1897 erhielt *Hermann Pfauter,* Chemnitz, ein deutsches Patent für seine Maschine zum Fräsen von Zahnrädern im Wälzverfahren, *E. R. Fellows* ein USA-Patent für das Zahnrad-Wälzstoßen. Um 1900 gründete Pfauter eine Spezialfabrik für Wälzfräsmaschinen und Wälzfräser. Die Firma befindet sich heute in Ludwigsburg.

Am Fortschritt der Technik mitzuarbeiten lohnt sich für die Beteiligten nur dann, wenn den Erfindungen genügend Schutz garantiert wird. Kein Erfinder will, daß sein geistiges Eigentum ohne gerechte Entlohnung in einer Fabrikation ausgenützt wird. Einen monopolähnlichen Schutz gab es in England bereits um 1623. In den USA galt seit 1776 der Erfinderschutz als einer der proklamierten Menschenrechte. Frankreich verabschiedete um 1790 ein Patentgesetz, das dem ersten Anmelder das Recht auf die Erfindung gewährte. In Deutschland konnten die Patentgesetze der einzelnen deutschen Länder erst 1877 zu einem deutschen Patentschutz vereint werden. Langsam entstanden Fachzeitschriften die es sich zur Aufgabe machten, öffentlich über den Stand und Fortschritt als auch über den Schutz von

Erfindungen zu berichten. Sie waren das einzige aktuelle Informationsmittel, mit dem sich Praktiker ausreichend weiterbilden konnten.

1879 erschien von *Adolf Ledebur,* Freiburg in Sachsen, das erste Lehrbuch der mechanischen Technologie „Die Verarbeitung der Metalle auf mechanischem Weg".

1879 gründete *Wilhelm Girardet* in Essen als Fachzeitschrift den heute noch erscheindenden „Industrie-Anzeiger".

1884 errichtete *Carl Bach* an der Technischen Hochschule in Stuttgart, die heute noch bestehende „Staatliche Materialprüfungsanstalt". Er wird als Altmeister der deutschen Materialprüfung und der Festigkeitslehre bezeichnet.

In den USA begann um 1880 *W. F. Taylor* mit den Forschungsarbeiten über das Verhalten der Stähle für schneidende Werkzeuge. Eines der Ergebnisse war, daß durch kräftige Kühlung der Schneidwerkzeuge ihre Leistung bis zu 40 % gesteigert werden konnte. Auf der Weltausstellung 1900 in Paris brachten die USA den "Taylor-White"-Schnellschnittstahl nach Europa. Seine große Schnittleistung beeinflußte den Werkzeugmaschinenbau zu stabilieren Konstruktionen. Baustoffe, Maschinenelemente, Schmier und Kühlmittel mußten verbessert werden. Bislang bewährte Bauformen hielten den höheren Schnittgeschwindigkeiten und möglichen Spanungsquerschnitten nicht mehr stand. Bereits um 1906 kam der durch Zusatz von Vanadium für Härte und Standzeit verbesserte Schnellschnittstahl auf den Markt.

Die Fachwelt erkannte, daß die Entwicklung der industriellen Fertigungsverfahren ohne unabhängige und systematische Forschungsarbeit nicht mehr möglich war. Daher setzte an den Technischen Hochschulen neben der Lehre auch die Forschung ein. Ihre kleinen Versuchswerkstätten entwickelten sich zu Forschungsinstituten der verschiedenen technischen Disziplinen.

Galt es mit den bisherigen Maschinenkonstruktionen besonders Handarbeit auszuschalten und Arbeitszeit zu verkürzen, so macht sich am Anfang des 20. Jahrhunderts der Drang zu höherer Produktion von genaueren Erzeugnissen bemerkbar. Der Einsatz von mehreren Werkzeugen, die zugleich arbeiten, und die Bedienung mehrerer Maschinen durch einen Menschen wird angestrebt. Aus den üblichen

Handwerkermaschinen wird die mechanisch gesteuerte Produktionsmaschine entwickelt.

1917 gründete man in Berlin eine zentrale Organisation, die der Vorläufer des späteren Normenausschusses der Deutschen Industrie war. Sie begann damit, technische Daten, an denen die technische und wirtschaftliche Gesellschaft gemeinsam interessiert war, zu vereinheitlichen und sie als Normen festzulegen. Als die Normungsarbeit die gesamte Wirtschaft beeinflußte, erweiterte sich diese Organisation 1926 zum „Deutschen Normenausschuß DNA". Das Kurzzeichen der damaligen Deutschen Industrie Normen DIN deutet man heute noch mit „Das ist Norm".

1918 wurde der „Ausschuß für wirtschaftliche Fertigung AWF" gegründet. Der Damals geprägte Grundsatz, das Wesen des ökonomischen Prinzips zu fördern, gilt noch heute: „Wie kann die Leistungsfähigkeit und Wirtschaftlichkeit der Erzeugung so weit wie möglich gesteigert werden?" Ziel ist, mit den vorhandenen Mitteln die bestmögliche Leistung zu erzielen (Prinzip des Optimums), oder mit geringstem Aufwand an Mitteln eine angestrebte Leistung zu erreichen (Prinzip des Sparens).

1924 wurde der heutige „Verband für Arbeitsstudien, REFA" gebildet. Er stellte sich damals die Aufgabe, mit Arbeitsstudien das Arbeitstempo — bedingt durch die Fertigungsmaschine — mit dem menschlichen Arbeitsverhalten abzustimmen. Die großen Entwicklungslinien des Gedankengutes dieses Verbandes beeinflußte als 1. Vorsitzender und als „erster REFA-Lehrer" *Kurt Hegner*. Er gehörte damals als Werkzeugmaschinenbauer für Fräsmaschinen und ab 1926 als technischer Direktor der Werkzeugmaschinenfabrik Ludwig Loewe, Berlin, dem Verein an.

Bis in die Zeit um 1930 war der Gruppenantrieb mit Elektromotor die allgemeine Antriebsform für Werkzeugmaschinen. Er machte durch die von den Decken der Arbeitsräume hängenden Transmissionen und Vorgelegen und durch den dichten Riemenwald viel Lärm und Staub. Insbesondere war er sehr unfallträchtig beim Umlegen der Antriebsriemen auf den Stufenscheiben zum Zwecke der Drehzahländerung für Drehzahlen der Hauptspindel und Vorschübe.

Eine Verbesserung brachte der an Stelle der Stufenscheiben eingeführte Einscheibenantrieb. Die einzige von der Transmission eingeleitete

Drehzahl konnte mit Schaltgetrieben innerhalb der Maschine verteilt werden. Es folgte der Einzelantrieb mit Elektromotor, mit beigestellten Motoren für jede Maschine, als Übergangslösung zur Abschaffung der Transmissionen. Langsam setzte sich die geschlossene Bauart für Antriebe, Getriebe und Steuerung durch. Motor und Getriebe oder Motor und Werkzeug sind in einer Baueinheit zusammengefaßt. Werkzeug- und Werkstückträger werden durch einen für den Arbeitsauftrag passenden elektrischen, hydraulischen oder pneumatischen Motor bewegt.

1926 brachte die *Firma Krupp* das Hartmetall „WIDIA" (wie Diamant) auf den Markt. Eine eisenfreie Sinterlegierung auf Wolframkarbid-Kobald-Basis, die durch Zusatz von Titan- und Tantalkarbiden wesentlich verbessert wurde. Dieser Schneidstoff erlaubte mehr als das Doppelte der bisher üblichen Schnittgeschwindigkeit. Das hatte zur Folge, daß die Lagerungen kräftiger und die Gestelle starrer gebaut werden mußten.

1927 veröffentlichte Prof. *G. Schlesinger* seine „Richtlinien für die Herstellungs- und Arbeitsgenauigkeit von Werkzeugmaschinen". Sie waren die Grundlagen für die daraus entwickelten DIN-Vorschriften.

1930 wird das mechanische, stufenlos veränderliche PIV-Getriebe in Werkzeugmaschinen verwendet. (PIV-Positive-Infinitely-Variable, d.h. praktisch ideal veränderlich).

Auf der Leipziger Messe führt man die erste hydraulisch angetriebene Hobelmaschine vor.

Von nun an verstärkt sich die Verwendung von Gleichstromregel- und Flüssigkeitsmotoren für Antriebe und Getriebe als auch für Steuerungen. Zum Spannen und zur Werkstückzuführung greift man zu Druckluft.

1943 beginnt man in USA die ersten elektronischen Steuerungen in Röhrenbauweise für Werkzeugmaschinen zu verwenden.

Bislang hatte man zum Nachformen beim Drehen, Fräsen und Schleifen, mit Leitlinealen und Kopierschablonen gearbeitet, die mit Gewichts- und Federkräften belasteten Taster eingerichtet waren. Sie wurden nun durch elektrisch und hydraulisch, oder aus beiden zusammengesetzten, fühlergesteuerten Nachformeinrichtungen abgelöst.

Nach dem Ende des 2. Weltkrieges baute man die Werkzeugmaschinen nach dem damaligen

Entwicklungsstand zunächst weiter. Man erkannte aber bald, daß sie nicht nur, dem Zweck des Arbeitsverfahrens entsprechend zu konstruieren sind, sondern dem einsetzenden Fortschritt in Technologie und Formgebung gerecht werden müssen.

Große, schwere und schwierig zu bearbeitende Maschinenkörper, bislang aus Grauguß (Bild A-10), werden in Stahlgußleichtbau oder aus gewalztem Stahl in Schweißbauweise mittels Elektroschweißung angefertigt. Man erreichte damit gleiche statische, aber bessere dynamische Starrheit, kleinere Gewichte und formschönere Gestaltung der Bauteile. Sperrige und offen liegende bewegliche Teile und Schmutzecken verschwinden hinter glatten Verkleidungen. Hellere Maschinenanstriche zur Verschönerung der Arbeitsräume und die mehrfabrige Kennzeichnung für bewegliche Teile. Bedienteile und für die Gefahrenkennzeichnung werden häufiger.

1950 kommen in USA die numerisch, überwiegend mit Lochstreifen gesteuerten NC-Werkzeugmaschinen zum Einsatz. Ab 1955 finden sie zunehmend Eingang in Europa. Um den Vorteil dieser Maschinensteuerung zu nutzen, mußte man sich schnell auf eine gemeinsame internationale Lochstreifensprache (Code) einigen. Der Einsatz verschiedener Fabrikate im gleichen Unternehmen verlangte dies, um die deutlichen Vorteile dieses Systems wegen unterschiedlicher Programmierungsvorgänge nicht hinfällig werden zu lassen.

Mit diesem Steuerungssystem setzte ein Wandel im Werkzeugmaschinenbau ein. Seine stetige Verbesserung durch den Einsatz der elektronischen Datenverarbeitung, also dem Computer, bewirkte, daß der Mensch als Bedienung und zur direkten Steuerung der Arbeitsvorgänge in der Produktion immer mehr abgelöst wurde.

Alle Werkzeugmaschinenarten wie Einzweck-, Mehrzweck-, Sondermaschinen, Transferstraßen und Bearbeitungszentren werden von der elektronischen Steuerung erfaßt. Welche Maschinenkonstruktionen die Verwendung der Mikroprozessoren zum Steuern der Arbeitsvorgänge bringen werden, ist noch nicht vorauszusehen.

Der Facharbeiter wird sicher neue Ausbildungsziele erhalten und mit Hilfe entsprechender Optimierungseinrichtungen einfache NC-Programme für seine Arbeitsmaschine selbst ausführen. Für schwierigere Projekte wird man den elektronisch ausgebildeten Ingenieur, Techniker und Arbeitsvorbereiter zur Planung der Programme und zu aufsichtsführenden Aufgaben einsetzen.

Weniger erfreulich sind die hohen Investitionskosten, die für die ständigen Verbesserungen der Steuerungen und Programmierungen aufgebracht werden müssen. Sie sind bisher teilweise mehr als doppelt so hoch wie eine entsprechend konventionelle Werkzeugmaschine ohne NC-Steuerung.

Der Werkzeugmaschinenbau steht somit ständig unter dem Druck des technologischen Fortschrittes. Es werden in Zukunft in immer kürzeren Zeitabschnitten neue Maschinen entwickelt und in die Produktion gegeben werden müssen.

Es wird auch weiterhin, wie in den Anfängen des Werkzeugmaschinenbaues gelten, daß ohne zeitgemäße Werkzeugmaschine keine einfachen und schwierig herzustellenden Produkte, keine größeren Genauigkeiten und kein Fortschritt zum Wohle der Menschheit möglich sind.

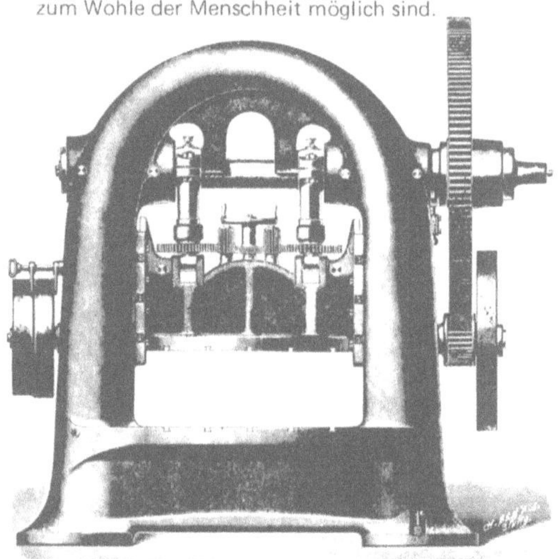

Bild A-10. Doppelarmige Exzenterpresse um die Jahrhundertwende (1900) der Maschinenfabrik Weingarten AG. In dem damaligen Katalog wurde u. a. genannt: Mit Räderübersetzung, Schwungrad, Fest- und Los-Scheibe und Momentausrückung in der höchsten Stellung des Stößels. Alle Dimensionen sind reichlich bemessen, besonders das Antriebsräderpaar ist kräftig. Licht Weite zwischen den Ständern: von 850 bis 1600 mm, Hub des Stößels; 60 mm (Weingarten AG, Weingarten/Württ.).

Bildquellenverzeichnis

AEG-Elotherm GmbH, Remscheid 3-136

AGEMA Maschinenbau GmbH & Co KG, Hagen 2-70

Bêche & Grohs GmbH, Hückeswagen 2-7, 2-8, 2-9, 2-10, 2-11, 2-12

Becker & van Hüllen, Niederrheinische Maschinenfabrik, Krefeld 2-87

G. Boley Werkzeugmaschinenfabrik, Eßlingen/Neckar 3-71

Burkhardt + Weber KG, Reutlingen 3-53, 3-57, 3-60, 3-132, 3-133

Friedrich Deckel Aktiengesellschaft München 3-39, 3-40, 3-47

Diskus Werke AG, Frankfurt/Main 3-77, 3-78, 3-79, 3-80

Dreistern-Werk, Dr. Ing. Theo Krückels, Schopfheim 2-75, 2-77, 2-78

Droop & Rein, Werkzeugmaschinenfabrik, Bielefeld 1-9, 1-10, 3-45, 3-46

Dunkes-Maschinenfabrik KG, Kirchheim/T. 2-58, 2-59

Maschinenbaugesellschaft Ehni mbH & Co. KG, Riederich/Württ. 3-49, 3-52, 3-85

Eitel KG Werkzeugmaschinenfabrik, Karlsruhe 3-69

Eumuco, Aktiengesellschaft für Maschinenbau, Leverkusen 2-6, 2-13, 2-14, 2-16, 2-19, 2-20, 2-21, 2-25, 2-26, 2-28, 2-29, 2-35

Fortuna AG Werkzeugmaschinenfabrik, Stuttgart 3-74

Ludwig Gack, Werkzeug- und Maschinenfabrik, Mühlacker 2-5, 3-70, 3-86

Habersang + Zinzen GmbH, Düsseldorf 3-135

Maschinenfabrik Hasenclever GmbH, Düsseldorf 2-15

Gebr. Heller Maschinenfabrik GmbH, Nürtingen 3-54, 3-98, 3-134

Heyligenstaedt & Comp., Werkzeugmaschinenfabrik G.m.b.H, Gießen 1-8, 3-1, 3-11, 3-12, 3-137

Karl Hüller GmbH Werkzeugmaschinenfabrik, Ludwigsburg 3-51, 3-125, 3-126, 3-127, 3-128, 3-131

Carl Hurth Maschinen- und Zahnradfabrik, München 3-108, 3-118, 3-119

Index Werke KG, Eßlingen (Neckar) 3-19, 3-20, 3-21, 3-24, 3-25

Gebr. Irle Kom.-Ges. Maschinenfabrik, Siegen 2-81, 2-82, 2-83, 2-84

Karnasch Werkzeugmaschinen, Mannheim 2-76, 2-79, 2-80

Th. Kieserling & Albrecht, Solingen 2-34, 2-39, 2-45

Kläger, Stuttgart 3-97

W. Ferd. Klingelnberg Söhne, Hückeswagen 3-106, 3-120, 3-121, 3-122, 3-123

Karl Klink, Werkzeug- und Maschinenfabrik, Niefern 3-65, 3-66, 3-67, 3-68

Klopp-Handel KG, Solingen 3-36, 3-37, 3-38, 3-61, 3-63

Hermann Kolb Maschinenfabrik GmbH, Köln 3-55, 3-56

Kugellager GmbH, Frankfurt 1-17

Leifeld u. Co. Werkzeug- und Maschinenfabrik, Ahlen/Westf. 2-71, 2-72, 2-73

Herbert Lindner G.m.b.H, Fabrik für Werkzeugmaschinen zur Feinstbearbeitung, Berlin 1-26, 3-59, 3-107

Maschinenfabrik Lorenz AG, Ettlingen 1-7, 3-109, 3-113, 3-114

Maag-Zahnräder Aktiengesellschaft, Zürich 3-115, 3-116, 3-117

Malmedie & Co. Maschinenfabrik G.m.b.H, Düsseldorf 2-27, 2-30, 2-31, 2-32, 2-38

Mauser-Schaerer GmbH, Oberndorf/Neckar 3-7, 3-9, 3-10, 3-29, 3-31, 3-129, 3-130

Fr. Aug. Münzenmaier Maschinenfabrik, Eßlingen/Neckar 3-84, 3-102

Nagel, Maschinen- und Werkzeugfabrik GmbH, Nürtingen 3-50, 3-93, 3-94, 3-95, 3-96

Hermann Pfauter Wälzfräsmaschinenfabrik, Ludwigsburg 3-110, 3-111, 3-112

PITTLER Maschinenfabrik AG, Langen 3-16, 3-17, 3-18, 3-30

P.I.V. Antrieb Werner Reimers KG, Bad Homburg 1-60

Maschinenfabrik Ravensburg AG, Ravensburg 3-28

Reichle & Knödler, Werkzeugmaschinenfabrik, Heilbronn 3-44, 3-90

Reichmann + Sohn, Elektromaschinenfabrik,
Weißenhorn 3-100

J. E. Reinecker Maschinenbau KG, Einsingen/
Ulm 3-32, 3-33, 3-73, 3-87

Reinhardt Maschinenbau GmbH, Sindelfingen
2-56, 2-60, 2-62, 2-63, 2-64, 2-66, 2-67,
2-68, 2-74, 2-85

Gebr. Saacke, Werkzeug- und Maschinenfabrik,
Eutingen bei Pforzheim 3-88

Sack & Kiesselbach Maschinenfabrik G.m.b.H.,
Düsseldorf 2-41

Schaudt Maschinenbau GmbH, Stuttgart-
Hedelfingen 1-27, 3-72

Schiess AG, Düsseldorf 3-26, 3-27, 3-58

Schloemann-Siemag Aktiengesellschaft,
Düsseldorf 2-17, 2-18, 2-23, 2-24, 2-36

Schneeberger & Co., GmbH, Höfen/Enz 1-15

L. Schuler GmbH, Göppingen 1-29, 1-30,
1-31, 1-32, 1-33, 1-112, 1-113, 1-114,
1-115, 2-33, 2-37, 2-47, 2-49, 2-52, 2-57

Alfred H. Schütte, Vertriebsgesellschaft mbH,
Köln 1-6, 3-22

Hans Sielemann, Werkzeugmaschinenfabrik,
Bünde i.W. 3-81, 3-82

SKF Kugellagerfabriken GmbH, Schweinfurt
1-16

Gebrüder Thiel GmbH, Emstal 3-41, 3-101

Trumpf & Co. Maschinenfabrik, Stuttgart
2-53, 2-61, 2-65, 2-86

Karl Fr. Ungerer Maschinenfabrik,
Pforzheim 2-69

VDF Gebr. Böhringer GmbH Maschinenfabrik
und Eisengießerei, Göppingen 1-118

Gottfried Wachtberger, Präzisionswerkzeug-
fabrik GmbH, Heusenstamm 3-64

Gustav Wagner Maschinenfabrik, Reutlingen
3-99, 3-103

Werkzeugmaschinenfabrik Adolf Waldrich,
Coburg 3-83

Wanderer Werke AG, München 1-24, 3-42,
3-104, 3-105

Maschinenfabrik Weingarten A-G, Weingarten
2-22, 2-44, 2-46, 2-48, 2-50, 2-51, 2-55

Eugen Weisser & Co. KG Werkzeugmaschinenfabrik, Heilbronn 1-11, 1-23, 3-13

Fritz Werner Werkzeugmaschinen G.m.b.H.,
Berlin 1-25, 3-34, 3-35, 3-43, 3-75, 3-89

Peter Wolters Maschinenfabrik GmbH & Co,
Rendsburg 3-91, 3-92

J. Wörner KG Werkzeugmaschinenfabrik,
Schwenningen 3-48

Sachwortverzeichnis

Abkantmaschine 155
Abkantpresse 155
Abnahmeprüfung 3
Abschaltkreis 78
Abtragemaschinen 168, 247
Algol 90
Anlaufkupplung 31
Anlaufverhalten 20
Anpassungsprogramm 89
Antriebskennlinie, mechanisch 18
Antrieb von W-maschinen 18
Anstellbewegung 6
APT 84
Arbeitsgenauigkeit v. W-maschinen 3
Arbeitsinformationen 85
Arbeitsmoment 18
Arbeitsplan 85
Arbeitspunkt 19
Arbeitsspindel 171
Arbeit und Leistungsbedarf 90, 102
Arbeitszustand 19
Aufstellung von W-maschinen 3
Aufwurfhammer 117, 118, 120
Aufzughammer 118, 120
Aushaumaschine 153, 154
Auslegerbohrmaschine 166, 203
Außenhonmaschine 222
Außeninterpolatoren 87
Außenrundschleifmaschine 213, 214
AWF-Maschinenkarte 4
Axialpumpen 58

Backenbremse 32
Backenkupplung 29
Bahnsteuerung 80
Bandbremse 32
Bandschere 153, 154
Bandsägemaschine 167, 226, 228
Baueinheiten 228, 241, 242
Bauformen der Maschinenkörper 10
Baukastensystem 242
Bearbeitungszentrum 206, 228, 242, 245, 246
Beschleunigungsmoment 18
Beschneidemaschine 158
Betriebsdrehzahlen 19
Bettfräsmaschinen 193, 195
Bett und Gestell von Drehmaschinen 170
Bewegungen an W-maschinen 6

Biegemaschinen 155
Biegen (Leistungsbedarf) 98
binäres Zahlensystem 84
Bit 83
Blasenspeicher 68
Blattfederhammer 117
Blechbearbeitungsmaschinen 140
Blechkantenhobelmaschinen 206
Blechrichtmaschinen 156
Blechumformung 115, 116
Blockketten 41
Blockrevolver 183
Böhringer-Sturmpumpe 61
Bördelmaschine 159, 163
Bogenzahnkupplung 28
Bohreinheiten 205
Bohrmaschinen 108, 166, 200
Bohrspindel 24
Bolzenketten 41
Bolzenkupplung 28
Bombiermaschine 162
Bremsen 32
Bremsung, elektrisch 22
Brettfallhammer 118
Brückenhammer 121
Brusthammer 117
Buchsenketten 42
Bügelfederhammer 117
Bügelsägemaschine 167, 225

C-Gestelle 10
CNC-Steuerung 77
Cobol 90
Code-Tabelle 86
Codierung 84
Compiler 89

Dachführung 15
Dahlanderschaltung 22
Datenverarbeitung, äußere 85
Datenverarbeitung, innere 87
Differentialtrieb 42
DNC-Steuerung 77
Doppeldruckkaltpresse 133
Doppelexzenterpresse 122, 153
Doppelgehrungssägemaschine 226
Doppelkurbelpresse 144
Doppelständerkniehebelpresse 138
Doppelständerpressen 144, 145
Drahterodiermaschinen 248
Drehautomaten 165, 168, 184

Drehgeber 83
Drehherz 175, 176
Drehmaschinen 102, 165, 168
Drehmelder 83
Drehmomente an der Drehmaschine 170
Drehmomentkupplung 31
Drehrichtungsänderung 22
Drehspindel 23
Drehstromkurzschlußläufer-asynchronmotor 20
Drehstühle 165
Drehwerk 190
Drehzahländerung 22
Drehzahlen, genormt 34
Drehzahlschaubild 39
Drehzahlstufung 33
Dreibackenfutter 174, 175
Dreifachdruckkaltpresse 134
Dreifach wirkende Pressen 142
Dreischeibenreibradpresse 125
Dreiwalzenrundbiegemaschine 156
Dreiwegemaschinen 242
Druckbehälter 75
Druckluftanlagen, Bauelemente 72
Druckluftfilter 74
Druckluftmotoren 70
Druckluftöler 74
Druckluftpressen 151
Druckluftregler 74
Druckluftrohrleitungen 74
Druckluftrotationsmotoren 73
Druckluftwerkzeuge 70
Druckluftziehapparat 150
Drückmaschinen 157, 158

Egalisiermaschinen 162
Elektroabtragemaschinen 168, 247
Elektroerosionsmaschinen 168, 247
Elektrohandschere 152, 153
elektrolytische Einsenkmaschine 168, 249
elektrolytische Schleifmaschine 168, 249
Elektromagnetkupplung 30
Elektromagnetumformung 115
Elektropoliermaschinen 168, 249
Elektrostauchmaschinen 131
Elysiermaschinen 168, 249
Einfachdruckkaltpresse 133
Einkurvensystem 184

Einpunktpresse 140, 144
Einscheibenläppmaschine 223
Einsenkpressen 139
Einspindelautomat 185, 187
Einständerkarusselldreh-
    maschine 189
Einständerkoordinaten-
    bohrmaschine 204
Einständerlangfräsmaschine
    197, 198
Einständerhobelmaschine 209
Einständerpressen 124, 125
    144
Einteilung der Werkzeug-
    maschinen 5
Exapt 89
Explosivumformung 115, 158
Exzenterpressen 124, 142

Fallhammer 118
Fallschnecke 173
Faltmaschine 159
Falzmaschine 159, 163
Federhammer 117
Feilmaschine 167, 225–228
Feindrehmaschine 165, 168,
    171, 213
Fein- und Feinstbearbeitungs-
    masch. 167, 213
Feuchtigkeitsgehalt der Luft
    71
Fiat-Mammanoverfahren 241
Filtergeräte 69
Flachführung 14
Flachschleifmaschine 167,
    213, 217
Flanschspindeln 25
Fliehkraft-Reibungskupplung
    31
Fließdruckpressen 137
Fließpressen, Anforderungen
    139
Flügelzellenverdichter 72
Flüssigkeitsmotoren 65
Flüssigkeitspumpe 57
Flügelzellenpumpe 59
Fluidic 70
Forckardtfutter 174
Formdrehautomat 187
Formenhobler 211, 212
Formfräsmaschinen 199
Formschienenbiegemaschinen
    159, 160
Forst-Enorpumpe 61
Fräsmaschinen, Leistungs-
    bedarf 108, 165, 192
Fräserschleifmaschinen 221
Frässpindel 24
Freiformschmiedehammer
    121
Freilaufkupplung 32
Frequenzwandler 22
Friktionspresse 149
Frontdrehmaschine 190
Fügemaschinen 159

Führungsbahnenschleif-
    maschinen 219
Führungsketten, Führungs-
    schienen 17
Funkenerosionsmaschinen
    168, 247
Futterautomaten 185, 187
Futterdrehmaschinen 168

Gallsche Ketten 41
Gegenhalterstütze 192
Gegenschlaghammer 118,
    121, 122
Gehrungssägemaschine 226
Gelenkkette 41
Gelenkpresse 149
Gelenkspindelbohrmaschine
    201
Gelenkwellen 26
Genaubohrmaschinnen 166,
    200, 205
Geradführungen 14
Geradschubkurbel 51
Gewindespindel und Mutter
    49
Getriebe 33, 36, 38, 39,
    44, 45, 48, 49
Getriebeplan 36
Getriebewellen 26
Gewindebohrmaschinen 167,
    230
Gewindefräsmaschinen 167,
    229, 230
Gewindeherstellmaschinen
    167, 228, 229
Gewinderollmaschinen 167,
    229
Gewindeschälmaschinen
    229
Gewindeschleifmaschinen
    167, 229, 231
Gewindeschneidmaschinen
    167, 229
Gewindewalzmaschinen 167
Gewindewirbelmaschinen
    167, 229
Glättmaschinen 159
Gleitführungen 14, 15
Gleasonverzahnung 240
Gleichstromnebenschluß-
    motor 23
Gleitlager 27
Gliederketten 42
Graviermaschinen 199, 200
Gummikissen 151

Halbautomaten 184
Handhebelfräsmaschine 194
Handhonmaschinen 223
Handscheren 152, 153
Handspindelpresse 149, 150
hardware 87
Hauptantrieb der Dreh-
    maschine 171, 172
Hauptsatz der Antriebstech-
    nik 18

Hebelhammer 117
Hebelscheren 152, 153
Herstellung von Werkzeug-
    maschinen 2, 3
H-Getriebe 46, 47
Hilfskurvensystem 184
Hilfssteuerwelle 187, 188
Hinterdrehmaschine 165, 191
Hobelmaschine 106, 166,
    206, 209
Hochgeschwindigkeitsum-
    formung 158
Hohlnietkaltpresse 134
Honeinheit 224, 225
Honmaschinen 167, 213, 222
Hubbalkenmaschine 244
Hülltriebe 40, 41
Hülsenkette 42
Hydraulikanlagen 65, 67
Hydraulikgetriebe 65
Hydraulikkissen 151
Hydraulikkreislauf 55
Hydraulikkupplung 30
Hydraulische Fließpressen
    139
Hydraulische Kraftübertragung
    54, 55
Hydraulische Pressen 100,
    126, 150
Hydraulische Sonderpresse 127
Hydraulische Triebmittel 57
Hydraulische Ziehpresse 150
Hydroaggregate 66
Hydroelektrische Umformung
    115
Hydroformen 151
Hydropumpe 57
Hydrospeicher 68

Induktionskupplung 29
Induktionsmotor 20
Informationsfluß in NC-
    Masch. 85
Informationsträger 77
Informationszusammen-
    fassung 85
Inneninterpolatoren 87
Innenläppmaschinen 222,
    223
Innenrundschleifmaschinen
    167, 213, 214, 217
Innenschleifspindel 26
Interpolatoren 77, 80
Interpolieren 87
Isostatisches Verdichten 164

Kaltfließpressen 137
Kaltpressen 132
Karusselldrehmaschinen 165,
    168, 189
Kegeldreheinrichtung 177
Kegelkupplung 29
Kegelradhobelmaschinen
    207, 239
Kegelradläppmaschinen 240

Kegelreibradgetriebe 46
Kegelradwälzfräsmaschine
    238–241
Keilnutenziehmaschine 210
Keilpresse 126
Kettenfallhammer 118
Kettengetriebe 40, 41
Kettenräummaschine 211
Kippmoment 18
Kippunkt 19
Klauenkupplung 29
Kleindrehmaschine 165
Kleinkolbenverdichter 72
Klinkenschaltwerk 208
Kniehebelbreitziehpresse 149
Kniehebelschubkurbel 51, 52
Kniehebelziehpressen 149
Knüppelscheren 153
Königswelle 189
Körnerspitzen 175, 176
Kolbenpumpen 57
Kolbenspeicher 68
Kolbenverdichter 72
Kolbenzellenpumpen 59
Konsolfräsmaschine 192, 193
Kontrolldruckverfahren 85
Koordinatenbohrmaschine
    204
Kopierdrehautomaten 178
Kopierdreheinrichtungen 179
Kopierdrehmaschinen 165,
    168, 178
Kopfdrehmaschinen 190
Kopierfräsmaschinen 166,
    198, 199, 200
Kopiernibbelmaschinen 153
Kopierschneidpressen 155
Kostenvergleich 5
Kräfte an der Drehmaschine
    170
Kraftübertragung 32, 69
Kreiselverdichter 72
Kreissägemaschine 167, 226
Kreisscheren 153, 154
Kriecheffekt 94
Kreuzrollenkette 17
Kugelbüchsen 17
Kugelkaltpressen 133
Kugel- und Kreuzgelenk-
    kupplungen 27
Kurbel- und Kniehebelpressen
    93, 94, 124, 142
Kurbelschwinge 51, 52, 53
Kurbeltriebe 51
Kurbelwellendrehmaschine
    165
Kurbelanreißgeräte 189
Kurvenberechnung 188
Kurvenfräseinrichtung 188
Kurvenfräsgeräte 189
Kurvenprüfeinrichtung 188
Kurventriebe 50
Kurzgewindefräsmaschine
    230
Kurzhobelmaschine 166, 206
Kurzhonmaschine 222, 225

Kurzhubgesenkhammer 121
Kupplungen 27, 28, 29, 30
Kusaschaltung 21

Labiler Arbeitszustand 19
Läppmaschinen 167, 213,
    220, 222
Lamellenkupplung 29
Langdrehautomaten 185,
    187
Langdrehmaschinen 165, 168
Langfräsmaschinen 166, 192,
    197, 198
Langgewindefräsmaschinen
    230
Langgewindewirbelgerät 229
Langhobelmaschinen 166,
    206, 209
Laserstrahlen 168, 250, 251
Lastdrehzahlen 35
Lehrenbohrwerke 166, 200,
    205, 206
Leistungsflußbild 36
Leitertafel 39
Leit- und Zugspindeldreh-
    maschinen 165, 168, 169,
    174
Leonardantrieb 23
Lichtschranke 142
Linearmaßstab 83
Lötmaschinen 159
Logikelemente 70
Lünette 177
Luftfederhammer 118, 119
Lufthammer 120
Luftgesenkhammer 121
Luftverbrauch 73
Luftverdichter 72

Mackensenlager 27
Mäandergetriebe 44
Magazinautomaten 185
Magnetpulverkupplung 29,
    31
Maschinenbett 10
Maschinenketten 41
Maschinenkörper und
    -gestelle 7, 10
Maschinenzeiten 110
Massive Warm- und Kalt-
    umformung 115, 116
Mechanikerdrehmaschine
    165
Mehrfachdruckkaltpresse
    134
Mehrfachhonmaschinen 222
Mehrkurvensysteme 184
Mehrspindelautomaten
    185, 187
Mehrspindelbohrmaschinen
    166, 201
Mehrstufenkaltfließpressen
    137
Mehrstufenmehrstationen-
    kaltpressen 134

Mehrwegemaschinen 242,
    244
Membranspeicher 68
Messen absolutes, direktes,
    indirektes, inkremen-
    tales 81, 83
Metallpulverpressen 160,
    164
Mitnehmerscheibe 175,
    176
Motorsteuerung 66
Mutternkaltpressen 134
Mutternschneidmaschinen
    229

Nachformdreheinrichtung
    177
Nachformdrehmaschinen
    165, 168, 178
Nachformfräsmaschinen 166
Nachstellbewegungen 6
Naßkupplung 29
NC-Steuerung 77, 78
Nibbelmaschinen 153, 154
Nietmaschinen 159
Nortongetriebe 43
Nullhubpumpe 59
Numerische Steuerung 75
Nutenstanzautomaten 147

Oberdruckhammer 118–121
Oberantriebspresse 140
O-Gestelle 10
Ölhydraulik 55
Oerlikon-Eloid-Verzahnung
    241
Oldhamkupplung 27
Optischer Teilkopf 197

Palloidbogenverzahnung 239
Pendeltrennschleifmaschine
    227
Perforiermaschinen 149
Perforierpressen 149
Pfeilzahnstangenfutter 174
Pittler-Thoma Sternpumpe
    59
PIV-Getriebe 46
PK-Getriebe 46, 47
Plandrehmaschine 165, 168,
    190
Planfräsmaschinen 192
Plankurvenfutter 174
Planparallelschleif- und läpp-
    maschinen 225
Planrevolver 183
Planscheibe 174, 175
Planschleifmaschinen 217,
    218
Planspiralfutter 174
Plattenbohrwerk 205
Plungerpumpen 58
Pneumatische Kraftüber-
    tragung 69
Pneumatisch-mechanische
    Umformung 115

Pneumonik 70
Polier-elysiermaschinen 168, 249
Polumschaltbare Motoren 22
Portale 10
Portal-koordinaten-bohr-maschinen 204
Portalmaschinen 198
Postprocessor 89
Pressen 124, 144
Pressengestell 141
Pressen mit Rädervorgelege 143
Pressen mit Schwungrad-antrieb 143
Pressen zur Blechbearbeitung 142
Preßkraftantriebspunkt 141
Prismenführung 15
Processoren 77, 89
Produktionsdrehmaschinen 165, 168, 180
Produktionsfräsmaschinen 192
Produktionsschleifmaschinen 214
Profilbiegemaschinen 159, 161
Profilschleifmaschinen 221
Profilstreckmaschinen 129
Programmiersprachen 89
Programmieren 88
Programmprobe 87
Profilformmaschine für Blechbänder 159
Pumpensteuerung 66
Punktsteuerung 79

Quertransportpresse 134

Radialbohrmaschine 203
Radialkolbenpumpe 59
Radialpumpen 58
Rädertriebe 42
Räummaschinen 166, 206, 207, 210
Räumpressen 210, 212
Rechenwerke 77
Reckhammer 121
Reckwalzen 131
Regelkreis 78
Reibradgetriebe 46, 47
Reibspindelpresse 125, 149
Reibungskupplung 29
Reihenbohrmaschine 166, 201, 202
Reihenkolbenpumpen 58
Reitstock 176
Riemengetriebe 40, 41
Riemenfallhammer 118
Revolverautomat 185, 187
Revolverdrehmaschine 165, 168, 182
Revolverkopfbohrmaschine 201, 203
Revolverpressen 147

Rohrbiegemaschinen 159, 160
Rohrpressen 129
Rohr- und Schlauchleitungen (Hydraulik) 68
Rollenkaltpresse 133
Rollenketten 42
Rollmaschinen 159, 160
Rotationsmotoren 55
Rundsäulenbohrmaschinen 203
Rundbiegemaschinen 155, 156
Rundschleifmaschinen 167, 213
Rutschkupplung 31

Sägemaschinen 167, 225, 226, 228
Säulenbohrmaschinen 200, 201
Säulenpressen 127, 147
Säulenständer 10
Schalldämpfer 75
Schalthäufigkeit 22
Schalttischmaschinen 228, 242, 244
Schalttrommelmaschinen 242, 243
Scheibenkupplung 29
Scheren 153, 192
Scheuerbauweise 10
Schiebetischmaschine 145, 244
Schieberädergetriebe 46
Schleifbock 213
Schleifmaschinen 167, 213
Schleifringkurzschlußläufer-motoren 21
Schleifspindeln 25
Schmiedehämmer 116
Schmiedemaschinen 116
Schmiede- und Schlag-arbeiten 90
Schmiede-Schlagpresse 127
Schmiedepressen 122
Schmiedewalzen 131
Schraubenpumpen 64
Schnellgesenkhammer 121
Schnellhobelmaschine 206, 208
Schnellkupplungen 74
Schnelläuferpresse 147
Schnellspannfutter 174
Schnellwechselverbindungen 69
Schnittbewegung 6
Schnörkelbiegemaschine 161
Schwalbenschwanzführung 16
Schwanzhammer 117
Schwenkbiegemaschine 155
Schweißmaschinen 159
Segmentnutenstanzen 147

Seilgetriebe 40
Senkrechtbohrmaschinen 166, 200
Senkrechtdrehmaschinen 190
Senkrechtfräsmaschinen 166, 192, 194
Senkrechthonmaschinen 222, 224
Senkrechträummaschinen 166, 210, 212
Senkrechtstauchmaschinen 132
Senkrechtstoßmaschinen 166, 206, 208
Setzstock 177
Shapingmaschine 166, 206
Sicherheitskupplung 31
Sickenmaschine 159, 163
Simuliergeräte 87
Sinnbilder mech. Getriebe 37, 38
Sinnbilder für Hydraulik u. Pneumatik 56
Sinterpressen 160
Soll-Ist-Meßsteuerung 77
Soll-Ist-Wertvergleicher 87, 88
Sonderdrehmaschinen 168
Sondermaschinen spanend 167, 228
Sondermaschinen, spanlos 116
Sondermaschinen der Umformtechnik 158
Spanende Werkzeug-maschinen 165
Spanlose Werkzeugmaschi-nen 115
Spannen der Werkzeuge 176
Spannen des Werkstücks 174
Spannen zwischen Spitzen 174
Spannzange 174
Spindelbewegung 50
Spindeln 23
Spindelpressen 149
Spindelschlagpresse 126
Spiralbohrerschleif-maschinen 219, 220
Spitzendrehmaschinen 168, 169
Spitzenlose Rundschleif-maschinen 167, 213, 216
Spreizdorn 174
Stähleschleifmaschinen 219, 220
Ständer 10
Ständerbohrmaschinen 200, 201, 202
Ständerpressen 127
Stahlbandkupplung 28
Stanzautomaten 145

Stangenautomaten 185
Stangenführungen 14
Stangenrichtmaschinen 135
Starrheit, statische 8
Stellglieder 77
Stempelhobelmaschinen
 207, 211, 212
Sterndreieckschaltung 21
Sternrevolverdrehmaschine
 183
Steuer- und Regelorgane 67,
 74
Steuerkupplungswelle 187
Steuerungen der Pressen 141
Steuerwelle 186, 187
Stielhammer 117
Stirnhammer 117
Stirnmitnehmer 175, 176
Stopfbuchsenpackungen 69
Stoßmaschinen 166, 206,
 207
Strangpressen 129
Streckensteuerung 79
Streckbohrmaschinen 151
Streckziehpressen 151
Stromverdrängungsmotor 21
Stufenlose Getriebe 33, 48
Stufenpressen 145
Stufensprünge 34
Stufung, geometrisch u.
 arithmetisch 33
Superfinishdurchlauf-
 maschine 224

Tafelscheren 153
Taupunkt 71
Tellerradwälzfräsmaschinen
 239, 240
Tischbohrmaschinen 200, 201
Tischbohrwerk 204
Thoma-Axial-Pumpe 59
Thyratrons 23
Thyristoren 22, 23
Transformaschinen 168, 228,
 242, 245
Trennschleifmaschinen 167,
 226
Trennschweißmaschinen
 168, 250
Triebmittelbehälter 68
Triebmitteldurchsatzdia-
 gramm 65
Trockenkupplung 29
Trommelrevolverdreh-
 maschine 183
Turbokupplung 31

Universaldrehmaschine 168
Universalfräsmaschine 166,
 192, 195
Universalgewindefräsmaschine
 231
Universalschleifmaschine 213
Universalwerkzeugschleif-
 maschine 219, 220

Universalzahnradfräsmaschine
 232
Unrunddrehmaschine 165,
 180, 191
Unterantriebspresse 140

v-d-Diagramm 39, 40, 41
Verbindemaschinen 159
Verbindungselemente 74
Verbindungs- und Kupplungs-
 elemente 69
Verbundsteuerung 67
Verlängerungsspindel 25
Verpackungsmaschinen 159
Vervielfachungsgetriebe 42
Verzahnungsmaschinen 167,
 232
V-Führung 15
Viellochstanzen 149
Vielschnittdrehmaschine
 165, 168, 181
Vierbackenfutter 174
Vierfachhartmetallstähle-
 schleifmasch. 219, 220
Vierpunktpressen 140, 144
Viersäulenpressen 127
Viersäulenreibradpressen 125
Vierstufenkaltpressen 134
Vierwalzenrundbiegemaschinen
 156
Vincentpresse 126
Volumetrische Pumpe 63
Vorgelegegetriebe 43
Vorschubbewegung 6
Vorschübe 34
Vorschubpumpen 67

Waagrecht Bohr- und Fräs-
 werke 166, 200, 204
Waagrechtfräsmaschine 166,
 192
Waagrechthonmaschine 222
Waagrechträummaschine
 166, 210
Waagrechtstoßmaschine 106,
 166, 206
Wälzfräsmaschinen 167,
 232–235
Wälzführungen 16
Wälzhobelmaschinen 234,
 236
Wälzlager 27
Wälzlagerführungen 16
Wälzschabmaschine 238
Wälzschleifmaschine 237
Wälzstoßmaschine 234–236
Warmstauchmaschinen 131
Wartungseinheiten 74
Weg- Kraft- Zeit-Diagramm 65
Wegmessung 80, 81
Weg- und Schaltinformationen
 77
Wellblechbiegemaschinen
 159–163
Wellblechschere 162
Werkstückstische 12

Werkzeugmacherdreh-
 maschine 165
Werkzeugfräsmaschine 166,
 196, 197
Werkzeugmaschinen span-
 los 115
Werkzeugschleifmaschinen
 167, 213, 219–221
Werkzeugschlitten 12
Wetzmaschinen 221
Windungsgetriebe 43
Winkelbiegemaschinen 161
Winkelhammer 117
Wirkbewegung 6
Wirkungsketten 78
Wirkungsweg 77
Wirtschaftlichkeit der
 W-maschinen 5

Zahnketten 42
Zahnkupplung 29
Zahnradfräsmaschinen
 167, 232
Zahnradherstellmaschinen
 228, 232
Zahnradinnenschabmaschi-
 nen 238
Zahnradläppmaschinen
 167, 240, 241
Zahnradpumpe 63
Zahnradrollmaschinen
 232, 233
Zahnradschabemaschinen
 167, 238
Zahnradschleifmaschinen
 167, 237, 241
Zahnradstoßmaschinen
 167, 234
Zahnradtrieb 42
Ziehautomaten 145
Ziehen 99
Ziehkissen 142, 150
Ziehpressen 150
Zugmittelgetriebe 40
Zustandsänderungen 68
Zustellbewegung 6
Zweibackenfutter 174
Zweifachschleifmaschinen
 213
Zweigeschwindigkeits-
 kupplung 149
Zweisäulenpressen 127
Zweischeibenläppmaschinen
 223
Zweiständerexzenterpressen
 125
Zweiständerhobelmaschinen
 209
Zweiständerkarusselldreh-
 maschinen 189
Zweiständerlangfräs-
 maschinen 198
Zweipunktpressen 140,
 144
Zweiwegemaschinen 242,
 244

Karl-Theodor Preger

Zerspantechnik

Überarbeitet von Eberhard Paucksch. 4. Auflage 1977. VIII, 176 Seiten mit 132
Abbildungen. DIN C 5 (Viewegs Fachbücher der Technik)
Kartoniert
ISBN 3 528 24040 7

Inhalt: Allgemeine Betrachtungen des Zerspanvorganges: Werkzeuge — Zusammen-
wirken von Werkzeug und Werkstück. Die wichtigsten Zerspanverfahren: Drehen,
Hobeln, Stoßen — Bohren, Senken, Reiben — Fräsen — Räumen — Schleifen — Honen
— Läppen. Literaturverzeichnis — Sachwortverzeichnis.

Der „Preger" ist als Lehrbuch der Zerspantechnik weit verbreitet. Sein Verfasser hat es
verstanden, aus dem umfangreichen Stoffgebiet solche wichtigen Teile herauszufinden,
die die Grundlagen der Zerspantechnik bilden und hat selbst schwierige Zusammenhänge
logisch und leicht verständlich dargestellt. Diesem Talent ist es zu verdanken, daß das
Buch bis zum heutigen Tage große Anerkennung gefunden hat und daß die bisher
erschienen Auflagen schnell vergriffen waren. Die 4. Auflage wurde nach dem Tode von
Herrn Prof. K.-Th. Preger durch Dr.-Ing. E. Paucksch, Gesamthochschule Kassel, überarbeitet, ergänzt und auf den neuesten Stand der Technik gebracht.

Die jetzige Auflage gliedert sich in zwei Abschnitte:

1. Allgemeine Grundlagen des Zerspanungsvorganges.
2. Beschreibung der Besonderheiten einzelner wichtiger Zerspanverfahren:
   Drehen, Hobeln, Stoßen, Bohren, Senken, Reiben, Fräsen, Räumen, Schleifen,
   Honen und Läppen.

Die einzelnen Abschnitte wurden mit neuen Hinweisen auf DIN-Normen und VDI-
Richtlinien versehen und enthalten Rechenbeispiele mit praktischen Zahlenwerten.
Überall werden SI-Einheiten verwendet.

Das Buch eignet sich für den Unterricht in Fachschulen Technik, Fachhochschulen und
Hochschulen.

Es ist für den Ingenieur ein wichtiger Ratgeber in der Fertigung, in der Arbeitsvorbereitung und im Konstruktionsbüro. Zur Vermittlung technologischer Grundlagen,
anwendungsbezogener Formeln und Tabellen-Richtwerten wird es bei REFA-Fachlehr-
gängen besonders geschätzt.

» vieweg

If you have any concerns about our products,
you can contact us on
ProductSafety@springernature.com

In case Publisher is established outside the EU,
the EU authorized representative is:
Springer Nature Customer Service Center GmbH
Europaplatz 3, 69115 Heidelberg, Germany

Printed by Libri Plureos GmbH
in Hamburg, Germany